国家科学技术学术著作出版基金资助出版

"十四五"时期国家重点出版物出版专项规划项目

现代数学基础丛书 199

# 丛代数理论导引

李方 黄敏 著

科学出版社

北 京

# 内 容 简 介

　　本书介绍丛代数研究的理论基础和部分专题,其中,基础部分,着重从代数方法和组合方法两方面介绍丛代数的结构;专题部分,介绍丛代数理论与数学各个方面(包括拓扑、几何、表示论、数论、矩阵论等)的联系.在一些专题的介绍里,指出了目前理论的研究进展和面临的问题.

　　本书可作为高等学校数学类高年级本科生和研究生的教学参考书,也可供数学专业研究人员和其他相关专业有兴趣者参考.

**图书在版编目(CIP)数据**

丛代数理论导引/李方, 黄敏著. —北京: 科学出版社, 2023.3
(现代数学基础丛书; 199)
ISBN 978-7-03-074894-2

Ⅰ. ①丛… Ⅱ. ①李… ②黄… Ⅲ. ①代数 Ⅳ. ①O15

中国国家版本馆 CIP 数据核字(2023) 第 031072 号

责任编辑: 胡庆家　李　萍/责任校对: 彭珍珍
责任印制: 吴兆东/封面设计: 陈　敬

科 学 出 版 社 出版
北京东黄城根北街 16 号
邮政编码: 100717
http://www.sciencep.com

北京科印技术咨询服务有限公司数码印刷分部印刷
科学出版社发行　各地新华书店经销
*
2023 年 3 月第 一 版　开本: 720×1000　1/16
2025 年 1 月第四次印刷　印张: 19
字数: 380 000
**定价: 128.00 元**
(如有印装质量问题, 我社负责调换)

# 《现代数学基础丛书》序

对于数学研究与培养青年数学人才而言, 书籍与期刊起着特殊重要的作用. 许多成就卓越的数学家在青年时代都曾钻研或参考过一些优秀书籍, 从中汲取营养, 获得教益.

20 世纪 70 年代后期, 我国的数学研究与数学书刊的出版由于 "文化大革命" 的浩劫已经破坏与中断了 10 余年, 而在这期间国际上数学研究却在迅猛地发展着. 1978 年以后, 我国青年学子重新获得了学习、钻研与深造的机会. 当时他们的参考书籍大多还是 50 年代甚至更早期的著述. 据此, 科学出版社陆续推出了多套数学丛书, 其中《纯粹数学与应用数学专著》丛书与《现代数学基础丛书》更为突出, 前者出版约 40 卷, 后者则逾 80 卷. 它们质量甚高, 影响颇大, 对我国数学研究、交流与人才培养发挥了显著效用.

《现代数学基础丛书》的宗旨是面向大学数学专业的高年级学生、研究生以及青年学者, 针对一些重要的数学领域与研究方向, 作较系统的介绍. 既注意该领域的基础知识, 又反映其新发展, 力求深入浅出, 简明扼要, 注重创新.

近年来, 数学在各门科学、高新技术、经济、管理等方面取得了更加广泛与深入的应用, 还形成了一些交叉学科. 我们希望这套丛书的内容由基础数学拓展到应用数学、计算数学以及数学交叉学科的各个领域.

这套丛书得到了许多数学家长期的大力支持, 编辑人员也为其付出了艰辛的劳动. 它获得了广大读者的喜爱. 我们诚挚地希望大家更加关心与支持它的发展, 使它越办越好, 为我国数学研究与教育水平的进一步提高做出贡献.

杨 乐

2003 年 8 月

# 序　言

　　李方教授告诉我, 他和以前的学生黄敏写了一本丛代数理论的入门书, 我感到惊讶和敬佩. 惊讶的是李方教授转入研究丛代数的时间不算长, 但已经带领学生在这个方向做出了很高水平的工作, 敬佩的是他和学生能花大量的时间写这本入门书.

　　量子群的出现对数学物理、李理论、低维拓扑等都有重大的意义. 在李理论中, 由于量子群的出现, Lusztig 才能发现典范基. 典范基有非常好的表示论性质, 与几何有深刻的联系, 现在已是一个基本的研究对象. 遗憾的是, 量子群的典范基很难计算.

　　2000 年左右, Fomin 和 Zelevinsky 试图考虑一种对偶的典范基并希望籍此理解和计算量子群的典范基. 在这个过程中丛代数诞生了. 这类代数是交换代数, 初看上去颇为初等, 内涵似乎也不丰富, 但事情的发展出人意料, 丛代数显示了茁壮的生命力, 发展强劲, 在很多的分支中都能看到丛代数的结构. 把丛代数量子化, 则得到量子丛代数, 是一类非交换代数, 同样是很有意思的.

　　到现在, 已经有大量的研究工作专注于丛代数和量子丛代数及其应用, 从而有关的文献数量很大. 李方教授和黄敏博士的这本书系统整理了丛代数 (包括其量子化) 的基本理论, 其中也包含了李方教授和他的学生的一些研究工作, 内容丰富. 就我所知, 这是国内第一本丛代数方面的专著, 将会为国内的学者和学生在了解和学习丛代数方面带来很大的方便. 我们欢迎这本书的面世.

席南华

2023 年 3 月 5 日

# 前　言

## A. 丛代数理论的一个概述

### 一

丛代数理论是 2000 年左右由 Fomin 和 Zelevinsky 创建的[70], 它是将生成元通过以变异 (mutation) 递推方法建立的生成关系来生成的交换代数. 量子丛代数作为丛代数的量子化, 则是非交换代数[14]. 创建丛代数理论的原始动机, 是利用组合的方式去研究量子群和代数群的 (对偶) 典范基[135], 而典范基与相应的簇上的全正性有关[64].

定义丛代数的关键是丛变量的变异, 本质上它是将一个丛变成另一个丛的一种变换. 我们也可以不考虑丛代数的代数结构, 而把它看做放置于正则树的顶点上的"种子"组成的有对称性的一个"系统", 也就是我们后面将其称为"丛模式"的概念, 种子间的联系就是通过变异来实现的. 在这个观点之下, 我们就可以将很多领域的现象, 例如黎曼面三角剖分的翻转[65]、倾斜模的 Bongartz 完备化[17]、散射图的穿墙变换、(广义) 丛范畴的丛倾斜对象的变异、全正矩阵子式间的表达关系、旗簇与 Grassmannian 簇上齐性坐标代数等, 纳入可与之类比的范围中. 这种可能的类比, 就给我们将丛代数的思想和方法用到别的领域带来了可能性, 也给丛代数本身的研究, 带来了许多新的思想和方法.

这样的变异和丛模式现象在数学很多地方存在, 并且在很多情况下, 只要有这样的现象, 常常就可以用来实现丛代数结构.

丛代数的组合框架在其他领域的更多例子也包括在 $Y$-系统的周期性问题[75,116]、量子双对数[114]、Poisson 几何[86]、离散动力系统[75,76,116]、高维 Teichmuller 空间[62,63]、Stasheff associahedra 多面体[45]、在 Bridgeland 意义下的稳定性理论[20]、几何中的 Donaldson-Thomas 不变量理论[110,122]、弦理论[20,83] 和镜面对称理论[90,91] 等理论中.

### 二

丛代数通过一个所谓的换位矩阵 (即完全符号斜对称矩阵) 的变异来生成. Marsh 等人在文献 [139] 中发现, 当这个矩阵是斜对称的且对应的箭图无圈时, 这个箭图的表示与丛代数的结构有密切关系. 这也是丛代数加法范畴化的开端, 它

把丛代数理论与代数表示论这两个有活力的且充满潜力的学科相结合在了一起,
见文献 [28, 113].

1973 年, Bernstein, Gelfand 和 Ponomarev 引入了无圈箭图在源点或者汇点
的反射以及相应路代数模范畴上的反射函子[16]. 事实上, 无圈箭图在源点或者汇
点上的反射就是 Fomin 和 Zelevinsky 引入箭图变异的一个特殊形式. 这可以视
为丛代数加法范畴化的萌芽. 丛范畴最初在文献 [28] 中对无圈箭图定义, 而后由
Amiot 等人推广至 Jacobi-有限的带势箭图[4], 这是加法范畴化的基础之一.

加法范畴化不仅促进了丛代数理论的发展, 而且刺激了表示论的进一步发展.
通过把丛代数的丛替换为有限维代数上的 $\tau$-倾斜对象 ($\tau$-tilting object) 建立一一
对应[1] 或者把丛替换为三角范畴中的半倾斜对象 (silting object)[2] 建立一一对应
并保持偏序关系[121], 而且有限维代数的模范畴或者三角范畴中的变异通过这种
对应与丛代数中的变异是相容的. 因此丛代数上的一些概念和相关讨论都可以通
过范畴化而放在一般的有限维代数上或者三角范畴中去讨论. 比如, 对于有限维
代数上的任意有限生成模, $g$-向量和 $F$-多项式都有了范畴化的解释[1]; 而对于 $\tau$-
刚性模、$c$-向量也可以有范畴化的解释[78]. 因此在表示论意义下, 有更多的手段研
究这些对象. 许多斜对称丛代数的相关猜想通过范畴化得到了证实[31,50,52,154,155].

丛代数的另一种范畴化是张量范畴化, 由 Hernandez 和 Leclerc[94] 引入, 其
思路是: 从一些重要代数的表示范畴构建张量范畴使得其 Grothendieck 环作为
丛代数的实现并且丛单项式对应一类特殊的单对象. Hernandez 和 Leclerc 在文
献 [94] 中利用量子仿射代数的表示范畴的一类子范畴构造出来一类丛代数的张量
范畴化. Kimura 和覃帆[119] 利用箭图簇上的偏屈层 (perverse sheaf) 构造出了任
意无圈斜对称 (量子) 丛代数的张量范畴化. 在这个方法下目前一个重要的工作是
Kang 等人由 KLR 代数 (即箭图 Hecke 代数) 给出的 (量子) 丛代数的范畴化[83,85],
联系 KLR 表示范畴作为量子群的范畴化. 通过这个方面, 丛代数与量子群和典范
基再次联系在了一起, 又见文献 [86]. 更多工作请参考文献 [95—97,157,160] 等.

## 三

基于 Kontsevich 和 Soibelman[122] 建立的范畴化与 Donaldson-Thomas 理
论的联系, Nagao[149] 给出了一系列猜想的证明. 这些进一步被 Davison[48] 用来
证明了斜对称量子丛代数的正性猜想 (非量子情况的证明由 Lee 和 Schiffler[130]
完成).

丛代数研究的一个新的时代开始于 Gross, Hacking 和 Keel, 他们在文献 [90]
中建立了丛代数与镜像对称 (mirror symmetry) 的联系. 利用文献 [90] 中的散射

图理论, 特别是折断线和 Theta 函数, 他们与 Kontsevich 在文献 [91] 中证明了可斜对称化丛代数的正性猜想以及在可斜对称化情况下文献 [72] 中的一些猜想.

一方面, Kontsevich 和 Soibelman 在文献 [123] 中建立了散射图理论, 并且给出了墙-胞腔 (wall-chamber) 结构的两种重要类型: 一类与 Donaldson-Thomas 不变量定理有关, 一类与镜像对称性有关. 文献 [91] 介绍了丛代数和墙-胞腔结构之间的联系, 证明了 Fomin 和 Zelevinsky 提出的有关丛代数的一些猜想是正确的. 进一步, Bridgeland 在文献 [20] 中借助稳定函数构造了无圈箭图的墙-胞腔结构, 这种构造与文献 [91] 中的构造是一致的. 覃帆和牟浪在文献 [141, 159] 中将这种一致性的构造扩展到有绿红序列的箭图上. 利用这些结论与加法范畴化, 文献 [23] 构造了对任意有限维代数的墙-胞腔结构.

另一方面, 对于可斜对称化丛代数, Gross, Hacking, Keel 和 Kontsevich 在文献 [91] 中通过墙-胞腔结构证明了许多猜想, 包括正性猜想和 $c$-向量、$g$-向量的符号一致性等. 对于丛代数, 存在与其相关联的墙-胞腔结构使得它的每个 $g$-向量确定的多面体锥的内部是散射图中的胞腔[91]. 此外, 散射图中的极大胞腔与丛代数的丛的对应, 并且对最大胞腔的墙的穿墙变换与丛代数的变异对应.

作为丛代数方法的应用, 加法范畴化和 Donaldson-Thomas 理论与镜像对称理论之间的联系, 是现在丛代数理论的前沿主题之一. 人们特别关注组合方法在几何和数学物理应用领域的快速发展, 丛代数和拓扑递归两个主题的相互渗透就是一个体现. 这两个主题如何在镜像对称框架中统一, 如何在经典和量子拓扑递归中产生由丛代数激发的 Landau-Ginzburg 势得到的谱曲线. 值得注意的是, 李代数中丛结构的发展, 包括 Fuchsian 系统中的经典结构和量子结构, 以及与丛和拓扑递归有关的其他有趣的主题.

## 四

极大绿色序列 (maximal green sequence) 最初是由 Keller 定义的斜对称整矩阵或者其对应的丛箭图上的一个特别的变异序列 [114]. 它不仅是丛代数中的一个重要研究对象, 而且在其他领域有着重要应用, 比如在弦理论中计数 BPS 状态, 产生量子双对数恒等式, 或者计算改进的 Donaldson-Thomas 不变量. 通过丛代数的范畴化, 丛箭图的极大绿色序列可以利用倾斜理论或者半倾斜理论的语言解释[22]. 事实上, 一个丛箭图的极大绿色序列对应一个特定三角范畴中的一个特定的心 $\mathcal{H}$ (或者相应有界 $t$-结构) 到其一次平移 $\mathcal{H}[1]$ 的一个向前变异序列. 借由丛代数与表示论的相互联系, 我们可以在表示论的更大范围讨论极大绿色序列. 借助 $\tau$-倾斜理论的发展, Brustle, Smith 和 Treffinger 对 Abel 长范畴定义了极大绿色序列的概念, 它被定义为一个满足特定条件的挠类 (torsion class) 的有限升链[23,24].

进一步地, 从表示论的观点来看, 极大绿色序列和稳定函数 (stability function) 有着深刻联系. 稳定函数和 Harder-Narasimhan 滤过已经被许多学者研究, 而且目前也是十分活跃的课题[89,93,106,120,162,164,171]. King 对于箭图表示引入了稳定函数[120], Rudakov 将其推广到了 Abel 范畴[164], Bridgeland 为三角范畴引入了稳定函数并研究其几何性质[18—20]. Igusa 研究了丛箭图的极大绿色序列在范畴的意义下的其他等价刻画, 并且与稳定函数之间的关系[106,107]. 能够通过稳定函数诱导的极大绿色序列所包含的信息可以通过稳定函数进一步探讨, 这与稳定函数的稳定对象和半稳定对象息息相关. 但是, 对于 Abel 长范畴的极大绿色序列能否由一个稳定函数来诱导或者哪些可以通过稳定函数诱导仍然是公开的问题[23].

## 五

对于无圈箭图, Bridgeland 在文献 [20] 中通过稳定函数在墙-胞腔结构和丛代数的加法范畴之间建立了联系. 尽管联系在某些情况下已经建成, 但在丛代数、墙-胞腔结构和丛范畴中, 某些重要的概念仍然没有明确的对应关系. 一些学者也在不同的领域之间做出更多的尝试来解读[23,141]. 此外, 稳定性条件、Kontsevich-Soibelman 的简化 Donaldson-Thomas 不变量、墙-胞腔结构中一般路径的穿墙序列、模范畴中的 Harder-Narasimhan 层和箭图的绿红序列（特别是文献 [22] 中的极大绿色序列）之间也存在密切关系[23,106,107,114,134].

## 六

作为丛代数概念的推广, Fock 和 Goncharov[62,63] 定义丛配偶 (cluster ensemble) 是一对正空间 (positive space) $(\mathscr{X}, \mathscr{A})$ 及一个态射 $p : \mathscr{A} \to \mathscr{X}$. 其中 $\mathscr{A}$ 部分就是我们通常理解的丛代数, $\mathscr{X}$ 部分具有一个 Poisson 结构, 反映了丛代数中的系数部分, 即 $Y$-模式. 经典的丛配偶的例子来自于高维的 Teichmüller 理论, 具体来说, 对任意一个不带刺穿点的标注曲面 $S$ 以及一个可裂的半单代数群 $G$, 可以构造出一对模空间组成的丛配偶. 特别地, 当 $G = SL_2$ 时, 丛配偶将曲面上经典的 Teichmüller 理论推广到了不带刺穿点的标注曲面上. 受 Fock 和 Goncharov 工作的启发, Fomin, Shapiro 和 Thurston[65,66] 构造出了一类特殊的丛代数——来自标注曲面的丛代数. 特别地, 这类丛代数包含了几乎所有可斜对称化的有限变异型丛代数[57]. 由于丰富的组合结构, 这类丛代数的丛变量关于任意丛的 Laurent 多项式有很具体的表达[101,145]. 它和 Teichmüller 理论、纽结理论、数论等数学分支之间的紧密联系被大量的研究发现, 详见文献 [32, 65, 66, 131, 143, 148, 161] 等.

## 七

根据 Fomin 和 Zelevinsky 的原始动机, (量子) 丛代数理论最重要的问题之一是确定它的典范基, 及与此相关的丛变量的正性猜想等问题. 但由于变异的复杂性, 单纯作为代数研究, 很难完全搞清楚丛代数的一些基本的代数性质. 所以, 现在人们更多的是用范畴化的方法来对其代数性质加以研究. 就像我们已经指出的, 范畴化有二种: 加法范畴化和乘法范畴化 (张量范畴化).

但是, 对于一般的丛代数, 要找到其范畴化, 不是一件简单的事情, 所以范畴化不是总可行的. 由于丛代数也可以等价地看做正则树上的丛模式. 在丛模式中, 相邻的丛之间通过变异联系起来, 然后通过非标记丛定义出换位图来看待丛模式的组合分布. 因此丛模式是完全由其组合性质决定的. 这正好符合我们发表的文献 [39] 中的结论: 丛代数的组合结构唯一决定它的代数结构. 因此, 丛代数的组合方法将对研究其代数性质起到关键的作用. Fomin 和 Zelevinsky 在他们的开创性文献中提到的公开问题和猜想, 很多都是组合意义下的问题.

现在一个被发现研究丛代数的有效的组合方法, 就是所谓的牛顿多面体方法. 这个方法目前已有的文献包括 [56, 126—129], 其中文献 [127] 是关于量子丛代数的, 文献 [56] 是关于任意秩但可范畴化的丛代数, 其他都是关于低秩的一般丛代数的, 主要构造了所谓的膨胀基及据此证明了丛变量 Laurent 展开的正性, 而文献 [56] 对多面体方法做了系统的研究.

这方面我们完成了一个最新的研究, 见文献 [133]. 在这篇文章中, 我们用多面体方法, 对完全符号斜对称 (简称 TSSS) 丛代数这最一般情况的丛代数, 建立了丛变量的 Laurent 展开式的递推表达式, 并以此为工具, 证明了 TSSS 丛代数的丛变量的 Laurent 展开式的正性猜想, 构造了多面体基, 它是二维情况的膨胀基的推广, 还给出了 $g$-向量、$F$-多项式、丛变量之间的一一对应关系, 以及它们对 $d$-向量的决定关系, 并作为推论, 证明了 $d$-向量的正性猜想. 从这个研究工作看, 多面体方法对于丛代数的一些重要性质刻画非常有效, 所以这个方法是非常值得进一步发展的.

### B. 本书内容及撰写思路介绍

我们这本书将介绍丛代数的一些基本理论以及部分专题研究的内容. 除了前言外, 正文部分共分 16 章.

从前面对丛代数的概述, 可见丛代数与数学的许多领域都有交叉结合, 所以涉及的方法非常多. 其中许多涉及的领域和方法, 不是我们熟悉和擅长的, 所以暂时没有写入本书. 也有一些方面, 虽然我们已经开展了比较成熟的工作 (比如丛代数的多面体方法), 但如要完整写下来会占用太多的篇幅, 所以这次就不涉及了.

目前我们已经写入书中的内容已经涉及了不少方面, 各章节先后顺序的安排, 充分考虑了内容上的逻辑关系, 知识点的先后引用的需要, 等等. 但它们的方法各有特点, 是先后交错的. 下面我们来梳理一下, 帮助读者从方法和特点上有个更好的理解.

这个理论被称为 "丛代数", 当然它首先是作为结合代数领域的一个方向, 所以代数方法的内容涉及相对较多, 这方面包括第 1, 4, 10, 11 章. 其中, 第 1 章就是定义丛代数作为有理函数域上的子代数; 而量子丛代数作为量子环面代数的子代数, 是丛代数的量子化. 第 4 章研究的是丛代数之间的丛同态, 从而引出了丛子结构和商结构. 第 10,11 章的重点在于考虑丛代数的线性无关集和基的问题, 以及它作为 Laurent 多项式的真 Laurent 单项式性质及其组合性质——分母向量的正性——的刻画.

就像在第 1 章引入丛代数时看到的, 我们首先给出了丛模式, 并且说明了丛模式和丛代数之间可以相互决定. 而丛模式其实是由一个正则树决定的组合结构. 这就决定了, 丛代数的研究中的另一个重要方法是组合方法. 这在我们的书中也充分地体现了出来, 涉及组合方法的内容包括第 2, 3, 6, 8 章. 其中, 第 2, 3 章讨论了丛代数的种子组成的换位图和换位矩阵的基本性质, 然后在第 8 章, 利用换位矩阵对应的 Cartan 矩阵的 Coxeter 图的分类或换位矩阵对应的赋权箭图的分类, 分别通过对换位图和换位矩阵在变异换位下的有限性的刻画, 给出了有限型和有限变异型丛代数; 第 6 章体现了丛代数研究的独特性, 即通过几类重要的组合参数, 包括 $d$-向量、$c$-向量、$g$-向量和 $F$-多项式等及其相互的关系, 对丛变量和种子等丛代数的关键架构, 给出了描述. $d$-向量的正性则在第 10 章中, 利用代数方法和散射图理论给出了证明.

第 5 章介绍的覆盖理论, 用组合方法从局部有限箭图到 (无圈) 符号斜对称矩阵, 建立了折叠关系. 关键在于, 折叠可以延拓为从斜对称丛代数到符号斜对称丛代数的代数满同态, 从而将斜对称丛代数的代数性质 (比如丛变量的正性) 传递到符号斜对称丛代数. 所以这一章可以看作组合方法和代数方法的融合.

第 10 章的丛代数结构唯一性定理, 是一个很基本的结论, 证明了由丛变量集给出丛集的唯一性, 它事实上说明了丛代数的代数结构与组合结构是相互唯一决定的. 这个结论说明了组合方法和代数方法对于丛代数的同等重要性.

丛代数与拓扑, 具体地说, 与黎曼面的关系, 是非常深刻的一个方面, 这就是书中的第 7 章的内容. 这里给出的黎曼面及其三角剖分构造的丛代数, 可以给出第 8 章中的有限变异型丛代数在斜对称情形的完整刻画. 这一方法, 给了我们对丛代数的种子变异的新认识, 就是对应三角剖分之间的翻转, 这对人们在各种现象中寻找、实现丛结构是一个启示. 再借助于蛇图及其完美匹配, 可以对来自曲面的丛代数的丛变量的 Laurent 多项式展开给出具体的表达. 从黎曼面出发, 利用曲面上的本质闭环及自相交曲线的光滑化给出的纠结关系, 在第 11 章中, 给出了来自曲面的丛代数的所谓圈镯基、环链基和链带基, 这是代数性质的拓扑实现的一个实例.

第 9 章介绍散射图理论, 它是几何中与镜面对称理论相关的重要方法. 由于丛代数的丛变量的 $G$-矩阵可以构成散射图的可达胞腔, 从而散射图理论被用于丛代数的研究, 并发挥了重要的作用. 本书中给出的两个实例就是: 在第 10 章用散射图方法证明了 $d$-向量的正性, 及在第 11 章用可斜对称化丛代数的散射图的 Theta 函数, 给出了丛代数的 Theta 基.

丛代数与表示论的关系, 是通过丛代数的范畴化来实现的. 但本书不涉及丛代数的张量范畴化. 第 13 章我们介绍了丛代数的加法范畴化, 即通过丛倾斜对象的变异来实现的丛结构. 这一关系, 不但推动了结合代数表示论的发展, 反过来也可以帮助证明丛代数本身的一些重要性质的研究, 比如这一章中给出的 $g$-向量符号一致性和 $F$-多项式常数项为 1 的证明.

量子丛代数的引入, 原本就是希望实现各类量子群上的丛结构. 但遗憾的是, 除了最简单的情况, 比如第 1 章中的量子矩阵代数 $\mathbb{C}[SL_q(2)]$, 其本身上有丛结构外, 一般的量子群只能通过寻找其上的部分结构或特别构作来实现丛结构. 我们在第 12 章中给出的量子重 Bruhat 胞腔上的量子丛结构就是这样的情况.

量子群与丛结构的另一联系, 是作为丛代数的张量范畴化理论的一部分, 通过量子群上的表示范畴的张量范畴结构来实现的. 这个专题本书没有介绍.

丛代数的丛变量和它的系数之间, 具有某种意义下的 "对偶" 性. 比如, 第 1 章和第 14 章分别引入的 $Y$-模式和 $\hat{Y}$-模式及其变异, 可以在某些情况下去理解它们与对应的丛模式及其变异的 "对偶" 意义. 我们在第 14 章对 $Y$-模式和 $\hat{Y}$-模式的关系有解释, 并且用投射线构形给出了 $\hat{Y}$-模式的实现. 这为丛代数理论与凝聚层理论的联系开出了一个窗口.

正如席南华院士在给本书写的"序言"中所说, 丛代数产生的动机, 是研究李群坐标代数或量子包络代数的对偶典范基, 以此为典范基的计算提供帮助[70]. 本书的第 15 章介绍了丛代数的另一重要动机, 就是用丛代数研究矩阵的全正性. 随着丛变量 Laurent 展开的正性获得完全的证明 (见第 5 章介绍), 现在丛代数方法与表示论中的正性问题的联系, 正变得愈发密切.

本书的最后一章, 即第 16 章, 介绍了丛代数用于数论中丢番图方程和 Somos 序列的研究, 以及给 Fermat 数提供了一个独特的理解. 从这部分内容, 结合我们平时对这方面的研究, 可以发现, 丛代数与数论的结合是很自然的, 取决于对丛变量 (对应方程的未知元) 的变异公式中所蕴含的对称性及以此在群作用下的不变性的理解. 我们相信, 随着对这一方法理解的深入, 这两个理论的结合将产生新的研究增长点.

李　方　　　黄　敏

(浙江大学)　(中山大学)

2023 年 2 月

致谢: 本书的写作和出版得到了国家自然科学基金项目 (No.12131015, No.12071422 和 No.12101617)、广东省自然科学基金面上项目 (No.2021A1515012035)、2021 年度国家科学技术学术著作出版基金项目和浙江大学双一流经费校级研究生教材建设项目的资助, 在此表示衷心感谢.

# 目　　录

# Contents

(Fang Li, Min Huang)

# 第 1 章   丛模式和丛代数

## 1.1   丛模式和丛代数的定义和例子

先举一个简单的例子.

**例 1.1**   令 $\mathbb{T}_2$ 是 2-正则树:

$$\cdots \underset{t_{-2}}{\bullet} \quad\rule{1cm}{0.4pt}\quad \underset{t_{-1}}{\bullet} \quad\rule{1.5cm}{0.4pt}\quad \underset{t_{0}}{\bullet} \quad\rule{1cm}{0.4pt}\quad \underset{t_{1}}{\bullet} \quad\rule{1cm}{0.4pt}\quad \underset{t_{2}}{\bullet} \quad\rule{1cm}{0.4pt}\quad \bullet \cdots$$

设 $x_1, x_2$ 为两个可交换的代数独立的变量, 简称独立变量 (本书中以后所提独立变量都指代数独立的). 对任意 $m \in \mathbb{Z}$, 递归地令 $x_m = \dfrac{x_{m-1}+1}{x_{m-2}}$. 在每个顶点 $t_i (i \in \mathbb{Z})$ 上放置变量集 $X(t_i) = \{x_{i+1}, x_{i+2}\}$. 特别地,

(1) $X(t_0) = \{x_1, x_2\}$;

(2) $x_3 = \dfrac{x_2+1}{x_1}$, 故 $X(t_1) = \left\{ x_2, \dfrac{x_2+1}{x_1} \right\}$;

(3) $x_4 = \dfrac{x_3+1}{x_2} = \dfrac{x_1+x_2+1}{x_1 x_2}$, 故 $X(t_2) = \left\{ \dfrac{x_2+1}{x_1}, \dfrac{x_1+x_2+1}{x_1 x_2} \right\}$;

(4) $x_5 = \dfrac{x_4+1}{x_3} = \dfrac{x_1+1}{x_2}$, 故 $X(t_3) = \left\{ \dfrac{x_1+x_2+1}{x_1 x_2}, \dfrac{x_1+1}{x_2} \right\}$;

(5) $x_6 = \dfrac{x_5+1}{x_4} = x_1$, 故 $X(t_4) = \left\{ \dfrac{x_1+1}{x_2}, x_1 \right\}$;

(6) $x_7 = \dfrac{x_6+1}{x_5} = x_2$, 故 $X(t_5) = \{x_1, x_2\} = X(t_0)$;

(7) $X(t_6) = X(t_1), X(t_7) = X(t_2), \cdots$.

同理, 在 $t_0$ 的另一方向, 我们有 $X(t_{-1}) = X(t_4), X(t_{-2}) = X(t_3), \cdots$.

由所有变量 $\{x_m | m \in \mathbb{Z}\}$ 生成的 $\mathbb{Q}$-代数 $\mathscr{A} = \mathbb{Q}\left[ x_1, x_2, \dfrac{x_2+1}{x_1}, \dfrac{x_1+x_2+1}{x_1 x_2}, \right.$

$\left. \dfrac{x_1+1}{x_2} \right]$ 就是一个丛代数 (cluster algebra) 的例子. 它是有理分式域 $\mathbb{Q}(x_1, x_2)$ 的

一个 $\mathbb{Q}$-子代数, 且易见, $\mathscr{A}$ 的每个元素都是关于 $x_1, x_2$ 的一个 Laurent 多项式, 即 $\mathscr{A} \subset \mathbb{Q}[x_1, x_1^{-1}, x_2, x_2^{-1}]$.

注意到点 $t_5$ 上的变量集 $X(t_5)$ 回到了 $t_0$ 上的初始集 $X(t_0)$. 这是个特别的例子, 是以后要讲的 "有限型" 丛代数的例子.

下面给出丛代数的一般定义.

我们首先引入符号斜对称矩阵以及变异.

我们称一个 $n \times n$ 的整数矩阵 $B = (b_{ij}) \in \mathrm{Mat}_{n \times n}(\mathbb{Z})$ 为**符号斜对称的** (sign-skew-symmetric), 如果对任意 $i, j$, 我们有 $b_{ij}$ 和 $b_{ji}$ 要么同时为 0, 要么符号相反.

对于 $a \in \mathbb{R}$, 记

$$[a]_+ = \begin{cases} a, & \text{若 } a \geqslant 0, \\ 0, & \text{若 } a < 0, \end{cases} \qquad [a]_- = \begin{cases} 0, & \text{若 } a > 0, \\ a, & \text{若 } a \leqslant 0, \end{cases} \qquad \mathrm{sgn}(a) = \begin{cases} 1, & \text{若 } a > 0, \\ 0, & \text{若 } a = 0, \\ -1, & \text{若 } a < 0. \end{cases}$$

对正整数 $n$, 通常我们用 $[1, n]$ 表示集合 $\{1, \cdots, n\}$.

**定义 1.1**　令 $B = (b_{ij}) \in \mathrm{Mat}_{n \times n}(\mathbb{Z})$ 是一个符号斜对称矩阵, 对任意 $k \in [1, n]$, 定义矩阵 $B$ 在方向 $k$ 的**变异** (mutation) 得到的矩阵为 $B' = (b'_{ij})$, 其中

$$b'_{ij} = \begin{cases} -b_{ij}, & \text{若 } i = k \text{ 或 } j = k, \\ b_{ij} + \mathrm{sgn}(b_{ik})[b_{ik}b_{kj}]_+, & \text{否则}. \end{cases} \tag{1.1}$$

将 $B'$ 记作 $\mu_k(B)$.

**习题 1.1**　证明矩阵变异是一个对合 (involution), 即若 $B$ 和 $\mu_k(B)$ 是符号斜对称的, 那么 $\mu_k\mu_k(B) = B$.

**定义 1.2**　一个符号斜对称矩阵 $B$ 被称为**完全符号斜对称的** (totally sign-skew-symmetric), 如果 $B$ 作任意步变异都是符号斜对称的.

我们称两个符号斜对称矩阵 $B, B'$ **变异等价的** (mutation equivalent), 如果 $B'$ 可以通过 $B$ 作有限步变异得到.

**定义 1.3**　我们将一个 $n \times n$ 整数矩阵 $B = (b_{ij})_{n \times n}$

(1) 称为**斜对称的** (skew-symmetric), 若 $B^\top = -B$.

(2) 称为**可斜对称化的** (skew-symmetrizable), 若存在一个正整数对角阵 $D$, 使得 $DB = (d_i b_{ij})_{n \times n}$ 是斜对称的, 这时, 称 $D$ 是 $B$ 的斜对称化子 (skew-symmetrizer).

斜对称矩阵总是可斜对称化的, 它的斜对称化子是单位矩阵. 并且, 可斜对称化矩阵总是符号斜对称矩阵, 因为 $d_i b_{ij} = -d_j b_{ji}, \forall i, j \in [1, n]$ 推出: 或 $b_{ij}$ 和 $b_{ji}$ 同时为 0, 或 $b_{ij}b_{ji} < 0$.

我们将在第 3 章中给出完全符号斜对称矩阵及其特例斜对称阵和可斜对称化矩阵的更多讨论.

接着, 我们引入半域 (semifield) 的概念. 一个**半域**是一个三元组 $(\mathbb{P}, \oplus, \cdot)$, 或者简记为 $\mathbb{P}$, 其中 $(\mathbb{P}, \cdot)$ 为一个交换乘法群, $(\mathbb{P}, \oplus)$ 为一个交换加法半群并且乘法关于加法满足左右分配律. 常见的半域有泛半域 (universal semifield) 和热带半域 (tropical semifield).

**定义 1.4** 取定 $v_1, \cdots, v_m$ 为 $m$ 个交换的独立变量.

(1) 设 $\mathbb{Q}_{sf}(v_1, \cdots, v_m) = \left\{ \dfrac{f(v_1, \cdots, v_m)}{g(v_1, \cdots, v_m)} | f, g \in \mathbb{Z}_{\geqslant 0}[v_1, \cdots, v_m], g \neq 0 \right\}$, 则 $\mathbb{Q}_{sf}(v_1, \cdots, v_m)$ 关于通常的加法和乘法构成一个半域, 称为**泛半域**.

(2) 由 $v_1, \cdots, v_m$ 生成的**热带半域**为半域 $(\mathbb{P}, \oplus, \cdot)$, 其中

- $(\mathbb{P}, \cdot)$ 为由 $v_1, \cdots, v_m$ 生成的自由交换乘法群;

- 对 $\mathbb{P}$ 中任意两个元素 $v_1^{a_1} v_2^{a_2} \cdots v_m^{a_m}, v_1^{b_1} v_2^{b_2} \cdots v_m^{b_m}$, 定义加法 $\oplus$ 为

$$v_1^{a_1} v_2^{a_2} \cdots v_m^{a_m} \oplus v_1^{b_1} v_2^{b_2} \cdots v_m^{b_m} = v_1^{\min\{a_1,b_1\}} v_2^{\min\{a_2,b_2\}} \cdots v_m^{\min\{a_m,b_m\}},$$

记作 $\mathbb{P} = \mathrm{trop}(v_1, \cdots, v_m)$. 特别地, 当 $m = 0$ 时, 得到的热带半域仅含一个元素 1.

当 $\mathbb{P} = \mathrm{trop}(v_1, \cdots, v_m)$ 为热带半域时, 群环 $\mathbb{ZP} = \mathbb{Z}[v_1^{\pm 1}, \cdots, v_m^{\pm 1}]$ 恰为关于 $v_1, \cdots, v_m$ 的 Laurent 多项式环.

**注 1.1** 令 $(\mathbb{P}, \oplus, \cdot)$ 是一个半域, 则

(1) $(\mathbb{P}, \cdot)$ 作为一个交换乘法群是无扭的 (torsion-free). 事实上, 假设存在 $k \in \mathbb{N}, x \in \mathbb{P}$ 使得 $x^k = 1$, 那么

$$x = \frac{x^k \oplus x^{k-1} \oplus \cdots \oplus x}{x^{k-1} \oplus \cdots \oplus x \oplus 1} = \frac{x^{k-1} \oplus x^{k-2} \oplus \cdots \oplus 1}{x^{k-1} \oplus x^{k-2} \oplus \cdots \oplus 1} = 1.$$

(2) 群环 $\mathbb{QP}$ 是一个整环.

**习题 1.2** 证明注 1.1 (2) 的结论.

给定一个半域 $(\mathbb{P}, \oplus, \cdot)$ 以及正整数 $n$, 设 $u_1, u_2, \cdots, u_n$ 为 $n$ 个独立变量. 令 $\mathcal{F} = \mathbb{QP}(u_1, \cdots, u_n)$, 以 $\mathbb{QP}$ 为系数环, 关于 $u_1, \cdots, u_n$ 的所有有理函数构成有理函数域. 注意到, $\mathcal{F}$ 中的运算与 $\mathbb{P}$ 中的运算 $\oplus$ 无关.

**定义 1.5** 半域 $\mathbb{P}$ 中的一个**标记 $Y$-种子** (labeled $Y$-seed), 简称为 $Y$-种子, 是一个二元对 $(Y, B)$, 其中

(1) $Y = (y_1, \cdots, y_n)$ 是 $\mathbb{P}$ 中的一个有序 $n$ 元组;

(2) $B = (b_{ij}) \in \mathrm{Mat}_{n \times n}(\mathbb{Z})$ 是一个 $n \times n$ 的完全符号斜对称矩阵.

域 $\mathcal{F}$ 中的一个**标记种子** (labeled seed), 简称为种子, 是一个三元组 $(X, Y, B)$, 其中

(1) $(Y, B)$ 是一个标记 $Y$-种子;

(2) $X = (x_1, x_2, \cdots, x_n)$ 是 $\mathcal{F}$ 中的一个有序 $n$ 元组, 使得 $x_1, \cdots, x_n$ 自由生成 $\mathcal{F}$, 即 $x_1, \cdots, x_n$ 代数独立且 $\mathcal{F} = \mathbb{QP}(x_1, \cdots, x_n)$.

我们称 $X$ 为**丛** (cluster), $X$ 中的元素为**丛变量** (cluster variable), $Y$ 为**系数组** (coefficient tuple), 矩阵 $B$ 为**换位矩阵** (exchange matrix).

**定义 1.6**　令 $(Y, B)$ 是 $\mathbb{P}$ 中的一个标记 $Y$-种子, 对任意 $k \in [1, n]$, 在方向 $k$ 的**变异** (mutation) $\mu_k$ 将 $Y$-种子 $(Y, B)$ 变为 $Y$-种子 $\mu_k(Y, B) = (Y', B')$, 其中

(1) $B' = \mu_k(B)$;

(2) 系数组 $Y' = (y'_1, \cdots, y'_n)$ 满足

$$y'_j = \begin{cases} y_k^{-1}, & \text{若 } j = k, \\ y_j y_k^{[b_{kj}]_+} (y_k \oplus 1)^{-b_{kj}}, & \text{若 } j \neq k. \end{cases} \tag{1.2}$$

**定义 1.7**　令 $(X, Y, B)$ 是 $\mathcal{F}$ 中的一个标记种子, 对任意 $k \in [1, n]$, 在方向 $k$ 的**种子变异** (seed mutation) $\mu_k$ 将种子 $(X, Y, B)$ 变为种子 $\mu_k(X, Y, B) = (X', Y', B')$, 其中

(1) $(B', Y') = \mu_k(B, Y)$;

(2) 丛 $X' = (x'_1, \cdots, x'_n)$ 满足

$$x'_i = \mu_k(x_i) := \begin{cases} x_i, & \text{若 } i \neq k, \\ \dfrac{y_k \prod\limits_{j=1}^{n} x_j^{[b_{jk}]_+} + \prod\limits_{j=1}^{n} x_j^{[-b_{jk}]_+}}{(y_k \oplus 1) x_k}, & \text{若 } i = k. \end{cases} \tag{1.3}$$

**习题 1.3**　证明种子变异是一个对合, 即 $\mu_k \mu_k(X, Y, B) = (X, Y, B)$.

我们称两个种子 $\Sigma$ 与 $\Sigma'$ 是**变异等价**的 (mutation equivalent), 如果 $\Sigma'$ 可以通过 $\Sigma$ 作有限步变异得到. 因为种子变异是对合的, 故变异等价是一个等价关系.

对 $n \in \mathbb{N}$, 令 $\mathbb{T}_n$ 是 $n$-正则树, 即: 一个每个顶点的度均为 $n$ 的无圈图. 分别用指标 $1, 2, \cdots, n$ 标记其每个顶点的 $n$ 个连边, 如图 1.1 所示.

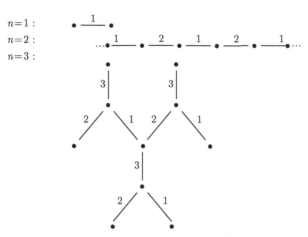

$$n=1:$$
$$n=2:$$
$$n=3:$$

图 1.1 度为 1, 2, 3 的正则树

**定义 1.8** 一个秩为 $n$ 的**丛模式** (cluster pattern) (分别地, $Y$-**模式** ($Y$-pattern)) 为将正则树 $\mathbb{T}_n$ 的每一个顶点 $t$ 上均放一个种子 $\Sigma_t = (X(t), Y(t), B_t)$ (分别地, $Y$-种子 $(Y(t), B_t)$)), 并且对 $\mathbb{T}_n$ 中的任意边 $t \overset{k}{\longrightarrow} t'$, 我们有

$$\mu_k(\Sigma_t) = \Sigma_{t'} \qquad (分别地, \quad \mu_k(Y(t), B_t) = (Y(t'), B_{t'})).$$

记 $X(t) = (x_{1,t}, x_{2,t}, \cdots, x_{n,t}), Y(t) = (y_{1,t}, y_{2,t}, \cdots, y_{n,t}), B_t = (b_{ij}^t)$.

**注 1.2** 由定义可知, 一个丛模式唯一地由任意顶点 $t$ 上放的种子决定.

**注 1.3** 令 $\mathbb{P} = \{1\}$, $n = 2$, $B = \begin{pmatrix} 0 & 1 \\ -1 & 0 \end{pmatrix}$. 设 $\mathcal{M}$ 为在 $t_0$ 处放种子 $((x_1, x_2), (1,1), B)$ 的丛模式. 那么对于任意 $t \in \mathbb{T}_n$, $t$ 处放的丛与例 1.1 中一致.

**定义 1.9** 给定一个秩为 $n$ 的丛模式, 记

$$\mathcal{X} = \bigcup_{t \in T_n} X(t) = \{x_{i,t} | t \in \mathbb{T}_n, 1 \leqslant i \leqslant n\}$$

为丛模式中所有种子的丛变量的集合. 该丛模式决定的秩为 $n$ 的**丛代数** (cluster algebra) $\mathcal{A}$ 定义为 $\mathbb{ZP}[\mathcal{X}]$, 即 $\mathcal{F}$ 的由 $\mathcal{X}$ 生成的 $\mathbb{ZP}$-子代数. 这时 $\mathbb{ZP}$ 被称为 $\mathcal{A}$ 的**系数环**.

对任意 $t \in \mathbb{T}_n$, 我们称种子 $\Sigma_t$ 为丛代数 $\mathcal{A}$ 的一个**种子**, 称种子 $\Sigma_t$ 的丛 $X(t)$ 为 $\mathcal{A}$ 的一个**丛**, 其任一丛变量 $x_{i,t}$ 为丛代数 $\mathcal{A}$ 的一个**丛变量**, $\Sigma_t$ 的换位矩阵 $B_t$ 为 $\mathcal{A}$ 的一个**换位矩阵**.

对于任意一个整环 $K$ (如有理数域 $\mathbb{Q}$ 和复数域 $\mathbb{C}$), 我们也称

$$\mathcal{A}_K = \mathcal{A} \otimes_{\mathbb{ZP}} K\mathbb{P} \tag{1.4}$$

为一个 $K$ 上的丛代数, 或称**$K$-丛代数**.

根据定义, 对任意 $t \in \mathbb{T}_n$, 一个秩为 $n$ 的丛代数完全由其在 $t$ 处的种子决定. 因此, 当我们取定丛代数的某个种子来作为决定这个丛代数的出发点时, 我们亦称该种子为这个丛代数的**初始种子** (initial seed), 而这个种子的丛称为丛代数的**初始丛** (initial cluster).

接下来, 我们介绍一类特殊的丛代数——几何型丛代数.

**定义 1.10**　丛模式 $\mathcal{M}$ 和它决定的丛代数 $\mathcal{A}(\mathcal{M})$ 被称为**几何型的** (geometric type), 如果半域 $\mathbb{P}$ 是一个热带半域, 即存在 $m \geqslant 0$, $m$ 个独立变量 $\{x_{n+1}, x_{n+2}, \cdots, x_{n+m}\}$ 使得 $\mathbb{P} = \text{trop}(x_{n+1}, \cdots, x_{n+m})$. 此时, $\{x_{n+1}, x_{n+2}, \cdots, x_{n+m}\}$ 中的元素被称为**冰冻变量** (frozen variables), $\widetilde{X}(t) = X(t) \cup \{x_{n+1}, x_{n+2}, \cdots, x_{n+m}\}$ 称为一个**扩张丛** (extended cluster).

当 $\mathcal{M}$ 是一个几何型丛模式时, 设 $\mathbb{P} = \text{trop}(x_{n+1}, \cdots, x_{n+m})$, 对任意 $t \in \mathbb{T}_n, i \in \{n+1, \cdots, n+m\}, j \in [1, n]$, 存在 $c_{ij}^t \in \mathbb{Z}$ 使得

$$y_{j,t} = x_{n+1}^{c_{1j}^t} x_{n+2}^{c_{2j}^t} \cdots x_{n+m}^{c_{mj}^t}. \tag{1.5}$$

因此, 系数组 $Y(t)$ 与一个 $m \times n$ 的整数矩阵 $C_t = (c_{ij}^t)$ 相互唯一决定.

关于几何型的丛代数, 我们有如下等价描述.

**定理 1.1**　令 $\mathbb{P} = \text{trop}(x_{n+1}, \cdots, x_{n+m})$, 那么 $\mathcal{M} = (X(t), Y(t), B_t)_{t \in \mathbb{T}_n}$ 构成半域 $\mathbb{P}$ 上的几何型丛模式当且仅当对任意 $t \in \mathbb{T}_n$ 存在整数矩阵 $C_t = (c_{ij}^t) \in \text{Mat}_{m \times n}(\mathbb{Z})$ 使得

(1) 对任意 $t \in \mathbb{T}_n, j \in [1, n]$, $y_{j,t} = x_{n+1}^{c_{1j}^t} x_{n+2}^{c_{2j}^t} \cdots x_{n+m}^{c_{mj}^t}$.

(2) 对任意 $\mathbb{T}_n$ 中的边 $t \overset{k}{\longrightarrow} t'$, 我们有

(i) $\mu_k(B_t) = B_{t'}$;

(ii) 矩阵 $C_t$ 和 $C_{t'}$ 满足关系:

$$c_{ij}^{t'} = \begin{cases} -c_{ij}^t, & \text{若 } j = k, \\ c_{ij}^t + \text{sgn}(c_{ik}^t)[c_{ik}^t b_{kj}^t]_+, & \text{否则}. \end{cases} \tag{1.6}$$

(iii) 丛 $X(t)$ 和 $X(t')$ 满足关系:

$$x_{i,t'} = \begin{cases} x_{i,t}, & \text{若 } i \neq k, \\ \dfrac{\prod_{j=1}^{n} x_{j,t}^{[b_{jk}^t]_+} \prod_{j'=1}^{m} x_{n+j'}^{[c_{j'k}^t]_+} + \prod_{j=1}^{n} x_{j,t}^{[-b_{jk}^t]_+} \prod_{j'=1}^{m} x_{n+j'}^{[-c_{j'k}^t]_+}}{x_{k,t}}, & \text{若 } i = k. \end{cases} \tag{1.7}$$

**证明** （⇒）当 $j = k$ 时，由于 $y_{k,t'} = x_{n+1}^{c_{1k}^{t'}} x_{n+2}^{c_{2k}^{t'}} \cdots x_{n+m}^{c_{mk}^{t'}}$，$(y_{k,t})^{-1} = x_{n+1}^{-c_{1k}^t} x_{n+2}^{-c_{2k}^t}$ $\cdots x_{n+m}^{-c_{mk}^t}$，根据等式 (1.2)，对任意 $i \in \{1, \cdots, m\}$，我们有 $c_{ik}^{t'} = -c_{ik}^t$.

现在考虑 $j \neq k$ 时，由于

$$y_{k,t} \oplus 1 = x_{n+1}^{c_{1k}^t} x_{n+2}^{c_{2k}^t} \cdots x_{n+m}^{c_{mk}^t} \oplus 1 = \prod_{i=1}^{m} x_{n+i}^{[c_{ik}^t]_-}, \tag{1.8}$$

因此,

$$y_{j,t} y_{k,t}^{[b_{kj}^t]_+} (y_{k,t} \oplus 1)^{-b_{kj}^t} = \prod_{i=1}^{m} x_{n+i}^{c_{ij}^t} \prod_{i=1}^{m} x_{n+i}^{c_{ik}^t [b_{kj}^t]_+} \prod_{i=1}^{m} x_{n+i}^{(-b_{kj}^t)[c_{ik}^t]_-}$$

$$= \prod_{i=1}^{m} x_{n+i}^{c_{ij}^t + c_{ik}^t [b_{kj}^t]_+ + (-b_{kj}^t)[c_{ik}^t]_-}.$$

由于 $y_{j,t'} = x_{n+1}^{c_{1j}^{t'}} x_{n+2}^{c_{2j}^{t'}} \cdots x_{n+m}^{c_{mj}^{t'}}$，根据等式 (1.2)，我们得到

$$c_{ij}^{t'} = c_{ij}^t + c_{ik}^t [b_{kj}^t]_+ + (-b_{kj}^t)[c_{ik}^t]_-$$

$$= c_{ij}^t + \operatorname{sgn}(c_{ik}^t)[c_{ik}^t b_{kj}^t]_+.$$

因此等式 (1.6) 成立.

另外，根据等式 (1.8)，我们有

$$\frac{y_{k,t} \prod x_{j,t}^{[b_{jk}^t]_+} + \prod x_{j,t}^{[-b_{jk}^t]_+}}{(y_{k,t} \oplus 1)x_{k,t}} = \frac{\prod_{j'=1}^{m} x_{n+j'}^{c_{j'k}^t} \prod x_{j,t}^{[b_{jk}^t]_+} + \prod x_{j,t}^{[-b_{jk}^t]_+}}{\left(\prod_{j'=1}^{m} x_{n+j'}^{[c_{j',k}^t]_-}\right) x_{k,t}}$$

$$= \frac{\prod_{j=1}^{n} x_{j,t}^{[b_{jk}^t]_+} \prod_{j'=1}^{m} x_{n+j'}^{[c_{j'k}^t]_+} + \prod_{j=1}^{n} x_{j,t}^{[-b_{jk}^t]_+} \prod_{j'=1}^{m} x_{n+j'}^{[-c_{j'k}^t]_+}}{x_{k,t}}.$$

根据等式 (1.3)，我们有等式 (1.7) 成立.

（⇐）同理可证. □

当 $\mathbb{P} = \operatorname{trop}(x_{n+1}, \cdots, x_{n+m})$ 时，$\mathcal{F} = \mathbb{Q}(u_1, \cdots, u_n, x_{n+1}, \cdots, x_{n+m})$. 根据定理 1.1，$\mathcal{F}$ 中的一个几何型的种子我们现在可以表示为一个二元组种子 $(\widetilde{X}(t), \widetilde{B}_t)$，其中

(i) $\widetilde{X}(t) = \{x_{1,t}, \cdots, x_{n,t}, x_{n+1}, \cdots, x_{n+m}\}$ 使得

$$\mathcal{F} = \mathbb{Q}(x_{1,t}, \cdots, x_{n,t}, x_{n+1}, \cdots, x_{n+m}).$$

我们称 $\widetilde{X}(t)$ 为**扩张丛**, 其中 $x_i, i = 1, \cdots, n$ 被称为**换位变量**, $x_{n+i}, i = 1, \cdots, m$ 被称为**冰冻变量**;

(ii) $\widetilde{B}_t = \begin{pmatrix} B_t \\ C_t \end{pmatrix} = (b_{ij}^t)$ 是一个 $(n+m) \times n$ 的整系数矩阵, 其中换位矩阵 $B_t \in \mathrm{Mat}_{n \times n}(\mathbb{Z})$ 是一个完全符号斜对称整数矩阵. $\widetilde{B}_t$ 称为**扩张换位矩阵**, $C_t$ 称为 **C-矩阵**.

**注 1.4**　在以前文献中, 人们是把带主系数的丛代数 (即总有一个种子的扩张换位矩阵的 $C_{t_0}$ 是一个单位矩阵, 见定义 1.12) 的扩张换位矩阵的 $C_t$ 才称为 C-矩阵. 我们这里是把 C-矩阵的说法一般化了.

由原来三元组种子的情况, 我们可以给出二元组种子的种子变异等相应定义.

**定义 1.11**　令 $(\widetilde{X}, \widetilde{B})$ 是一个几何型的种子. 对任意 $k \in [1, n]$, 在方向 $k$ 的**种子变异** (seed mutation) $\mu_k$ 将种子 $(\widetilde{X}, \widetilde{B})$ 变为种子 $\mu_k(\widetilde{X}, \widetilde{B}) = (\widetilde{X}', \widetilde{B}')$, 其中

(1) $\widetilde{B}' = (b_{ij}') \in \mathrm{Mat}_{(n+m) \times n}(\mathbb{Z})$ 满足

$$b_{ij}' = \begin{cases} -b_{ij}, & \text{若 } i = k \text{ 或 } j = k, \\ b_{ij} + \mathrm{sgn}(b_{ik})[b_{ik}b_{kj}]_+, & \text{否则}. \end{cases} \tag{1.9}$$

记 $\widetilde{B}'$ 为 $\mu_k(\widetilde{B})$.

(2) $\widetilde{X}' = (x_1', \cdots, x_n', x_{n+1}', \cdots, x_{n+m}')$ 满足

$$x_i' = \mu_k(x_i) := \begin{cases} x_i, & \text{若 } i \neq k, \\ \dfrac{\prod\limits_{j=1}^{n+m} x_j^{[b_{jk}]_+} + \prod\limits_{j=1}^{n+m} x_j^{[-b_{jk}]_+}}{x_k}, & \text{若 } i = k. \end{cases} \tag{1.10}$$

注意到, 种子变异中冰冻变量是不会变化的.

由此, 我们可以重新理解几何型情况下的丛模式, 即: 半域 $\mathbb{P} = \mathrm{trop}(x_{n+1}, \cdots, x_{n+m})$ 上的一个秩为 $n$ 的**几何型丛模式**为将正则树 $\mathbb{T}_n$ 的每一个顶点 $t$ 上均放一个几何型种子 $\Sigma_t = (\widetilde{X}(t), \widetilde{B}_t)$, 使得对任意 $\mathbb{T}_n$ 中的边 $t \overset{k}{\longrightarrow} t'$, 有 $\mu_k(\Sigma_t) = \Sigma_{t'}$.

这时记 $\mathcal{X} = \bigcup_{t \in \mathbb{T}_n} X(t) = \{x_{i,t} | t \in \mathbb{T}_n, 1 \leqslant i \leqslant n\}$ 为丛模式中所有种子中丛变量的集合. 那么该丛模式决定的秩为 $n$ 的**几何型丛代数** $\mathcal{A}$ 就是 $\mathbb{Z}[x_{n+1}^{\pm 1}, \cdots, x_{n+m}^{\pm 1}][\mathcal{X}]$, 即 $\mathcal{F}$ 的由 $\mathcal{X}$ 生成的 $\mathbb{Z}[x_{n+1}^{\pm 1}, \cdots, x_{n+m}^{\pm 1}]$-子代数.

对任意 $t \in \mathbb{T}_n$ 的种子 $\Sigma_t$ 的扩张丛 $\widetilde{X}(t)$ 和扩张换位矩阵 $\widetilde{B}_t$ 等, 我们统称为丛代数 $\mathcal{A}$ 的**扩张丛**和**扩张换位矩阵**.

**注 1.5**  特别地, 当 $m = 0$, $\mathbb{P} = \{1\}$ 时, 我们称 $\mathbb{P}$ 上的丛代数为**不带系数**或**带平凡系数**的丛代数. 如前面的例 1.1 就是一个不带系数丛代数的例子.

**注 1.6**  根据定义 1.9, 几何型丛代数的系数环应该取成 Laurent 多项式环 $\mathbb{Z}[x_{n+1}^{\pm 1}, \cdots, x_{n+m}^{\pm 1}]$, 有时我们也将系数环取成多项式环 $\mathbb{Z}[x_{n+1}, \cdots, x_{n+m}]$ 或根据需要取某个介于两者之间的环.

**例 1.2**  作为最简单的 (几何型) 丛代数, 考虑二阶特殊线性群 $SL_2$ 的坐标函数 $\mathcal{A}_{\mathbb{C}}$:

$$\mathcal{A}_{\mathbb{C}} = \mathbb{C}[SL_2] = \mathbb{C}[a, b, c, d]/(ad - bc - 1).$$

令 $x_1 = a, x_1' = d, x_2 = b, x_3 = c$, 则 $x_1 x_1' = x_2 x_3 + 1$, 故有丛 $X = \{x_1\}, X' = \{x_1'\}$, 冰冻部分 $X_{fr} = \{x_2, x_3\}$. 这时, $\mathcal{A}_{\mathbb{C}}$ 是秩为 1 的 (几何型) $\mathbb{C}$-丛代数, 它的正则树是 $\mathbb{T}_1$, $\widetilde{B} = \begin{pmatrix} 0 \\ 1 \\ 1 \end{pmatrix}$, 它的系数环是 $\mathbb{C}[b, c]$.

**习题 1.4**  证明变异 $\mu_k$ 在种子上的作用是对合的, 即: 对于任意 $k \in [1, n]$, 有 $\mu_k \mu_k = \mathrm{Id}$, 即: 对于任意 $t \in \mathbb{T}_n$ 及其上的种子 $\Sigma_t$, 有 $\mu_k \mu_k(\Sigma_t) = \Sigma_t$.

**例 1.3** [86]  考虑 Grassmannian $G(2, 4)$ 的齐次坐标环 $\mathbb{C}[G(2, 4)]$, 我们有

$$\mathbb{C}[\hat{G}(2, 4)] = \mathbb{C}[p_{13}, p_{24}, p_{12}, p_{23}, p_{34}, p_{14}]/ \sim,$$

其中 $p_{ij} = x_{1i} x_{2j} - x_{1j} x_{2i}$ 为 Plücker 坐标, 生成关系 "$\sim$" 为 Plücker 关系:

$$p_{13} p_{24} = p_{12} p_{34} + p_{14} p_{23}.$$

令 $x_1 = p_{13}, x_1' = p_{24}, x_2 = p_{12}, x_3 = p_{23}, x_4 = p_{34}, x_5 = p_{14}$, 则

$$x_1 x_1' = x_2 x_4 + x_3 x_5.$$

故有丛 $X = \{x_1\}, X' = \{x_1'\}$, 冰冻部分 $X_{fr} = \{x_2, x_3, x_4, x_5\}$. 这时, $\mathbb{C}[\hat{G}(2, 4)]$ 是秩为 1 的 ( 几何型 ) $\mathbb{C}$-丛代数, 它对应的正则树是 $\mathbb{T}_1$, $\widetilde{B} = \begin{pmatrix} 0 \\ 1 \\ -1 \\ 1 \\ -1 \end{pmatrix}$, 它的系数环是 $\mathbb{C}[p_{12}, p_{23}, p_{34}, p_{14}]$.

**习题 1.5** [86]  对任意 $n \geqslant 4$, 证明 Grassmannian $G(2,n)$ 的齐次坐标环具有丛代数结构.

**注 1.7**  对于任意 $k \leqslant n$, Scott[167] 证明了 Grassmannian $G(k,n)$ 的齐次坐标环具有丛代数结构, 进一步, 所有的 Plücker 坐标都是丛变量或者冰冻变量.

最后, 我们给出带主系数丛代数的定义, 其重要性将在后文中加以阐述.

**定义 1.12**  一个几何型丛模式 $\mathcal{M}$ 和它的丛代数 $\mathcal{A}(\mathcal{M})$ 被称为在 $t_0$ 处 (或在 $\Sigma_{t_0}$ 处) **带主系数** (principal coefficients) 的, 若冰冻变量个数 $m = n$, 并且

$$\widetilde{B}_{t_0} = \left( \begin{array}{c} B_{t_0} \\ I_n \end{array} \right).$$

我们称 $\mathcal{M}$ 和 $\mathcal{A}(\mathcal{M})$ 为**带主系数的**, 如果存在某个顶点 $t_0 \in \mathbb{T}_n$ 使得 $\mathcal{M}$ 和 $\mathcal{A}(\mathcal{M})$ 在 $t_0$ 处带主系数.

# 1.2  量子丛代数的定义和例子

由前面可知, 丛代数是由各方向均等地作变异产生变量而生成的一类交换代数. 这部分我们将讨论怎么给出丛模型下的非交换代数, 即量子丛代数.

对 $n, m \in \mathbb{N}$, 设 $\Lambda = (\lambda_{ij})$ 是一个 $n+m$ 阶斜对称整数方阵. 令 $\{e_i\}_{i=1}^{m+n}$ 是 $\mathbb{Z}^{n+m}$ 的标准基, 定义一个斜对称双线性型

$$\Lambda : \mathbb{Z}^{n+m} \times \mathbb{Z}^{n+m} \to \mathbb{Z},$$

使得 $\Lambda(e_i, e_j) = \lambda_{ij}$, 且对 $a = \sum_{i=1}^{n+m} a_i e_i, a' = \sum_{j=1}^{n+m} a'_j e_j$, 有

$$\Lambda(a, a') = \sum_{i,j=1}^{n+m} a_i a'_j \Lambda_t(e_i, e_j) = \sum_{i,j=1}^{n+m} a_i a'_j \lambda_{ij}.$$

**定义 1.13**  设 $v$ 为量子参数. 令 $\Lambda = (\lambda_{ij})$ 是一个 $n+m$ 阶斜对称整数方阵, $\Lambda$ 对应的**量子环面** (quantum torus) $\mathcal{T}_v(\Lambda)$ 为一个 $\mathbb{Z}[v, v^{-1}]$-代数, 满足如下条件:

(1) 作为一个 $\mathbb{Z}[v, v^{-1}]$-模, $\mathcal{T}_v(\Lambda)$ 是自由的并且有一组基

$$\{X^a | a \in \mathbb{Z}^{n+m}\};$$

(2) $\mathcal{T}_v(\Lambda)$ 的乘法满足

$$X^a X^{a'} = v^{\Lambda(a,a')} X^{a+a'}, \quad \forall a, a' \in \mathbb{Z}^{n+m}.$$

**定义 1.14** 给定一个 $(n+m) \times n$ 阶的整数矩阵 $\widetilde{B} = \begin{pmatrix} B \\ C \end{pmatrix}$ 以及斜对称矩阵 $\Lambda$, 我们称 $(\widetilde{B}, \Lambda)$ 是**相容的** (compatible), 如果存在正整数对角矩阵 $D = \begin{pmatrix} d_1 & & \\ & \ddots & \\ & & d_n \end{pmatrix}$, 使得

$$\Lambda^\top \widetilde{B} = \begin{pmatrix} D \\ O \end{pmatrix}_{(n+m) \times n},$$ (1.11)

其中 $B \in \mathrm{Mat}_{n \times n}(\mathbb{Z})$.

**命题 1.1** 设 $(\widetilde{B}, \Lambda)$ 是相容的, 那么 $\mathrm{rank}(\widetilde{B}) = n$, 并且 $\widetilde{B}$ 的主部分 $B$ 是可斜对称化的.

**证明** 由于 $D$ 是正整数对角矩阵, 那么 $\mathrm{rank}(D) = n$, 因此 $\mathrm{rank}(\widetilde{B}) = n$.
由 (1.11) 得

$$\widetilde{B}^\top \Lambda = \begin{pmatrix} D \\ O \end{pmatrix}^\top = (D^\top O) = (DO),$$

故

$$(DO)\widetilde{B} = \widetilde{B}^\top \Lambda \widetilde{B}.$$

因为 $\Lambda$ 是斜对称阵的, 所以 $(DO)\widetilde{B} = DB$ 是斜对称的, 从而 $B$ 是可斜对称化的. $\square$

由命题 1.1 知, 矩阵 $\widetilde{B}$ 要求是满秩并且可斜对称化的, 不能为一般的符号斜对称矩阵.

接下来我们给出量子种子的定义.

**定义 1.15** 一个量子种子 (quantum seed) 是一个三元组 $\Sigma = (\widetilde{X}, \widetilde{B}, \Lambda)$, 满足如下条件:

(1) $\widetilde{B} = \begin{pmatrix} B \\ C \end{pmatrix} \in \mathrm{Mat}_{(n+m) \times n}(\mathbb{Z})$;

(2) $\Lambda \in \mathrm{Mat}_{(n+m) \times (n+m)}(\mathbb{Z})$ 是一个斜对称矩阵并且对应量子环面 $\mathcal{T}_v(\Lambda)$;

(3) $\widetilde{X} = \{X_i | i = 1, \cdots, n+m\}$, 其中 $X_i = X^{e_i}, i \in \{1, \cdots, n+m\}$;

(4) $(\widetilde{B}, \Lambda)$ 是相容的.

由于矩阵 $\Lambda$ 的信息已包含在量子种子 $\Sigma$ 中, 所以后面我们也用 $\mathcal{T}_v(\Sigma)$ 代替 $\mathcal{T}_v(\Lambda)$ 来表达量子环面.

我们称 $\widetilde{X}$ 为**扩张 (量子) 丛**, $X = \{X_1, \cdots, X_n\}$ 为 **(量子) 丛**, $X_{fr} = \{X_{n+1}, \cdots, X_{n+m}\}$ 为**冰冻丛**, $X_i = X^{e_i}, i \in \{1, \cdots, n\}$ 为 **(量子) 丛变量**, $X_i = X^{e_i}, i \in \{n+1, \cdots, n+m\}$ 为 **(量子) 冰冻丛变量**, $\widetilde{B}$ 为**扩张 (量子) 换位矩阵**, $B$ 为 **(量子) 换位矩阵**, $\Lambda$ 为**量子关系矩阵**.

**注 1.8**　给定一个量子种子 $\Sigma = (\widetilde{X}, \widetilde{B}, \Lambda)$, 对任意 $i, j$, $X_i, X_j$ 满足如下量子交换关系:

$$X_i X_j = v^{2\lambda_{ij}} X_j X_i, \tag{1.12}$$

我们称 $X_i, i = 1, \cdots, n+m$ 满足由 $\Lambda$ 决定的**量子交换关系**.

类似地, 我们介绍量子种子的变异.

**定义 1.16**　令 $\Sigma = (\widetilde{X}, \widetilde{B}, \Lambda)$ 是一个量子种子. 对任意 $k \in [1, n]$, 定义 $\Sigma$ 在方向 $k$ 的**变异**为 $\Sigma' = (\widetilde{X}', \widetilde{B}', \Lambda')$, 表示为 $\Sigma' = \mu_k(\Sigma)$, 其中

(1)

$$\widetilde{X}' = \{X_1', \cdots, X_{n+m}'\},$$

$$X_i' = \mu_k(X_i) = \begin{cases} X_i, & \text{若 } i \neq k, \\ X^{-e_k + [b_k]_+} + X^{-e_k + [-b_k]_+}, & \text{否则}, \end{cases} \tag{1.13}$$

这里 $b_k$ 表示矩阵 $\widetilde{B}$ 的第 $k$ 列, 这个关系 (1.13) 称为**量子换位关系**, 或简称**换位关系**;

(2) $\widetilde{B}' = \mu_k(\widetilde{B})$;

(3) $\Lambda' = (\lambda_{ij}')$ 满足

$$\lambda_{ij}' = \begin{cases} -\lambda_{kj} + \sum\limits_{l=1}^{n+m} [b_{lk}]_+ \lambda_{lj}, & \text{当 } i = k \neq j, \\ -\lambda_{ik} + \sum\limits_{l=1}^{n+m} [b_{lk}]_+ \lambda_{il}, & \text{当 } j = k \neq i, \\ \lambda_{ij}, & \text{否则}, \end{cases}$$

称 $\Lambda'$ 是 $\Lambda$ 在 $k$ 上相关于 $\widetilde{B}$ 的**变异**, 表为 $\Lambda' = \mu_k(\Lambda)$.

利用矩阵 $\widetilde{B}$ 和 $\Lambda$ 的相容性, 很容易得到如下结论.

**命题 1.2** [14]　在定义 1.16 中, 我们有 $(\widetilde{B}', \Lambda')$ 是相容的, 并且 $\widetilde{X}'$ 满足由 $\Lambda'$ 决定的量子交换关系. 因此, $\mu_k(\Sigma)$ 是一个量子种子.

**证明**　直接验证, 或见文献 [14].　　　　　　　　　　　　　　　　□

**习题 1.6**　证明命题 1.2.

下面命题通过计算可以直接得到.

**命题 1.3** 对任意 $k \in [1,n]$, 令 $X_k'$ 为由量子种子 $\Sigma = (\widetilde{X}, \widetilde{B}, \Lambda)$ 对 $X_k$ 作变异得到的量子丛变量, 即 $X_k' = \mu_k(X_k)$. 记 $e_k' = -e_k + [b_k]_+$, 那么 $X_k' = X^{e_k'} + X^{e_k'-b_k}$. 如下结论成立:

(1) 对 $i \in [1, n+m]$, 如果 $i \neq k$, 那么 $X_i X_k' = v^{2\Lambda(e_i, e_k')} X_k' X_i$;

(2) $v^{-\Lambda(e_k', e_k)} X_k' X_k - v^{\Lambda(e_k', e_k)} X_k X_k' = (v^{-d_k} - v^{d_k}) X^{[-b_k]_+}$;

(3) 对任意 $j, k \in [1, n]$, $j \neq k$, 则 $X_j' = \mu_j(X_j)$ 和 $X_k' = \mu_k(X_k)$ 满足如下关系:

$$v^{-\Lambda(e_j', e_k')} X_j' X_k' - v^{\Lambda(e_j', e_k')} X_k' X_j'$$
$$= (v^{-d_j b_{jk}} - v^{d_j b_{jk}}) X^{-e_j - e_k + [-\mathrm{sgn}(b_{jk}) b_j]_+ + [\mathrm{sgn}(b_{jk}) b_k]_+}.$$

**习题 1.7** 证明命题 1.3.

**定义 1.17** 对一个 $n$-正则树 $\mathbb{T}_n$, 在任意 $t \in \mathbb{T}_n$ 放量子种子 $\Sigma_t$,

(1) 我们称 $\mathcal{M}_v = (\widetilde{X}(t), \widetilde{B}_t, \Lambda_t : t \in \mathbb{T}_n)$ 是一个**量子丛模式**, 如果对 $\mathbb{T}_n$ 中的任一边 $t \overset{k}{\text{———}} t'$, 我们有 $\Sigma_{t'} = \mu_k \Sigma_t$;

(2) 由 $\mathcal{X} = \bigcup_{t \in \mathbb{T}_n} \widetilde{X}(t)$ 中所有 (量子) 丛变量生成的 $\mathbb{Z}[v, v^{-1}]\langle x_{n+1}^{\pm 1}, \cdots, x_{n+m}^{\pm 1}\rangle$-代数, 称为 $\mathcal{M}_v$ 的**量子丛代数**, 表示为 $\mathcal{A}_v(\Sigma_t)$, 或简单地写 $\mathcal{A}_v$, 这时称 $\mathbb{Z}[v, v^{-1}]\langle x_{n+1}^{\pm 1}, \cdots, x_{n+m}^{\pm 1}\rangle$ 是 $\mathcal{A}_v$ 的**底环**, 我们称任意 $\Sigma_t$ 的 (量子) 丛变量为 $\mathcal{A}_v$ 的 **(量子) 丛变量**, $\Sigma_t$ 的扩张换位矩阵为 $\mathcal{A}_v$ 的**扩张换位矩阵**, $\Sigma_t$ 的换位矩阵为 $\mathcal{A}_v$ 的**换位矩阵**.

显然, $\mathcal{A}_v$ 是量子环面 $\mathcal{T}_t$ 的 $\mathbb{Z}[v, v^{-1}]\langle x_{n+1}^{\pm 1}, \cdots, x_{n+m}^{\pm 1}\rangle$-子代数.

与丛代数 (1.4) 类似, 对于任一整环 $K$(如有理数域 $\mathbb{Q}$ 和复数域 $\mathbb{C}$), 同样也称

$$\mathcal{A}_v^K = \mathcal{A}_v \otimes_{\mathbb{ZP}} K\mathbb{P}$$

为一个 $K$ 上的量子丛代数.

**注 1.9** (1) 当 $v \to 1$ 时, 则 (1.13) 中的变量关系变成了交换关系, 这时不难由 (1.13) 的量子换位丛关系获得一般丛代数的换位关系. 亦即, 一般丛代数可以看作量子丛代数的赋幺化 (specialization).

(2) 由命题 1.1, 我们知道, 量子丛代数的换位矩阵 $B_t$ 是可斜对称化矩阵, 扩张换位矩阵 $\widetilde{B}_t$ 一定是满秩的. 因此, 扩张换位矩阵非满秩的丛代数不存在目前意义下的量子化.

(3) $\mathbb{Z}[v, v^{-1}]\langle x_{n+1}^{\pm 1}, \cdots, x_{n+m}^{\pm 1}\rangle$ 事实上是非量子丛代数的系数环 $\mathbb{ZP}$ 的一个量子化.

引进量子丛代数的重要目的之一, 是在量子群 (量子代数) 上构造丛结构.

**例 1.4**  作为例 1.2 的量子化, 我们现在考虑量子矩阵代数 $\mathbb{C}[SL_q(2)]$ 上的量子丛代数结构.

$\mathbb{C}[SL_q(2)]$ 由自由变量 $a,b,c,d$ 生成, 并对 $0 \neq q \in \mathbb{C}$ 满足关系

$$ab = q^{-1}ba, \quad ac = q^{-1}ca, \quad db = qbd, \quad dc = qcd,$$
$$bc = cb, \quad ad - da = (q^{-1} - q)bc, \tag{1.14}$$

以及

$$ad - q^{-1}bc = 1. \tag{1.15}$$

下面证明 $\mathbb{C}[SL_q(2)]$ 可以由量子丛代数来实现.

令 $\mathbb{P} = \mathbb{C}[b,c]$, 由 (1.14), 有 $bc = cb$.

在 1-正则树 $\mathbb{T}_1$: $t_0\bullet\!\!\xrightarrow{\ 1\ }\!\!\bullet t_1$ 上, 配置 $\Sigma_{t_0} = (\widetilde{X}(t_0), \widetilde{B}_{t_0}, \Lambda_{t_0})$, 其中

$$X(t_0) = \{a\}, \quad X_{fr} = \{b,c\}, X(t_0)^{e_1} = X^{e_1} = a, \quad X(t_0)^{e_2} = X^{e_2} = b,$$
$$X(t_0)^{e_3} = X^{e_3} = c, \quad \Lambda_{t_0} = \begin{pmatrix} 0 & -1 & -1 \\ 1 & 0 & 0 \\ 1 & 0 & 0 \end{pmatrix}, \quad \widetilde{B}_{t_0} = \begin{pmatrix} 0 \\ 1 \\ 1 \end{pmatrix}.$$

易验证得 $\Lambda_{t_0}^\top \widetilde{B}_{t_0} = \begin{pmatrix} 2 \\ 0 \\ 0 \end{pmatrix}$. 这说明 $(\widetilde{B}_{t_0}, \Lambda_{t_0})$ 是满足 (1.11) 的一对相容矩阵.

令 $X(t_1) = \{d\}$, $X(t_1)^{e_1} = d$, 则由 (1.15), 有

$$d = q^{-1}a^{-1}bc + a^{-1} = X(t_0)^{-e_1+[b_1(t_0)]_+} + X(t_0)^{-e_1+[-b_1(t_0)]_+},$$

从而 $\mu_1(X(t_0)^{e_1}) = X(t_1)^{e_1}$.

由变异公式可得

$$\Lambda_{t_1} = \mu_1(\Lambda_{t_0}) = \begin{pmatrix} 0 & 1 & 1 \\ -1 & 0 & 0 \\ -1 & 0 & 0 \end{pmatrix}, \quad \widetilde{B}_{t_1} = \mu_1(\widetilde{B}_{t_0}) = \begin{pmatrix} 0 \\ -1 \\ -1 \end{pmatrix}.$$

计算可得 $t_1$ 点的相容性成立:

$$\Lambda_{t_1}^\top \widetilde{B}_{t_1} = \begin{pmatrix} 2 \\ 0 \\ 0 \end{pmatrix}.$$

由条件 (1.14), 我们可得丛变量的关系 (1.12) 成立, 即量子交换关系

$$X(*)^{e_i} X(*)^{e_j} = q^{\Lambda_*(e_i,e_j)} X(*)^{e_j} X(*)^{e_i}, \quad \forall i,j = 1,2,3, \quad * = t_0 \text{ 或 } t_1$$

成立. 由于 $bc = cb$, 由 $X^{e_2} = b$, $X^{e_3} = c$ 生成的系数环 $\mathbb{Z}[v, v^{-1}][b, c]$ 这时是交换环, 其中 $v = \sqrt{q}$.

因此, 由这些所定义的丛变量以及对 $t_0, t_1$ 点上的矩阵相容性和量子交换关系, 我们就得到了 $\mathbb{C}[SL_q(2)]$ 的一个 $\mathbb{C}$ 上的以 $\mathbb{C}[v, v^{-1}][b, c]$ 为系数环的量子丛代数的实现.

# 1.3   Laurent 现象

令 $\mathcal{A}_v$ 是一个量子丛代数, 将 $v$ 取成 1, 我们会得到一个丛代数 $\mathcal{A}$. 因此, $\mathcal{A}_v$ 和 $\mathcal{A}$ 的很多性质是相同的, 特别具有相似的组合结构. 所以, 现在我们先回到非量子的情形.

Laurent 现象作为丛代数的基本特性之一, Fomin, Zelevinsky 在丛代数最早的文献 [70] 中就已经给出.

在给出这节的主要定理之前, 我们先给出如下引理.

**引理 1.1**   令 $\widetilde{B}$ 是一个 $(n+m) \times n$ 阶的完全符号斜对称矩阵. 对任意 $I \subset \{n+1, \cdots, n+m\}$, 设 $\widetilde{B}'$ 为 $\widetilde{B}$ 删去 $I$ 行得到的矩阵. 那么

$$\pi : \mathcal{A}(\widetilde{X}_0, \widetilde{B}) \to \mathcal{A}(\widetilde{X}_0', \widetilde{B}') \text{ 满足 } x_j \to x_j', \forall j \in [1,n]\backslash I; \; x_i \to 1, \forall i \in I$$

给出了一个代数满同态. 特别地, 对任意 $i \in [1,n]$, 分别对 $\mathcal{A}(\widetilde{X}_0, \widetilde{B})$ 和 $\mathcal{A}(\widetilde{X}_0', \widetilde{B}')$ 的丛变量 $x_i$ 和 $x_i'$ 按 $[1,n]$ 中的序列 $(i_1, \cdots, i_s)$ 作变异, 记得到的丛变量分别为 $x$ 和 $x'$, 那么 $\pi(x) = x'$.

**证明**   利用丛变量的变异公式, 可以看出这个结论是显然的.                           □

由前面丛代数的定义知道, 丛变量表达为初始丛变量的有理函数其实是通过公式 (1.10) 给出的一系列 Laurent 多项式的合成来得到的. 那么, 一个问题是, 合成以后的有理函数是否还会是初始丛变量的 Laurent 多项式? 事实上, 这已被证明是丛代数的一个基本特性, 即:

**定理 1.2** [67,70]   丛代数 $\mathcal{A}$ 的任一丛变量 $x$ 都可以表为初始丛变量集 $X_0 = X(t_0)$ 的以 $\mathbb{ZP}$ 为系数的 Laurent 多项式, 即 $x \in \mathbb{ZP}[X_0^{\pm}]$.

**证明**   由于任一丛变量 $x$ 总是通过对初始变量 $X_0$ 经过若干次变异获得的, 即:

$$X(t_0) \xrightarrow[j]{\mu^{(1)}} X(t_1) \xrightarrow[k]{\mu^{(2)}} X(t_2) \xrightarrow{\quad} \cdots \xrightarrow{\mu^{(s)}} X(t_s) = X(t) .$$

证明的思路在于对变异次数用归纳法.

(1) $s=1$ 时, 由于是一次变异, 由定义直接就是一个 Laurent 多项式.

(2) $s=2$ 时, 设前两步变异依次对方向 $j$ 和方向 $k$ 进行, 见下图:

$$\overset{t_0}{\bullet} \underline{\quad j \quad} \overset{t_1}{\bullet} \underline{\quad k \quad} \overset{t_2}{\bullet} \underline{\quad\quad} \cdots \underline{\quad\quad} \overset{t}{\bullet}$$

(2.1) 若 $k=j$, 则 $\mu^{(1)}=\mu_k, \mu^{(2)}=\mu_k, \mu^{(2)}\mu^{(1)}=\mu_k\mu_k=\mathrm{Id}.$

(2.2) 若 $k\neq j$, 则作 $\mu^{(2)}$ 时, 只能对 $\mu_j(x_0)$ 的分子上的多项式中某一个丛变量再作变异, 从而二次变异合成后仍是 Laurent 多项式.

(3) $s\geqslant 3$ 时,

**情形 1**　$b_{jk}=b_{kj}=0, \mu_k\mu_j(X(t_0))=\mu_j\mu_k(X(t_0))$, 由下图

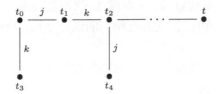

推出

$$X(t_4)=\mu_j(X(t_2))=\mu_j\mu_k\mu_j(X(t_0))=\mu_j\mu_j\mu_k(X(t_0))=\mu_k(X(t_0))=X(t_3).$$

令

$$x'_j=\mu_j(x_j)=\frac{M_1+M_2}{x_j}, \quad x'_k=\mu_k(x_k)=\frac{M_3+M_4}{x_k},$$

其中 $M_i, i=1,2,3,4$ 是关于初始变量 $x_1,\cdots,x_n$ 的系数为 1 的单项式, 并且 $M_1+M_2$ 以及 $M_3+M_4$ 不可约. 根据归纳假设, $x$ 是关于 $\widetilde{X}(t_1)=(\widetilde{X}_0-\{x_j\})\cup\{x'_j\}$ 的 Laurent 多项式. 将 $x'_j$ 用 $\mu_j(x_j)=\dfrac{M_1+M_2}{x_j}$ 替换, 我们会得到 $x$ 关于 $\widetilde{X}_0$ 的一个表达式. 特别地, 约掉最大公因式, 可以将 $x$ 表达为一个分子分母互素, 并且分母首项系数为 1 的式子. 同理, 根据归纳 $x$ 是关于 $\widetilde{X}(t_4)=(\widetilde{X}_0-\{x_k\})\cup\{x'_k\}$ 的一个 Laurent 多项式, 我们会得到 $x$ 关于 $\widetilde{X}_0$ 的另一个表达式. 显然, 这两个式子一致.

注意到, 在 $x$ 关于 $\widetilde{X}_0$ 的第一个表达式中, 分母中非单项式的因子一定是 $M_1+M_2$ 的方幂. 同理, 在 $x$ 关于 $\widetilde{X}_0$ 的第二个表达式中, 分母中非单项式的因子一定是 $M_3+M_4$ 的方幂. 如果 $M_1+M_2\neq M_3+M_4$, 那么上述情形不可能出现, 因此 $x$ 是关于 $\widetilde{X}_0$ 的 Laurent 多项式. 如果 $M_1+M_2=M_3+M_4$, 此时, 令 $\widetilde{B}'_0$ 为一个 $(m+n+1)\times n$ 阶的矩阵使得它的前 $m+n$ 行构成的子矩阵为 $\widetilde{B}_0$; 第 $m+n+1$

行第 $j$ 个分量为 1, 其他位置为 0. 在丛代数 $\mathcal{A}(\widetilde{X}_0', \widetilde{B}_0')$ 中, 对应地, 令 $x'$ 由 $\widetilde{X}_0'$ 依次作变异 $\mu^{(1)}, \cdots, \mu^{(s)}$ 得到. 根据 $\widetilde{B}_0'$ 的构造, 我们有 $M_1' + M_2' \neq M_3' + M_4'$, 符合我们之前讨论的情形. 因此 $x'$ 是关于 $\widetilde{X}_0'$ 的 Laurent 多项式. 由引理 1.1 知 $x$ 是关于 $\widetilde{X}_0$ 的 Laurent 多项式.

**情形 2** $b_{jk}b_{kj} < 0$, 此时我们不妨假设 $b_{jk} < 0, b_{kj} > 0$. 为此, 需如下引理.

**引理 1.2** 设 $j, k \in \{1, \cdots, n\}$, 令 $\widetilde{X}(t_3) = \mu_j \mu_k \mu_j(\widetilde{X}(t_0))$. 记 $x_j' = \mu_j(x_j)$, $x_k' = \mu_k \mu_j(x_k)$ 以及 $x_j'' = \mu_j \mu_k \mu_j(x_j)$, 见下图. 那么 $x_j''$ 是关于 $\widetilde{X}_0$ 的 Laurent 多项式.

$$
\underset{x_j, x_k}{\overset{t_0}{\bullet}} \underline{\quad j \quad} \underset{x_j', x_k}{\overset{t_1}{\bullet}} \underline{\quad k \quad} \underset{x_j', x_k'}{\overset{t_2}{\bullet}} \underline{\quad j \quad} \underset{x_j'', x_k'}{\overset{t_3}{\bullet}}
$$

**证明** 记 $\mu_j(\widetilde{B}_0) = (b_{ij}^{(1)})$, $\mu_k \mu_j(\widetilde{B}_0) = (b_{ij}^{(2)})$. 由假设 $b_{jk} < 0, b_{kj} > 0$, 因此 $b_{jk}^{(1)} > 0, b_{jk}^{(2)} < 0$.

我们将丛变量 $x_j', x_k', x_j''$ 看作初始丛变量 $x_1, \cdots, x_{n+m}$ 的有理函数. 对于任意两个关于 $x_1, \cdots, x_{n+m}$ 满足 $\dfrac{P}{Q}$ 是一个 Laurent 单项式的有理函数 $P, Q$, 我们记 $P \sim Q$. 按照这个约定, 根据丛变量的变异公式, 我们有

$$
x_j' \sim x_j^{-1} \left( \prod_i x_i^{b_{ij}^{(1)}} + 1 \right), \tag{1.16}
$$

$$
x_k' = x_k^{-1} \left( (x_j')^{b_{jk}^{(1)}} \prod_{i \neq j; b_{ik}^{(1)} > 0} x_i^{b_{ik}^{(1)}} + \prod_{b_{ik}^{(1)} < 0} x_i^{-b_{ik}^{(1)}} \right), \tag{1.17}
$$

$$
x_j'' \sim (x_j')^{-1} \left( (x_k')^{b_{kj}^{(2)}} \prod_{i \neq k} x_i^{b_{ij}^{(2)}} + 1 \right). \tag{1.18}
$$

由 (1.16)—(1.18) 知, $x_j''$ 是关于 $x_1, \cdots, x_{n+m}$ 的 Laurent 多项式当且仅当 (1.18) 右边的第二个因子

$$
(x_k')^{b_{kj}^{(2)}} \prod_{i \neq k} x_i^{b_{ij}^{(2)}} + 1
$$

被 (1.16) 右边的第二个因子 $P = \prod_i x_i^{b_{ij}^{(1)}} + 1$ 整除.

如果有理函数 $Q, R$ 满足存在 Laurent 多项式 $S$ 使得 $Q - R = PS$, 那么我们记 $Q \equiv R$. 根据 (1.16), (1.17), 我们有 $x'_k \equiv x_k^{-1} \prod_{b_{ik}^{(1)}<0} x_i^{-b_{ik}^{(1)}}$. 因此, 我们有

$$(x'_k)^{b_{kj}^{(2)}} \prod_{i \neq k} x_i^{b_{ij}^{(2)}} + 1 \equiv \left( x_k^{-1} \prod_{b_{ik}^{(1)}<0} x_i^{-b_{ik}^{(1)}} \right)^{b_{kj}^{(2)}} \prod_{i \neq k} x_i^{b_{ij}^{(2)}} + 1$$

$$= x_k^{b_{kj}^{(1)}} \prod_{b_{ik}^{(1)}<0} x_i^{b_{ik}^{(1)} b_{kj}^{(1)}} \prod_{i \neq k} x_i^{b_{ij}^{(2)}} + 1.$$

进一步, 由于 $b_{kj}^{(1)} < 0$, 我们得到

$$b_{ij}^{(2)} = \begin{cases} b_{ij}^{(1)} - b_{ik}^{(1)} b_{kj}^{(1)}, & \text{当 } b_{ik}^{(1)} < 0 \text{ 时}, \\ b_{ij}^{(1)}, & \text{当 } b_{ik}^{(1)} \geqslant 0 \text{ 且 } i \neq k \text{ 时}, \\ -b_{ij}^{(1)}, & \text{当 } i = k \text{ 时}. \end{cases}$$

因此, 我们得到

$$(x'_k)^{b_{kj}^{(2)}} \prod_{i \neq k} x_i^{b_{ij}^{(2)}} + 1 \equiv \prod_i x_i^{b_{ij}^{(1)}} + 1 \equiv 0.$$

即 $(x'_k)^{b_{kj}^{(2)}} \prod_{i \neq k} x_i^{b_{ij}^{(2)}} + 1$ 可以被 $\prod_i x_i^{b_{ij}^{(1)}} + 1$ 整除. $\qquad\square$

**引理 1.3**　对于两个不同的指标 $q, r \in \{n+1, \cdots, n+m\}$, 假设 $\widetilde{B}_0$ 满足 $b_{qj} = 1, b_{rk} = 1$, 以及 $\widetilde{B}_0$ 中 $q, r$ 行里的其他元素都为 0, 那么 $x'_j$ 与 $x'_k$, 以及 $x''_j$ 在环 $\mathbb{Z}[x_1^{\pm}, \cdots, x_{n+m}^{\pm}]$ 中互素, 即没有公共的非单项式因子.

**证明**　记 $b_{jk} = -b, b_{kj} = c$. 由于 $b_{jk} < 0, b_{kj} > 0$, 故 $b, c > 0$. 根据 $\widetilde{B}_0$ 的假设条件, 由丛变量的变异, 我们有

$$x'_j = x_j^{-1}(x_k^c x_q M_1 + M_2), \quad x'_k = x_k^{-1}((x'_j)^b x_r M_3 + M_4),$$

$$x''_j = (x'_j)^{-1}(x_q M_5 + (x'_k)^c M_6),$$

其中 $M_1, \cdots, M_6$ 是关于 $x_i, i \notin \{j, k, q, r\}$ 的单项式.

可以看到 $x'_j$ 关于 $x_q$ 是线性的而且只有两项, 因此作为 $\mathbb{Z}[x_1^{\pm}, \cdots, x_{n+m}^{\pm}]$ 中的元素, $x'_j$ 是不可约的. 由于 $x'_j$ 不依赖于 $x_r$, 所以 $x'_k$ 关于 $x_r$ 是线性的, 因此不可约并且与 $x'_j$ 互素.

接下来我们证明 $x'_j$ 和 $x''_j$ 互素. 注意到, $x'_k$ 与 $x''_j$ 可以看成关于 $x_r$ 的多项式. 令 $x_r = 0$, 我们有 $x'_k(0) = x_k^{-1} M_4$. 因此,

$$x''_j(0) = x_j \frac{x_q M_5 + (x_k^{-1} M_4)^c M_6}{x_k^c x_q M_1 + M_2}.$$

注意到, $x''_j(0)$ 的分子分母都关于 $x_q$ 线性, 因此 $x'_j$ 不可能整除 $x''_j(0)$. 由于 $x'_j$ 不可约, 所以我们有 $x''_j(0)$ 与 $x'_j$ 互素, 故 $x''_j$ 与 $x'_j$ 互素. □

有了上述的准备工作之后, 我们现在可以证明定理 1.2 的情形 2. 我们给初始矩阵 $\widetilde{B}_0$ 添加两行, 分别对应冰冻变量 $x_q$ 和 $x_r$, 使得

$$b_{qi} = \begin{cases} 1, & \text{当 } i = j \text{ 时,} \\ 0, & \text{当 } i \neq j \text{ 时,} \end{cases} \qquad b_{ri} = \begin{cases} 1, & \text{当 } i = k \text{ 时,} \\ 0, & \text{当 } i \neq k \text{ 时.} \end{cases}$$

因此新的矩阵满足引理 1.3 的条件.

根据归纳假设, 丛变量 $x$ 可以表达成扩张丛 $\widetilde{X}(t_1)$ 和扩张丛 $\widetilde{X}(t_3)$ 的 Laurent 多项式. 因此,

$$x = \frac{\text{关于 } \widetilde{X}_0 \text{ 的 Laurent 多项式}}{(x'_j)^a} = \frac{\text{关于 } \widetilde{X}_0 \text{ 的 Laurent 多项式}}{(x'_k)^b (x''_j)^c},$$

其中 $a, b, c \in \mathbb{Z}$. 由引理 1.3, $x'_j$ 与 $x'_k$ 和 $x''_j$ 互素, 因此 $x$ 是关于 $\widetilde{X}_0$ 的 Laurent 多项式. 再次利用引理 1.1 知该结论成立. □

**注 1.10** 对于量子丛代数, 相应的量子 Laurent 现象同样满足, 详见文献 [14].

**定义 1.18** 给定一个丛模式 $\mathcal{M}$, 由 $\mathcal{M}$ 决定的**上丛代数** (upper cluster algebra) 定义为 $\mathcal{U}(\mathcal{M}) = \bigcap_{t \in \mathbb{T}_n} \mathbb{ZP}[x_{1,t}^{\pm 1}, \cdots, x_{n,t}^{\pm 1}]$.

作为 Laurent 现象的一个直接推论, 我们有如下结论:

**命题 1.4** 令 $\mathcal{A}$ 是一个丛代数, $\mathcal{U}$ 是它对应的上丛代数, 则总有 $\mathcal{A} \subseteq \mathcal{U}$.

特别地, 我们有

**命题 1.5**[142] 令 $\mathcal{A}$ 是一个无圈丛代数 (见后面定义 3.1), $\mathcal{U}$ 是它对应的上丛代数, 我们有 $\mathcal{A} = \mathcal{U}$.

**注 1.11** 更一般地, Muller[142] 证明了 "局部无圈的" 丛代数也和它的上丛代数一致. 关于局部无圈丛代数的定义, 详见文献 [142].

# 第 2 章　丛代数的换位图

## 2.1　定义和例子

**定义 2.1**(种子的等价)　令 $\Sigma_t = (\widetilde{X}(t), \widetilde{B}_t)$ 和 $\Sigma_{t'} = (\widetilde{X}(t'), \widetilde{B}_{t'})$ 是两个标记种子, 其中 $\widetilde{X}(t) = X(t) \cup Y$, $\widetilde{X}(t') = X(t') \cup Y$. 若存在置换 $\sigma \in S_n$, 使得 $X(t') = \sigma X(t) = (x_{\sigma(1),t}, \cdots, x_{\sigma(n),t})$, $b_{ij}(t') = b_{\sigma(i)\sigma(j)}(t)$, $\forall i, j \in [1, n]$, 以及 $C_{t'} = \sigma C_t = (C_{\sigma(1)}, \cdots, C_{\sigma(n)})$, 称种子 $\Sigma_t$ 和 $\Sigma_{t'}$ 是**置换等价的** (permutation equivalent), 简称为**等价的**, 表示为

$$\Sigma_t \sim \Sigma_{t'}.$$

显然, 置换等价是种子集中的一个等价关系, 我们用 $[\Sigma_t]$ 表示 $\Sigma_t$ 所在的等价类.

令 $z$ 是 $[\Sigma_t]$ 中任一种子 $\Sigma_{t'}$ 中的一个丛变量, 且在 $\Sigma_t$ 中 $z = x_k$, 则易证 $\mu_z(\Sigma_{t'}) \in [\mu_k(\Sigma_t)]$, 表为

$$\mu_z([\Sigma_{t'}]) \in [\mu_k(\Sigma_t)].$$

例如, 在前面例 1.1 中, 通过置换 $(12) \in S_2$, 我们有 $X(t_5) = (12)X(t_0)$, 且不难发现 $t_0$ 和 $t_5$ 对应的换位矩阵分别为 $\begin{pmatrix} 0 & 1 \\ -1 & 0 \end{pmatrix}$ 和 $\begin{pmatrix} 0 & -1 \\ 1 & 0 \end{pmatrix}$, 是置换等价的, 所以 $[\Sigma_{t_5}] = [\Sigma_{t_0}]$.

这时, 我们称 $[\Sigma_t]$ 为 $t \in \mathbb{T}_n$ 上的**非标记种子** (non-labeled seed). 在不引起混淆的情况下, $[\Sigma_t]$ 也直接写为 $\Sigma_t$. 在大多数情况下是否标记(labeled) (即, 不考虑变量的顺序) 不影响讨论, 所以我们经常也将 $\Sigma_t$ 理解为非标记种子.

**定义 2.2**(换位图)　对一个丛模式 $\mathcal{M} = (\widetilde{X}(t), B_t : t \in \mathbb{T}_n)$ 或它对应的丛代数 $\mathcal{A}$, 定义一个**换位图** (exchange graph) $\Delta_n$: 它的顶点是 $\mathcal{A}$ 的不同非标记种子 $\Sigma_t$, 即 $[\Sigma_t]$, $t \in \mathbb{T}_n$ 的集合, 两个顶点间的连边就是非标记种子间的变异关系 $\mu_k$.

根据文献 [14, Theorem 6.1], 量子丛代数 $\mathcal{A}_q$ 和对应的丛代数 $\mathcal{A}$ 有着相同的换位图, 所以在此我们只要考虑非量子化的丛代数的换位图.

换位图 $\Delta_n$ 可以看作 $n$-正则树 $\mathbb{T}_n$ 的商图: $\Delta_n$ 的顶点 $[t] = \{t' : \Sigma_{t'} \in [\Sigma_t]\}$ 就是 $t$ 在 $\mathbb{T}_n$ 中的等价关系 $t \sim t'$( 即 $\Sigma_t \sim \Sigma_{t'}$) 下的等价类; $\mathbb{T}_n$ 中两端顶点分别在同一等价类中的边看作商圈中的同一边, 表为 $\Delta_n = \mathbb{T}_n / \sim$.

由 $\mathbb{T}_n$ 的连通性和 $n$-正则性, 我们得到 $\Delta_n$ 也是连通并是 $n$-正则的.

虽然 $\mathbb{T}_n$ 总是无穷多个顶点的图, 在顶点的等价关系下, $\Delta_n$ 的顶点集可能会是有限集, 即 $\Delta_n$ 可能会是有限图. 当 $\Delta_n$ 是有限图时, 我们称它所在的丛模式 $\mathcal{M}$ 和生成的丛代数 $\mathcal{A}$ 是**有限型的**. 对有限型的详细讨论, 请参考后面的第 6 章.

**例 2.1** 如图 2.1, 一个五边形 (stasheff pentagon) 内部, 可以做一个作为曲面 (surface) 的三角剖分 (triangulation).

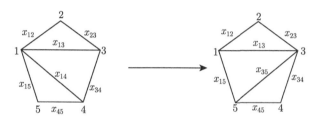

图 2.1 三角剖分的翻转, 亦称为 Whitehead 迁移

其中五边形的每条边, 代表一些固定的变量 (冰冻变量) $x_{ij}(i < j)$; 而内部的弧 (arc), 代表可以做翻转 (flip)(或称为 Whitehead 迁移 (move)) 的变量 (换位变量), 比如图 2.1 左边图中的 $x_{13}, x_{14}$. 图 2.1 中的一次翻转 $x_{14} \to x_{35}$ 由换位关系: $x_{14}x_{35} = x_{13}x_{45} + x_{15}x_{34}$ 决定, 或写为 $x_{35} = \dfrac{x_{13}x_{45} + x_{15}x_{34}}{x_{14}}$.

这样, 五边形的一个三角剖分可以看作一个种子, 因为每一个三角剖分中仅有两个内部弧, 那么其对应的树是 2-正则树, 即图 2.2.

$$\mathbb{T}_2 \cdots \overset{1}{\bullet} \underline{\qquad} \overset{2}{\bullet} \underline{\qquad} \overset{3}{\bullet} \underline{\qquad} \overset{4}{\bullet} \cdots$$

图 2.2 2-正则树

由于三角剖分里面的弧是不需要考虑顺序的, 因此这些对应的种子是非标记的. 两个三角剖分之间的一次翻转就是对应两个种子之间的一次变异关系. 以这些五边形三角剖分为非标记种子不断作变异获得的换位图, 恰好是下面这个以这些带三角剖分的小五边形为顶点的大五边形 (图 2.3).

因此对应的丛模式或丛代数是有限型的, 其中每个种子 $\Sigma_i(i = 1, 2, \cdots, 5)$ 的冰冻变量集是 $Y = \{x_{12}, x_{23}, x_{34}, x_{45}, x_{15}\}$, 换位变量集分别是

$$X(1) = \{x_{13}, x_{14}\}, \quad X(2) = \{x_{24}, x_{14}\},$$

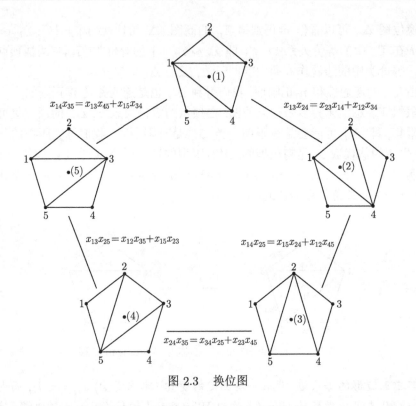

图 2.3  换位图

$$X(3) = \{x_{24}, x_{25}\}, \quad X(4) = \{x_{35}, x_{25}\},$$

$$X(5) = \{x_{35}, x_{13}\}, \quad X(6) = \{x_{14}, x_{13}\} = X(1).$$

其中

$$x_{13}x_{24} = x_{12}^0 x_{23}^1 x_{34}^0 x_{45}^0 x_{15}^0 x_{13}^0 x_{14}^1 + x_{12}^1 x_{23}^0 x_{34}^1 x_{45}^0 x_{15}^0 x_{13}^0 x_{14}^0,$$

$$\widetilde{B}_1 = \begin{pmatrix} 0 & -1 \\ 1 & 0 \\ -1 & 0 \\ 1 & 0 \\ -1 & 1 \\ 0 & -1 \\ 0 & 1 \end{pmatrix}.$$

**习题 2.1**  写出例 2.1 中除了 $\Sigma_1$ 外, 每个种子的扩张换位矩阵 $\widetilde{B}_i(i = 2, \cdots, 5)$.

**习题 2.2**　写出例 1.1 中的每个种子, 包括它们的丛和换位矩阵, 画出生成的换位图, 并最后给出生成的丛代数.

**注 2.1**　定义换位图是用了标记种子的置换等价关系. 标记种子间还有一种等价关系就是变异等价, 即两个标记种子可以经过一系列变异相互变换. 一个基本的事实是, 置换等价与变异等价是互为不同的. 变异等价不是置换等价是容易理解的; 反之, 置换等价一般也不是变异等价的. 比如, 种子 $\Sigma = \left\{ (x, y), \begin{pmatrix} 0 & 2 \\ -2 & 0 \end{pmatrix} \right\}$ 与

种子 $\Sigma' = \left\{ (y, x), \begin{pmatrix} 0 & -2 \\ 2 & 0 \end{pmatrix} \right\}$ 之间只是置换等价的, 但不会是变异等价的.

从即将讨论的有限型丛代数的分类可知, 丛代数 $\mathcal{A}(\Sigma)$ 不是有限型的, 从而它的换位图同构于正则树 $\mathbb{T}_2$. 所以 $\Sigma$ 不可能和异于它的种子置换等价.

## 2.2　一些基本结论

Gekhtman, Shapiro 和 Vainshtein 在文献 [87] 中给出并证明了有关换位图的一些基本性质. 在文献 [87] 中, 这些性质首先以猜想的形式提出, 然后对于满足一些条件的可斜对称化丛代数给出了它们的证明. 在文献 [38] 中, 对于这些猜想, 我们对一般的可斜对称化丛代数给出了证明.

**猜想 2.1**　丛代数的换位图仅仅取决于其初始换位矩阵.

**猜想 2.2**　丛代数中每个种子被其丛唯一决定. 从而, 换位图的顶点可以与丛等同起来 (在丛变量相差置换的意义下).

**猜想 2.3**　丛代数的两个丛在换位图中是相邻的当且仅当它们恰好有 $n-1$ 个共同的丛变量.

用 $\mathfrak{A}(B_{t_0})$ 表示所有以 $X(t_0)$ 为初始丛、$B_{t_0}$ 为初始换位矩阵的丛代数 $\mathcal{A}$ 的集合, 其中每个丛代数的系数变量丛表为 $Y$.

**定理 2.1**　对可斜对称化丛代数 $\mathcal{A} \in \mathfrak{A}(B_{t_0})$, 若 $\mathcal{A}$ 是几何型的 (见文献 [38]) 或者 $\mathcal{A}$ 的换位矩阵是满秩的 (见文献 [87]), 则如下结论成立:

(1) $\mathfrak{A}(B_{t_0})$ 中所有几何型或换位矩阵为满秩的丛代数 $\mathcal{A}$ 的换位图都相同, 换句话说, 猜想 2.1 成立;

(2) $\mathcal{A}$ 的每个种子被其丛唯一决定, 换言之, 猜想 2.2 对 $\mathcal{A}$ 成立;

(3) $\mathcal{A}$ 的两个丛在换位图上是相邻的当且仅当它们恰好有 $n-1$ 个共同的丛变量, 即猜想 2.3 成立.

这一定理中结论的证明, 请参见相关文献, 其中文献 [38] 对几何型的情况证明了定理, 也就是只要系数半域 $\mathbb{P}$ 是热带半域即可; 文献 [87] 虽然限定了换位矩

阵是满秩的, 但同时放宽了系数半域为一般半域即可.

事实上, 我们在文献 [38] 中的结论是对更一般的广义丛代数都成立的. 关于广义丛代数 (generalized cluster algebra) 的定义, 参见文献 [38,46]. 进一步地, 我们在文献 [54] 中, 对于 Laurent 现象代数也证明了猜想 2.2 和猜想 2.3. 由于在 Laurent 现象代数中, 不涉及换位矩阵的概念, 所以猜想 2.1 对于它不存在. Laurent 现象代数的概念可参见文献 [54], 它可以看作通常丛代数在一个特定条件下的推广.

对一般系数半域情况的可斜对称化丛代数, 上述三个猜想并没有获得解决. 为了讨论猜想 2.1 的一般情形, 如下的换位图的覆盖关系被引入, 并证明了主系数丛代数在换位图覆盖意义下具有 "最大性".

**定义 2.3** [72] (换位图的覆盖)　设 $\mathcal{A}$ 和 $\mathcal{A}'$ 是两个可斜对称化丛代数, $\Sigma_t = (X(t), Y(t), B_t)$ 和 $\Sigma_t' = (X'(t), Y'(t), B_t)$ 分别是 $\mathcal{A}$ 和 $\mathcal{A}'$ 在任意点 $t \in \mathbb{T}_n$ 上的种子, 它们有相同的换位矩阵 $B_t$. 我们称 $\mathcal{A}'$ **的换位图覆盖** $\mathcal{A}$ **的换位图**, 如果从 $\mathbb{T}_n$ 到 $\mathcal{A}$ 的换位图的典范投射是 $\mathbb{T}_n$ 到 $\mathcal{A}'$ 的换位图的典范投射的商, 也就是说, 由 $\mathcal{A}'$ 的换位图中种子的等价关系 $\Sigma_{t_1}' \sim \Sigma_{t_2}'$ 可推出 $\mathcal{A}$ 的换位图中种子的等价关系 $\Sigma_{t_1} \sim \Sigma_{t_2}$.

**定理 2.2** [72]　设 $\mathcal{A}$ 是一个可斜对称化丛代数, $\mathcal{A}'$ 是与 $\mathcal{A}$ 在每个点 $t \in \mathbb{T}_n$ 上具有相同换位矩阵 $B_t$, 但在某点 $t_0 \in \mathbb{T}_n$ 处是主系数的可斜对称化丛代数, 那么 $\mathcal{A}'$ 的换位图覆盖 $\mathcal{A}$ 的换位图. 换句话说, 对具有共同换位矩阵 $B_t$ 的所有丛代数之中, 主系数丛代数具有 "最大" 的换位图, 也就是说, 它的换位图覆盖这之中的所有换位图.

我们可以给出这个结论的证明, 但需要后面所谓的分离公式, 所以将把它的证明放在 6.3 节.

从上述定理可见, $\mathcal{A}'$ 的换位图不依赖于主系数点 $t_0$ 的选取, 因为当选不同的点上放置主系数后所得丛代数的换位图都应该是 "最大" 的, 所以相互覆盖, 从而事实上是一样的.

根据定义 2.3, "最小" 的换位图 (即被其他所有具有相同换位矩阵的丛代数的换位图覆盖的换位图) 来自于平凡系数 (即系数都为 1) 的丛代数, 也即来自于仅有一个元素的半域 $\mathbb{P} = \{1\}$ 的丛代数.

关于丛代数的换位图, Fomin 和 Zelevinsky 还有如下的一个猜想:

**猜想 2.4** [73, 猜想 4.14(3)]　设 $\mathcal{A}$ 是一个丛代数, 则 $\mathcal{A}$ 的包含若干特定丛变量的种子在丛代数 $\mathcal{A}$ 的换位图上是连通的.

通过在文献 [35] 中给出的下面的定理 2.3, 我们实际上已对这个猜想给出了肯定的回答.

**定理 2.3** [35]　设 $\mathcal{A}$ 是一个丛代数, $X(t)$ 和 $X(t_0)$ 是 $\mathcal{A}$ 的两个丛. 令 $U =$

$X(t) \cap X(t_0)$ (这里我们不妨假设, 对任何的 $x_{i;t_0} \in U$, 有 $x_{i;t_0} = x_{i;t}$), 则存在一个变异序列 $\mu_{k_1}, \cdots, \mu_{k_m}$ 使得 $(X(t), B_t) = \mu_{k_m} \cdots \mu_{k_2} \mu_{k_1}(X(t_0), B_{t_0})$, 并且 $x_{k_i;t_0} \notin U$, $i = 1, \cdots, m$.

这个定理的证明请见后面的 10.1 节.

# 第 3 章  丛代数的换位矩阵

## 3.1  符号斜对称矩阵的完全性

前面在定义丛模式和丛代数时, 都要求换位矩阵为完全符号斜对称的, 然而并不是所有符号斜对称阵都是完全符号斜对称的, 比如, 我们有下面的例子.

$$\text{令 } B = \begin{pmatrix} 0 & 1 & -2 \\ -1 & 0 & 4 \\ 3 & -1 & 0 \end{pmatrix}, \text{ 则 } \mu_1(B) = \begin{pmatrix} 0 & -1 & 2 \\ 1 & 0 & 2 \\ -3 & 2 & 0 \end{pmatrix} \text{ 不是符号斜对}$$

称的.

所以, 找出完全符号斜对称矩阵的子类, 然后围绕它们开展研究, 就是非常自然的了. 我们有两类常用的完全符号斜对称矩阵, 即: 斜对称矩阵和可斜对称化矩阵, 而前者又是后者的特例.

特别地, 我们有:

**命题 3.1**  (1) 可斜对称化矩阵 $B$ 在任一方向上的变异仍为可斜对称化的, 从而可斜对称化矩阵总是完全符号斜对称阵;

(2) 对一个可斜对称化矩阵 $B$, 设它的斜对称化子是 $D$, 则 $D$ 也是与 $B$ 变异等价的任一矩阵 $B'$ 的斜对称化子.

**证明**  (1) 对 $k \in [1, n]$, 令 $B' = \mu_k(B) = (b'_{ij})_{n \times n}$.

令 $D$ 是 $B$ 的斜对称化子, 即 $DB$ 是斜对称的. 下面要证: $DB'$ 是斜对称的, 从而 $B'$ 是可斜对称化的. 事实上, 当 $i = k$ 或 $j = k$ 时,

$$d_i b'_{ij} = -d_i b_{ij} = (-)(-d_j b_{ji}) = d_j b_{ji} = -d_j b'_{ji}.$$

当 $i \neq k, j \neq k$ 时,

$$d_i b'_{ij} = d_i(b_{ij} + \operatorname{sgn}(b_{ij})[b_{ik} b_{kj}]_+)$$

$$= \begin{cases} d_i b_{ij} + d_i b_{ik}[b_{kj}]_+, & \text{当 } b_{ik} \geqslant 0 \\ d_i b_{ij} + d_i b_{ik}[-b_{kj}]_+, & \text{当 } b_{ik} < 0 \end{cases}$$

$$= \begin{cases} d_i b_{ij} + d_i b_{ik} b_{kj}, & \text{当 } b_{ik} \geqslant 0, b_{kj} \geqslant 0, \\ d_i b_{ij}, & \text{当 } b_{ik} \geqslant 0, b_{kj} < 0, \\ d_i b_{ij}, & \text{当 } b_{ik} < 0, b_{kj} \geqslant 0, \\ d_i b_{ij} - d_i b_{ik} b_{kj}, & \text{当 } b_{ik} < 0, b_{kj} < 0, \end{cases}$$

$$-d_j b'_{ji} = -d_j(b_{ji} + \text{sgn}(b_{jk})[b_{jk} b_{ki}]_+)$$

$$= \begin{cases} -d_j b_{ji} - d_j b_{jk}[b_{ki}]_+, & \text{当 } b_{jk} > 0 \\ -d_j b_{ji} - d_j b_{jk}[-b_{ki}]_+, & \text{当 } b_{ik} \leqslant 0 \end{cases}$$

$$= \begin{cases} -d_j b_{ji} - d_j b_{jk} b_{ki}, & \text{当 } b_{jk} > 0, b_{ki} > 0 \\ -d_j b_{ji}, & \text{当 } b_{jk} > 0, b_{ki} \leqslant 0 \\ -d_j b_{ji}, & \text{当 } b_{jk} \leqslant 0, b_{ki} > 0 \\ -d_j b_{ji} + d_j b_{jk} b_{ki}, & \text{当 } b_{jk} \leqslant 0, b_{ki} \leqslant 0 \end{cases}$$

$$= \begin{cases} d_i b_{ij} + d_k b_{kj} b_{ki} = d_i b_{ij} - d_i b_{ik} b_{kj}, & \text{当 } b_{kj} < 0, b_{ik} > 0 \\ d_i b_{ij}, & \text{当 } b_{kj} < 0, b_{ik} \geqslant 0 \\ d_i b_{ij}, & \text{当 } b_{kj} \geqslant 0, b_{ik} < 0 \\ d_i b_{ij} - d_k b_{kj} b_{ki} = d_i b_{ij} + d_i b_{ik} b_{kj}, & \text{当 } b_{kj} \geqslant 0, b_{ik} \leqslant 0 \end{cases}$$

$$= d_i b'_{ij}.$$

(2) 上面证明了进行一步变异, 可斜对称化矩阵的斜对称化子是不变的, 从而任意步的变异下, 斜对称化子也是不变的. □

由上述命题, 我们知道任一斜对称或可斜对称化矩阵都可以成为一个丛代数的某个种子中的换位矩阵.

特别地, 一个斜对称整数矩阵 $B_{n \times n}$ 可以和一个箭图 $Q_B$ 对应起来, $Q_B$ 的定义是: $Q_B$ 顶点集 $(Q_B)_0 = \{1, 2, \cdots, n\}$, 即 $B$ 的行/列标, 对 $i, j \in (Q_B)_0$, 若 $b_{ij} = 0$, 那么 $i, j$ 之间没有箭向; 若 $b_{ij} > 0$, 那么 $i$ 到 $j$ 有 $|b_{ij}| = b_{ij}$ 条箭向; 若 $b_{ij} < 0$, 则说 $j$ 到 $i$ 有 $|b_{ij}| = -b_{ij}$ 条箭向. 这个箭图 $Q_B$ 称为一个**丛箭图** (cluster quiver).

这个定义将换位矩阵的特征转换到了箭图上, 有如下性质.

**性质 3.1** 一个箭图 $Q$ 是丛箭图当且仅当 $Q$ 是没有一圈(loop) 和二圈 (长度为 2 的定向圈) 的有限箭图.

由这个性质易见, 反过来一个丛箭图 $Q$ 也可以定义一个斜对称矩阵 $B$, 即以箭图顶点为矩阵的行标和列标, 以顶点间的箭向个数为矩阵的元素, 即

$$b_{ij} = \#(i \to j) - \#(j \to i).$$

从而, 斜对称整数矩阵集与丛箭图集之间建立了 1-1 对应关系: $B \leftrightarrow Q_B$.

进一步, 这个对应关系将换位矩阵的变异特点转换到丛箭图上, 可以由下面性质来刻画.

**性质 3.2**   一个斜对称矩阵 $B_{n \times n}$ 在点 $k \in [1, n]$ 作变异 $\mu_k$, 则 $B' = \mu_k(B)$ 对应的丛箭图 $Q_{B'}$ 可以由对 $Q_B$ 做以下面四步操作得到:

(1) 对 $Q_B$ 中长度 2 为的路 $i \to k \to j$ 加一条从 $i$ 到 $j$ 的箭向 $i \to j$(重箭向标重次);

(2) 若施行 (1) 的操作后产生二圈, 则将二圈删去;

(3) 将 $Q_B$ 中顶点 $k$ 周围所有箭向取相反方向;

(4) 其他箭向都保持不变.

这时称箭图 $Q_{B'}$ 为箭图 $Q_B$ 在顶点 $k$ 处的**箭图变异**.

关于性质 3.2 的例子见图 3.1 的两个情况.

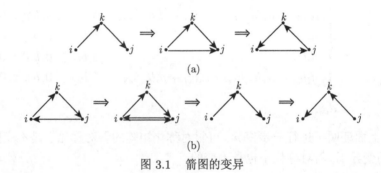

图 3.1   箭图的变异

**习题 3.1**   证明性质 3.1.

**习题 3.2**   证明性质 3.2.

除了可斜对称化的情形外, 对于更一般的情形, 现在唯一知道的是无圈符号斜对称矩阵一定是完全符号斜对称的, 具体我们在下面说明.

令 $B$ 是一个 $n \times n$ 符号斜对称整数矩阵, 定义一个箭图 $\Gamma(B)$, 其顶点集为 $\Gamma_0 = \{1, 2, \cdots, n\}$. 对 $i, j \in \Gamma_0$, 若 $b_{ij} > 0$, 则定义从 $i$ 到 $j$ 的箭向 $\alpha_{ij}$; 若 $b_{ij} = 0$, 则说 $i$ 与 $j$ 之间没有箭向. 每个 $i \in \Gamma_0$ 上均不定义圈, 称箭图 $\Gamma(B)$ 是矩阵 $B$ 的**相关箭图**.

**注 3.1**   这里定义的符号斜对称整数矩阵的相关箭图与上面定义的丛箭图一般是不同的: ① 丛箭图只能对斜对称整数矩阵来定义出; ② 相关箭图必然是没有多重箭向的箭图; ③ 对于一个斜对称整数矩阵 $B$, $\Gamma(B)$ 是 $Q_B$ 的一个子箭图; $Q_B = \Gamma(B)$ 当且仅当 $B$ 的每个矩阵元只能是 0 或 $\pm 1$.

**习题 3.3** 对于一个斜对称整数矩阵 $B$，$Q_B = \Gamma(B)$ 当且仅当 $B$ 的每个矩阵元只能是 0 或 $\pm 1$.

**定义 3.1** (1) 一个符号斜对称矩阵 $B$ 称为**无圈的**(acyclic)，如果 $B$ 的相关箭图 $\Gamma(B)$ 是一个无圈箭图.

(2) 一个丛代数 $\mathcal{A}(\Sigma_0)$ 称为**无圈的**，若与初始种子 $\Sigma_0 = (X, Y_1, B)$ 变异等价的种子中，至少有一个种子 $\Sigma_1 = (X_1, Y, B_1)$，它的换位矩阵 $B_1$ 是无圈的.

显然，$B$ 是无圈的当且仅当 $\Gamma_0$ 中不存在子集 $i_1, i_2, \cdots, i_s$ 使得 $b_{i_1 i_2} > 0, \cdots,$ $b_{i_{s-1} i_s} > 0, b_{i_s i_1} > 0$.

**定理 3.1** [103] 一个 $n \times n$ 无圈符号斜对称整数矩阵总是完全符号斜对称的，从而它可以作为一个丛代数的换位矩阵.

这个定理原来是 Berenstain, Fomin 和 Zelevinsky 于 2005 年在文献 [13] 中作为一个公开问题 (见文献 [13. Problem 1.28]) 提出的，证明用的方法就是下面我们将介绍的丛代数的覆盖理论.

然后，接下来的问题是，是否存在既不是可斜对称化的，又不是无圈符号斜对称的矩阵，而它又确实是完全符号斜对称的? Fomin 和 Zelevinsky 在文献 [70] 中给出了这样一个三阶完全符号斜对称的例子.

**命题 3.2** [71, Proposition 4.7] 令 $\alpha, \beta, \gamma$ 为三个正整数使得 $\alpha\beta\gamma \geqslant 3$，那么

$$B(\alpha, \beta, \gamma) = \begin{pmatrix} 0 & 2\alpha & -2\alpha\beta \\ -\beta\gamma & 0 & 2\beta \\ \gamma & -\alpha\gamma & 0 \end{pmatrix}$$

是一个完全符号斜对称矩阵，但既不是可斜对称化的，也不是无圈符号斜对称的.

**证明** 首先，由可斜对称化矩阵的定义易证，任意一个三阶可斜对称化整数矩阵 $B = (b_{ij})$ 总是满足关系 $b_{12} b_{23} b_{31} = -b_{13} b_{32} b_{21}$. 但因为 $\alpha\beta\gamma \geqslant 3$，对这个给定的矩阵而言，我们有 $(2\alpha)(2\beta)(\gamma) \neq -(-2\alpha\beta)(-\beta\gamma)(-\alpha\gamma)$，故 $B(\alpha, \beta, \gamma)$ 不可能是可斜对称化的.

又 $b_{12} = 2\alpha, b_{23} = 2\beta, b_{31} = \gamma$ 均大于 0. 因此，$\Gamma(B)$ 是带圈的，从而 $B$ 不是无圈符号斜对称的.

下证 $B(\alpha, \beta, \gamma)$ 是完全符号斜对称的.

我们称一个三阶矩阵 $B = (b_{ij})$ 为**强带圈的**，如果它满足：要么 $b_{12}, b_{23}, b_{31} > 0, b_{21}, b_{13}, b_{32} < 0$; 要么 $b_{12}, b_{23}, b_{31} < 0, b_{21}, b_{13}, b_{32} > 0$. 易见，一个强带圈的三阶方阵总是符号斜对称的.

又显然，$B(\alpha, \beta, \gamma)$ 是强带圈的. 为了证明 $B(\alpha, \beta, \gamma)$ 完全符号斜对称，我们只需证明 $B(\alpha, \beta, \gamma)$ 作任意次变异后仍然为强带圈的.

对任意三阶矩阵 $B = (b_{ij})$, 记

$$c_1 = |b_{23}b_{32}|, \quad c_2 = |b_{13}b_{31}|, \quad c_3 = |b_{12}b_{21}|, \quad r = |b_{12}b_{23}b_{31}|.$$

对一个 $i \in \{1,2,3\}$, 我们称矩阵 $B$ 是 **$i$-偏重的** (biased), 如果对所有 $j \in \{1,2,3\}, j \neq i$, 有 $r > c_i \geqslant r/2 \geqslant c_j \geqslant 6$.

对于矩阵 $B(\alpha, \beta, \gamma)$, 我们有 $r/2 = c_1 = c_2 = c_3 = 2\alpha\beta\gamma \geqslant 6$. 因此, 对任意 $i \in \{1,2,3\}$, 我们都有 $B(\alpha, \beta, \gamma)$ 是 $i$-偏重的.

**引理 3.1**　令 $B$ 是一个强带圈的 $i$-偏重的三阶方阵, 令 $j \neq i$, 那么 $\mu_j(B)$ 是强带圈的并且是 $j$-偏重的.

**证明**　不失一般性, 不妨假设 $i = 1, j = 2$. 由于 $B$ 是强带圈的, 不妨设 $b_{12}, b_{23}, b_{31} > 0, b_{21}, b_{13}, b_{32} < 0$. 记

$$B' = \mu_2(B) = (b'_{ij}), \quad r' = |b'_{12}b'_{23}b'_{31}|, \quad c'_1 = |b'_{23}b'_{32}|, \quad c'_2 = |b'_{13}b'_{31}|, \quad c'_3 = |b'_{12}b'_{21}|.$$

根据矩阵变异公式, 我们有

$$b'_{12} = -b_{12} < 0, \quad b'_{21} = -b_{21} > 0, \quad b'_{32} = -b_{32} > 0, \quad b'_{23} = -b_{23} < 0,$$

$$b'_{13} = b_{13} + \frac{|b_{12}|b_{23} + b_{12}|b_{23}|}{2} = b_{13} + b_{12}b_{23},$$

$$b'_{31} = b_{31} + \frac{|b_{32}|b_{21} + b_{32}|b_{21}|}{2} = b_{31} - b_{32}b_{21}.$$

因为 $B$ 是 1-偏重的, 我们有

$$b_{12}b_{23} = \frac{r}{b_{31}} \geqslant \frac{2c_2}{b_{31}} = 2|b_{13}|,$$

$$b_{32}b_{21} = \frac{c_1|b_{21}|}{b_{23}} \geqslant \frac{r|b_{21}|}{2b_{23}} = \frac{c_3|b_{31}|}{2} \geqslant 3|b_{31}|.$$

故 $b'_{13} > 0 > b'_{31}$. 从而 $B'$ 是强带圈的.

下证 $B'$ 是 2-偏重的.

我们有

$$c'_1 = |b'_{23}b'_{32}| = c_1, \quad c'_3 = |b'_{12}b'_{21}| = c_3,$$

$$r' = |b'_{12}b'_{23}b'_{31}| = b_{12}b_{23}(-b_{31} + b_{32}b_{21}) \geqslant 2b_{12}b_{23}b_{31} = 2r,$$

$$c'_2 = |b'_{13}b'_{31}| = (b_{12}b_{23} - |b_{13}|)(|b_{32}b_{21}| - |b_{31}|) = r'\left(1 - \frac{c_2}{r}\right).$$

因为 $B$ 是 1-偏重的, 故

$$r'/2 \geqslant r \geqslant c_1 = c_1', \quad c_3 = c_3' \geqslant 6, \quad r' > c_2' = r'\left(1 - \frac{c_2}{r}\right) \geqslant r'/2.$$

因此, $B'$ 是 2-偏重的. □

现在回到命题的证明.

由上面的引理 3.1 可知, 通过 $B(\alpha, \beta, \gamma)$ 作任意矩阵变异都是强带圈的, 从而 $B(\alpha, \beta, \gamma)$ 是完全符号斜对称的. □

## 3.2 换位矩阵变异的矩阵表达

我们首先给出矩阵变异的一个矩阵乘法的描述.

**命题 3.3** 对 $t \in \mathbb{T}_n$ 及其相邻顶点 $t'$, 令 $\widetilde{B}_t = (b_{ij})_{(n+m) \times n}$ 是一个可斜对称化的扩张换位矩阵, 取 $k \in [1, n]$ 及 $\varepsilon \in \{1, -1\}$, 定义 $(n+m) \times (n+m)$ 矩阵 $E_k^\varepsilon$ 和 $n \times n$ 矩阵 $F_k^\varepsilon$ 为如下的矩阵:

$$E_k^\varepsilon = \begin{pmatrix} 1 & & [\varepsilon b_{1k}]_+ & & \\ & \ddots & \vdots & & \\ & & -1 & & \\ & & \vdots & \ddots & \\ & & [\varepsilon b_{(n+m)k}]_+ & & 1 \end{pmatrix}_{(n+m) \times (n+m)},$$

$$F_k^\varepsilon = \begin{pmatrix} 1 & & & & \\ & \ddots & & & \\ [-\varepsilon b_{k1}]_+ & \cdots & -1 & \cdots & [-\varepsilon b_{kn}]_+ \\ & & & \ddots & \\ & & & & 1 \end{pmatrix}_{n \times n},$$

那么, 满足关系

$$\widetilde{B}_{t'} = \mu_k(\widetilde{B}_t) = E_k^\varepsilon \widetilde{B}_t F_k^\varepsilon. \tag{3.1}$$

**证明**　令

$$
E_k^{'\varepsilon} = \begin{pmatrix} 0 & & [\varepsilon b_{1k}]_+ & & \\ & \ddots & \vdots & & \\ & & 0 & & \\ & & \vdots & & \ddots \\ & & [\varepsilon b_{(n+m)k}]_+ & & 0 \end{pmatrix}_{(n+m)\times(n+m)},
$$

$$
F_k^{'\varepsilon} = \begin{pmatrix} 0 & & & & \\ & \ddots & & & \\ [-\varepsilon b_{k1}]_+ & \cdots & 0 & \cdots & [-\varepsilon b_{kn}]_+ \\ & & & \ddots & \\ & & & & 0 \end{pmatrix}_{n\times n},
$$

$$
J_{n+m,k} = \begin{pmatrix} 1 & & 0 & & \\ & \ddots & \vdots & & \\ & & -1 & & \\ & & \vdots & \ddots & \\ & & 0 & & 1 \end{pmatrix}_{(n+m)\times(n+m)},
$$

$$
J_{n,k} = \begin{pmatrix} 1 & & 0 & & \\ & \ddots & \vdots & & \\ & & -1 & & \\ & & \vdots & \ddots & \\ & & 0 & & 1 \end{pmatrix}_{n\times n},
$$

其中 $E_k^{'\varepsilon}, J_{n+m,k}$ 为 $(n+m)\times(n+m)$ 矩阵, $F_k^{'\varepsilon}, J_{n,k}$ 为 $n\times n$ 阶矩阵. 从而我们有

$$
E_k^\varepsilon = E_k^{'\varepsilon} + J_{n+m,k}, \quad F_k^\varepsilon = F_k^{'\varepsilon} + J_{n,k}.
$$

我们将等式 (1.9) 改写为

$$
b_{ij}' = \begin{cases} -b_{ij}, & \text{若 } i=k \text{ 或 } j=k, \\ b_{ij} + [\varepsilon b_{ik}]_+ b_{kj} + b_{ik}[-\varepsilon b_{kj}]_+, & \text{否则}, \end{cases}
$$

因此有

$$
\begin{aligned}
\mu_k \widetilde{B}_t &= J_{n+m,k} \widetilde{B}_t J_{n,k} + J_{n+m,k} \widetilde{B}_t F_k'^{\varepsilon} + E_k'^{\varepsilon} \widetilde{B}_t J_{n,k} \\
&= J_{n+m,k} \widetilde{B}_t J_{n,k} + J_{n+m,k} \widetilde{B}_t F_k'^{\varepsilon} + E_k'^{\varepsilon} \widetilde{B}_t J_{n,k} + E_k'^{\varepsilon} \widetilde{B}_t F_k'^{\varepsilon} \\
&= (J_{n+m,k} + E_k'^{\varepsilon}) \widetilde{B}_t (J_{n,k} + F_k'^{\varepsilon}) \\
&= E_k^{\varepsilon} \widetilde{B}_t F_k^{\varepsilon},
\end{aligned}
$$

其中第二个等号用到了易证的事实: $E_k'^{\varepsilon} \widetilde{B}_t F_k'^{\varepsilon} = 0$. $\qquad\qquad\square$

**推论 3.1** 两个变异等价的矩阵具有相同的行列式以及相同的秩.

**注 3.2** 对 $t \in \mathbb{T}_n$, 令扩张换位矩阵 $\widetilde{B}_t$ 是可斜对称化矩阵, 那么存在斜对称矩阵 $\widetilde{B}_t^o$ 和斜对称化子 $D$, 使得 $\widetilde{B}_t D = \widetilde{B}_t^o$. 这时对 $k \in [1, n]$, 一般地, $\mu_k(\widetilde{B}_t D) \neq \mu_k(\widetilde{B}_t) D$.

**注 3.3** 给定一个丛模式 $\mathcal{M}$, 对任意两个顶点 $t_0, t \in \mathbb{T}_n$, 根据丛模式的定义 $\Sigma_t$ 中的任一丛变量都可以表达成 $\Sigma_{t_0}$ 的有理函数的形式, 如何写出具体的表达公式, 一直都是丛代数领域的关注的重点之一.

在文献 [38] 中, 我们获得的**丛公式** (cluster formula), 即: 在正则树 $\mathbb{T}_n$ 中, 如果从顶点 $t_0$ 到顶点 $t$ 有一条长为 $m$ 的路:

$$
t_0 \xrightarrow{k_1} t_1 \xrightarrow{k_2} t_2 \xrightarrow{k_3} \cdots t_{m-1} \xrightarrow{k_m} t_m = t.
$$

令种子 $\Sigma_t = (X(t), Y(t), B_t)$ 和初始种子 $\Sigma_{t_0} = (X(t_0), Y(t_0), B_{t_0})$. 那么, 我们有如下的公式:

$$
B_t = \mu_{k_m} \cdots \mu_{k_1}(B_{t_0}) = H(t)^{t_0}(X(t_0))(B_{t_0}) H(t)^{t_0}(X(t_0))^{\top}, \qquad (3.2)
$$

其中

$$
H_t^{t_0}(X(t_0)) = \begin{pmatrix}
\dfrac{x_{1,t}}{x_{1,t_0}} \cdot \dfrac{\partial x_{1,t_0}}{\partial x_{1,t}} & \dfrac{x_{1,t}}{x_{2,t_0}} \cdot \dfrac{\partial x_{2,t_0}}{\partial x_{1,t}} & \cdots & \dfrac{x_{1,t}}{x_{n,t_0}} \cdot \dfrac{\partial x_{n,t_0}}{\partial x_{1,t}} \\[3mm]
\dfrac{x_{2,t}}{x_{1,t_0}} \cdot \dfrac{\partial x_{1,t_0}}{\partial x_{2,t}} & \dfrac{x_{2,t}}{x_{2,t_0}} \cdot \dfrac{\partial x_{2,t_0}}{\partial x_{2,t}} & \cdots & \dfrac{x_{2,t}}{x_{n,t_0}} \cdot \dfrac{\partial x_{n,t_0}}{\partial x_{2,t}} \\[3mm]
\vdots & \vdots & & \vdots \\[3mm]
\dfrac{x_{n,t}}{x_{1,t_0}} \cdot \dfrac{\partial x_{1,t_0}}{\partial x_{n,t}} & \dfrac{x_{n,t}}{x_{2,t_0}} \cdot \dfrac{\partial x_{2,t_0}}{\partial x_{n,t}} & \cdots & \dfrac{x_{n,t}}{x_{n,t_0}} \cdot \dfrac{\partial x_{n,t_0}}{\partial x_{n,t}}
\end{pmatrix}
$$

满足 $\det H_t^{t_0}(X(t_0)) = (-1)^m$. 上述公式 (3.1) 可以看作丛公式 (3.2) 在变异次数为 1 的特例.

但是, 丛公式的不足在于, 它只是一个理论表达式, 其中 $x_{i,t_0}$ 与 $x_{j,t}$ 之间的有理函数表达很难有明确的表达公式或者计算方法, 因为丛变量的关于初始变量的明确的公式表达是一个重要而困难的问题, 我们将在第 7 章对这个问题在来自曲面丛代数的情形加以解决, 并介绍这个问题目前的进展.

# 第 4 章 丛代数的丛同态、子结构和商结构

本节未标注出处的概念和结果都来自文献 [104]. 如无特别说明, 都假定丛代数是完全符号斜对称的几何型丛代数.

## 4.1 丛同态和种子同态

我们先回顾文献 [7] 中的一些符号和概念. 对于给定初始种子 $\Sigma_{t_0} = (\widetilde{X}(t_0), \widetilde{B}_{t_0})$ 的丛代数 $\mathcal{A}(\Sigma_t)$, 丛变量的序列 $(z_1, z_2, \cdots, z_l)$ 被称作 $\Sigma_t$-**允许的** (admissible), 如果 $z_1$ 是 $\Sigma_t$ 中的一个换位变量并且对任意 $i \geqslant 2$, $z_i$ 是 $\mu_{z_{i-1}} \cdots \mu_{z_1}(\Sigma_t)$ 中的换位变量. 令 $\mathcal{A}(\Sigma'(t))$ 是另外一个丛代数且 $f : \mathcal{A}(\Sigma_t) \to \mathcal{A}(\Sigma'(t))$ 是一个环同态, 那么 $\mathcal{A}(\Sigma_t)$ 的一列丛变量 $(z_1, z_2, \cdots, z_l)$ 称为 $(f, \Sigma_t, \Sigma'(t))$-**双允许的** (biadmissible), 如果它是 $\Sigma_t$-允许的且 $(f(z_1), f(z_2), \cdots, f(z_l))$ 是 $\Sigma'(t)$-允许的.

**定义 4.1** [7] 从 $\mathcal{A}(\Sigma_t)$ 到 $\mathcal{A}(\Sigma'(t))$ 的关于初始点 $t_0$ 的**丛同态** $f_{t_0}$ 是将 1 映成 1 的一个环同态 $f$ 并满足

**CM1** $f(\widetilde{X}(t_0)) \subseteq \widetilde{X'}(t_0) \cup \mathbb{Z}$;

**CM2** $f(X(t_0)) \subseteq X'(t_0) \cup \mathbb{Z}$;

**CM3** 对任意 $(f, \Sigma_{t_0}, \Sigma'(t_0))$-双允许序列 $(z_1, z_2, \cdots, z_s)$ 以及任意 $z \in \widetilde{X}(t_0)$, 有 $f(\mu_{z_s} \cdots \mu_{z_1}(z)) = \mu_{f(z_s)} \cdots \mu_{f(z_1)}(f(z))$.

在明确知道取定的初始点 $t_0$ 的情况下, 我们也常常把丛同态 $f_{t_0}$ 简写为 $f$.

这个定义意味着, 丛代数间的一个环同态在某个初始点上是丛同态时, 在其他点上未必是丛同态, 也就是说与初始点的条件有关. 所以在文献 [7] 中, 将这里定义的丛同态称为**根丛同态** (root cluster morphism), 以强调决定这一态射所取的初始点.

**习题 4.1** 给一个例子, 说明丛代数间的一个环同态在某个初始点上是丛同态时, 在其他点上可以不是丛同态.

**丛代数范畴**定义成如下范畴, 记为 **Clus**, 对象为所有丛代数, 态射为所有丛同态.

根据定义 4.1, 一个丛同态首先是环同态. 因此, 一个丛同态 $f_{t_0}$ 被称为**满的** (**单的**), 如果 $f$ 作为环同态是满的 (单的).

范畴 **Clus** 中的丛同态 $f_{t_0} : \mathcal{A}(\Sigma_t) \to \mathcal{A}(\Sigma'(t))$ 称为**丛同构**, 如果它存在一个逆丛同态 $f'_{t_0} : \mathcal{A}(\Sigma'(t)) \to \mathcal{A}(\Sigma_t)$, 使得 $f'_{t_0} f_{t_0} = \mathrm{Id}_{\mathcal{A}(\Sigma_t)}$, $f_{t_0} f'_{t_0} = \mathrm{Id}_{\mathcal{A}(\Sigma'(t))}$, 即

$f'_{t_0} = f_{t_0}^{-1}$, 记作 $\mathcal{A}(\Sigma_t) \overset{f_{t_0}}{\cong} \mathcal{A}(\Sigma'(t))$.

下面我们给出丛同构的一个刻画, 它的证明的关键是: 只要证明该环同态能找到也是丛同态的逆同态.

**定理 4.1** [7]　范畴 **Clus** 中的丛同态是丛同构当且仅当它既是单的也是满的, 即这个丛同态同时是环同构.

将一个丛同态 $f_{t_0} : \mathcal{A}(\Sigma_t) \to \mathcal{A}(\Sigma'(t))$ 的环同态 $f$ 限制到初始种子 $\Sigma_{t_0}$ 的丛 $\widetilde{X}(t_0)$ 上, 文献 [7] 告诉我们, 可以在 $\mathcal{A}(\Sigma'(t))$ 中定义由 $f$ 和 $\Sigma_{t_0}$ 决定的一个种子 $f(\Sigma_{t_0})$, 具体为

$$f(\Sigma_{t_0}) = (X'(t_0) \cap f(X(t_0)), (\widetilde{X'}(t_0) \cap f(\widetilde{X}(t_0)))$$
$$\setminus (X'(t_0) \cap f(X(t_0))), B_1 = (b'_{xy})),$$

其中 $B_1$ 意味着将矩阵 $B'_{t_0}$ 的行列指标分别限制到丛变量集合 $f(\widetilde{X}(t_0))$ 的换位丛变量和冰冻丛变量上所获得的子矩阵. 我们将这个种子称为 $\mathcal{A}(\Sigma_t)$ 的初始种子 $\Sigma_{t_0}$ 的**像种子**.

从这个事实可以发现, 丛同态限制到初始丛上可以引导出由丛到丛的一个关系. 对这种关系的研究, 我们在文献 [104] 中认识到它其实决定了种子到种子的一种态射, 我们在下面的定义中, 将其称为种子同态.

对于丛代数 $\mathcal{A}(\Sigma_t)$ 的一个初始种子 $\Sigma_{t_0} = (X(t_0), \widetilde{B}_{t_0})$, 以及两对丛变量 $(x, y)$ 和 $(z, w)$, 其中 $x, z \in X(t_0)$, $y, w \in \widetilde{X}(t_0)$, 我们称 $(x, y)$ 和 $(z, w)$ 是**伴随对**, 如果 $b_{xz} \neq 0$ 或者 $x = z$.

**定义 4.2**　假设 $\Sigma = (\widetilde{X}, \widetilde{B})$ 和 $\Sigma' = (\widetilde{X'}, \widetilde{B'})$ 分别是丛代数 $\mathcal{A}$ 和 $\mathcal{A}'$ 的两个种子. 从 $\widetilde{X}$ 到 $\widetilde{X'}$ 的映射 $f$ 称作从种子 $\Sigma$ 到种子 $\Sigma'$ 的一个**种子同态**, 如果它满足

(1) $f(X) \subseteq X'$;

(2) 对任意的伴随对 $(x, y)$ 和 $(z, w)$ 使得 $x, z \in X$ 以及 $y, w \in \widetilde{X}$, 那么

$$(b'_{f(x)f(y)} b_{xy})(b'_{f(z)f(w)} b_{zw}) \geqslant 0 \qquad 且 \qquad |b'_{f(x)f(y)}| \geqslant |b_{xy}|. \tag{4.1}$$

对于种子同态 $f : \Sigma \to \Sigma'$ 以及 $g : \Sigma' \to \Sigma''$, 定义它们的复合为 $gf : \Sigma \to \Sigma''$ 满足对所有 $x \in \widetilde{X}$, $gf(x) = g(f(x))$. 因此我们可以定义**种子范畴**, 记作 **Seed**, 该范畴的对象为所有的种子, 态射为所有的种子同态, 态射的复合定义如上.

对于一个种子同态 $f : \Sigma \to \Sigma'$, 那么 $\Sigma$ 在 $f$ 作用下的也可以定义**像种子**为 $f(\Sigma) = (f(X), f(\widetilde{X}) \setminus f(X), B_2)$, 其中 $B_2 = (b_{xy}^2)$ 是一个 $\#(f(X)) \times \#(f(\widetilde{X}))$ 矩阵使得对任意 $x \in f(X)$ 以及 $y \in f(\widetilde{X})$, 有 $b_{xy}^2 = b'_{xy}$.

由于 $n$-正则树的顶点都是对等的, 下面我们常常省略标出种子所在的顶点, 自动地将 $\mathcal{A}(\Sigma)$ 看作以 $\Sigma$ 为初始种子.

**定义 4.3** (1) 假设 $\Sigma$ 和 $\Sigma'$ 是两个种子, $f : \Sigma \to \Sigma'$ 是一个种子同态. $f$ 称作一个**种子同构**, 如果 $f$ 导出了两个双射 $X \to X'$ 和 $\widetilde{X} \to \widetilde{X'}$ 并且对所有 $x \in X$ 以及 $y \in \widetilde{X}$, 有 $|b_{xy}| = |b'_{f(x)f(y)}|$.

(2) 在 (1) 的基础上, 若对所有 $x \in X, y \in \widetilde{X}$, 有 $b_{xy} \cdot b'_{f(x)f(y)} \geqslant 0$ (分别地 $\leqslant 0$), 则称 $f$ 是一个**种子正** (分别地, **负**) **同构**.

**定义 4.4** (1) 一个种子同态 $f : \Sigma \to \Sigma'$ 称为**种子单同态**, 如果在种子范畴中, $\Sigma \overset{f}{\cong} f(\Sigma)$;

(2) 一个种子同态 $f : \Sigma \to \Sigma'$ 称为**种子满同态**, 如果 $f(\Sigma) = \Sigma'$.

由上述定义, 如下事实容易证明.

**命题 4.1** 对种子同态 $f : \Sigma \to \Sigma'$, 如下事实等价:

(1) $f$ 是一个种子同构;

(2) 存在唯一的种子同态 $f^{-1} : \Sigma' \to \Sigma$ 使得 $f^{-1}f = \mathrm{Id}_\Sigma$ 以及 $ff^{-1} = \mathrm{Id}_{\Sigma'}$;

(3) $f$ 是单的且满的.

**习题 4.2** 给出上述命题 4.1的证明.

**定义 4.5** 令 $f : \mathcal{A}(\Sigma) \to \mathcal{A}(\Sigma')$ 是一个丛同态且

$$I_1 = \{x \in \widetilde{X} | f(x) \in \mathbb{Z}\}. \tag{4.2}$$

由 $f$ 定义一个新的种子 $\Sigma^{(f)} = (X^{(f)}, X_{fr}^{(f)}, \widetilde{B^{(f)}})$ 满足

(1) $X^{(f)} = X \setminus I_1 = \{x \in X | f(x) \notin \mathbb{Z}\}$;

(2) $\widetilde{X^{(f)}} = \widetilde{X} \setminus I_1 = \{x \in \widetilde{X} | f(x) \notin \mathbb{Z}\}$;

(3) $\widetilde{B^{(f)}} = (b_{xy}^{(f)})$ 是一个 $\#(X^{(f)}) \times \#(\widetilde{X^{(f)}})$ 矩阵使得

$$b_{xy}^{(f)} = \begin{cases} b_{xy}, & \text{若对于任一与 } x \text{ 或 } y \text{ 相连的 } z \in I_1, \text{有 } f(z) \neq 0, \\ 0, & \text{否则}. \end{cases}$$

我们称 $\Sigma^{(f)}$ 是种子 $\Sigma$ 关于丛同态 $f$ 的**收缩种子**.

对于一个丛同态 $f : \mathcal{A}(\Sigma) \to \mathcal{A}(\Sigma')$, 如果 $I_1 = \{x \in \widetilde{X} | f(x) \in \mathbb{Z}\} = \varnothing$, 那么我们称 $f$ 是**不可收缩的同态** (noncontractible morphism).

根据种子同态的定义, 我们不难发现任意一个丛同态 $f$ 可以诱导出一个种子同态 $f^S$, 即命题 4.2.

**命题 4.2**　一个丛同态 $f : \mathcal{A}(\Sigma) \to \mathcal{A}(\Sigma')$ 决定了一个从 $\Sigma^{(f)}$ 到 $\Sigma'$ 的种子同态 $(f^S, \Sigma^{(f)}, \Sigma')$ 使得对任意 $x \in \widetilde{X^{(f)}}$ 满足 $f^S(x) = f(x)$，并且由丛同态 $f$ 所得的像种子和由种子同态 $f^S$ 所得的像种子是一致的.

**证明**　根据 $\Sigma^{(f)}$ 的定义，$f^S$ 满足定义 4.2 中的条件 (1). 对于任意两个伴随对 $(x,y)$ 和 $(z,w)$，其中 $x, z \in X^{(f)}, y, w \in \widetilde{X^{(f)}}$，如果有 $b_{xy}^{(f)} = 0$ 或 $b_{zw}^{(f)} = 0$，那么有 $(b_{xy}^{(f)} b_{f(x)f(y)}')(b_{zw}^{(f)} b_{f(z)f(w)}') = 0$. 故不妨假设 $b_{xy}^{(f)} \neq 0$ 且 $b_{zw}^{(f)} \neq 0$.

根据 $\widetilde{B^{(f)}}$ 的定义，我们有 $b_{xy}^{(f)} = b_{xy}$ 且 $b_{zw}^{(f)} = b_{zw}$. 因此，对任意于 $x$ 或 $z$ 相连的 $u$，我们总有 $f(u) \neq 0$.

接下来，我们只考虑 $b_{xy}, b_{zw} > 0$ 的情况，因为其他情况可以类似得证.

由 CM3, $f(\mu_x(x)) = \mu_{f(x)}(f(x))$，进而

$$
\frac{f\left(y^{b_{xy}} \prod\limits_{b_{xu} \geqslant 0, u \neq y} u^{b_{xu}} + \prod\limits_{b_{xu} \leqslant 0} u^{-b_{xu}}\right)}{f(x)} = \frac{\prod\limits_{b_{f(x)v}' \geqslant 0, v \in \widetilde{X'}} v^{b_{f(x)v}'} + \prod\limits_{b_{f(x)v}' \leqslant 0, v \in \widetilde{X'}} v^{-b_{f(x)v}'}}{f(x)},
$$

由 $\widetilde{X'}$ 的代数无关性，我们有

$$
\begin{cases}
f\left(y^{b_{xy}} \prod\limits_{b_{xu} \geqslant 0, u \neq y} u^{b_{xu}}\right) = \prod\limits_{b_{f(x)v}' \geqslant 0, v \in \widetilde{X'}} v^{b_{f(x)v}'}, \\[3mm]
f\left(\prod\limits_{b_{xu} \leqslant 0} u^{-b_{xu}}\right) = \prod\limits_{b_{f(x)v}' \leqslant 0, v \in \widetilde{X'}} v^{-b_{f(x)v}'}
\end{cases}
\tag{4.3}
$$

或

$$
\begin{cases}
f\left(y^{b_{xy}} \prod\limits_{b_{xu} \geqslant 0, u \neq y} u^{b_{xu}}\right) = \prod\limits_{b_{f(x)v}' \leqslant 0, v \in \widetilde{X'}} v^{-b_{f(x)v}'}, \\[3mm]
f\left(\prod\limits_{b_{xu} \leqslant 0} u^{-b_{xu}}\right) = \prod\limits_{b_{f(x)v}' \geqslant 0, v \in \widetilde{X'}} v^{b_{f(x)v}'}.
\end{cases}
\tag{4.4}
$$

**情形 1**　假设 $x = z$.

如果等式 (4.3) 成立，那么我们有 $f(y) | \prod_{b_{f(x)v}' \geqslant 0, v \in \widetilde{X'}} v^{b_{f(x)v}'}$. 比较等式 (4.3) 中 $f(y)$ 和 $f(z)$ 的指数，我们有 $b_{f(x)f(y)}' = \sum_{f(u)=f(y), b_{xu}>0} b_{xu} > 0$. 同理 $b_{f(z)f(w)}' > 0$. 因此

$$
(b_{xy} b_{f(x)f(y)}')(b_{zw} b_{f(z)f(w)}') = (b_{xy} b_{f(x)f(y)}')(b_{xw} b_{f(x)f(w)}') > 0.
\tag{4.5}
$$

如果等式 (4.4) 成立, 那么我们有 $b'_{f(x)f(y)} = \sum_{f(u)=f(y),b_{xu}>0}(-b_{xu}) < 0$, $b'_{f(z)f(w)} < 0$. 同理等式 (4.5) 成立.

**情形 2** 假设 $x \neq z$. 将情形 1 的结论用到伴随对 $(x,y)$ 和 $(x,z)$ 上, 我们有 $(b_{xy}b'_{f(x)f(y)})(b_{xz}b'_{f(x)f(z)}) > 0$. 另外, 将情形 1 的结论用到伴随对 $(z,x)$ 和 $(z,w)$ 上, 有 $(b_{zx}b'_{f(z)f(x)})(b_{zw}b'_{f(z)f(w)}) > 0$. 因此, $(b_{xy}b'_{f(x)f(y)})(b_{zw}b'_{f(z)f(w)}) > 0$.

总之, 我们有

$$(b_{xy}^{(f)}b'_{f(x)f(y)})(b_{zw}^{(f)}b'_{f(z)f(w)}) = (b_{xy}b'_{f(x)f(y)})(b_{zw}b'_{f(z)f(w)}) > 0.$$

进一步, 不管等式 (4.3) 或 (4.4) 哪个成立, 我们均有

$$|b'_{f(x)f(y)}| = \sum_{f(u)=f(y)}|b_{xy}| \geqslant |b_{xy}| = |b_{xy}^{(f)}|.$$

因此, $f^S$ 是一个从 $\Sigma^{(f)}$ 到 $\Sigma'$ 的种子同态.

记 $f: \mathcal{A}(\Sigma) \to \mathcal{A}(\Sigma')$ 的像种子为 $f(\Sigma) = (X_1, X_{1,fr}, B_1 = (b_{xy}^1))$, $\widetilde{X}_1 = X_1 \cup X_{1,fr}$, 则 $X_1 = X' \cap f(X)$, $\widetilde{X}_1 = \widetilde{X}' \cap f(\widetilde{X})$, $X_{1,fr} = \widetilde{X}_1 \setminus X_1$. 记 $f^S: \Sigma^{(f)} \to \Sigma'$ 的像种子为 $f^S(\Sigma^{(f)}) = (X_2, X_{2,fr}, B_2 = (b_{xy}^2))$, $\widetilde{X}_2 = X_2 \cup X_{2,fr}$, 则 $X_2 = f^S(X^{(f)})$, $\widetilde{X}_2 = f^S(\widetilde{X^{(f)}})$, $X_{2,fr} = \widetilde{X}_2 \setminus X_2$.

记 $I_1 = \{x \in \widetilde{X} \mid f(x) \in \mathbb{Z}\}$. 由于 $\widetilde{X}^{(f)} = \widetilde{X} \setminus I_1$, 那么 $\widetilde{X}_2 = f^S(\widetilde{X^{(f)}}) = f(\widetilde{X} \setminus I_1) = f(\widetilde{X}) \cap \widetilde{X}' = \widetilde{X}_1$. 同理, 由于 $X^{(f)} = X \setminus I_1$, 那么 $X_2 = f^S(X^{(f)}) = f(X \setminus I_1) = f(X) \cap X' = X_1$. 对于任意 $x \in \widetilde{X}_1 = \widetilde{X}_2$, $y \in X_1 = X_2$, 由于 $b_{xy}^1 = b_{xy} = b_{xy}^2$, 故 $B_1 = B_2$. 从而, $f(\Sigma) = f^S(\Sigma^{(f)})$. $\qquad\square$

对任意满丛同态 $g: \mathcal{A}(\Sigma) \to \mathcal{A}(\Sigma')$ 和 $I_1 = \{x \in \widetilde{X}|g(x) \in \mathbb{Z}\}$, 根据定义 4.5, 我们可以定义 $\Sigma^{(g)} = (X^{(g)}, \widetilde{B^{(g)}})$. 我们将证明存在一个满丛同态 $f: \mathcal{A}(\Sigma^{(g)}) \to \mathcal{A}(\Sigma')$ 满足 $f(X^{(g)}) = X'$ 且 $f(\widetilde{X^{(g)}}) = \widetilde{X}'$.

存在唯一的代数同态 $f: \mathbb{Q}[X_{fr}^{(g)}][X^{(g)\pm1}] \to \mathbb{Q}[X'_{fr}][X'^{\pm1}]$ 对任意 $x \in \widetilde{X^{(g)}}$ 满足 $f(x) = g(x)$. 根据 Laurent 现象, $\mathcal{A}(\Sigma^{(g)}) \subseteq \mathbb{Q}[X_{fr}^{(g)}][X^{(g)\pm1}]$.

**引理 4.1** (1) 存在种子同构 $(\mu_y^\Sigma(\Sigma))^{(g)} \cong \mu_y^{\Sigma^{(g)}}(\Sigma^{(g)})$, 其中 $y \in X \setminus I_1$;

(2) 如果 $(y_1, \cdots, y_t)$ 是 $\Sigma^{(g)}$-允许的, 那么它也是 $(f, \Sigma^{(g)}, \Sigma')$-双允许的.

**命题 4.3** 令 $g: \mathcal{A}(\Sigma) \to \mathcal{A}(\Sigma')$ 是一个满丛同态. 如前面所说的定义 $f$ 并把 $f$ 限制到 $\mathcal{A}(\Sigma^{(g)})$ 上. 那么 $f: \mathcal{A}(\Sigma^{(g)}) \to \mathcal{A}(\Sigma')$ 是一个满足 $f(X^{(g)}) = X'$ 及 $f(\widetilde{X^{(g)}}) = \widetilde{X}'$ 的不可收缩的满丛同态.

此命题中的满丛同态 $f$ 被称为 $g$ 的**收缩同态**, 简称**收缩**. 注意这时 $f$ 并不是 $g$ 在种子 $\Sigma^g$ 上简单的限制.

在文献 [7] 中, 一个丛同态 $f: \mathcal{A}(\Sigma) \to \mathcal{A}(\Sigma')$ 称为**理想的**, 如果 $\mathcal{A}(f^S(\Sigma^{(f)}))$ $= f(\mathcal{A}(\Sigma))$.

**引理 4.2** [44, Proposition 2.25(2)]　假设 $f: \mathcal{A}(\Sigma) \to \mathcal{A}(\Sigma')$ 是一个理想丛同态. 那么 $f$ 可以分解成 $f = f_2 f_1$, 其中 $f_1$ 是一个满的丛同态, $f_2$ 是一个单的丛同态, 即: $f: \mathcal{A}(\Sigma) \xrightarrow{f_1} \mathcal{A}(f^S(\Sigma^{(f)})) \xrightarrow{f_2} \mathcal{A}(\Sigma')$.

**证明**　因为 $f$ 是一个丛同态, 根据 $f^S(\Sigma^{(f)})$ 的定义, 显然我们有 $f: \mathcal{A}(\Sigma) \to$ $f(\mathcal{A}(\Sigma)) = \mathcal{A}(f^S(\Sigma^{(f)}))$ 是一个满的丛同态, 将其记作 $f_1$.

接下来, 我们证明自然嵌入 $f_2: f(\mathcal{A}(\Sigma)) = \mathcal{A}(f^S(\Sigma^{(f)})) \to \mathcal{A}(\Sigma')$ 是一个丛同态.

设 $x'$ 是 $f^S(\Sigma^{(f)})$ 的一个换位变量, 故存在 $x \in X$ 使得 $f(x) = x'$, 且 $x'$ 是 $\Sigma'$ 中的一个换位变量, 故 $x$ 是 $(f, \Sigma, \Sigma')$-双允许的. 因此 $f(\mu_x(x)) = \mu_{f(x)}(f(x))$, 即

$$ f\left( \frac{\prod_{b_{xy} \geqslant 0} y^{b_{xy}} + \prod_{b_{xy} \leqslant 0} y^{-b_{xy}}}{x} \right) = \frac{\prod_{b'_{x'y'} \geqslant 0} y'^{b'_{x'y'}} + \prod_{b'_{x'y'} \leqslant 0} y'^{-b'_{x'y'}}}{x'}. $$

由此可知, 对任意于 $x'$ 相连的 $y'$, 总存在 $y \in \widetilde{X}$ 使得 $y' = f(y)$. 从而 $y'$ 是 $f^S(\Sigma^{(f)})$ 的一个丛变量. 那么 $f_2: f(\mathcal{A}(\Sigma)) = \mathcal{A}(f^S(\Sigma^{(f)})) \to \mathcal{A}(\Sigma')$ 是一个丛同态 (证明详见定理 4.2).　　　　　　　　　　　　　　　　　　　　　　　□

关于种子同态和丛同态的关系, 我们有如下结论.

**命题 4.4**　在范畴 **Clus** 中, $\mathcal{A}(\Sigma) \cong \mathcal{A}(\Sigma')$ 当且仅当在范畴 **Seed** 中有 $\Sigma \cong \Sigma'$.

**证明**　($\Rightarrow$) 令 $f: \mathcal{A}(\Sigma) \to \mathcal{A}(\Sigma')$ 是一个丛同构具有逆 $g$. 根据命题 4.2, 我们得到两个种子同态 $f^S$ 和 $g^S$. 显然我们有 $g^S f^S|_{\widetilde{X}} = \mathrm{Id}_{\widetilde{X}}$, $f^S g^S|_{\widetilde{X'}} = \mathrm{Id}_{\widetilde{X'}}$. 根据命题 4.1, $\Sigma \xrightarrow{f^S} \Sigma'$ 是一个种子同构.

($\Leftarrow$) 对任意种子同构 $\Sigma \xrightarrow{F} \Sigma'$, $F$ 诱导出一个代数同构 $f: \mathbb{Q}[\widetilde{X}^{\pm 1}] \to \mathbb{Q}[\widetilde{X'}^{\pm 1}]$ 使得 $f(x) = F(x), \forall x \in \widetilde{X}$. 下证 $f$ 诱导出丛同构 $f: \mathcal{A}(\Sigma) \to \mathcal{A}(\Sigma')$.

首先我们证明 $f$ 满足条件 CM1, CM2 和 CM3, 并且 $f(\mathcal{A}(\Sigma)) \subseteq \mathcal{A}(\Sigma')$.

因为 $F$ 是一个种子同态, 故 $f$ 满足 CM1 和 CM2. 接下来, 我们证明任意 $\Sigma$-允许序列 $(z_1, \cdots, z_s)$ 都是 $(f, \Sigma, \Sigma')$-双允许的, 并且 CM3 成立.

当 $s = 1$ 时, 由于 $F$ 是种子同构, $(z_1)$ 是 $(f, \Sigma, \Sigma')$-双允许的.

对任意 $\widetilde{X} \ni x \neq z_1$, 显然有 $f(\mu_{z_1}(x)) = f(x) = \mu_{f(z_1)}(f(x))$.

如果 $x = z_1$, 由 $F$ 是种子同构可知, 对所有 $b_{z_1y} \neq 0$, 要么 $b_{z_1y} = b'_{F(z_1)F(y)} = b'_{f(z_1)f(y)}$ 成立, 要么 $b_{z_1y} = -b'_{F(z_1)F(y)} = -b'_{f(z_1)f(y)}$ 成立. 因此,

$$\prod_{b_{z_1y}>0} f(y^{b_{z_1y}}) + \prod_{b_{z_1y}<0} f(y^{-b_{z_1y}}) = \prod_{b'_{f(z_1)f(y)}>0} f(y)^{b'_{f(z_1)f(y)}} + \prod_{b'_{f(z_1)f(y)}<0} f(y)^{-b'_{f(z_1)f(y)}}.$$

故 $f(\mu_{z_1}(z_1)) = \mu_{f(z_1)}(f(z_1))$.

现在假设 $(z_1, \cdots, z_s)$ 是 $(f, \Sigma, \Sigma')$-双允许的, 并且当 $s < t$ 时 $f$ 满足 CM3. 接下来我们考虑 $s = t$ 的情形. 根据种子同构的定义, 我们有 $\mu_{z_{t-1}} \cdots \mu_{z_1}(F) : \mu_{z_{t-1}} \cdots \mu_{z_1}(\Sigma) \to \mu_{F(z_{t-1})} \cdots \mu_{F(z_1)}(\Sigma')$ 也是一个种子同构. 注意到, 对任意 $i = 1, \cdots, t-1$, 我们有 $F(z_i) = f(z_i)$.

由于 $(z_1, \cdots, z_t)$ 是 $\Sigma$-允许的, 因此 $(z_t)$ 是 $\mu_{z_{t-1}} \cdots \mu_{z_1}(\Sigma)$-允许的. 利用同构 $\mu_{z_{t-1}} \cdots \mu_{z_1}(F)$, 我们知道 $f(z_t)$ 是 $\mu_{F(z_{t-1})} \cdots \mu_{F(z_1)}(\Sigma')$-允许的, 因此 $(z_t)$ 是 $(f, \mu_{z_{t-1}} \cdots \mu_{z_1}(\Sigma), \mu_{F(z_{t-1})} \cdots \mu_{F(z_1)}(\Sigma'))$-双允许的. 从而, $(z_1, \cdots, z_t)$ 是 $(f, \Sigma, \Sigma')$-双允许的. 进一步, 根据同构 $\mu_{z_{t-1}} \cdots \mu_{z_1}(F)$, 对于种子 $\mu_{z_{t-1}} \cdots \mu_{z_1}(\Sigma)$ 中的任一丛变量 $z$, 我们有 $f(\mu_{z_t}(z)) = \mu_{F(z_t)}(f(z))$. 因此, 由归纳假设, 对任意 $x \in \widetilde{X}$, 我们有

$$f(\mu_{z_t} \cdots \mu_{z_1}(x)) = f(\mu_{z_t}(\mu_{z_{t-1}} \cdots \mu_{z_1}(x)))$$
$$= \mu_{F(z_t)}(f(\mu_{z_{t-1}} \cdots \mu_{z_1}(x))) = \mu_{F(z_t)} \cdots \mu_{F(z_1)}(f(x)).$$

故 CM3 成立.

由于 $\mathcal{A}(\Sigma)$ 由所有丛变量生成, 根据 CM1,CM2,CM3, 我们得到 $f(\mathcal{A}(\Sigma)) \subseteq \mathcal{A}(\Sigma')$.

同样的考虑作用在 $f^{-1}$ 上, 我们有 $f^{-1}(\mathcal{A}(\Sigma')) \subseteq \mathcal{A}(\Sigma)$. 因此 $f(\mathcal{A}(\Sigma)) = \mathcal{A}(\Sigma')$. 进一步由 $f$ 是单射, 我们得到 $f : \mathcal{A}(\Sigma) \to \mathcal{A}(\Sigma')$ 是丛同构. $\square$

定义 4.5 中构作的新种子 $\Sigma^{(f)}$ 可以看作将 $\mathcal{A}(\Sigma)$ 的初始种子 $\Sigma$ 的丛 $\widetilde{X}$ 的部分丛变量删去, 换位矩阵的相应行列也删去, 所得的种子. 还有一个构作新种子的方法将在下面刻画丛子代数时用到, 见命题 4.5 和定理 4.2, 即将原初始种子 $\Sigma$ 的换位丛的部分丛变量冰冻起来, 合并到丛 $\widetilde{X}$ 的冰冻部分 $X_{fr}$ 中. 我们将发现, 包括子丛代数和商丛代数在内的新的丛代数结构, 常常可以通过删去或冰冻初始种子的丛的部分丛变量来实现. 为此, 我们在这里先引入所谓的混合型子种子的概念.

**定义 4.6** 令 $\Sigma = (X, X_{fr}, \widetilde{B})$ 是丛代数 $\mathcal{A}(\Sigma)$ 的初始种子, 其中 $\widetilde{B}$ 是 $n \times (n+m)$ 完全符号斜对称整数矩阵. 令 $I_0$ 是 $X$ 的一个子集, $I_1$ 是 $\widetilde{X}$ 的一个子集, 满足 $I_0 \cap I_1 = \varnothing$ 且 $I_1 = I_1' \cup I_1''$, 其中 $I_1' = X \cap I_1$ 及 $I_1'' = X_{fr} \cap I_1$. 记 $X' = X \backslash (I_0 \cup I_1')$, $\widetilde{X'} = \widetilde{X} \backslash I_1$ 以及 $\widetilde{B'}$ 是 $\sharp X' \times \sharp \widetilde{X'}$ 矩阵使得对任意 $x \in X', y \in \widetilde{X'}$. 其矩阵元 $b'_{xy} = b_{xy}$. 那么我们可以定义一个新的种子 $\Sigma_{I_0, I_1} = (X', (X_{fr} \cup I_0) \backslash I_1, \widetilde{B'})$, 它被称为 $\Sigma$ 的一个**混合型子种子** (mixing-type sub-seed), 或称为 $(I_0, I_1)$-**型子种子**.

## 4.2  丛 子 代 数

如果从 $\mathcal{A}(\Sigma_t)$ 到 $\mathcal{A}(\Sigma'(t))$ 存在单丛同态 $f_{t_0}$, 那么丛代数 $\mathcal{A}(\Sigma_t)$ 被称为 $\mathcal{A}(\Sigma'(t))$ 的一个**丛子代数**[44]. 这时丛子代数结构是关于 $\mathbb{Z}$ 代数意义下的.

对偶地, 如果从 $\mathcal{A}(\Sigma_t)$ 到 $\mathcal{A}(\Sigma'(t))$ 存在满丛同态 $f_{t_0}$, 那么丛代数 $\mathcal{A}(\Sigma'(t))$ 被称为 $\mathcal{A}(\Sigma_t)$ 的一个**丛商代数**. 需要注意的是, 在范畴 **Clus** 中, 满射 (surjection) 和 epimorphism 一般不一致, 具体可见文献 [7].

**注 4.1**  由于丛代数 $\mathcal{A}(\Sigma_t)$ 与 $\mathcal{A}(\Sigma'(t))$ 的秩不一定一样, 因此对应的正则树的度也不一定一致. 从而我们在这里对后者的种子用 $\Sigma'(t)$ 表示, 以示区别, 而不是与之前一样用 $\Sigma'_t$.

本节专门讨论丛子代数, 下一节我们将专门讨论丛商代数.

由上一节混合型子种子的概念, 我们冰冻住可以作变异的部分丛变量, 可以得到一个新的丛代数 $\mathcal{A}(\Sigma_{I_0},\varnothing)$. 这时若取系数环为 $\mathbb{Z}\mathbb{P} = \mathbb{Z}[x_{n+1}^{\pm 1}, \cdots, x_{n+m}^{\pm 1}]$, 那么将某个换位变量 $x_i$ 冰冻为一个冰冻变量后, 实际上扩大了系数环为 $\mathbb{Z}(\mathbb{P} \cup \{x_i^{\pm 1}\})$, 这时 $\mathcal{A}(\Sigma_{\{x_i\},\varnothing})$ 作为集合包含了 $\mathcal{A}$, 而不是丛子代数. 并且, 若我们取系数环为 $\mathbb{Z}[x_{n+1}, \cdots, x_{n+m}]$ (见注 1.6), 却可以获得一个丛子代数的结构, 见下面命题. 这是系数环影响丛结构的一个典型例子.

**命题 4.5**  对以 $\mathbb{Z}[Y]$ 为系数多项式的几何型丛代数 $\mathcal{A}$, 取定种子 $\Sigma = (\widetilde{X}, \widetilde{B})$ 及其子种子 $\Sigma_{I_0,\varnothing} = (\widetilde{X'}, \widetilde{B'})$, 其中 $Y = \{x_{n+1}, \cdots, x_{n+m}\}, \widetilde{X} = X \cup Y, X' = X \backslash I_0$. 那么, $\mathcal{A}(\Sigma_{I_0,\varnothing})$ 总是 $\mathcal{A}(\Sigma)$ 的丛子代数.

**习题 4.3**  证明命题 4.5.

上述命题只是给出了获得丛子代数的子种子的一个充分条件. 事实上, 在文献 [104] 中, 我们已经给出了获得丛子代数的混合型子种子的充要条件, 即下面的定理 4.2. 我们先补充给出种子的融和的定义及一个相关结论.

**定义 4.7**[7]  (1) 对两个种子 $\Sigma_1 = (X_1, (X_1)_{fr}, \widetilde{B^1})$ 和 $\Sigma_2 = (X_2, (X_2)_{fr}, \widetilde{B^2})$, 如果存在 (可能空) $\Delta_1 \subseteq (X_1)_{fr}$ 和 $\Delta_2 \subseteq (X_2)_{fr}$ 使得 $|\Delta_1| = |\Delta_2|$, 则 $\Sigma_1$ 和 $\Sigma_2$ 称为沿着 $\Delta_1$ 和 $\Delta_2$ 是**可粘的** (glueable). 令 $\Delta$ 是一族未定元, 与集合 $\Delta_1$ 和 $\Delta_2$ 都有一个双射.

(2) 种子 $\Sigma_1$ 和 $\Sigma_2$ 沿着 $\Delta_1$ 和 $\Delta_2$ 的**融和** (amalgamated sum) 定义为 $\Sigma = (X, X_{fr}, \widetilde{B})$, 其中 $\widetilde{X} = (\widetilde{X_1} \backslash \Delta_1) \cup (\widetilde{X_2} \backslash \Delta_2) \cup \Delta, X = X_1 \cup X_2$, 且矩阵 $\widetilde{B}$ 定义为

$$\widetilde{B} = \begin{pmatrix} B_{11}^1 & 0 \\ 0 & B_{11}^2 \\ B_{21}^1 & 0 \\ 0 & B_{21}^2 \\ B_{31}^1 & B_{31}^2 \end{pmatrix}, \quad \text{其中 } \widetilde{B^i} = \begin{pmatrix} B_{11}^i \\ B_{21}^i \\ B_{31}^i \end{pmatrix}, i = 1, 2. \tag{4.6}$$

我们将融和用记号 $\Sigma_1 \amalg_{\Delta_1, \Delta_2} \Sigma_2$ 表示.

**引理 4.3** [7] 种子 $\Sigma_1$ 和 $\Sigma_2$ 如上是可粘的, 并且融和后得种子 $\Sigma = \Sigma_1 \amalg_{\Delta_1, \Delta_2} \Sigma_2$. 对 $i = 1, 2$, 种子 $\Sigma_i$ 和 $\Sigma$ 的丛变量生成的有理函数域 $\mathcal{F}_{\Sigma_i}$ 和 $\mathcal{F}_{\Sigma}$ 的嵌入同态可以诱导出单丛同态 $\mathcal{A}(\Sigma_i) \rightarrow \mathcal{A}(\Sigma)$.

**习题 4.4** 给出引理 4.2 的证明.

**定理 4.2** 对种子 $\Sigma = (\widetilde{X}, \widetilde{B})$, $\Sigma' = (\widetilde{X}', \widetilde{B}')$, $\widetilde{X} = X \cup Y$, $\widetilde{X}' = X' \cup Y'$, 考虑丛代数 $\mathcal{A}(\Sigma)$ 和 $\mathcal{A}(\Sigma')$ 分别以 $\mathbb{Z}[Y]$ 和 $\mathbb{Z}[Y']$ 为系数环. 那么, $\mathcal{A}(\Sigma')$ 是 $\mathcal{A}(\Sigma)$ 的丛子代数当且仅当存在 $\Sigma$ 的混合型子种子 $\Sigma_{I_0, I_1}$ 使得 $\Sigma' \cong \Sigma_{I_0, I_1}$ 满足: 对任意 $x \in X \setminus (I_0 \cup I_1)$ 和 $y \in I_1$, 有 $b_{xy} = 0$.

**证明** ($\Rightarrow$) 令 $f : \mathcal{A}(\Sigma') \rightarrow \mathcal{A}(\Sigma)$ 是一个单丛同态. 由文献 [7], 我们有 $\mathcal{A}(\Sigma') \cong \mathcal{A}(f(\Sigma'))$. 根据像种子的定义, 显然 $f(\Sigma') = \Sigma_{I_0, I_1}$, 其中

$$I_1 = \widetilde{X} \setminus (\widetilde{X} \cap f(\widetilde{X}')), \quad I_0 = X \setminus (f(X') \cup I_1).$$

因此, 根据命题 4.4, $\Sigma' \cong \Sigma_{I_0, I_1}$.

接下来我们证明集合 $I_0$ 和 $I_1$ 满足定理的条件. 否则的话, 存在 $x_0 \in X \setminus (I_0 \cup I_1)$ 以及 $y_0 \in I_1$ 使得 $b_{x_0 y_0} \neq 0$. 因此, 在丛代数 $\mathcal{A}(\Sigma)$ 中,

$$\mu_{x_0, \Sigma}(x_0) = \frac{\displaystyle\prod_{y \in \widetilde{X}, b_{x_0 y} > 0} y^{b_{x_0 y}} + \prod_{y \in \widetilde{X}, b_{x_0 y} < 0} y^{-b_{x_0 y}}}{x_0},$$

以及在丛代数 $\mathcal{A}(\Sigma_{I_0, I_1})$ 中, 我们有

$$\mu_{x_0, \Sigma_{I_0, I_1}}(x_0) = \frac{\displaystyle\prod_{y \in \widetilde{X} \setminus I_1, b_{x_0 y} > 0} y^{b_{x_0 y}} + \prod_{y \in \widetilde{X} \setminus I_1, b_{x_0 y} < 0} y^{-b_{x_0 y}}}{x_0}.$$

由于 $b_{x_0 y_0} \neq 0$, 项 $y_0^{b_{x_0 y_0}}$ 出现在第一个等式但是不在第二个等式当中. 由于 $\widetilde{X}$ 是它生成的有理函数域的一组超越基, 因此 $\mu_{x_0, \Sigma_{I_0, I_1}}(x_0) \neq \mu_{x_0, \Sigma}(x_0)$, 这与单丛同态 $f$ 的 CM3 条件矛盾.

($\Leftarrow$) 给定 $I_0$ 和 $I_1$, 对任意 $x \in X \setminus (I_0 \cup I_1)$ 及 $y \in I_1$, 我们有 $b_{xy} = 0$. 令 $\Delta = I_0 \cup X_{fr}$. 进一步, 令 $\Sigma(I_1 \cup \Delta)$ 是 $\Sigma$ 的由丛变量 $I_1$ 和 $\Delta$ 生成的子种子. 由融和的定义, 显然有

$$\Sigma_{I_0, \varnothing} = \Sigma(I_1 \cup \Delta)_{I_0, \varnothing} \coprod_{\Delta_1, \Delta_2} \Sigma_{I_0, I_1},$$

其中 $\Delta_1 = \Delta_2 = \Delta$. 因此, 我们得到

$$\mathcal{A}(\Sigma_{I_0, \varnothing}) = \mathcal{A}(\Sigma(I_1 \cup \Delta)_{I_0, \varnothing}) \coprod_{\Delta_1, \Delta_2} \mathcal{A}(\Sigma_{I_0, I_1}).$$

由引理 4.2, $\mathcal{A}(\Sigma_{I_0,I_1})$ 是 $\mathcal{A}(\Sigma_{I_0,\varnothing})$ 的丛子代数. 由命题 4.5, $\mathcal{A}(\Sigma_{I_0,\varnothing})$ 是 $\mathcal{A}(\Sigma)$ 的丛子代数. 由于单的丛子代数的复合还是单的丛子代数, 于是 $\mathcal{A}(\Sigma_{I_0,I_1})$ 是 $\mathcal{A}(\Sigma)$ 的丛子代数.　　　　　　　　　　□

## 4.3　丛商代数

这方面我们介绍一下相关文献的主要结论, 不给出证明, 请读者必要时自己查阅文献.

### 4.3.1　由赋幺化构造的丛商代数

令 $\Sigma \setminus \{x\} = (X \setminus \{x\}, \widetilde{B} \setminus \{x\})$ 记作由 $\Sigma$ 删去 $x \in \widetilde{X}$ 后得到的种子, 其中 $\widetilde{B} \setminus \{x\}$ 表示由 $\widetilde{B}$ 删去第 $x$ 行和 $x$ 列得到 (当 $x \in \widetilde{X} \setminus X$ 时, $\widetilde{B}$ 中没有 $x$ 列, 因此 $\widetilde{B} \setminus \{x\}$ 只需由 $\widetilde{B}$ 删掉第 $x$ 行得到).

令 $\sigma_{x,1}$ 是唯一的从 $\mathcal{A}(\Sigma)$ 到 $\mathbb{Q}(\Sigma \setminus \{x\})$ 的代数同态: 对任意 $y \in \widetilde{X} \setminus \{x\}$, 将 $y$ 映成 $y$; 将 $x$ 映成 1. 因此, $\sigma_{x,1} : \mathcal{A}(\Sigma) \to \mathcal{A}(\Sigma \setminus \{x\})$ 是一个代数同态当且仅当 $\sigma_{x,1}(\mathcal{A}(\Sigma)) \subseteq \mathcal{A}(\Sigma \setminus \{x\})$. 我们称 $\sigma_{x,1}$ 是 $\mathcal{A}(\Sigma)$ 在 $x$ 处的**单赋幺化** (simple specialisation). 接下来, 对 $I \subseteq \widetilde{X}$, 我们考虑在 $x \in I$ 的单赋幺化的复合, 即 $\sigma_{I,1} = \prod_{x \in I} \sigma_{x,1}$, 称 $\sigma_{I,1}$ 为 $\mathcal{A}(\Sigma)$ 在 $I$ 上的**赋幺化**, 或称 $I$-**赋幺化**.

当 $x \neq y \in X$, 记 $\sigma_{x,1}(\mu_y(\Sigma) \setminus \{x\})$ 是种子

$$(\{\sigma_{x,1}(\mu_y(x_1)), \cdots, \sigma_{x,1}(\mu_y(x_n))\} \setminus \{1\}, \mu_y(\widetilde{B} \setminus \{x\})).$$

文献 [7, Problem 6.10] 提出了如下问题:

**问题 4.1**　$\sigma_{x,1}$ 什么时候能够诱导出一个从 $\mathcal{A}(\Sigma)$ 到 $\mathcal{A}(\Sigma \setminus \{x\})$ 的满理想丛同态?

在文献 [7] 中, 作者指出 $\sigma_{x,1}$ 是从 $\mathcal{A}(\Sigma)$ 到 $\mathcal{A}(\Sigma \setminus \{x\})$ 的满理想丛同态当且仅当 $\sigma_{x,1}$ 是一个代数同态. 特别地, 作为充分条件, 他们证明了, 如果种子 $\Sigma$ 无圈, 那么 $\sigma_{x,1}$ 是一个满丛同态.

据此, 我们有如下结论:

**命题 4.6**　对于无圈种子 $\Sigma$ 和 $I_1 \subset \widetilde{X}$, $\mathcal{A}(\Sigma_{\varnothing,I_1})$ 是 $\mathcal{A}(\Sigma)$ 的丛商代数.

在文献 [104] 中, 我们证明了: 对所有 $1 \leqslant i \leqslant s$, 令 $(y_1, \cdots, y_s)$ 是一个 $\Sigma$-允许序列, 其中 $y_i \neq x \in \widetilde{X}$. 记 $\mu$ 和 $\mu'$ 分别是丛代数 $\mathcal{A}(\mu_{y_s} \cdots \mu_{y_1}(\Sigma))$ 和 $\mathcal{A}(\sigma_{x,1}(\mu_{y_s} \cdots \mu_{y_1}(\Sigma) \setminus \{x\}))$ 里的变异. 对任意 $y \in \mu_{y_s} \cdots \mu_{y_1}(X)$ 和 $z \in \mu_{y_s} \cdots \mu_{y_1}(\widetilde{X})$, 如果 $y, z \neq x$, 则下面的结论成立:

(1) $\sigma_{x,1}(\mu_y(z)) = \mu'_{\sigma_{x,1}(y)}(\sigma_{x,1}(z))$;

(2) $\sigma_{x,1}(\mu_y \mu_{y_s} \cdots \mu_{y_1}(\Sigma) \setminus \{x\}) = \mu'_{\sigma_{x,1}(y)}(\sigma_{x,1}(\mu_{y_s} \cdots \mu_{y_1}(\Sigma) \setminus \{x\}))$;

(3) 任意 $\Sigma \setminus \{x\}$-允许序列 $(z_1, \cdots, z_t)$ 能够提升成一个 $(\sigma_{x,1}, \Sigma, \Sigma \setminus \{x\})$-双允许序列 $(w_1, \cdots, w_t)$ 使得: 对任意 $i = 1, \cdots, t$, $\sigma_{x,1}(w_i) = z_i$, 且

$$\sigma_{x,1}(\mu_{w_t} \cdots \mu_{w_1}(\Sigma)\setminus\{x\}) = \mu'_{z_t} \cdots \mu'_{z_1}(\Sigma \setminus \{x\}).$$

进一步, 我们证明了: 对于 $\Sigma = (\widetilde{X}, \widetilde{B})$ 为初始种子, $x \in X$, 则 $\sigma_{x,1}(\mathcal{A}(\Sigma)) \subseteq \mathcal{U}(\Sigma \setminus \{x\})$ 包含于 $\mathcal{A}(\Sigma \setminus \{x\})$ 的上丛代数.

在此基础上, 可以给出如下结论作为问题 4.1 的部分解答.

**命题 4.7** 给定初始种子 $\Sigma = (\widetilde{X}, \widetilde{B})$, 要么 $x \in X_{fr}$, 要么 $\mathcal{A}(\Sigma \setminus \{x\})$ 无圈, 那么

(1) $\sigma_{x,1}(\mathcal{A}(\Sigma)) = \mathcal{A}(\Sigma \setminus \{x\})$;

(2) $\sigma_{x,1}$ 是满射.

根据命题 4.7, 我们可以给出由赋幺化构作的一类丛商代数.

**定理 4.3** 如果丛代数 $\mathcal{A}(\Sigma)$ 无圈, 那么对任意 $I_1 \subseteq \widetilde{X}$, 利用 $\sigma_{I_1,1} = \prod_{x \in I_1} \sigma_{x,1} : \mathcal{A}(\Sigma) \to \mathcal{A}(\Sigma_{\varnothing,I_1})$, 即通过 $\mathcal{A}(\Sigma)$ 在 $I_1$ 上的赋幺化, $\mathcal{A}(\Sigma_{\varnothing,I_1})$ 成为 $\mathcal{A}(\Sigma)$ 的丛商代数.

若丛代数 $\mathcal{A}'$ 同构于某个 $\mathcal{A}(\Sigma_{\varnothing,I_1})$, 那么称 $\mathcal{A}'$ 是丛代数 $\mathcal{A}(\Sigma)$ 的**纯子丛代数** (pure subcluster algebra)(见文献 [105]).

### 4.3.2 由粘合方法刻画的丛商代数

在这一小节, 我们通过粘合冰冻变量给出另一类丛商代数.

鉴于命题 4.3, 为了刻画来自满丛同态 $f$ 的商, 接下来总假设 $f$ 是不可收缩的.

对于两个集合 $U$ 和 $V$, 称 $\varphi$ 是从 $U$ 到 $V$ 关于子集 $W \subset U$ 的一个**部分映射**, 若 $\varphi : W \to V$ 是一个映射. 这个部分映射记为 $\varphi_W : U \to V$.

**定义 4.8** 给定一个种子 $\Sigma = (X, X_{fr}, \widetilde{B})$、一个子集 $S \subseteq X_{fr}$ 和一个部分单射 $\varphi_S : X_{fr} \to X_{fr}$, 我们通过将 $\varphi_S$ 粘合 $S$ 和 $\varphi_S(S)$ 来定义一个新的种子 $\Sigma_{\varphi_S} = (X, \overline{X}_{fr}, \widetilde{B})$,

(1) 对任意的 $s \in S$, 赋予一个新变量 $\overline{s}$, 并称之为 $s$ 和 $\varphi_S(s)$ 基于 $\varphi_S$ 的粘合变量.

(2) 定义

$$\overline{X}_{fr} = (X_{fr} \setminus (S \cup \varphi_S(S))) \cup \{\overline{s} \mid s \in S\},$$

$$\widetilde{X} = X \cup \overline{X}_{fr} = (\widetilde{X} \setminus (S \cup \varphi_S(S))) \cup \{\overline{s} \mid s \in S\},$$

以及它的扩张换位矩阵 $\widetilde{B} = (\overline{b}_{z_1,z_2})$ 是一个 $\#X \times \#\widetilde{X}$ 矩阵, 满足

$$\overline{b}_{z_1 z_2} = \begin{cases} b_{z_1 z_2}, & \text{若 } z_2 \in \widetilde{X} \setminus (S \cup \varphi_S(S)), \\ b_{z_1 y_2}, & \text{若 } z_2 = \overline{y}_2 \in \overline{S}, y_2 = \varphi_S(y_2), \\ b_{z_1 y_2} + b_{z_1 \varphi_S(y_2)}, & \text{若 } z_2 = \overline{y}_2 \in \overline{S}, y_2 \neq \varphi_S(y_2). \end{cases}$$

特别地, 如果 $S = \{y_1\}$ 且 $\varphi(y_1) = y_2$, 我们也将 $\Sigma_{\varphi_S}$ 记为 $\Sigma_{\widehat{y_1 y_2}}$. 此时可以看到 $\widetilde{B}$ 的主部分为 $B$, 因此它是完全符号斜对称的.

**注 4.2**　对于 $\Sigma$ 中的 $y_1, y_2 \in X_{fr}$, 定义 $S = \{y_1\}$ 且 $\varphi_S(S) = \{y_2\}$. 那么我们有 $\Sigma_{\widehat{y_1 y_2}} = (\overline{X}, \widetilde{B})$, 其中 $\overline{X} = X$, $\widetilde{X} = \widetilde{X} \setminus \{y_1, y_2\} \cup \{\overline{y}\}$, 而它的扩张换位矩阵 $\widetilde{B}$ 是 $n \times (n+m-1)$ 阶的, 并且对任意的 $x \in X$ 和 $y \in \widetilde{X} \setminus \{\overline{y}\}$ 满足 $\overline{b}_{xy} = b_{xy}$ 以及 $\overline{b}_{x\overline{y}} = b_{xy_1} + b_{xy_2}$. 此时, 我们说 $\overline{y}$ 是 $y_1$ 和 $y_2$ 的**粘合变量**.

令 $\Sigma = (X, \widetilde{B})$ 为一个种子, $y_1$ 和 $y_2$ 是两个冰冻变量. 我们可以得到一个自然的环同态

$$\pi : \mathbb{Q}[X_{fr}][X^{\pm 1}] \to \mathbb{F}(\Sigma_{\widehat{y_1 y_2}})$$

满足 $\pi(x) = x$, 对于任意 $x \in \widetilde{X}, x \neq y_1, x \neq y_2$ 且 $\pi(y_1) = \pi(y_2) = \overline{y}$. 将 $\pi$ 限制到 $\mathcal{A}(\Sigma)$ 上得到的丛同态 $\pi_0 = \pi|_{\mathcal{A}(\Sigma)}$ 被称为**由粘合 $y_1, y_2 \in X_{fr}$ 诱导的典范丛同态**.

为了说明我们的结论, 我们需要下列引理.

**引理 4.4**　令 $\Sigma$ 中的 $y_1, y_2 \in X_{fr}$ 满足对任意的 $x \in X$ 有 $b_{xy_1} b_{xy_2} \geqslant 0$. 那么对任意一个可变异丛变量 $z \in X$, 存在一个种子正同构 $\mu_z(\Sigma_{\widehat{y_1 y_2}}) \overset{h}{\cong} (\mu_z(\Sigma))_{\widehat{y_1 y_2}}$.

有了上面的准备, 下面我们给出另一类丛商代数如下.

**命题 4.8**　令 $y_1, y_2 \in X_{fr}$ 在种子 $\Sigma$ 中有粘合变量 $\overline{y}$. 那么 $\mathcal{A}(\Sigma_{\widehat{y_1 y_2}})$ 是 $\mathcal{A}(\Sigma)$ 在典范丛同态 $\pi_0 = \pi|_{\mathcal{A}(\Sigma)}$ 下的丛商代数当且仅当对 $\mathcal{A}(\Sigma)$ 中任意种子 $\Sigma'$ 的任意可变异丛变量 $x$ 和它的换位矩阵 $\widetilde{B'}$, 有 $b'_{xy_1} b'_{xy_2} \geqslant 0$.

这个命题告诉我们在什么条件下两个冰冻变量 $y_1$ 和 $y_2$ 粘合得到的典范同态 $\pi_0$ 是满的. 因此我们称丛代数 $\mathcal{A}(\Sigma)$ 的两个冰冻变量 $y_1$ 和 $y_2$ 是**可粘合的**, 如果它们满足命题 4.8 中的条件.

后面的引理 4.5 (1) 可以被视为 $\Sigma$ 中的两个冰冻变量 $y_1$ 和 $y_2$ 通过不可收缩丛同态粘合的另一个刻画.

下面的结论是后面主要结论的证明需要的, 我们把它们列为习题.

**习题 4.5**　对于 $y_1 \neq y_2 \in \widetilde{X}$, 如果存在一个丛同态 $f : \mathcal{A}(\Sigma) \to \mathcal{A}(\Sigma')$ 使得 $f(y_1) = f(y_2) \in \widetilde{X'}$, 那么 $y_1, y_2 \in X_{fr}$.

**习题 4.6** 对于一个不可收缩满丛同态 $g : \mathcal{A}(\Sigma) \to \mathcal{A}(\Sigma')$, 如下性质成立:

(1) $g(X_{fr}) \subseteq X'_{fr}$;

(2) $\#\widetilde{X} \geqslant \#\widetilde{X'}$;

(3) 如果 $\#\widetilde{X} \gneqq \#\widetilde{X'}$, 那么存在 $y_1, y_2 \in X_{fr}$ 满足 $y_1 \neq y_2$ 且 $g(y_1) = g(y_2)$;

(4) $\#\widetilde{X} = \#\widetilde{X'}$ 当且仅当 $\#X = \#X'$ 且 $\#X_{fr} = \#X'_{fr}$.

**引理 4.5** (1) 种子 $\Sigma$ 中的两个冰冻变量 $y_1$ 和 $y_2$ 是可粘合的当且仅当存在另一个种子 $\Sigma'$ 和一个不可收缩的满丛同态 $f : \mathcal{A}(\Sigma) \to \mathcal{A}(\Sigma')$ 满足 $f(y_1) = f(y_2)$.

(2) 当 (1) 成立时, 不可收缩的满丛同态 $f : \mathcal{A}(\Sigma) \to \mathcal{A}(\Sigma')$ 可以被分解为 $f = h_1 f_1$, 其中 $f_1 = \pi_0$ 是满典范丛同态, 而 $h_1 : \mathcal{A}(\Sigma_{\widehat{y_1 y_2}}) \twoheadrightarrow \mathcal{A}(\Sigma')$ 是一个满丛同态.

最后, 我们可以获得下面对不可收缩满丛同态的一个分解, 而事实上每个满丛同态总可以收缩为一个不可收缩满丛同态.

**定理 4.4** 令 $f : \mathcal{A}(\Sigma) \to \mathcal{A}(\Sigma')$ 是一个不可收缩满丛同态, $s = \#\widetilde{X} - \#\widetilde{X'}$. 那么, 或者 $f = g_0$, 或者存在一系列满丛同态:

$$\mathcal{A}(\Sigma) \xrightarrow{f_0} \mathcal{A}(\Sigma_1) \xrightarrow{f_1} \cdots \xrightarrow{f_{s-1}} \mathcal{A}(\Sigma_{s-1}) \xrightarrow{f_s} \mathcal{A}(\Sigma_s) \xrightarrow{g_s} \mathcal{A}(\Sigma'),$$

使得 $f = g_s f_s \cdots f_1 f_0, (s \geqslant 1)$, 其中 $g_s (s \geqslant 0)$ 是一个丛同构, 且对 $i = 0, 1, \cdots, s$, 每个 $f_i$ 是 $\mathcal{A}(\Sigma_{i-1})$ 上的典范丛同态, $\Sigma_i$ 是由 $\Sigma_{i-1}$ 通过粘合在 $f$ 下有相同像的两个冰冻丛变量得到的, 并且 $\Sigma = \Sigma_0$.

**推论 4.1** 令 $f : \mathcal{A}(\Sigma) \to \mathcal{A}(\Sigma')$ 是一个满丛同态, $0 \notin f(\widetilde{X})$ 且 $\mathcal{A}(\Sigma)$ 是无圈可斜对称化的. 记 $I_1 = \{x \in \widetilde{X} | f(x) \in \mathbb{Z}\}$. 那么

(1) 可以由 $f$ 唯一地构造一个满丛同态 $f' : \mathcal{A}(\Sigma) \to \mathcal{A}(\Sigma')$ 满足对任意 $x \in \widetilde{X} \setminus I_1$ 有 $f'(x) = f(x)$, 且对任意 $x \in I_1$ 有 $f'(x) = 1$. 我们称之为 $f$ 在 $I_1$ 上的赋幺同态.

(2) $f' = f_0 \sigma_{I_1,1}$, 其中 $\sigma_{I_1,1} : \mathcal{A}(\Sigma) \to \mathcal{A}(\Sigma_{\varnothing,I_1})$ 和 $f_0 : \mathcal{A}(\Sigma_{\varnothing,I_1}) \to \mathcal{A}(\Sigma')$ 是两个满丛同态, $\sigma_{I_1,1}$ 是 $\mathcal{A}(\Sigma)$ 在 $I_1$ 上的赋幺化, 而 $f_0$ 是 $f$ 的收缩, 它可以如定理 4.4 被分解为丛同构 $g_s$ 和一系列对 $i = 1, \cdots, s$ 通过粘合在 $f$ 下有相同像的两个冰冻丛变量一步一步得到的满典范丛同态 $f_1, \cdots, f_s$ 的复合.

**例 4.1** 对于两个种子 $\Sigma_1 = (\widetilde{X}_1, \widetilde{B}_1)$ 和 $\Sigma_2 = (\widetilde{X}_2, \widetilde{B}_2)$, 记 $\Sigma_1 \cup \Sigma_2 = \left(\widetilde{X}_1 \cup \widetilde{X}_2, \begin{pmatrix} \widetilde{B}_1 \\ \widetilde{B}_2 \end{pmatrix}\right)$, 我们可以得到两个丛代数 $\mathcal{A}(\Sigma_1 \cup \Sigma_2)$ 和 $\mathcal{A}(\Sigma_1 \coprod_{\Delta_1, \Delta_2} \Sigma_2)$. 定义一个丛同态

$$f : \mathcal{A}(\Sigma_1 \cup \Sigma_2) \to \mathcal{A}\left(\Sigma_1 \coprod_{\Delta_1, \Delta_2} \Sigma_2\right)$$

满足对任意 $x \in (\widetilde{X}_1 \cup \widetilde{X}_2) \setminus (\Delta_1 \cup \Delta_2)$ 有 $f(x) = x$, 且对对应的两个变量 $y' \in \Delta_1$ 和 $y'' \in \Delta_2$ 有 $f(y') = f(y'') = \overline{y}$ 为 $\Delta$ 中的像变量. 显然 $f$ 是不可收缩满丛同态. 根据定理 4.4, 我们可以把 $f$ 分解为 $f = g_s f_s \cdots f_2 f_1$, 其中 $f_i$ 是满典范丛同态, $g_s$ 是丛同构. 此时, $g_s = \mathrm{Id}_{\mathcal{A}(\Sigma_1 \coprod_{\Delta_1, \Delta_2} \Sigma_2)}$. 假设来自 $\Delta_1$ 和 $\Delta_2$ 的所有对应变量对是 $(y_1', y_1''), \cdots, (y_s', y_s'')$, 那么 $f_i$ 可以通过粘合 $y_i'$ 和 $y_i''$ 得到, 即对于 $i = 1, \cdots, s$ 有 $f(y_i') = f(y_i'') = \overline{y}_i$.

## 4.4　丛自同构的一个刻画

回顾一下丛同态的定义 4.1, 对丛代数 $\mathcal{A}(\Sigma_t)$ 和 $\mathcal{A}(\Sigma'(t))$, 它们关于初始点 $t_0$ 有丛同态 $f_{t_0}$ 的条件包括:

**CM0**　将 1 映成 1 的环同态 $f$;

**CM1**　$f(\widetilde{X}(t_0)) \subseteq \widetilde{X'}(t_0) \cup \mathbb{Z}$;

**CM2**　$f(X(t_0)) \subseteq X'(t_0) \cup \mathbb{Z}$;

**CM3**　对任意 $(f, \Sigma_{t_0}, \Sigma'(t_0))$-双允许序列 $(z_1, z_2, \cdots, z_s)$ 以及任意 $z \in \widetilde{X}(t_0)$, 有 $f(\mu_{z_s} \cdots \mu_{z_1}(z)) = \mu_{f(z_s)} \cdots \mu_{f(z_1)}(f(z))$.

再回顾下种子同态的定义 4.2, 假设 $\Sigma = (\widetilde{X}, \widetilde{B})$ 和 $\Sigma' = (\widetilde{X'}, \widetilde{B'})$ 分别是丛代数 $\mathcal{A}$ 和 $\mathcal{A}'$ 的两个种子. 从种子 $\Sigma$ 到种子 $\Sigma'$ 的种子同态 $f$ 的条件是满足

(a) $f(\widetilde{X}) \subseteq \widetilde{X'}$;

(b) $f(X) \subseteq X'$;

(c) 对任意的伴随对 $(x, y)$ 和 $(z, w)$ 满足 $x, z \in X$ 以及 $y, w \in \widetilde{X}$, 那么

$$(b'_{f(x)f(y)} b_{xy})(b'_{f(z)f(w)} b_{zw}) \geqslant 0 \quad \text{且} \quad |b'_{f(x)f(y)}| \geqslant |b_{xy}|.$$

由定理 4.1, 丛同态 $f_{t_0}$ 是丛同构当且仅当环同态 $f$ 是环同构, 即条件 CM0 的双射性可以决定条件 CM1 和 CM2 的双射性.

由命题 4.4, 丛同构 $\mathcal{A}(\Sigma) \cong \mathcal{A}(\Sigma')$ 当且仅当有种子同构 $\Sigma \cong \Sigma'$, 即条件 (a), (b) 的双射性及 (c) 的第二式改为条件 $|b'_{f(x)f(y)}| = |b_{xy}|$ 后, 可以决定丛代数的同构, 也就决定了条件 CM0 的双射性.

而条件 (a), (b) 的双射性与条件 CM1 和 CM2 的双射性是一样的. 所以条件 CM1 和 CM2 的双射性加上 (c) 中第二式改为条件 $|b'_{f(x)f(y)}| = |b_{xy}|$ (这些条件意味着 CM3 也成立), 与条件 CM0 的双射性, 可以互相决定, 从而给出丛同构 $\mathcal{A}(\Sigma) \cong \mathcal{A}(\Sigma')$.

进一步的问题是, "条件 CM1 和 CM2 的双射性加上条件 $|b'_{f(x)f(y)}| = |b_{xy}|$" 这一条件是否可能再减少? 如, 常文和 Schiffler 在文献 [43] 中对常系数丛代数上的丛自同构, 提出了一个猜想, 即

**猜想 4.1**[43]　令 $\mathcal{A}$ 是一个丛代数, $f : \mathcal{A} \to \mathcal{A}$ 是一个 $\mathbb{Z}$-代数同态, 那么 $f$ 是一个丛自同构当且仅当存在两个丛 $X$ 和 $Z$ 使得 $f(X) = Z$.

这个猜想其实是, 猜想条件 CM1 的双射性就可以决定这个丛自同态成为丛自同构, 其他条件不需要 (在常系数丛代数情况, 条件 CM1 与 CM2 是一样的).

我们在文献 [40] 中对无系数可斜对称化情况证明了这个猜想, 即有如下结论:

**定理 4.5**　设 $\mathcal{A}$ 是一个可斜对称化丛代数, $f : \mathcal{A} \to \mathcal{A}$ 是 $\mathbb{Z}$-代数同态. 则 $f$ 是丛自同构当且仅当存在两个丛 $X$ 和 $Z$ 使得 $f(X) = Z$.

在证明这个定理之前, 我们先证明所需的引理.

一个方阵 $A$ 被称为**可分解的**, 若存在一个置换矩阵 $P$ 使得 $PAP^{\mathsf{T}}$ 是一个分块对角矩阵. 否则称之为**不可分解的**.

**引理 4.6**　设 $B \neq 0$ 是可斜对称化整数矩阵. 若矩阵 $B'$ 由 $B$ 通过一系列变异得到, 那么我们有下述结论:

(1) 若 $B = aB'$, 其中 $a \in \mathbb{Z}$, 则 $a = \pm 1$ 且 $B = \pm B'$;

(2) 设 $B$ 是不可分解的, 且 $B = B'A$, 其中 $A = \text{diag}(a_1, \cdots, a_n)$ 是整数对角矩阵, 则 $A = \pm I_n$ 且 $B = \pm B'$;

(3) 设 $B = \text{diag}(B_1, \cdots, B_s)$, 其中 $B_i$ 是 $n_i \times n_i$ 非零不可分解可斜对称化矩阵, 且 $B = B'A$, $A = \text{diag}(a_1, \cdots, a_n)$ 是整数对角矩阵, 则 $B_j = \pm B_i'$, $i = 1, 2, \cdots, s$ 且 $a_j = \pm 1$, $j = 1, \cdots, n$.

**证明**　(1) 因为 $B'$ 是 $B$ 通过一系列变异得到的, 根据 (3.1), 存在可逆矩阵 $E$ 和 $F$ 使得 $B' = EBF$. 若 $B = aB'$, 则有 $B' = aEB'F$. 因此, 对 $s \geqslant 0$, 我们有

$$B' = aEB'F = a^2 E^2 B'F^2 = \cdots = a^s E^s B'F^s,$$

于是 $\dfrac{1}{a^s}B' = E^s B'F^s$ 对于任意 $s \geqslant 0$ 成立.

假设 $a \neq \pm 1$, 则当 $s$ 充分大时, $\dfrac{1}{a^s}B'$ 将不再是整数矩阵. 但是 $E^s B'F^s$ 总是整数矩阵, 这是个矛盾. 因此 $a = \pm 1$ 和 $B = \pm B'$ 成立.

(2) 若存在 $i_0$ 使得 $a_{i_0} = 0$, 根据 $B = B'A$, $B$ 的第 $i_0$ 列向量是零. 这与 $B$ 不可分解且 $B \neq 0$ 矛盾. 所以矩阵 $A$ 的每个对角元均不为零.

设 $D = \text{diag}(d_1, \cdots, d_n)$ 是 $B$ 的斜对称化子. 根据 $B = B'A$ 和 $AD = DA$, 我们有 $BD = B'AD = (B'D)A$. 由于 $B'$ 是 $B$ 通过一系列变异得到的, 所以 $D$ 也是 $B'$ 的斜对称化子. 也即我们有 $B'D$ 和 $BD = (B'D)A$ 都是斜对称的, 从而 $a_1 = \cdots = a_n$, 令为 $a$, 则 $A = aI_n$, 且 $B = aB'$. 因为 $0 \neq B$ 是不可分解的, 我们必有 $a \neq 0$.

由 (1), 我们得到 $A = \pm I_n$ 且 $B = \pm B'$.

(3) 由变异的定义, 可知 $B' = \mathrm{diag}(B'_1, \cdots, B'_s)$, 其中 $B'_i$ 是 $B_i$ 通过一系列变异得到的. 我们可以把 $A$ 也写成对应的分块对角矩阵的形式 $A = \mathrm{diag}(A_1, \cdots, A_s)$, 其中 $A_i$ 是 $n_i \times n_i$ 整数对角矩阵. 根据 $B = B'A$, 我们有 $B_i = B'_i A_i$. 根据 (2), 我们有

$$A_i = \pm I_{n_i} \quad 且 \quad B_i = \pm B'_i, i = 1, \cdots, s.$$

从而, 我们得到 $a_j = \pm 1, j = 1, \cdots, n$. □

**引理 4.7** 设 $\mathcal{A} = \mathcal{A}(X, B)$ 是一个可斜对称化丛代数, 且 $f$ 是 $\mathcal{A}$ 的 $\mathbb{Z}$-代数自同态. 若存在 $\mathcal{A}$ 的另一个种子 $(Z, B')$ 使得 $f(X) = Z$, 则 $f(\mu_x(X)) = \mu_{f(x)}(Z)$ 对任意丛变量 $x \in X$ 成立.

**证明**  通过对丛变量适当排序, 从而 $B$ 的行列进行相应置换之后, 它可以写成分块对角形式: $B = \mathrm{diag}(B_1, B_2, \cdots, B_s)$, 其中 $B_1$ 是 $n_1 \times n_1$ 零矩阵, $B_j$ 是 $n_j \times n_j$ 的不可分解可斜对称化矩阵, $j = 2, \cdots, s$.

不失一般性, 我们不妨假设 $f(x_i) = z_i, 1 \leqslant i \leqslant n$. 令 $x'_k$ 和 $z'_k$ 是 $\mu_k(X, B)$ 和 $\mu_k(Z, B')$ 中的新变量, 那么我们有

$$x_k x'_k = \prod_{i=1}^n x_i^{[b_{ik}]_+} + \prod_{i=1}^n x_i^{[-b_{ik}]_+} \quad 和 \quad z_k z'_k = \prod_{i=1}^n z_i^{[b'_{ik}]_+} + \prod_{i=1}^n z_i^{[-b'_{ik}]_+}.$$

因此

$$f(x'_k) = f\left( \frac{\prod_{i=1}^n x_i^{[b_{ik}]_+} + \prod_{i=1}^n x_i^{[-b_{ik}]_+}}{x_k} \right) = \frac{\prod_{i=1}^n z_i^{[b_{ik}]_+} + \prod_{i=1}^n z_i^{[-b_{ik}]_+}}{z_k}$$

$$= \frac{\prod_{i=1}^n z_i^{[b_{ik}]_+} + \prod_{i=1}^n z_i^{[-b_{ik}]_+}}{\prod_{i=1}^n z_i^{[b'_{ik}]_+} + \prod_{i=1}^n z_i^{[-b'_{ik}]_+}} z'_k.$$

这是 $f(x'_k)$ 关于丛 $\mu_k(Z)$ 的表示. 根据

$$f(x'_k) \in f(\mathcal{A}) = \mathcal{A} \subset \mathbb{Z}[z_1^{\pm 1}, \cdots, (z'_k)^{\pm 1}, \cdots, z_n^{\pm 1}],$$

我们有

$$\frac{\prod\limits_{i=1}^{n} z_i^{[b_{ik}]_+} + \prod\limits_{i=1}^{n} z_i^{[-b_{ik}]_+}}{\prod\limits_{i=1}^{n} z_i^{[b'_{ik}]_+} + \prod\limits_{i=1}^{n} z_i^{[-b'_{ik}]_+}} \in \mathbb{Z}[z_1^{\pm 1}, \cdots, z_{k-1}^{\pm 1}, z_{k+1}^{\pm 1}, \cdots, z_n^{\pm 1}].$$

因为 $\prod_{i=1}^{n} z_i^{[b_{ik}]_+} + \prod_{i=1}^{n} z_i^{[-b_{ik}]_+}$ 和 $\prod_{i=1}^{n} z_i^{[b'_{ik}]_+} + \prod_{i=1}^{n} z_i^{[-b'_{ik}]_+}$ 都不能被 $z_i$ 整除, 我们有

$$\frac{\prod\limits_{i=1}^{n} z_i^{[b_{ik}]_+} + \prod\limits_{i=1}^{n} z_i^{[-b_{ik}]_+}}{\prod\limits_{i=1}^{n} z_i^{[b'_{ik}]_+} + \prod\limits_{i=1}^{n} z_i^{[-b'_{ik}]_+}} \in \mathbb{Z}[z_1, \cdots, z_{k-1}, z_{k+1}, \cdots, z_n].$$

因此, 对每个 $k$, 存在整数 $a_k \in \mathbb{Z}$ 使得

$$(b_{1k}, b_{2k}, \cdots, b_{nk})^\top = a_k (b'_{1k}, b'_{2k}, \cdots, b'_{nk})^\top.$$

故我们有 $B = B'A$, 其中 $A = \mathrm{diag}(a_1, \cdots, a_n)$.

注意到 $B = \mathrm{diag}(B_1, B_2, \cdots, B_s)$, 应用引理 4.6 于 $\mathrm{diag}(B_2, \cdots, B_s)$, 我们可得到对 $j = n, +1, \cdots, n, a_j = \pm 1$. 因为 $B$ 和 $B'$ 的前 $n_1$ 列都是零向量, 我们可以取 $a_1 = \cdots = a_{n_1} = 1$. 因此对任意 $k$, 我们有 $a_k = \pm 1$ 和

$$(b_{1k}, b_{2k}, \cdots, b_{nk})^\top = a_k (b'_{1k}, b'_{2k}, \cdots, b'_{nk})^\top = \pm (b'_{1k}, b'_{2k}, \cdots, b'_{nk})^\top.$$

因此,

$$\frac{\prod\limits_{i=1}^{n} z_i^{[b_{ik}]_+} + \prod\limits_{i=1}^{n} z_i^{[-b_{ik}]_+}}{\prod\limits_{i=1}^{n} z_i^{[b'_{ik}]_+} + \prod\limits_{i=1}^{n} z_i^{[-b'_{ik}]_+}} = 1.$$

于是得到

$$f(x'_k) = \frac{\prod\limits_{i=1}^{n} z_i^{[b_{ik}]_+} + \prod\limits_{i=1}^{n} z_i^{[-b_{ik}]_+}}{\prod\limits_{i=1}^{n} z_i^{[b'_{ik}]_+} + \prod\limits_{i=1}^{n} z_i^{[-b'_{ik}]_+}} z'_k = z'_k.$$

所以 $f(\mu_x(X)) = \mu_{f(x)}(Z)$, 对于任意 $x \in X$. □

**引理 4.8** 设 $\mathcal{A} = \mathcal{A}(\mathcal{X}, B)$ 是可斜对称化丛代数, 它初始丛生成的有理函数域是 $\mathcal{F}$, 即 $\mathcal{A} \subset \mathcal{F}$. 令 $f$ 是域 $\mathcal{F}$ 的域自同构. 若存在 $\mathcal{A}$ 的另一个种子 $(Z, B')$ 使得 $f(X) = Z$ 且 $f(\mu_x(X)) = \mu_{f(x)}(Z)$, 对任一 $x \in X$. 那么

(1) $f$ 是 $\mathcal{A}$ 的环自同构;

(2) $f$ 是 $\mathcal{A}$ 的丛自同构.

**证明**　(1) 因为 $f$ 是域 $\mathcal{F}$ 的自同构, 所以 $f$ 是单射.

因为 $f$ 与变异是相容的, 易可见: $f$ 限制在所有丛变量构成的集合 $\mathcal{X}$ 上是一个满射. 进一步, 因为 $\mathcal{A}$ 由 $\mathcal{X}$ 生成, 所以 $f$ 限制到 $\mathcal{A}$ 上是满射. 因此, $f$ 是 $\mathcal{A}$ 的环自同构.

(2) 可由 (1) 及丛自同构的定义得到.　□

**现在可以证明定理 4.5**

($\Rightarrow$) 根据丛自同构的定义即可得到.

($\Leftarrow$) 由引理 4.7 和引理 4.8 可得到.　□

作为进一步思考, 请读者尝试将定理 4.5 推广到带系数可斜对称化丛代数之间的丛同态来建立.

# 第 5 章　丛代数的覆盖理论和丛变量的正性问题

由前面的学习我们已经知道, 丛代数按换位矩阵来分类, 可以分为斜对称、可斜对称、符号斜对称这三种情况, 它们之间有包含关系, 而符号斜对称情况是最一般的. 作为最特殊的、条件最好的情况, 斜对称丛代数的研究是至今最成熟丰富的. 如何将这种情形的结论改进到更一般情况, 一直是丛代数研究的关键之一. 事实上, 确实很多斜对称情况的结论已经被改进到了可斜对称化丛代数. 改进的方法和能被改进的原因涉及不同问题的各个方面. 这些方法往往很难进一步用到符号斜对称情况去, 所以至今对于符号斜对称丛代数的研究仍是非常困难的. 但我们知道, 从斜对称到可斜对称化情况, 有一个很重要的方法, 就是依赖于群作用的所谓的折叠的方法, 这个方法被确认在一些问题的解决上发挥了重要的作用. 例如, 来自定向黎曼面的丛代数可以折叠为来自轨形 (orbifold) 的丛代数, 基于这一结论, 然后利用黎曼面上丛代数的丛变量的正性, 可以证明来自轨形的丛代数的丛变量的正性并解决它的正基问题, 见文献 [58, 60], 我们在后面关于基理论的讨论中也会再介绍. 这个方法被作者在文献 [103] 中改进到了符号斜对称情况, 并以此为工具, 证明了符号斜对称丛代数的一些重要的结论, 这方面我们在后文中会提及. 我们把这个将用的方法称为**丛代数的覆盖理论**.

本节的丛代数均为几何型的符号斜对称丛代数. 我们从斜对称矩阵与符号斜对称矩阵间的折叠和展开的定义开始.

## 5.1　折叠和展开

一个没有长度小于 3 的圈的局部有限的箭图 $Q$ 可以等同于一个 (无限) 斜对称的行列有限的矩阵 $\widetilde{B}_Q = (b_{ij})_{i,j \in Q_0}$. 事实上, 对于 $i \neq j \in Q_0$, 如果 $i$ 到 $j$ 有箭向, 那么从 $j$ 到 $i$ 则没有箭向. 因此, 定义 $b_{ij}$ 等于 $i$ 到 $j$ 箭向的个数, 此时取 $b_{ji} = -b_{ij}$; 对 $i \in Q_0$, 定义 $b_{ii} = 0$. 易知 $\widetilde{B}_Q$ 为斜对称的行列有限矩阵, 且 $Q$ 与 $\widetilde{B}_Q$ 相互唯一决定.

我们能够通过 $Q$ 定义一个 (无限秩) 的种子 $\Sigma(Q) = (\widetilde{X}, \widetilde{B}_Q)$, 丛为 $\widetilde{X} = \{x_i \mid i \in Q_0\}$ 以及换位矩阵为 $\widetilde{B}_Q = (b_{ij})_{i,j \in Q_0}$.

在不引起歧义的情况下, 方便起见, 将箭图 $Q$ 等同于 $(b_{ij})_{i,j \in Q_0}$, 或者直接用矩阵 $\widetilde{B}_Q$ 代替 $Q$.

我们称**群 $\Gamma$ 作用**在箭图 $Q$ 上, 如果存在群同态 $\varphi : \Gamma \to \mathrm{Aut}(Q)$, 其中 $\mathrm{Aut}(Q)$ 是 $Q$ 的自同构群. 在这种情况下, 我们有 $h \cdot i = \varphi(h)(i)$ $(i \in Q_0)$.

假设 $Q$ 是一个具有群 $\Gamma$ (可能无限) 作用的局部有限箭图, 即 $Q$ 中每个顶点的度数都有限. 对一个顶点 $i \in Q_0$, 一个 $i$ 处的 $\Gamma$-圈是一条箭向 $i \to h \cdot i$, 其中 $h \in \Gamma$, 一个 $i$ 处的 $\Gamma$-2-圈是一对箭向 $i \to j$ 和 $j \to h \cdot i$, 其中 $j \notin \{h' \cdot i \mid h' \in \Gamma\}$ 且 $h \in \Gamma$. 记 $[i]$ 是 $i$ 在 $\Gamma$ 作用下的轨道. 称 $Q$ 在 $[i]$ 处无 $\Gamma$-圈 ($\Gamma$-2-圈), 如果 $Q$ 在任意的 $i' \in [i]$ 处均没有 $\Gamma$- 圈 ($\Gamma$-2-圈).

**定义 5.1**　令 $Q = (b_{ij})$ 是一个具有群 $\Gamma$ 作用的局部有限箭图. 记 $[i] = \{h \cdot i \mid h \in \Gamma\}$ 为顶点 $i \in Q_0$ 的轨道. 假设 $Q$ 在 $[i]$ 处没有 $\Gamma$-圈以及 $\Gamma$-2-圈, 我们按照如下方式通过箭图 $Q$ 定义一个箭图 $Q' = (b'_{i'j'})_{i',j' \in Q_0}$:

(1) 顶点集与 $Q$ 的顶点集一致;

(2) 箭向通过如下方式定义:

$$
b'_{jk} = \begin{cases} -b_{jk}, & \text{如果 } j \in [i] \text{ 或者 } k \in [i], \\ b_{jk} + \displaystyle\sum_{i' \in [i]} \frac{|b_{ji'}||b_{i'k} + b_{ji'}|b_{i'k}|}{2}, & \text{否则}. \end{cases}
$$

记 $Q'$ 为 $\widetilde{\mu}_{[i]}(Q)$, 同时称 $\widetilde{\mu}_{[i]}$ 是在 $[i]$ 处的**轨道变异**. 在这种情况下, 称 $Q$ 能在 $[i]$ 处能作**轨道变异**.

对所有 $j, k \in Q_0$, 由于 $b_{jk} = -b_{kj}$, 易证 $b'_{jk} = -b'_{kj}$, 即 $Q' = (b'_{i'j'})_{i',j' \in Q_0}$ 作为矩阵为斜对称矩阵.

**习题 5.1**　$\widetilde{\mu}_{[i]}(Q) = \left( \prod_{i' \in [i]} \mu_{i'} \right)(Q)$.

**注 5.1**　(1) 由于 $Q$ 局部有限, 定义中 $b'_{jk}$ 求和为有限和, 因此上述定义是合理的.

(2) $\widetilde{\mu}_{[i]}(Q)$ 是一个局部有限的箭图.

(3) 当 $\Gamma$ 为平凡群时, 条件没有 $\Gamma$-圈和 $\Gamma$-2-圈等同于没有长度小于 3 的圈, 该条件在丛代数的定义中是必要的. 该条件在之后的引理 5.1 中起着重要的作用.

(4) 如果 $Q$ 在 $[i]$ 处没有 $\Gamma$-圈和 $\Gamma$-2-圈, 易知 $\widetilde{\mu}_{[i]}(Q)$ 在 $[i]$ 处没有 $\Gamma$-圈.

注意到当 $\Gamma$ 为平凡群时, 箭图轨道变异的定义和箭图变异的定义一致.

**定义 5.2**　(1) 对一个具有群 $\Gamma$ 作用的局部有限箭图 $Q = (b_{ij})_{i,j \in Q_0}$, 记 $\overline{Q}_0$ 是顶点集 $Q_0$ 在 $\Gamma$-作用下的轨道集合. 假设 $n = |\overline{Q}_0| < +\infty$ 且 $Q$ 没有 $\Gamma$-圈和 $\Gamma$-2-圈.

定义一个符号斜对称矩阵 $B(Q) = (b_{[i][j]})$ 满足如下条件: (i) 矩阵 $B(Q)$ 的阶为 $n \times n$; (ii) 对 $[i], [j] \in \overline{Q}_0$, $b_{[i][j]} = \sum_{i' \in [i]} b_{i'j}$.

(2) 对一个 $n \times n$ 符号斜对称矩阵 $B$, 如果存在一个具有群 $\Gamma$ 作用的局部有限箭图 $Q$ 使得 $B = B(Q)$, 则称 $(Q, \Gamma)$ 是 $B$ 的一个**覆盖** (covering).

(3) 对一个 $n \times n$ 符号斜对称矩阵 $B$, 如果存在一个具有群 $\Gamma$ 作用的局部有限箭图 $Q$ 使得 $(Q, \Gamma)$ 是 $B$ 的覆盖, 并且 $Q$ 能作任意次的轨道变异使得覆盖关系在矩阵变异同时进行下保持, 则 $(Q, \Gamma)$ 称为 $B$ 的**展开** (unfolding); 等价地, $B$ 称为 $(Q, \Gamma)$ 的**折叠** (folding).

在上述定义中, (3) 部分是可斜对称化矩阵展开的推广[58].

对 $j' \in [j]$, 存在 $\sigma \in \Gamma$ 使得 $\sigma(j) = j'$ 且 $b_{i'j} = b_{\sigma(i')j'}$. 由于限制 $\sigma$ 在 $[i]$ 上为双射, 对 $[i], [j] \in \overline{Q}_0$, 同样有 $b_{[i][j]} = \sum_{i' \in [i]} b_{\sigma(i')j'}$. 这意味着 (1) 中的 (ii) 是良定的 (well-defined).

由于 $Q$ 不含 $\Gamma$-2-圈, 固定 $j$, 当 $i'$ 取遍轨道 $[i]$ 时, 所有 $b_{i'j}$ 具有相同的符号或者等于 0. 当 $b_{i'j} = 0$ 对所有 $i' \in [i]$ 均成立时, 则 $b_{j'i} = -b_{ij'} = 0$ 对所有的 $j' \in [j]$ 成立. 因此, $b_{[i][j]} = 0 = b_{[j][i]}$. 否则, 存在 $i_0 \in [i]$ 使得 $b_{i_0j} \neq 0$, 则 $b_{ji_0} = -b_{i_0j} \neq 0$. 因此, $b_{[j][i]} = \sum_{j' \in [j]} b_{j'i_0} \neq 0$ 且 $b_{[i][j]} = \sum_{i' \in [i]} b_{i'j} \neq 0$ 有不同的符号. 由 (1) 可知, $B = B(Q) = (b_{[i][j]})$ 是符号斜对称矩阵.

**引理 5.1** 如果 $(Q, \Gamma)$ 是 $B$ 的覆盖且 $Q$ 能在 $[i]$ 处作轨道变异使得 $\widetilde{\mu}_{[i]}(Q)$ 没有 $\Gamma$-2-圈, 则 $(\widetilde{\mu}_{[i]}(Q), \Gamma)$ 是 $\mu_{[i]}(B)$ 的覆盖.

**证明** 记矩阵 $\mu_{[i]}(B)$ 为 $(b'_{[j][k]})$. 我们有

$$b'_{[j][k]} = \begin{cases} -b_{[j][k]}, & \text{如果 } [j] = [i] \text{ 或者 } [k] = [i], \\ b_{[j][k]} + \dfrac{|b_{[j][i]}|b_{[i][k]} + b_{[j][i]}|b_{[i][k]}|}{2}, & \text{否则.} \end{cases}$$

如果 $[j] = [i]$ 或者 $[k] = [i]$, 则

$$b'_{[j][k]} = -b_{[j][k]} = -\sum_{j' \in [j]} b_{j'k} = \sum_{j' \in [j]} b'_{j'k},$$

对任意 $i' \in [i]$, 有

$$\sum_{j' \in [j]} b_{j'i'} = \sum_{j' \in [j]} b_{j'i}.$$

由于 $Q$ 在 $[i]$ 和 $[j]$ 处没有 $\Gamma$-2-圈, 有

$$\left| \sum_{i' \in [i]} b_{i'k} \right| = \sum_{i' \in [i]} |b_{i'k}| \quad \text{和} \quad \left| \sum_{j' \in [j]} b_{j'i'} \right| = \sum_{j' \in [j]} |b_{j'i'}|,$$

则

$$b'_{[j][k]} = b_{[j][k]} + \frac{|b_{[j][i]}|b_{[i][k]} + b_{[j][i]}|b_{[i][k]}|}{2}$$

$$= \sum_{j' \in [j]} b_{j'k} + \frac{\left|\sum\limits_{j' \in [j]} b_{j'i}\right| \sum\limits_{i' \in [i]} b_{i'k} + \sum\limits_{j' \in [j]} b_{j'i} \left|\sum\limits_{i' \in [i]} b_{i'k}\right|}{2}$$

$$= \sum_{j' \in [j]} \left( b_{j'k} + \sum_{i' \in [i]} \frac{|b_{j'i'}|b_{i'k} + b_{j'i'}|b_{i'k}|}{2} \right) = \sum_{j' \in [j]} b'_{j'k}.$$

因此, 对 $[j], [k]$, 有 $b'_{[j][k]} = \sum_{j' \in [j]} b'_{j'k}$.

进一步, 由于 $Q$ 没有 $\Gamma$-2-圈, 易知 $\widetilde{\mu}_{[i]}(Q)$ 没有 $\Gamma$-圈.

因为 $\widetilde{\mu}_{[i]}(Q)$ 没有 $\Gamma$-2-圈, 对 $j', j'' \in [j]$ 及 $k', k'' \in [k]$, 得 $b'_{j'k}b'_{j''k} \geqslant 0$ 和 $b'_{jk'}b'_{jk''} \geqslant 0$. 又因为对任意 $j' \in [j]$ 和 $k' \in [k]$, $b_{j'k'} = -b_{k'j'}$, 可知

$$b'_{[j][k]}b'_{[k][j]} = \left( \sum_{j' \in [j]} b'_{j'k} \right) \left( \sum_{k' \in [k]} b'_{k'j} \right) \leqslant 0.$$

易证 $b'_{[j][k]}b'_{[k][j]} = 0$ 当且仅当 $b'_{[j][k]} = b'_{[k][j]} = 0$. 这意味着 $\mu_{[i]}(B)$ 是符号斜对称矩阵. 所以, $(\widetilde{\mu}_{[i]}(Q), \Gamma)$ 是 $\mu_{[i]}(B)$ 的覆盖. □

该结论意味着覆盖在轨道变异作用下保持.

## 5.2　无圈符号斜对称矩阵的强几乎有限箭图

假设 $P, Q$ 是两个箭图.

(1) 如果存在 $P$ 的子箭图 $P'$, $Q$ 的子箭图 $Q'$ 以及箭图同构 $\varphi : P' \to Q'$, 则称 $P$ 和 $Q$ 能沿着 $\varphi$ **可以粘贴**.

(2) 记 $P$ 和 $Q$ 分别对应斜对称矩阵 $\begin{pmatrix} B_{11} & B_{12} \\ B_{21} & B_{22} \end{pmatrix}$ 和 $\begin{pmatrix} B'_{11} & B'_{12} \\ B'_{21} & B'_{22} \end{pmatrix}$, 其中 $B_{22}$ 和 $B'_{22}$ 的行列指标分别对应 $P'$ 和 $Q'$ 的顶点. 由于 $\varphi$ 是同构, 有 $B_{22} = B'_{22}$.

(3) 记 $P \coprod_\varphi Q$ 是对应于下面矩阵的箭图, $\begin{pmatrix} B_{11} & 0 & B_{12} \\ 0 & B'_{11} & B'_{12} \\ B_{21} & B'_{21} & B_{22} \end{pmatrix}$, 称 $P \coprod_\varphi Q$ 是 $P$ 和 $Q$ 沿着 $\varphi$ 的**粘贴箭图**.

粗略地说, $P \coprod_\varphi Q$ 通过 $P$ 和 $Q$ 粘贴公共的子箭图得到.

如果 $P' = Q' = \alpha : 1 \to 2$ 是 $P$ 和 $Q$ 的公共子箭图, 我们称 $P \coprod_\varphi Q$ 为 $P$ 和 $Q$ 沿着 $\varphi = \mathrm{Id}_\alpha$ 的粘贴箭图.

对照 4.2 节中由两个可粘的种子求融和所获得的新种子, 我们就可以发现, 与这里的两个箭图粘贴获得粘贴箭图的构造方法是一致的, 只要将箭图用斜对称矩阵去看即可理解. 但不同点在于, 我们这部分研究的是没有冰冻变量的种子之间的粘贴, 因此粘贴就是在丛变量之间进行; 而 4.2 节研究的是带冰冻变量的种子之间的融和, 而其融和只能通过冰冻变量之间的粘贴来实现.

由前面的定义, 折叠是覆盖再加变异下保持覆盖的条件, 而这个条件在下面的讨论中可见并不是总成立的. 所以现在开始, 我们需要加上换位矩阵的无圈性这个条件.

**构造 5.1** 设 $B = (b_{ij}) \in \mathrm{Mat}_{n \times n}(\mathbb{Z})$ 为无圈符号斜对称矩阵. 通过如下归纳的步骤, 我们构造 (无限) 箭图 $Q(B)$ (简记为 $Q$) 作为 $B$ 的展开.

- 对任意 $i = 1, \cdots, n$, 定义箭图 $Q^i$: $Q^i$ 有 $\sum_{j=1}^n |b_{ji}| + 1$ 个顶点, 其中一个顶点标记为 $i$, $|b_{ji}| (j \ne i)$ 个不同的顶点标记为 $j$. 如果 $b_{ji} > 0$, 存在一条从标记为 $j$ 的顶点到标记为 $i$ 的顶点的箭向; 如果 $b_{ji} < 0$, 存在一条从标记为 $i$ 的顶点到标记为 $j$ 的顶点的箭向.

- 令 $Q_{(1)} = Q^1$. 称唯一标记为 1 的顶点为 "旧" 顶点, 其他顶点为 "新" 顶点.

- 对 $Q_{(1)}$ 中标记为 $i_1$ 的 "新" 顶点, $Q^{i_1}$ 和 $Q_{(1)}$ 有一个公共箭向为唯一连接标记为 $i_1$ 的 "新" 顶点的箭向, 记作 $\alpha_1$. 则箭图 $Q^{i_1} \coprod_{\mathrm{Id}_{\alpha_1}} Q_{(1)}$ 由粘贴公共箭向 $\alpha_1$ 得到. 对 $Q_{(1)}$ 中其他 "新" 的顶点标记为 $i_2$, 我们同样类似地可以得到 $Q^{i_2} \coprod_{\mathrm{Id}_{\alpha_2}} (Q^{i_1} \coprod_{\mathrm{Id}_{\alpha_1}} Q_{(1)})$, 其中 $\alpha_2$ 是唯一连接标记为 $i_2$ 的 "新" 顶点的箭向. 利用上述操作, 作用到所有 $Q_{(1)}$ 中的 "新" 顶点, 我们最终得到一个箭图, 记作 $Q_{(2)}$. 显然 $Q_{(1)}$ 是 $Q_{(2)}$ 的子箭图. 我们称 $Q_{(1)}$ 中的顶点为 $Q_{(2)}$ 的 "旧" 顶点, 其他顶点为 "新" 顶点.

- 归纳地, 利用由 $Q_{(1)}$ 得到 $Q_{(2)}$ 的步骤, 对任意 $m \ge 1$, 我们能通过 $Q_{(m)}$ 得到 $Q_{(m+1)}$. 类似地, 称 $Q_{(m)}$ 中的顶点为 $Q_{(m+1)}$ 中的 "旧" 顶点, 其他为 "新" 顶点.

- 最终, 因为对任意 $m$, $Q_m$ 是 $Q_{m+1}$ 的子箭图, 定义 (无限) 箭图 $Q = Q(B) = \bigcup_{m=1}^{+\infty} Q_m$.

定义 $\Gamma = \{h \in \mathrm{Aut} Q :$ 如果 $h \cdot a_s = a_t$ 那么 $a_s, a_t$ 有相同的标记$\}$.

对 $h \in \Gamma$, 如果存在 $v \in Q_0$ 使得 $h \cdot v = v$, 我们称 $v$ 是在 $h$ 作用下的一个**固定点**. 此时称 $h$ 有固定点.

**例 5.1** 令 $B = \begin{pmatrix} 0 & 2 & 2 \\ -2 & 0 & 1 \\ -1 & -3 & 0 \end{pmatrix}$, 则 $Q^1 = Q_{(1)}, Q^2, Q^3$ 及 $Q_{(2)}$ 如图 5.1 所示.

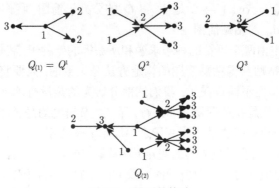

图 5.1　展开的构造

根据 $Q(B)$ 的上述定义, 我们有如下事实.

**观察 5.1**　(1) 对任意 $i$, 初始的箭图 $Q_{(1)}$ 能够选择为箭图 $Q^i$;

(2) $Q = Q(B)$ 的底图是一个树, 因此无圈;

(3) 对任意标记为 $i$ 的顶点 $a \in Q_0$, $Q$ 的所有与 $a$ 连接的子箭图同构于 $Q^i$;

(4) 对任意 $m \in \mathbb{N}$, 以及保持顶点标记的 $Q_{(m)}$ 的自同构 $\sigma$, 则存在 $h \in \Gamma$ 使得 $h|_{Q_{(m)}} = \sigma$ 且 $h$ 与 $\sigma$ 有相同阶, 其中 $h|_{Q_{(m)}}$ 意味着 $h$ 在 $Q_{(m)}$ 上的限制;

(5) 通常情况下, $Q$ 是任两顶点间有且仅有唯一一条无向路的无限箭图;

(6) $Q$ 是一个强几乎有限箭图, 即: 它是没有无限长的定向路, 并且任两顶点间有且仅有唯一一条无向路的局部有限箭图.

**习题 5.2**　证明观察 5.1 中的结论 (5) 和 (6).

**例 5.2**　令 $B = \begin{pmatrix} 0 & 1 & 1 \\ -1 & 0 & 1 \\ -1 & -1 & 0 \end{pmatrix}$, 则 $Q^1 = 2 \longleftarrow 1 \longrightarrow 3$, $Q^2 = 1 \longrightarrow 2 \longrightarrow 3$ 及 $Q^3 = 1 \longrightarrow 3 \longleftarrow 2$. 我们得到 $Q(B)$ 为如下箭图:

$$\cdots \longrightarrow 3 \longleftarrow 2 \longleftarrow 1 \longrightarrow 3 \longleftarrow 2 \longleftarrow 1 \longrightarrow \cdots$$

前面我们在加换位矩阵无圈性条件时, 说明了因为我们需要保证覆盖在变异下总是保持的, 从而获得折叠的行为. 现在我们给一个反例说明: 在非无圈时, 确实存在覆盖在变异下不保持的情况.

**例 5.3**　令 $B = \begin{pmatrix} 0 & 1 & -1 \\ -1 & 0 & 1 \\ 1 & -1 & 0 \end{pmatrix}$, 容易见到 $B$ 是带圈的. 这时 $Q(B)$ 为如下箭图:

$$\cdots \longrightarrow 1 \longrightarrow 2 \longrightarrow 3 \longrightarrow 1 \longrightarrow 2 \longrightarrow 3 \longrightarrow \cdots,$$

令 $\Gamma$ 是保持标记的 $Q(B)$ 的自同构. 容易发现 $(Q(B),\Gamma)$ 是 $B$ 的一个覆盖. 但是如果对 $Q(B)$ 在轨道 2 处作变异后, 我们会得到一个含有 $\Gamma$-2-圈的箭图, 见图 5.2.

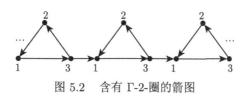

图 5.2　含有 $\Gamma$-2-圈的箭图

## 5.3　无圈符号斜对称矩阵的展开定理

根据下面引理, 我们给出无圈符号斜对称矩阵展开的存在性定理.

**引理 5.2**　若 $B \in \mathrm{Mat}_{n\times n}(\mathbb{Z})$ 为一个无圈的符号斜对称矩阵, 则通过构造 5.1 定义的 $(Q(B),\Gamma)$ 是 $B$ 的一个覆盖.

**证明**　记 $B=(b_{ij})$ 及 $Q(B)=Q=(\widetilde{b}_{a_ia_j})$. 由于 $Q$ 的顶点具有 $n$ 个标示且 $\Gamma$ 保持标示, $\Gamma$ 作用下的顶点的轨道数为 $n$. 所以 $B(Q)$(见定义 5.2) 是一个 $n\times n$ 矩阵, 记 $B(Q)=(b'_{[a_i][a_j]})$. 假设 $a_j$ 标示为 $j$, 由观察 5.1 (3) 及 $Q^j$ 的构造, 有

$$b'_{[a_i][a_j]}=\sum_{a'_i\in[a_i]}\widetilde{b}_{a'_ia_j}=b_{ij}.$$

因此, $B(Q)=B$. 所以, $(Q,\Gamma)$ 是 $B$ 的覆盖.　□

**定理 5.1** (展开定理)　如果 $B \in \mathrm{Mat}_{n\times n}(\mathbb{Z})$ 是一个无圈的符号斜对称矩阵, 则通过构造 5.1 定义的 $(Q(B),\Gamma)$ 是 $B$ 的一个展开.

由定义 5.2、引理 5.1 和引理 5.2 可知, 只需证明对任意序列 $([i_1],\cdots,[i_s])$, $\widetilde{\mu}_{[i_s]}\cdots\widetilde{\mu}_{[i_1]}(Q)$ 没有 $\Gamma$-2-圈. 对于它的证明的理解, 需要丛代数的加法范畴化的准备, 而这方面我们要到第 13 章才涉及, 所以下面我们不给出它的严格证明, 只提一下证明的思路, 等看完第 13 章后, 请读者参考文献 [103] 考虑补全证明.

**定理 5.1的证明思路**

(1) 通过 $Q(B)$, 构造一个 2-Calabi-Yau 的 Frobenius 范畴 $\mathcal{C}$;

(2) $\mathcal{C}$ 上具有很自然的一个丛倾斜自范畴 $\mathcal{T}_0$, 并且 $\mathcal{T}_0$ 的 Gabriel 箭图去掉自投射-自内射对象对应的顶点之后同构于 $Q(B)$;

(3) $\mathcal{T}_0$ 的轨道变异范畴化 $B$ 的变异, 因此问题转换成证明 $\mathcal{T}_0$ 作任意步轨道变异得到的丛倾斜 $\mathcal{T}$ 都不含 $\Gamma$-2-圈, 等价地, 对任意不可分解对象 $T\in\mathcal{T},h\in\Gamma$, 我们有 $\mathrm{Ext}^1(T,h\cdot T)=0$;

(4) 证明 $\mathrm{gl.dim}(\mathrm{End}(\mathcal{T})) = 3$, 从而证明 $\mathrm{Ext}^1(T, h \cdot T) = 0$.

**注 5.2** 对于无圈可斜对称化矩阵 $B$, 我们总是可以构造一个有限的箭图作为 $B$ 的展开[51].

**习题 5.3** 证明通过一个有限箭图的覆盖得到的矩阵一定是可斜对称化的. 因此非可斜对称化的无圈符号斜对称矩阵的展开总是无限箭图 (事实上是局部有限箭图).

前面所说的无圈符号斜对称矩阵总为完全的 (定理 3.1) 可以作为展开定理 (定理 5.1) 的推论, 下面我们具体说明一下 (也请参考文献 [103]).

**定理 3.1的证明**

定理 5.1 已经证明了无圈符号斜对称矩阵 $B \in \mathrm{Mat}_{n \times n}(\mathbb{Z})$ 可以通过构造 5.1 的方法构造一个局部有限丛箭图 $(Q(B), \Gamma)$ 作为 $B$ 的一个展开. 丛箭图总可以不断作变异的. 而根据展开的定义 (定义 5.2(3)), 展开后的丛箭图的变异保证了作为它覆盖的符号斜对称矩阵 $B$ 的变异的可行性. 因此, $B$ 是完全符号斜对称的.                                                                 □

## 5.4  丛变量 Laurent 展开的正性问题

在 Laurent 现象基础上, Fomin 和 Zelevinsky[70] 进一步猜测**丛变量的正性**, 即

**猜想 5.1** 丛代数 $\mathcal{A}$ 的任一丛变量 $x$ 关于初始丛 $X_0 = X(t_0)$ 的 Laurent 展开的系数均为正的, 即 $x \in \mathbb{NP}[X_0^{\pm}]$.

丛变量的正则猜想是丛代数理论的基本问题之一, 从理论建立之初, 就得到广泛的重视. 具体进展情况如下:

• Caldero 和 Keller (2008) 在文献 [30] 中首先证明了斜对称有限型的丛代数的正性. 他们用的是加法范畴化的方法, 这将在下阶段介绍. 关于有限型的解释我们也放在稍后.

• Musiker, Schiffler 和 Williams (2011) 在文献 [145] 中用组合方法证明了来自曲面的 (下阶段讲解) 丛代数的正性.

• Lee 和 Schiffler (2015) 在文献 [130] 中通过代数计算证明了斜对称丛代数的正性.

• Gross, Hacking, Keel 和 Kontsevich (2018) 在文献 [91] 中用散射图以及 Theta 函数 (定义将在第 9 章中介绍), 证明了可斜对称化丛代数的正性.

• 黄敏和李方 (2018) 在文献 [103] 中证明了:

**定理 5.2** [103] 对一个无圈符号斜对称丛代数 $\mathcal{A}$, 每个丛变量 $x$ 关于 (初始) 丛的 Laurent 展开式可以表为正系数的, 即 $x \in \mathbb{NP}[X_0^{\pm}]$.

然后进一步地,

• 2022 年[133] 李方和潘杰用多面体的方法, 证明了完全符号斜对称丛代数的正性.

对于量子丛代数,

• 利用张量范畴化的方法, Kimura 和 Qin (2011) 在文献 [119] 中证明了无圈斜对称量子丛代数的正性.

• 到 2018 年, 斜对称量子丛代数的正性被 Davison 在文献 [48] 中完全证明.

• 2022 年[102] 黄敏证明了来自轨形 (orbifold) 曲面的可斜对称化量子丛代数在没有刺穿点情况下的正性.

上述研究至今没有解决的问题是: 对于量子丛代数, 需要解决一般可斜对称化情况的正性问题.

对于非量子化的一般丛代数, 到完全符号斜对称情形, 丛变量的正性问题就算完全解决了. 虽然还需要搞清楚丛代数在什么条件下是完全符号斜对称的, 但这个问题已经不是正性问题了.

下面我们来给出定理 5.2 的证明.

**定理 5.3**[103]  对一个无限秩的斜对称丛代数 $\mathcal{A}^\infty$, 每个丛变量 $x$ 关于初始丛的 Laurent 展开式的系数是非负的, 即 $x \in \mathbb{NP}[X_0^\pm]$.

**证明**  对于一个无限秩的斜对称丛代数, 由于一次变异只与有限个丛变量有关, 因此有限步变异也只是涉及有限个丛变量. 从而我们可以将这涉及的有限个丛变量嵌入一个有限秩斜对称丛子代数. 据此, 每个丛变量对于初始丛的 Laurent 展开式事实上是在某一个有限秩的斜对称丛子代数中, 而对于这个有限秩斜对称丛子代数, 丛变量的正性是已知的. 因此, 原丛代数每个丛变量的 Laurent 展开式系数都是非负的, 所以丛变量的正性对无限秩斜对称丛代数仍然成立.  □

对任意丛变量 $x_u \in \widetilde{X}$, 如果 $u \in [i]$, 定义 $\widetilde{\mu}_{[i]}(x_u) = \mu_u(x_u)$; 否则如果 $u \notin [i]$, 定义 $\widetilde{\mu}_{[i]}(x_u) = x_u$. 形式地, 定义 $\widetilde{\mu}_{[i]}(\widetilde{X}) = \{\widetilde{\mu}_{[i]}(x) \mid x \in \widetilde{X}\}$, $\widetilde{\mu}_{[i]}(\widetilde{X}^{\pm 1}) = \{\widetilde{\mu}_{[i]}(x)^{\pm 1} \mid x \in \widetilde{X}\}$.

**引理 5.3**  假设 $B$ 无圈. 如果 $[i]$ 是 $i \in Q_0$ 的轨道, 则有

(1) 对任意 $j \in Q_0$, $\widetilde{\mu}_{[i]}(x_j)$ 是 $\mathcal{A}(\widetilde{Q})$ 的丛变量;

(2) $\widetilde{\mu}_{[i]}(\widetilde{X})$ 在 $\mathbb{Z}[y_j \mid j \in \widetilde{Q}_0 \setminus Q_0]$ 上代数无关.

**证明**  (1) 由轨道变异的定义可得.

(2) 根据轨道变异的定义, 只需证明 $\widetilde{\mu}_{[i]}(\widetilde{X})$ 中有限个元素代数无关. 因此只需证明任意有限个 $\widetilde{\mu}_{[i]}(\widetilde{X})$ 中的变量属于 $\mathcal{A}(\widetilde{\Sigma})$ 一个丛. 假设 $\{z_1, \cdots, z_s\} \subseteq \widetilde{\mu}_{[i]}(\widetilde{X})$, 由 $\widetilde{\mu}_{[i]}(\widetilde{X})$ 的定义, 存在 $s$ 个 $[i]$ 中的顶点 $i_t, t = 1, \cdots, s$ 使得 $z_t = \mu_{i_t}(x_t), t = 1, \cdots, s$. 记 $I = \bigcup_{t=1,\cdots,s}\{i_t\}$, 由于 $\widetilde{Q}$ 没有 $\Gamma$-圈, 有 $z_t = \mu_{i_t}(x_t) = $

$\prod_{i'\in I}\mu_{i'}(x_t)$, 则 $\{z_1,\cdots,z_s\}\subseteq\prod_{i'\in I}\mu_{i'}(\widetilde{X})$. 　　□

由引理 5.3, $\widetilde{\mu}_{[i]}(\widetilde{\Sigma}):=(\widetilde{\mu}_{[i]}(\widetilde{X}),\widetilde{Y},\widetilde{\mu}_{[i]}(\widetilde{Q}))$ 是一个种子. 因此, 对任意 $Q_0$ 中的轨道序列 $([i_1],[i_2],\cdots,[i_s])$, 我们能够定义 $\widetilde{\mu}_{[i_s]}\widetilde{\mu}_{[i_{s-1}]}\cdots\widetilde{\mu}_{[i_1]}(x)$, $\widetilde{\mu}_{[i_s]}\widetilde{\mu}_{[i_{s-1}]}\cdots\widetilde{\mu}_{[i_1]}(\widetilde{X})$ 以及 $\widetilde{\mu}_{[i_s]}\widetilde{\mu}_{[i_{s-1}]}\cdots\widetilde{\mu}_{[i_1]}(\widetilde{\Sigma})$.

**引理 5.4** 假设 $B$ 无圈. 如果 $a$ 是 $Q$ 的顶点, 则任意 $\mathcal{A}(\widetilde{\mu}_{[a]}\widetilde{\Sigma})$ 中一个丛里的有限个丛变量包含在 $\mathcal{A}(\widetilde{\Sigma})$ 的一个丛中.

**证明**　令 $\Delta_1$ 及 $\Delta_2$ 是 $Q_0$ 中的两个有限子集. 对任意 $\mathcal{A}(\widetilde{\mu}_{[a]}\widetilde{\Sigma})$ 中的有限丛变量 $z_j=\mu_{i_s}\cdots\mu_{i_1}(\widetilde{\mu}_{[a]}x_j)$, $j\in\Delta_1$ 以及 $\mu_{i_s}\cdots\mu_{i_1}(\widetilde{\mu}_{[a]}\widetilde{Q})$ 中的有限顶点 $\Delta_2$, 我们对 $s$ 归纳的证明存在有限集合 $S\subseteq[a]$ 使得: (1) 对任意 $j\in\Delta_1$ 及有限集合 $S\subseteq S'\subseteq[a]$, $z_j=\mu_{i_s}\cdots\mu_{i_1}\left(\prod_{a'\in S'}\mu_{a'}x_j\right)$; (2) 对任意 $a_j\in\Delta_2$, $\mu_{i_s}\cdots\mu_{i_1}(\widetilde{\mu}_{[a]}\widetilde{Q})$ 的由所有与 $a_j$ 相连的箭向构成的子箭图等于 $\mu_{i_s}\cdots\mu_{i_1}\left(\prod_{a'\in S'}\mu_{a'}\widetilde{Q}\right)$ 的所有与 $a_j$ 相连的箭向构成的子箭图.

对 $s=0$, 令 $S=S_1\cup S_2$, 其中

$$S_1=\{j\in[a]\mid j\in\Delta_1\},\quad S_2=\{c\in[a]\mid j\text{ 属于或者与 }\Delta_2\text{ 相连}\}.$$

对任意满足 $S\subseteq S'\subseteq[a]$ 的有限集合 $S'$, 根据 $z_j=\widetilde{\mu}_{[a]}x_j$ 的定义, 易证 $z_j=\prod_{a'\in[S']}\mu_{a'}x_j$, (1) 成立. 对任意 $a_j\in\Delta_2$, 记 $\widetilde{\mu}_{[a]}(\widetilde{Q})=(b'_{ij})$ 且 $\prod_{a'\in[S']}\mu_{a'}(\widetilde{Q})=(b''_{ij})$. 如果 $a_j\in[a]$, 由 $a_j\in S'$ 知, $b''_{a_jk}=-b_{a_jk}=b'_{a_jk}$. 如果 $a_j\notin[a]$, 所有的与 $a_j$ 相连的 $c\in[a]$ 属于 $S'$, 我们有

$$b''_{a_jk}=b_{a_jk}+\sum_{a'\in[a]}\frac{|b_{a_ja'}|b_{a'k}+b_{a_ja'}|b_{a'k}|}{2}=b'_{a_jk}.$$

因此, (2) 成立.

假设该结论对 $s-1$ 时成立. 对情形 $s$ 时, 记 $\Delta'_1=\{j\in Q_0\mid j\text{ 相连或属于 }\Delta_1\}$ 和 $\Delta'_2=\Delta_1\cup\Delta_2$. 应用假设于 $\Delta'_1$ 和 $\Delta'_2$, 存在有限子集 $S'\subseteq[a]$ 使得: (a) 对任意相连或者属于 $\Delta_1$ 的顶点 $j$ 及有限集合 $S'\subseteq S''\subseteq[a]$, $\mu_{i_{s-1}}\cdots\mu_{i_1}(\widetilde{\mu}_{[a]}x_j)=\mu_{i_{s-1}}\cdots\mu_{i_1}\left(\prod_{a'\in[S'']}\mu_{a'}x_j\right)$; (b) 对任意 $a'_j\in\Delta'_2$, $\mu_{i_{s-1}}\cdots\mu_{i_1}(\widetilde{\mu}_{[a]}\widetilde{Q})$ 的由所有与 $a'_j$ 相连的箭向构成的子箭图等于 $\mu_{i_{s-1}}\cdots\mu_{i_1}\left(\prod_{a'\in[S']}\mu_{a'}\widetilde{Q}\right)$ 的由所有 $a'_j$ 相连的箭向构成的子箭图. 对任意 $j\in\Delta_1$, 如果 $j\neq i_s$, 由 $\Delta_1\subseteq\Delta'_1$, 根据 (a), 我们有

$$\mu_{i_s}\cdots\mu_{i_1}(\widetilde{\mu}_{[a]}x_j)=\mu_{i_{s-1}}\cdots\mu_{i_1}(\widetilde{\mu}_{[a]}x_j)=\mu_{i_{s-1}}\cdots\mu_{i_1}\left(\prod_{a'\in[S'']}\mu_{a'}x_j\right)$$

$$= \mu_{i_s} \cdots \mu_{i_1} \left( \prod_{a' \in [S'']} \mu_{a'} x_j \right).$$

如果 $j = i_s$, 由 $j \in \Delta'_1, \Delta'_2$, 根据 (a), (b) 以及丛变量变异的定义, 我们有

$$\mu_{i_s} \cdots \mu_{i_1}(\widetilde{\mu}_{[a]} x_j) = \mu_{i_s} \cdots \mu_{i_1} \left( \prod_{a' \in [S'']} \mu_{a'} x_j \right),$$

故 (1) 成立. 对任意 $a_j \in \Delta_2$, 由于 $\Delta_2 \subseteq \Delta'_2$, 根据 (b), $\mu_{i_s} \cdots \mu_{i_1}(\widetilde{\mu}_{[a]} \widetilde{Q})$ 的由与 $a_j$ 相连的箭向构成的子箭图等于 $\mu_{i_s} \cdots \mu_{i_1} \left( \prod_{a' \in [S']} \mu_{a'} \widetilde{Q} \right)$ 的由所有与 $a_j$ 相连的箭向构成的子箭图. 故 (2) 成立. 因此, 该论断对所有 $s \in \mathbb{N}$ 成立.

特别地, 对任意 $\mathcal{A}(\widetilde{\mu}_{[a]} \widetilde{\Sigma})$ 的一个丛中的有限丛变量 $\{z_1, \cdots, z_m\}$, 令 $\Delta_1$ 为这些变量对应的顶点集, $\Delta_2 = \varnothing$. 应用上述论断于 $\Delta_1$ 和 $\Delta_2$, 我们的结论可得. □

**引理 5.5** 假设 $B$ 无圈. 则对任意 $Q_0$ 中的轨道序列 $([i_1], \cdots, [i_s])$, 我们有
(1) $\mathcal{A}(\widetilde{\mu}_{[i_s]} \cdots \widetilde{\mu}_{[i_1]}(\widetilde{\Sigma}))$ 的丛变量和 $\mathcal{A}(\widetilde{\Sigma})$ 的丛变量一致;
(2) 任意 $\widetilde{\mu}_{[i_s]} \cdots \widetilde{\mu}_{[i_1]}(\widetilde{X})$ 中有限丛变量包含在 $\mathcal{A}(\widetilde{\Sigma})$ 的一个丛中;
(3) 任意 $\widetilde{\mu}_{[i_s]} \cdots \widetilde{\mu}_{[i_1]}(\widetilde{X})$ 中的丛变量是 $\mathcal{A}(\widetilde{\Sigma})$ 的一个丛变量;
(4) 任意 $\widetilde{\mu}_{[i_s]} \cdots \widetilde{\mu}_{[i_1]}(\widetilde{X})$ 中的丛单项式是 $\mathcal{A}(\widetilde{\Sigma})$ 的丛单项式.

**证明** (1) 利用引理 5.4, $\mathcal{A}(\widetilde{\mu}_{[i_1]}(\widetilde{\Sigma}))$ 的丛变量是 $\mathcal{A}(\widetilde{\Sigma})$ 的丛变量. 由于显然有 $\widetilde{\mu}_{[i_1]} \widetilde{\mu}_{[i_1]}(\widetilde{\Sigma}) = \widetilde{\Sigma}$, 对偶地, 我们有 $\mathcal{A}(\widetilde{\Sigma})$ 的丛变量也是 $\mathcal{A}(\widetilde{\mu}_{[i_1]}(\widetilde{\Sigma}))$ 的丛变量. 因此, $\mathcal{A}(\widetilde{\mu}_{[i_1]}(\widetilde{\Sigma}))$ 的丛变量和 $\mathcal{A}(\widetilde{\Sigma})$ 的丛变量一致.

(2) 由于任意有限个 $\widetilde{\mu}_{[i_s]} \cdots \widetilde{\mu}_{[i_1]}(\widetilde{X})$ 中的变量属于 $\mathcal{A}(\widetilde{\mu}_{[i_s]} \cdots \widetilde{\mu}_{[i_1]}(\widetilde{\Sigma}))$ 的初始丛, 一步一步利用引理 5.4, 可知我们的结论成立.

(3) 由 (2) 可得.
(4) 由 (1) 可得. □

**推论 5.1** 假定 $B$ 无圈. 则在 $Q_0$ 中, 对任意的轨道序列 $([i_1], \cdots, [i_s])$, $\mathcal{A}(\widetilde{\Sigma})$ 的丛变量可以写成系数环为 $\mathbb{Z}[y_j \mid j \in \widetilde{Q}_0 \backslash Q_0]$ 变量为 $\widetilde{\mu}_{[i_s]} \cdots \widetilde{\mu}_{[i_1]}(\widetilde{X})$ 的 Laurent 多项式形式.

**证明** 由引理 5.5 (1), 任意 $\mathcal{A}(\widetilde{\Sigma})$ 的丛变量是 $\mathcal{A}(\widetilde{\mu}_{[i_s]} \cdots \widetilde{\mu}_{[i_1]}(\widetilde{\Sigma}))$ 的丛变量. 由 Laurent 现象, 我们的结论成立. □

令 $\widetilde{\Sigma} = \Sigma(\widetilde{Q}) = (\widetilde{X}, \widetilde{Y}, \widetilde{Q})$ 是由 $\widetilde{Q}$ 得到的种子, 其中

$$\widetilde{X} = \{x_u \mid u \in Q_0\}, \quad \widetilde{Y} = \{y_v \mid v \in \widetilde{Q}_0 \backslash Q_0\}.$$

令 $\Sigma = \Sigma(\widetilde{B}) = (X, Y, \widetilde{B})$ 是由 $\widetilde{B}$ 得到的种子, 其中

$$X = \{x_{[i]} \mid i = 1, \cdots, n\}, \quad Y = \{y_{[j]} \mid j = 1, \cdots, m\}.$$

显然存在如下满代数同态:

$$\pi : \mathbb{Z}[x_i^{\pm 1}, y_j^{\pm 1} \mid i \in Q_0, j \in \widetilde{Q}_0 \setminus Q_0] \to \mathbb{Z}[x_{[i]}^{\pm 1}, y_{[j]}^{\pm 1} | 1 \leqslant i \leqslant n, 1 \leqslant j \leqslant m], \quad (5.1)$$

使得对任意 $i \in Q_0, j \in \widetilde{Q}_0$, 有 $\pi(i) = x_{[i]}, \pi(y_j) = y_{[j]}$, 其中 $[i], [j]$ 是 $i, j$ 在 $\Gamma$ 作用下的轨道.

**定理 5.4**　假设 $B$ 为无圈斜对称矩阵, $\pi$ 如 (5.1) 所定义. 限制 $\pi$ 到 $\mathcal{A}(\widetilde{\Sigma})$, 则 $\pi : \mathcal{A}(\widetilde{\Sigma}) \to \mathcal{A}(\Sigma)$ 是一个满的代数同态且满足对任意的轨道序列 $[j_1], \cdots, [j_k]$ 及 $a \in [i]$, 有 $\pi(\widetilde{\mu}_{[j_k]} \cdots \widetilde{\mu}_{[j_1]}(x_a)) = \mu_{[j_k]} \cdots \mu_{[j_1]}(x_{[i]}) \in \mathcal{A}(\Sigma)$ 且 $\pi(\widetilde{\mu}_{[j_k]} \cdots \widetilde{\mu}_{[j_1]}(\widetilde{X})) = \mu_{[j_k]} \cdots \mu_{[j_1]}(X)$.

**证明**　当 $k = 1$ 时, 根据 $\pi$ 的定义及 $b_{[j][i]} = \sum_{j' \in [j]} b_{j'i}$, 我们有

$$\pi(\widetilde{\mu}_{[j_1]}(x_i)) = \mu_{[j_1]}(x_{[i]}).$$

假设该等式对 $k < s$ 时成立. 由于

$$\mathcal{A}(\widetilde{\mu}_{[j_1]}(\widetilde{\Sigma})) \subseteq \mathbb{Q}[x_i^{\pm 1}, y_j \mid i \in Q_0, j \in \widetilde{Q}_0 \setminus Q_0], \quad \mathcal{A}(\mu_{[j_1]}(\Sigma)) \cong \mathcal{A}(\Sigma),$$

应用 $\pi$ 到 $\mathcal{A}(\widetilde{\mu}_{[j_1]}(\widetilde{\Sigma}))$, 归纳地, 我们有

$$\pi(\widetilde{\mu}_{[j_k]} \cdots \widetilde{\mu}_{[j_1]}(x_i)) = \pi(\widetilde{\mu}_{[j_k]} \cdots (\widetilde{\mu}_{[j_1]}(x_i))) = \mu_{[j_k]} \cdots (\pi(\widetilde{\mu}_{[j_1]}(x_{[i]})))$$

$$= \mu_{[j_k]} \cdots (\mu_{[j_1]}(x_{[i]})) = x.$$

因此, $\pi(\widetilde{\mu}_{[j_k]} \cdots \widetilde{\mu}_{[j_1]}(\widetilde{X})) = \mu_{[j_k]} \cdots \mu_{[j_1]}(X)$.

接下来, 为了证明 $\pi$ 是满代数同态, 只需证明 $\pi(\mathcal{A}(\widetilde{\Sigma})) \subseteq \mathcal{A}(\Sigma)$. 对任意丛 $X' = \mu_{[j_k]} \cdots \mu_{[j_1]}(X) \in \mathcal{A}(\Sigma)$, 有 $\pi(\widetilde{\mu}_{[j_k]} \cdots \widetilde{\mu}_{[j_1]}(\widetilde{X})) = X'$. 因此,

$$\pi \left( \bigcap_{\widetilde{\mu}_{[j_k]} \cdots \widetilde{\mu}_{[j_1]}(\widetilde{X})} \mathbb{Z}[y_j \mid j \in \widetilde{Q}_0 \setminus Q_0][\widetilde{\mu}_{[j_k]} \cdots \widetilde{\mu}_{[j_1]}(\widetilde{X})^{\pm 1}] \right)$$

$$= \bigcap_{\mu_{[j_k]} \cdots \mu_{[j_1]}(X)} \mathbb{Z}[y_{[j]} \mid 1 \leqslant j \leqslant m][\mu_{[j_k]} \cdots \mu_{[j_1]}(X)^{\pm 1}] = \mathcal{U}(\Sigma).$$

于是, 由引理 5.5(4) 和命题 1.5, 我们有

$$\pi(\mathcal{A}(\widetilde{\Sigma})) \subseteq \pi\left(\bigcap_{\widetilde{\mu}_{[j_k]}\cdots\widetilde{\mu}_{[j_1]}(\widetilde{X})} \mathbb{Z}[y_j \mid j \in \widetilde{Q}_0 \setminus Q_0][\widetilde{\mu}_{[j_k]}\cdots\widetilde{\mu}_{[j_1]}(\widetilde{X})^{\pm 1}]\right)$$

$$= \mathcal{U}(\Sigma) = \mathcal{A}(\Sigma).$$ □

最后, 由定理 5.4 以及定理 5.3, 我们事实上已经给出了定理 5.2 的证明.

# 第 6 章　丛代数的各类组合参数及相互关系

## 6.1　丛变量的分母向量

令 $g(x_1, \cdots, x_n) \in \mathbb{ZP}[x_1^{\pm 1}, \cdots, x_n^{\pm 1}]$, 即是以 $\mathbb{ZP}$ 为系数的 Laurent 多项式, 则 $g(x_1, \cdots, x_n)$ 可表为

$$g(x_1, \cdots, x_n) = \frac{f(x_1, \cdots, x_n)}{x_1^{d_1} \cdots x_n^{d_n}}, \tag{6.1}$$

其中 $f(x_1, \cdots, x_n) \in \mathbb{ZP}[x_1, \cdots, x_n]$, $d_i \in \mathbb{Z}$, 且 $\forall j \in [1, n]$, $x_j \nmid f(x_1, \cdots, x_n)$. 称 $\bar{d} = (d_1, \cdots, d_n)^\top$ 是 $g(x_1, \cdots, x_n)$ 的**分母向量** (denominator vector) 或简称 **$d$-向量**. 比如

$$g(x_1, x_2) = 2x_1^{-1}x_2 + 3x_1 x_2 - x_1 x_2^2 = \frac{2 + 3x_1^2 - x_1^2 x_2}{x_1 x_2^{-1}},$$

它的 $d$-向量是 $\bar{d}_g = \begin{pmatrix} 1 \\ -1 \end{pmatrix}$.

**命题 6.1**　对 $g_i(x_1, \cdots, x_n) \in \mathbb{ZP}[x_1^{\pm 1}, \cdots, x_n^{\pm 1}]$, $i = 1, 2$, 有 $\bar{d}_{g_1 g_2} = \bar{d}_{g_1} + \bar{d}_{g_2}$.

**证明**　令 $\bar{d}_{g_1} = (d_1', \cdots, d_n')$, $\bar{d}_{g_2} = (d_1'', \cdots, d_n'')$, 则

$$g_1(x_1, \cdots, x_n) = \frac{f_1(x_1, \cdots, x_n)}{x_1^{d_1'} \cdots x_n^{d_n'}}, \quad x_i \nmid f_1(x_1, \cdots, x_n), \quad \forall i \in [1, n],$$

$$g_2(x_1, \cdots, x_n) = \frac{f_2(x_1, \cdots, x_n)}{x_1^{d_1''} \cdots x_n^{d_n''}}, \quad x_i \nmid f_2(x_1, \cdots, x_n), \quad \forall i \in [1, n].$$

故 $x_i \nmid f_1(x_1, \cdots, x_n) f_2(x_1, \cdots, x_n)$, $\forall i \in [1, n]$. 且

$$g_1(x_1, \cdots, x_n) g_2(x_1, \cdots, x_n) = \frac{f_1(x_1, \cdots, x_n) f_2(x_1, \cdots, x_n)}{x_1^{d_1' + d_1''} \cdots x_n^{d_n' + d_n''}}.$$

因此, $\bar{d}_{g_1 g_2} = \bar{d}_{g_1} + \bar{d}_{g_2}$.　　　　$\square$

由 Laurent 现象, 对任一 $i \in [1, n]$, $x_{i,t} \in X(t)$ 关于初始丛 $X(t_0)$ 可表为一个 Laurent 多项式, 从而由上面 (6.1), 我们有

$$x_{i,t} = \frac{f_{i;t}(x_{1,t_0}, \cdots, x_{n,t_0})}{x_{1,t_0}^{d_{1i}^t} \cdots x_{n,t_0}^{d_{ni}^t}}. \tag{6.2}$$

定义向量 $\vec{d}_{x_{i,t}}^{t_0} = (d_{1i}^t, \cdots, d_{ni}^t)^\top$, 称为 $x_{i,t}$ 的**分母向量**, 或简称**$d$-向量**. 定义矩阵

$$D_t^{t_0} = (\vec{d}_{x_{1,t}}^{t_0} \cdots \vec{d}_{x_{n,t}}^{t_0}),$$

称 $D_t^{t_0}$ 为丛 $X(t)$ 关于初始丛 $X(t_0)$ 的$D$-**矩阵**.

显然, $D_{t_0}^{t_0} = -I_n$.

对 $z \in \mathcal{A}$, 由 Laurent 现象, $z$ 可表为 $X(t_0)$ 的 Laurent 多项式, 它的 $d$-向量为 $\vec{d}_z^{t_0}$.

对 $x_{i,t}, x_{j,t} \in X(t)$, 由命题 6.1, 可得

$$\vec{d}_{x_{i,t}x_{j,t}}^{t_0} = \vec{d}_{x_{i,t}}^{t_0} + \vec{d}_{x_{j,t}}^{t_0}.$$

**命题 6.2** [72] 对 $t, t' \in \mathbb{T}_n$, $t \overset{k}{\text{---}} t'$ 是 $\mathbb{T}_n$ 的一条边, 则从 $D_t^{t_0} = (d_{pi}^t)$ 到 $D_{t'}^{t_0} = (d_{pi}^{t'})$ 的关系可由下面公式 (称为 **$D$-换位关系**) 得到: $\forall p \in [1, n]$,

$$d_{pi}^{t'} = \begin{cases} d_{pi}^t, & \text{当 } i \neq k, \\ -d_{pk}^t + \max \left\{ \displaystyle\sum_{b_{lk}^t > 0} d_{pl}^t b_{lk}^t, \ -\displaystyle\sum_{b_{lk}^t < 0} d_{pl}^t b_{lk}^t \right\}, & \text{当 } i = k, \end{cases}$$

其中 $\widetilde{B}_t = (b_{pi}^t)$, $\widetilde{B}_{t'} = (b_{pi}^{t'})$. 记 $D_{t'}^{t_0} = \mu_k(D_t^{t_0})$.

**证明**

$$x_{i,t} = \frac{f_{i;t}(x_{1,t_0}, \cdots, x_{n,t_0})}{x_{1,t_0}^{d_{1i}^t} \cdots x_{n,t_0}^{d_{ni}^t}}, \quad x_{i,t'} = \frac{f_{i;t}'(x_{1,t_0}, \cdots, x_{n,t_0})}{x_{1,t_0}^{d_{1i}^{t'}} \cdots x_{n,t_0}^{d_{ni}^{t'}}}, \tag{6.3}$$

同时, 我们有

$$x_{i,t'} = \begin{cases} x_{i,t}, & \text{当 } i \neq k, \\ \left( \displaystyle\prod_{j=1}^{n+m} x_{j,t}^{[b_{jk}^t]_+} + \prod_{j=1}^{n+m} x_{j,t}^{[-b_{jk}^t]_+} \right) \Big/ x_{k,t}, & \text{当 } i = k. \end{cases}$$

(1) 当 $i \neq k$ 时,

$$x_{i,t'} = x_{i,t} \Rightarrow \overline{d}^{t_0}(x_{i,t'}) = \overline{d}^{t_0}(x_{i,t}) \Rightarrow d_{pi}^{t'} = d_{pi}^{t}, \quad \forall p \in [1,n].$$

(2) 当 $i = k$ 时,

$$x_{i,t'} = \left( \prod_{j=1}^{n+m} x_{j,t}^{[b_{jk}^t]+} + \prod_{j=1}^{n+m} x_{j,t}^{[-b_{jk}^t]+} \right) \bigg/ x_{k,t}$$

$$= \left( \left( \prod_{j=n+1}^{n+m} x_{j,t_0}^{[b_{jk}^t]+} \prod_{j=1}^{n} \left( \frac{f_{j;t}}{x_{1,t_0}^{d_{1j}^t} \cdots x_{n,t_0}^{d_{nj}^t}} \right)^{[b_{jk}^t]+} \right. \right.$$

$$\left. \left. + \prod_{j=n+1}^{n+m} x_{j,t_0}^{[-b_{jk}^t]+} \prod_{j=1}^{n} \left( \frac{f_{j;t}}{x_{1,t_0}^{d_{1j}^t} \cdots x_{n,t_0}^{d_{nj}^t}} \right)^{[-b_{jk}^t]+} \right) \right) \bigg/ \left( \frac{f_{k;t}}{x_{1,t_0}^{d_{1k}^t} \cdots x_{n,t_0}^{d_{nk}^t}} \right)$$

$$= \left( \frac{\displaystyle\prod_{j=n+1}^{n+m} x_{j,t_0}^{[b_{jk}^t]+} \prod_{j=1}^{n} f_{j;t}^{[b_{jk}^t]+}}{x_{1,t_0}^{\sum\limits_{j=1}^{n} d_{1j}^t [b_{jk}^t]+} \cdots x_{n,t_0}^{\sum\limits_{j=1}^{n} d_{nj}^t [b_{jk}^t]+}} + \frac{\displaystyle\prod_{j=n+1}^{n+m} x_{j,t_0}^{[-b_{jk}^t]+} \prod_{j=1}^{n} f_{j;t}^{[-b_{jk}^t]+}}{x_{1,t_0}^{\sum\limits_{j=1}^{n} d_{1j}^t [-b_{jk}^t]+} \cdots x_{n,t_0}^{\sum\limits_{j=1}^{n} d_{nj}^t [-b_{jk}^t]+}} \right)$$

$$\bigg/ \left( \frac{f_{k;t}}{x_{1,t_0}^{d_{1k}^t} \cdots x_{n,t_0}^{d_{nk}^t}} \right)$$

$$= \left( \frac{\Pi_1 + \Pi_2}{x_{1,t_0}^{\max\left\{ \sum\limits_{j=1}^{n} d_{1j}^t [b_{jk}^t]+, \sum\limits_{j=1}^{n} d_{1j}^t [-b_{jk}^t]+ \right\}} \cdots x_{n,t_0}^{\max\left\{ \sum\limits_{j=1}^{n} d_{nj}^t [b_{jk}^t]+, \sum\limits_{j=1}^{n} d_{nj}^t [-b_{jk}^t]+ \right\}}} \right)$$

$$\bigg/ \left( \frac{f_{k;t}}{x_{1,t_0}^{d_{1k}^t} \cdots x_{n,t_0}^{d_{nk}^t}} \right),$$

与 (6.3) 的 $x_{i,t'}$ 的等式比较, 则有
(1) 分子中 $f_k | (\Pi_1 + \Pi_2)$, 且 $x_i \nmid \pi_1 + \pi_2, i \in [1,n]$,
(2) 由分母中可知, 对 $i = k, \forall p \in [1,n]$,

$$d_{pi}^{t'} = -d_{pk}^t + \max \left( \sum_{j=1}^{n} d_{pj}^t [b_{jk}^t]+, \sum_{j=1}^{n} d_{pj}^t [-b_{jk}^t]+ \right). \qquad \square$$

关于分母向量的重要问题, 是在文献 [72] 中作者提出的分母向量的正性猜想, 即其中的猜想 7.4: 非初始丛变量的 $d$-向量总是不等于零的非负向量. 我们将在第 10 章对可斜对称化丛代数证明这个猜想.

## 6.2  $c$-向量与极大绿色序列

回顾定理 1.1 后, 我们定义了一个几何型丛代数 $\mathcal{A}$ 的 $c$-向量. 本节中, 我们将讨论主系数丛代数 $c$-向量的性质.

首先, $c$-向量有一个非常重要的组合性质, 即符号一致性.

**定义 6.1**  (1) 一个向量 $v \in \mathbb{Z}^n$ 被称为**符号一致的** (sign-coherent), 如果 $v$ 的坐标分量或都是非负的或都是非正的.

(2) 一个整数矩阵被称为**行符号一致的**, 若它的行向量都是符号一致的. 同理可定义**列符号一致的**情况.

**定理 6.1**[91,Theorem 0.9]  若可斜对称化丛代数 $\mathcal{A}$ 是主系数的, 那么 $\mathcal{A}$ 的每个 $C$-矩阵都是列符号一致的.

这个结论的证明涉及方法超过了本书的内容, 故此省略, 具体斜对称情形请参考文献 [52], 可斜对称化情形请参考文献 [91].

$C$-矩阵的列符号一致性是非常重要的, 与丛代数的许多现象联系在一起. 在这里我们先介绍与此有关的红、绿序列问题.

从种子 $\Sigma_t = (\widetilde{X}(t), \widetilde{B}_t)$ 作变异 $\mu_k$ 得到种子 $\Sigma_{t'} = (\widetilde{X}(t'), \widetilde{B}_{t'})$, 其中

$$\widetilde{B}_t = \begin{pmatrix} B_t \\ C_t \end{pmatrix}_{2n \times n} = (b_{ij}^t)_{2n \times n}, \quad \widetilde{B}_{t'} = \mu_k(\widetilde{B}_t) = (b_{ij}^{t'})_{2n \times n},$$

满足

$$b_{ij}^{t'} = \begin{cases} -b_{ij}^t, & \text{若 } i = k \text{ 或者 } j = k, \\ b_{ij}^t + \operatorname{sgn}(b_{ik}^t) \max(b_{ik}^t b_{kj}^t, 0), & \text{其他,} \end{cases}$$

从而比较 $C_t$ 和 $C_{t'}$ 的第 $k$ 个 $c$-向量, 有 $C_k^{t'} = -C_k^t$. 因此在 $k$ 方向作变异, 总将非负/非正 $c$-向量 $C_k^t$ 变成非正/非负 $c$-向量 $C_k^{t'} = -C_k^t$.

据此及定理 6.1, 我们可以有如下定义:

**定义 6.2**  (1) 如果变异 $\mu_k$ 将 $\widetilde{B}_t$ 的非负/非正 $c$-向量 $C_k^t$ 变成非正/非负 $c$-向量 $C_k^{t'}$, 则称 $\mu_k$ 分别是**绿色变异/红色变异**.

(2) $[1, n]$ 中的整数序列 $k = (k_1, \cdots, k_r)$ 被称为初始换位矩阵 $\widetilde{B}_{t_0} = \begin{pmatrix} B_{t_0} \\ I_n \end{pmatrix}$ 的**绿色序列**, 如果从 $\widetilde{B}_{t_0}$ 沿着方向路径 $(k_1, \cdots, k_r)$ 到换位矩阵 $\widetilde{B}_t = \mu_{k_r} \cdots \mu_{k_1}$

$(\widetilde{B}_{t_0})$ 的每一步变异 $\mu_{k_1}, \cdots, \mu_{k_r}$ 都是绿色变异.

(3) 绿色序列 $\mathbb{K} = (k_1, \cdots, k_r)$ 被称为 $B_{t_0}$ 的**极大绿色序列** (maximal green sequence, MGS), 如果在 $\widetilde{B}_t = \mu_{k_r} \cdots \mu_{k_1}(\widetilde{B}_{t_0})$ 上不能再进行绿色变异, 即 $C_t$ 的每个列向量 (即 $c$-向量) 都已是非正向量了.

**例 6.1**　考虑斜对称阵 $B_{t_0} = \begin{pmatrix} 0 & 1 & -1 \\ -1 & 0 & 1 \\ 1 & -1 & 0 \end{pmatrix}$, 则

$$\widetilde{B}_{t_0} = \begin{pmatrix} B_{t_0} \\ I_3 \end{pmatrix} \xrightarrow{\mu_2} \begin{pmatrix} 0 & -1 & 0 \\ 1 & 0 & -1 \\ 0 & 1 & 0 \\ 1 & 0 & 0 \\ 0 & -1 & 1 \\ 0 & 0 & 1 \end{pmatrix} \xrightarrow{\mu_3} \begin{pmatrix} 0 & -1 & 0 \\ 1 & 0 & 1 \\ 0 & -1 & 0 \\ 1 & 0 & 0 \\ 0 & 0 & -1 \\ 0 & 1 & -1 \end{pmatrix}$$

$$\xrightarrow{\mu_1} \begin{pmatrix} 0 & 1 & 0 \\ -1 & 0 & 1 \\ 0 & -1 & 0 \\ -1 & 0 & 0 \\ 0 & 0 & -1 \\ 0 & 1 & -1 \end{pmatrix} \xrightarrow{\mu_2} \begin{pmatrix} 0 & -1 & 1 \\ 1 & 0 & -1 \\ -1 & 1 & 0 \\ -1 & 0 & 0 \\ 0 & 0 & -1 \\ 0 & -1 & 0 \end{pmatrix} = \begin{pmatrix} B_t \\ C_t \end{pmatrix}.$$

因此 $\mathbb{K} = (2, 3, 1, 2)$ 是 $B_{t_0}$ 的一个极大绿色序列.

换位矩阵的 (极大) 绿色序列是由 Keller 在文献 [114] 中引入的. 这种序列有大量应用, 比如可以产生双对数恒等式、计算 Donaldson-Thomas 不变量等.

事实上, 并非每个可斜对称化矩阵都有极大绿色序列, 因此这个课题上的基本问题是: 如何判断一个可斜对称化矩阵存在极大绿色序列?

这方面目前比较好的结论包括: 有限型的或无圈的 (见文献 [22]) 或来自曲面的 (除了带一个刺穿点的闭曲面)(见文献 [140]) 斜对称矩阵, 都是有极大绿色序列的.

Muller 在文献 [144] 中证明: 若换位矩阵 $B$ 有极大绿色序列, 则 $B$ 的任何主子矩阵作为一个换位矩阵也都有极大绿色序列.

我们关于极大绿色序列的研究见文献 [37]. 在这篇文章中, 我们提出了**强列符号一致矩阵** (uniformly column sign-coherent matrix) 的概念, 即: 若 $B_2$ 是 $m \times n$ 阶列符号一致的, 且对任何一个 $n \times n$ 阶可斜对称化矩阵 $B_1$, 矩阵 $\begin{pmatrix} B_1 \\ B_2 \end{pmatrix}$ 在任一

序列 $(k_1, \cdots, k_s)$ 下, $\begin{pmatrix} B_1' \\ B_2' \end{pmatrix} = \mu_{k_s} \cdots \mu_{k_1} \begin{pmatrix} B_1 \\ B_2 \end{pmatrix}$ 的 $B_2'$ 总是列符号一致的.

这个概念显然是主系数丛代数情况下 $C$-矩阵的符号一致性的推广, 并且我们可以证明:

**定理 6.2** 对任何一个 $n \times n$ 阶可斜对称化矩阵 $B_1$, 整数矩阵 $\begin{pmatrix} B_1 \\ B_2 \end{pmatrix}$ 中 $B_2$ 是非负整数方阵. 那么, $B_2$ 关于 $B_1$ 总是强列符号一致的.

为此我们先给出一个引理:

**引理 6.1** 设 $B_2 = (b_{n+i,j}) \in M_{m \times n}(\mathbb{Z}_{\geqslant 0})$, $B_1$ 是一个 $n \times n$ 阶可斜对称化矩阵. 若 $P \in M_{n \times n}(\mathbb{Z})$ 是列符号一致的, 则对任何 $1 \leqslant k \leqslant n$, 有

$$\mu_k \left( \begin{pmatrix} I_n & 0 \\ 0 & B_2 \end{pmatrix} \begin{pmatrix} B_1 \\ P \end{pmatrix} \right) = \begin{pmatrix} I_n & 0 \\ 0 & B_2 \end{pmatrix} \mu_k \begin{pmatrix} B_1 \\ P \end{pmatrix}.$$

**证明** 记

$$\begin{pmatrix} B_1 \\ P \end{pmatrix} = (\tilde{b}_{ij}), \quad \mu_k \begin{pmatrix} B_1 \\ P \end{pmatrix} = (\tilde{b}_{ij}'), \quad \begin{pmatrix} B_1 \\ B_2 P \end{pmatrix} = (\tilde{a}_{ij}), \quad \mu_k \begin{pmatrix} B_1 \\ B_2 P \end{pmatrix} = (\tilde{a}_{ij}').$$

由矩阵的变异公式易见

$$\mu_k \left( \begin{pmatrix} I_n & 0 \\ 0 & B_2 \end{pmatrix} \begin{pmatrix} B_1 \\ P \end{pmatrix} \right) = \mu_k \begin{pmatrix} B_1 \\ B_2 P \end{pmatrix}, \quad \begin{pmatrix} I_n & 0 \\ 0 & B_2 \end{pmatrix} \mu_k \begin{pmatrix} B_1 \\ P \end{pmatrix}$$

的上半部分的 $n \times n$ 阶子矩阵相同.

余下只需证明 $\mu_k \begin{pmatrix} B_1 \\ B_2 P \end{pmatrix}$ 和 $\begin{pmatrix} I_n & 0 \\ 0 & B_2 \end{pmatrix} \mu_k \begin{pmatrix} B_1 \\ P \end{pmatrix}$ 的下半部分 $m \times n$ 阶子矩阵相同.

当 $1 \leqslant i \leqslant m$ 时, $\tilde{a}_{n+i,j} = \sum_{l=1}^{n} b_{n+i,l} p_{lj}$, 又由矩阵变异公式, 这时有

$$\tilde{a}_{ij}' = \tilde{a}_{ij} + \mathrm{sgn}(\tilde{a}_{ik}) \max(\tilde{a}_{ik} b_{kj}, 0)$$

$$= \sum_{l=1}^{n} b_{n+i,l} p_{lj} + \mathrm{sgn}\left( \sum_{l=1}^{n} b_{n+i,l} p_{lk} \right) \max \left( \sum_{l=1}^{n} b_{n+i,l} p_{lk} b_{kj}, 0 \right).$$

因为 $P$ 是列符号一致的, 且 $B_2 \in M_{m \times n}(\mathbb{Z}_{\geqslant 0})$, 从而

$$(b_{n+i,l_1} p_{l_1,k})(b_{n+i,l_2} p_{l_2,k}) \geqslant 0, \quad 1 \leqslant l_1, l_2 \leqslant n.$$

因此, 若 $b_{n+i,l_1}p_{l_1,k} \neq 0$, 则

$$\mathrm{sgn}(b_{n+i,l_1}p_{l_1 k}) = \mathrm{sgn}\left(\sum_{l=1}^{n} b_{n+i,l}p_{lk}\right).$$

所以

$$
\begin{aligned}
\tilde{a}'_{ij} &= \sum_{l=1}^{n} b_{n+i,l}p_{lj} + \mathrm{sgn}\left(\sum_{l=1}^{n} b_{n+i,l}p_{lk}\right)\max\left(\sum_{l=1}^{n} b_{n+i,l}p_{lk}b_{kj}, 0\right) \\
&= \sum_{l=1}^{n} b_{n+i,l}p_{lj} + \sum_{l=1}^{n} \mathrm{sgn}(b_{n+i,l}p_{lk})\max(b_{n+i,l}p_{lk}b_{kj}, 0) \\
&= \sum_{l=1}^{n} b_{n+i,l}(p_{lj} + \mathrm{sgn}(p_{lk})\max(p_{lk}b_{kj}, 0)) \\
&= \sum_{l=1}^{n} b_{n+i,l}p'_{lj},
\end{aligned}
$$

其中 $p'_{lj} = b'_{n+l,j}$.　　　　　　　　　　　　　　　　　　　　　　　　　$\square$

**定理 6.2 的证明**

由定理 6.1, $I_n$ 关于 $B_1$ 是强列符号一致的. 因此, 根据引理 6.1, 对任意变异序列 $\mu_{k_1}, \cdots, \mu_{k_s}$, 我们有

$$\mu_{k_s} \cdots \mu_{k_2}\mu_{k_1}\left(\begin{pmatrix} I_n & 0 \\ 0 & B_2 \end{pmatrix}\begin{pmatrix} B_1 \\ I_n \end{pmatrix}\right) = \begin{pmatrix} I_n & 0 \\ 0 & B_2 \end{pmatrix}\mu_{k_s} \cdots \mu_{k_2}\mu_{k_1}\begin{pmatrix} B_1 \\ I_n \end{pmatrix}.$$

由 $I_n$ 的强列符号一致性, 这个等式右边的下半分块矩阵是符号一致的, 所以左边也是如此. 但这时左边等于 $\mu_{k_s} \cdots \mu_{k_2}\mu_{k_1}\begin{pmatrix} B_1 \\ B_2 \end{pmatrix}$, $B_2$ 关于 $B_1$ 是强列符号一致的.　　　　　　　　　　　　　　　　　　　　　　　　　$\square$

就非负方阵这类强列符号一致矩阵, 我们提出如下问题:

**问题 6.1**　对 $n \times n$ 阶可斜对称化整数矩阵 $B_1$ 和 $n \times n$ 阶非负整数矩阵 $B_2$,

(1) $\begin{pmatrix} B_1 \\ B_2 \end{pmatrix}$ 是否有极大绿色序列与 $\begin{pmatrix} B_1 \\ I_n \end{pmatrix}$ 是否有极大绿色序列的条件是同样的吗?

(2) 若 (1) 的回答是肯定的, 那么 $\begin{pmatrix} B_1 \\ B_2 \end{pmatrix}$ 作为初始矩阵的极大绿色序列的长度

与主系数初始矩阵 $\begin{pmatrix} B_1 \\ I_n \end{pmatrix}$ 的极大绿色序列的长度有什么关系? 会是一样长的吗?

作为极大绿色序列的推广, Keller 在文献 [114, 115] 中引入了红化序列 (reddening sequences).

**定义 6.3**  $[1, n]$ 中的整数序列 $k = (k_1, \cdots, k_r)$ 被称为初始换位矩阵 $\widetilde{B}_{t_0} = \begin{pmatrix} B_{t_0} \\ I_n \end{pmatrix}$ 的**红化序列**, 如果从 $\widetilde{B}_{t_0}$ 沿着方向路径 $(k_1, \cdots, k_r)$ 作一系列变异获得的换位矩阵 $\widetilde{B}_t = \mu_{k_r} \cdots \mu_{k_1}(\widetilde{B}_{t_0})$ 的 $C$-矩阵是非正矩阵.

注意, 上述红化序列的每一步变异 $\mu_{k_1}, \cdots, \mu_{k_r}$ 既可能是绿色变异也可能是红色变异, 是不确定的. 所以, 极大绿色序列是特殊的红化序列. 两者不同的是, 换位矩阵的极大绿色序列的存在性在矩阵的变异下是不保持的, 而换位矩阵的红化序列的存在性在矩阵变异下是保持的.

## 6.3  $F$-多项式和 $f$-向量

令 $\mathcal{A}_0 = \mathcal{A}(\Sigma_0)$ 在初始种子 $\Sigma_0 = (\widetilde{X}, \widetilde{B}_0)$ 上是主系数的丛代数, 即

$$\widetilde{B}_0 = \begin{pmatrix} B \\ I_n \end{pmatrix}, \quad \widetilde{X} = X \cup X_{fr},$$

$$X = (x_1, x_2, \cdots, x_n), \quad X_{fr} = (x_{n+1}, x_{n+2}, \cdots, x_{2n}).$$

对于 $\mathcal{A}_0$ 的任意变量 $x$, 则由 Laurent 现象, 存在多项式

$$f_{\mathcal{A}_0} \in \mathbb{Z}[x_{n+1}, x_{n+2}, \cdots, x_{2n}][x_1^{\pm 1}, x_2^{\pm 1}, \cdots, x_n^{\pm 1}],$$

使得

$$x = f_{\mathcal{A}_0}(x_1, x_2, \cdots, x_n; x_{n+1}, x_{n+2}, \cdots, x_{2n}).$$

上式右边中取 $x_1 = x_2 = \cdots = x_n = 1$, 则 $f_{\mathcal{A}_0}(1, \cdots, 1; x_{n+1}, x_{n+2}, \cdots, x_{2n})$ 为 $x_{n+1}, x_{n+2}, \cdots, x_{2n}$ 的多项式, 将它定义为丛变量 $x$ 的 **$F$-多项式** $F_x$, 或表为 $F_x^B$, 即

$$F_x^B(x_{n+1}, x_{n+2}, \cdots, x_{2n}) = f_{\mathcal{A}_0}(1, \cdots, 1; x_{n+1}, x_{n+2}, \cdots, x_{2n}).$$

对于一个非主系数的丛代数 $\mathcal{A} = \mathcal{A}(\Sigma)$, 其初始种子

$$\Sigma = (\widetilde{X}, \widetilde{B}), \quad \widetilde{B} = \begin{pmatrix} B \\ C \end{pmatrix}_{(n+m) \times n}.$$

令

$$\widetilde{B}_0 = \begin{pmatrix} B \\ I_n \end{pmatrix}, \quad \Sigma_0 = (\widetilde{X}, \widetilde{B}_0),$$

则 $\mathcal{A}_0 = \mathcal{A}(\Sigma_0)$ 是主系数丛代数, 称 $\mathcal{A}_0$ 为丛代数 $\mathcal{A} = \mathcal{A}(\Sigma)$ 对应的主系数丛代数.

下面的定理由 Fomin 和 Zelevinsky 在文献 [72] 中给出, 体现了主系数丛代数的 $F$-多项式的作用.

**定理 6.3** [72] (分离公式)　设以 $\Sigma(X, Y, B)$ 为初始种子的 $\mathcal{A}(\Sigma)$ 是半域 $\mathbb{P}$ 上的一个丛代数, 其中 $X = \{x_1, \cdots, x_n\}, Y = \{y_1, \cdots, y_n\}$. $\mathcal{A}$ 对应的主系数丛代数为 $\mathcal{A}_0 = \mathcal{A}(\Sigma_0)$, 其中 $\Sigma_0 = (\widetilde{X}, \widetilde{B}_0)$, $\widetilde{B}_0 = \begin{pmatrix} B \\ I_n \end{pmatrix}$. 那么对于 $\mathcal{A}$ 中的任一丛变量 $x$, 有

$$x = \frac{f_{\mathcal{A}_0}(x_1, x_2, \cdots, x_n; y_1, y_2, \cdots, y_n)}{F_x^B|_{\mathbb{P}}(y_1, y_2, \cdots, y_n)}. \tag{6.4}$$

注意在定理中, $f_{\mathcal{A}_0}$ 和 $F_x^B$ 分别是 $x$ 在 $\mathcal{A}_0$ 中关于初始丛变量 $\widetilde{X}$ 的 Laurent 展开式和 $F$-多项式. 这个定理的意义就在于, $x$ 在 $\mathcal{A}$ 中关于初始丛变量的 Laurent 多项式展开, 可以通过 $x$ 在对应主系数丛代数 $\mathcal{A}_0$ 中的 Laurent 多项式和 $F$-多项式通过 $y_j (j = 1, \cdots, n)$ 变量替换后计算来获得.

作为分离公式的一个应用, 我们首先补证明前面关于换位图性质的定理 2.2.

**定理 2.2 的证明**

假设在丛代数 $\mathcal{A}'$ 中, 在 $t_1$ 处和 $t_2$ 处的标记种子是等价的. 我们需要证明对于任意在 $t_0$ 处换位矩阵也为 $B^0 = B_{t_0}$ 的丛代数 $\mathcal{A}$, 有 $\Sigma_{t_1} \sim \Sigma_{t_2}$.

根据种子等价的定义, 存在某个置换 $\sigma \in S_n$, 使得在 $\mathcal{A}'$ 中,

$$x'_{i,t_2} = x'_{\sigma(i),t_1}, \quad y'_{i,t_2} = y'_{\sigma(i),t_1}, \quad b^{t_2}_{ij} = b^{t_1}_{\sigma(i),\sigma(j)}.$$

这意味着在 $\mathcal{A}'$ 中, $F^{B^0,t_0}_{i,t_2} = F^{B^0,t_0}_{\sigma(i),t_1}$. 我们需要证明: 在 $\mathcal{A}$ 中, 对于任意 $i, j$, 有

$$x_{i,t_2} = x_{\sigma(i),t_1}, \quad y_{j,t_2} = y_{\sigma(j),t_1}$$

成立. 可知, 前一等式由分离公式 (6.4) 即得; 后一等式可由 $y'_{j,t_2} = y'_{\sigma(j),t_1}$ 推出, 这是因为

$$y_{j,t_2} = y'_{j,t_2}|_{\mathbb{P}}F_{j,t_2}|_{\mathbb{P}} = y'_{\sigma(j),t_1}|_{\mathbb{P}}F_{\sigma(j),t_1}|_{\mathbb{P}} = y_{\sigma(j),t_1}. \qquad \square$$

**引理 6.2**　设 $\mathcal{A}$ 在初始种子 $\Sigma_{t_0}$ 处带主系数. 对任意 $t \in \mathbb{T}_n$, 记 $\mathcal{A}$ 在 $t$ 处的扩张换位矩阵为 $\widetilde{B}_t = (b^t_{ij})$. 那么 $F$-多项式 $F_{x_{i,t}}, i = 1, \cdots, n$ 由如下关系决定:

(1) (初始条件) $F_{x_{i,t_0}} = 1, i = 1, \cdots, n$;

(2) (递归条件) 对于任意 $k \in [1, n]$, 令 $t, t' \in \mathbb{T}_n$, $t \overset{k}{\text{———}} t'$ 是 $\mathbb{T}_n$ 的一条边, 则

$$\text{当 } i \neq k \text{ 时 } F_{x_{i,t'}} = F_{x_{i,t}}, \tag{6.5}$$

$$F_{x_{k,t'}} = \frac{\prod\limits_{j=1}^{n} y_j^{[b_{n+j,k}^t]_+} \prod\limits_{i=1}^{n} F_{x_{i,t}}^{[b_{ik}^t]_+} + \prod\limits_{j=1}^{n} y_j^{[-b_{n+j,k}^t]_+} \prod\limits_{i=1}^{n} F_{x_{i,t}}^{[-b_{ik}^t]_+}}{F_{x_{k,t}}}. \tag{6.6}$$

**证明** 该结论直接由丛变量的变异公式可得. 即: 当 $i \neq k$ 时 $x_{i,t'} = x_{i,t}$,

$$x_{k,t'} = \frac{\prod\limits_{j=1}^{n} y_j^{[b_{n+j,k}^t]_+} \prod\limits_{i=1}^{n} x_{i,t}^{[b_{ik}^t]_+} + \prod\limits_{j=1}^{n} y_j^{[-b_{n+j,k}^t]_+} \prod\limits_{i=1}^{n} x_{i,t}^{[-b_{ik}^t]_+}}{x_{k,t}}. \qquad \square$$

**引理 6.3** 令 $\mathcal{A} = \mathcal{A}(\Sigma_{t_0})$ 是在 $t_0$ 处带主系数的丛代数. 记 $\Sigma_t = (\widetilde{X}_t, \widetilde{B}_t)$ 是 $\mathcal{A}$ 在 $t$ 处的种子. 那么对任意 $t \in \mathbb{T}_n$, $\Sigma_t$ 的 $C$-矩阵是列符号一致的当且仅当任意 $F$-多项式的常数项为 1.

**证明** ($\Leftarrow$) 根据等式 (6.6), 对任意 $t \in \mathbb{T}_n$ 以及 $k \in [1, n]$, $\prod_{j=1}^{n} y_j^{[b_{n+j,k}^t]_+}$ 和 $\prod_{j=1}^{n} y_j^{[-b_{n+j,k}^t]_+}$ 中有且仅有一个等于 1, 或者等价地说, 对所有 $j = 1, \cdots, n$, 要么 $b_{n+j,k}^t$ 同时非负, 要么 $b_{n+j,k}^t$ 同时非正, 即 $C$-矩阵是列符号一致的.

($\Rightarrow$) 现在对 $t$ 离 $t_0$ 的距离 (即边的个数) 作归纳, 证明 $F$-多项式 $F_{x_{i,t}}$ 的常数项为 1 且每一个 $C$-矩阵都是可逆矩阵.

当 $t = t_0$ 时, $F_{x_{i,t}} = 1$ 且 $C_{t_0} = I_n$ 可逆, 故结论显然成立. 现假设对 $t$ 时结论成立, 令 $t'$ 为与 $t$ 相邻但是离 $t_0$ 距离更远一条边的一个顶点, 设 $t$ 与 $t'$ 相连的边的标记为 $k$.

对任意 $j = 1, \cdots, n$, 根据 $C_t$ 的列符号一致性, 记 $\varepsilon_j(C_t)$ 为 $C_t$ 第 $j$ 列的符号. 由于 $C_t$ 可逆, 我们有 $\varepsilon_j(C_t) = \pm 1$. 由等式 (1.6), 我们有

$$b_{n+i,j}^{t'} = \begin{cases} -b_{n+i,j}^t, & \text{若 } j = k, \\ b_{n+i,j}^t + \text{sgn}(b_{n+i,k}^t)[b_{n+i,k}^t b_{kj}^t]_+ = b_{n+i,j}^t + b_{n+i,k}^t[\varepsilon_k(C_t) b_{kj}^t]_+, & \text{否则}. \end{cases} \tag{6.7}$$

写成矩阵乘积的形式, 我们得到

$$C_{t'} = C_t F_k^{\varepsilon_k(C_t)},$$

其中矩阵 $F_k^{\varepsilon_k(C_t)}$ 在命题 3.3 中给出. 由于 $F_k^{\varepsilon_k(C_t)}$ 是可逆矩阵, 因此 $C_t$ 可逆意味着 $C_{t'}$ 可逆.

再由 $C_t$ 是列符号一致的且可逆, 可知 $\prod_{j=1}^n y_j^{[b_{n+j,k}^t]_+}$ 和 $\prod_{j=1}^n y_j^{[-b_{n+j,k}^t]_+}$ 两式有且仅有一个等于 1. 利用等式 (6.6) 以及归纳假设, 我们有 $F_{x_{i,t'}}$ 的常数项为 1. 　　　　　　　　　　　　　　　　　　　　　　　　　　　　　　　　　□

由此引理 6.3 及定理 6.1, 我们即得如下定理:

**定理 6.4**[91]　可斜对称化主系数的丛代数 $\mathcal{A}$ 的所有 $F$-多项式都有常数项 1.

在一个丛变量 $x$ 的 $F$-多项式 $F_x^B(x_{n+1}, \cdots, x_{2n})$(简记 $F_x$) 中, 记 $f_x^{(i)}$ 是 $x_{n+i}$ 在 $F_x$ 中的最高幂次. 对于一个换位丛 $X(t) = (x_{1,t}, x_{2,t}, \cdots, x_{n,t})$, 其中每个 $x_{k,t}$ 对应的 $F$-多项式 $F_{x_{k,t}}$ 中 $x_{n+i}$ 的最高幂次为 $f_{x_{k,t}}^{(i)}$. 当 $i$ 取遍 $1, 2, \cdots, n$ 时, 所得最高幂次组成 $\mathbb{N}^n$ 中向量:

$$f_{x_{k,t}} = (f_{x_{k,t}}^{(1)}, f_{x_{k,t}}^{(2)}, \cdots, f_{x_{k,t}}^{(n)})^\top,$$

称 $f_{x_{k,t}}$ 为矩阵 $B$ 在 $(t, k)$ 处的 **$f$-向量**. 当 $k$ 取遍 $1, 2, \cdots, n$, 得到 $\mathbb{N}^{n \times n}$ 中的矩阵:

$$F_t = (f_{x_{1,t}}\ f_{x_{2,t}}\ \cdots\ f_{x_{n,t}}),$$

称 $F_t$ 为矩阵 $B$ 在 $t$ 处的 **$F$-矩阵**.

随着 $F$-多项式理论的发展, $f$-向量和 $F$-矩阵现在也是一个活跃的研究工具, 这方面我们不再展开.

## 6.4　$g$-向量和 $G$-矩阵

令 $\mathcal{A} = \mathcal{A}(\Sigma)$ 是秩为 $n$ 的主系数丛代数, 其中初始种子 $\Sigma = (\widetilde{X}, \widetilde{B})$, $\widetilde{B} = \begin{pmatrix} B \\ I_n \end{pmatrix}$, $B = (b_1\ b_2\ \cdots\ b_n) = (b_{ij})_{n \times n}$, $\widetilde{X} = X \cup X_{fr}$, $X = (x_1, x_2, \cdots, x_n)$, $X_{fr} = (x_{n+1}, x_{n+2}, \cdots, x_{2n})$. 用列向量组 $\{e_i\}_{i=1,\cdots,n}$ 表示 $\mathbb{Z}^n$ 中的标准基. 对于 $1 \leqslant i \leqslant n$, 定义分次向量如下:

$$\deg(x_i) = e_i, \quad \deg(x_{n+i}) = -b_i = -\sum_{j=1}^n b_{ji} e_j. \tag{6.8}$$

令 $\hat{y}_i = x_{n+i} \prod_{j=1}^n x_j^{b_{ji}}, \forall i \in [1, n]$, 则

$$\deg(\hat{y}_i) = \deg(x_{n+i}) + \sum_{j=1}^n b_{ji} \deg(x_j) = -b_i + \sum_{j=1}^n b_{ji} e_j = -b_i + b_i = 0. \tag{6.9}$$

**引理 6.4** 设 $\widetilde{B} \in \mathrm{Mat}_{m \times n}(\mathbb{Z})$ 是一个完全符号斜对称矩阵, $G = (g_1, g_2, \cdots, g_m) \in \mathrm{Mat}_{n \times m}(\mathbb{Z})$ 满足 $G\widetilde{B} = 0$. 对任意 $k \in [1, n]$, 记

$$g_i' = \begin{cases} g_i, & \text{若 } i \neq k, \\ -g_k + \sum_j [b_{jk}]_+ g_j = -g_k + \sum_j [-b_{jk}]_+ g_j, & \text{若 } i = k, \end{cases}$$

则 $G' \mu_k \widetilde{B} = 0$, 其中 $G' = (g_1', g_2', \cdots, g_m')$.

**证明** 记 $\mu_k \widetilde{B} = (b_{ij}')$. 因为 $G\widetilde{B} = 0$, 那么对任意 $i \in [1, n]$,

$$\sum_{j=1}^{m} b_{ji} g_j = 0. \tag{6.10}$$

对任意 $i \in [1, n]$, 当 $i = k$ 时,

$$\sum_{j=1}^{m} b_{ji}' g_j' = -\sum_{j=1}^{m} b_{jk} g_j' = -\sum_{j \neq k} b_{jk} g_j = -\sum_{j=1}^{m} b_{jk} g_j = 0.$$

当 $i \neq k$ 时, 由 (6.10), 我们有

$$\begin{aligned} \sum_{j=1}^{m} b_{ji}' g_j' &= \sum_{j \neq k} \left( b_{ji} + \frac{|b_{jk}| b_{ki} + b_{jk} |b_{ki}|}{2} \right) g_j - b_{ki} \left( -g_k + \sum_{j=1}^{m} [b_{jk}]_+ g_j \right) \\ &= \sum_{j=1}^{m} b_{ji} g_j + \sum_{j \neq k} \left( \frac{|b_{jk}| b_{ki} + b_{jk} |b_{ki}|}{2} - b_{ki} [b_{jk}]_+ \right) g_j \\ &= \sum_{j \neq k} \left( \frac{|b_{jk}| b_{ki} + b_{jk} |b_{ki}|}{2} - b_{ki} [b_{jk}]_+ \right) g_j. \end{aligned}$$

当 $b_{ki} \geqslant 0$ 时,

$$\sum_{j \neq k} \left( \frac{|b_{jk}| b_{ki} + b_{jk} |b_{ki}|}{2} - b_{ki} [b_{jk}]_+ \right) g_j = \sum_{b_{jk} > 0} (b_{jk} b_{ki} - b_{ki} b_{jk}) g_j = 0,$$

当 $b_{ki} < 0$ 时, 因为 $\sum_j b_{jk} g_j = 0$, 故

$$\sum_{j \neq k} \left( \frac{|b_{jk}| b_{ki} + b_{jk} |b_{ki}|}{2} - b_{ki} [b_{jk}]_+ \right) g_j$$

$$
\begin{aligned}
&= \sum_{j \neq k} \frac{|b_{jk}|b_{ki} - b_{jk}b_{ki}}{2} g_j - \sum_{j \neq k} b_{ki}[b_{jk}]_+ g_j \\
&= \sum_{b_{jk}<0} -b_{jk}b_{ki}g_j - \sum_{j \neq k} b_{ki}(b_{jk} + [-b_{jk}]_+)g_j \\
&= -b_{ki}\sum_{b_{jk}<0} b_{jk}g_j - b_{ki}\sum_{j \neq k} b_{jk}g_j - b_{ki}\sum_{j \neq k}[-b_{jk}]_+ g_j \\
&= -b_{ki}\sum_{b_{jk}<0} b_{jk}g_j - b_{ki}\sum_{j \neq k}[-b_{jk}]_+ g_j \\
&= -b_{ki}\sum_{b_{jk}<0} b_{jk}g_j - b_{ki}\sum_{b_{jk}<0}(-b_{jk})g_j \\
&= 0.
\end{aligned}
$$

总之, 我们得 $\sum_{j=1}^{m} b'_{ji}g'_j = 0$, 从而 $G'\mu_k\widetilde{B} = 0$. $\hfill\square$

由此, 我们有如下基本结论:

**定理 6.5** [72]　在 (6.8) 中对初始变量的分次定义下, 主系数丛代数 $\mathcal{A}(\Sigma)$ 成为代数

$$
\mathbb{Z}[x_1^{\pm 1}, \cdots, x_n^{\pm 1}, x_{n+1}^{\pm 1}, \cdots, x_{2n}^{\pm 1}]
$$

的 $\mathbb{Z}^n$-分次子代数, 并且丛代数 $\mathcal{A}(\Sigma)$ 中的所有丛变量在这个分次下都是齐次元.

**证明**　记 $x_{i,t}$ 为在 $t$ 处的第 $i$ 个丛变量. 我们对 $t$ 到 $t_0$ 的距离作归纳, 证明 $x_{i,t}$ 是齐次的.

首先, 当 $t = t_0$ 时, 对任意 $i \in [1,n]$, $x_{i,t} = x_i$ 是齐次的.

令 $G_{t_0} = (\deg(x_1) \cdots \deg(x_n) \cdots \deg(x_{2n})) \in \mathrm{Mat}_{n \times 2n}(\mathbb{Z})$, 则

$$
G_{t_0}\widetilde{B}_{t_0} = (\deg(\hat{y}_1) \cdots \deg(\hat{y}_n)) = 0.
$$

令顶点 $t'$ 与 $t$ 相邻并且离 $t_0$ 距离更近. 假设对任意 $i \in [1,n]$, $x_{i,t'}$ 是齐次的并且满足 $G_{t'}\widetilde{B}_{t'} = 0$, 其中 $G_{t'} = (\deg(x_{1,t'}) \cdots \deg(x_{n,t'}) \cdots \deg(x_{2n}))$. 不妨设 $t$ 与 $t'$ 相连的边标记为 $k$. 因为

$$
G_{t'}\widetilde{B}_{t'} = 0, \sum_i [b_{ik}^{t'}]_+ \deg(x_{i,t'}) = \sum_i [-b_{ik}^{t'}]_+ \deg(x_{i,t'}),
$$

从而

$$
x_{k,t} = \frac{\prod_{i=1}^{2n} x_{i,t'}^{[b_{ik}^{t'}]_+} + \prod_{i=1}^{2n} x_{i,t'}^{[-b_{ik}^{t'}]_+}}{x_{k,t'}}
$$

是齐次的, 且

$$\deg(x_{k,t}) = -\deg(x_{k,t'}) + \sum_{l=1}^{2n} [b_{lk}^{t'}]_+ \deg(x_{l,t'})$$

$$= -\deg(x_{k,t'}) + \sum_{l=1}^{2n} [-b_{lk}^{t'}]_+ \deg(x_{l,t'}).$$

由引理 6.4 知, $G_t \widetilde{B}_t = 0$, 其中 $G_t = (\deg(x_{1,t}) \cdots \deg(x_{n,t}) \cdots \deg(x_{2n}))$. $\square$

由上述定理知, 对 $\mathcal{A}(\Sigma)$ 中的任一丛变量 $x$, $\deg(x) \in \mathbb{Z}^n$, 记 $g(x) := \deg(x)$, 称 $g(x)$ 为 $x$ 的**g-向量**.

设 $X(t) = (x_{1,t}, x_{2,t}, \cdots, x_{n,t})$ 是 $\mathcal{A}$ 在 $t$ 处的换位丛, 那么 $X(t)$ 上的任一 Laurent 单项式可以表为: $\prod_{i=1}^n x_{i,t}^{a_i}$. 令 $\overline{a} = (a_1, \cdots, a_n) \in \mathbb{Z}^n$, 记 $X(t)^{\overline{a}} := \prod_{i=1}^n x_{i,t}^{a_i}$. 定义

$$g(X(t)^{\overline{a}}) = g\left(\prod_{i=1}^n x_{i,t}^{a_i}\right) := \sum_{i=1}^n a_i g(x_{i,t})$$

为 Laurent 单项式 $X(t)^{\overline{a}} = \prod_{i=1}^n x_{i,t}^{a_i}$ 的**g-向量**.

令 $t_0 \in \mathbb{T}_n$, 设 $\mathcal{A}$ 为在 $t_0$ 处带主系数的丛代数. 记

$$\hat{y}_j = x_{n+j} \prod_i x_{i,t_0}^{b_{ij}^{t_0}}.$$

对任意半域 $\mathbb{P}$, 设 $\mathcal{F} = \mathbb{QP}(u_1, \cdots, u_n)$, 令 $\widetilde{\mathcal{A}}$ 是 $\mathcal{F}$ 上带任意系数的一个丛代数. 假设 $\widetilde{\mathcal{A}}$ 在 $t_0$ 处的换位矩阵为 $B_{t_0}$, 即与 $\mathcal{A}$ 有相同换位矩阵. 对 $t \in \mathbb{T}_n$, 记其上的丛变量为 $\widetilde{x}_{1,t}, \cdots, \widetilde{x}_{n,t}$, 系数为 $y_{1,t}, \cdots, y_{n,t}$. 记

$$\widetilde{\hat{y}}_j = y_{j,t_0} \prod_i^n \widetilde{x}_{i,t_0}^{b_{ij}^{t_0}}.$$

**推论 6.1** [72] 对任意 $i \in [1,n], t \in \mathbb{T}_n$, 设 $x_{i,t}$ 的 $g$-向量为 $(g_1, \cdots, g_n)^\top$, 则 (1)

$$x_{i,t} = F_{x_{i,t}}(\hat{y}_1, \hat{y}_2, \cdots, \hat{y}_n) \cdot x_{1,t_0}^{g_1} \cdots x_{n,t_0}^{g_n}$$

$$= x_{1,t_0}^{g_1} \cdots x_{n,t_0}^{g_n}\left(1 + \sum_{0 \neq v \in \mathbb{N}^n} a_v h^v X^{B_{t_0} v}\right),$$

其中 $a_v \in \mathbb{Z}$, 对 $v = (v_1, \cdots, v_n) \in \mathbb{N}^n$, $h^v = x_{n+1}^{v_1} \cdots x_{2n}^{v_n}$, 记 $B_{t_0} v = (u_1, \cdots, u_n)$, 则 $X^{B_{t_0} v} = x_{1,t_0}^{u_1} \cdots x_{n,t_0}^{u_n}$;

(2)

$$\widetilde{x}_{i,t} = \frac{F_{x_{i,t}}|_{\mathcal{F}}(\widetilde{\widehat{y}}_1, \widetilde{\widehat{y}}_2, \cdots, \widetilde{\widehat{y}}_n)}{F_{x_{i,t}}|_{\mathbb{P}}(y_{1,t_0}, y_{2,t_0}, \cdots, y_{n,t_0})} \cdot \widetilde{x}_{1,t_0}^{g_1} \cdots \widetilde{x}_{n,t_0}^{g_n}.$$

**证明**　根据定理 6.5, $x_{i,t}$ 是关于 $x_{1,t_0}, \cdots, x_{n,t_0}, x_{n+1}, \cdots, x_{2n}$ 的一个齐次 Laurent 多项式. 因此, 对任意有理函数 $\gamma_1, \cdots, \gamma_n$, 我们有

$$x_{i,t}\left(\gamma_1 x_{1,t_0}, \cdots, \gamma_n x_{n,t_0}; \prod_k \gamma_k^{-b_{k1}^{t_0}} x_{n+1}, \cdots, \prod_k \gamma_k^{-b_{kn}^{t_0}} x_{2n}\right)$$

$$= \left(\prod_k \gamma_k^{g_k}\right) x_{i,t}(x_{1,t_0}, \cdots, x_{n,t_0}; x_{n+1}, \cdots, x_{2n}).$$

特别地, 取 $\gamma_k = x_{k,t_0}^{-1}, \forall k \in [1,n]$, 我们得到

$$x_{i,t} = F_{x_{i,t}}(\hat{y}_1, \hat{y}_2, \cdots, \hat{y}_n) \cdot x_{1,t_0}^{g_1} \cdots x_{n,t_0}^{g_n}.$$

(1) 中的第二个等式直接由 $F$-多项式常数项为 1 得到.

(2) 由分离公式即可得.　　　　　　　　　　　　　　　　　　　□

设 $X(t) = (x_{1,t}, x_{2,t}, \cdots, x_{n,t})$ 是 $\mathcal{A}$ 的一个标记丛, 那么由上面定理, 可以求出每个 $x_{i,t}$ 的 $g$-向量 $g(x_{i,t})$, 从而可以定义 $n$ 阶矩阵 $G_t = (g(x_{1,t}) \cdots g(x_{n,t}))$, 我们将此矩阵称为丛 $X(t)$ 的**$G$-矩阵**.

显然, 在初始点 $t_0$ 处 $X = X(t_0)$ 的 $G$-矩阵 $G(X) = I_n$, 即为单位阵.

对于 $\bar{a} = (a_1, \cdots, a_n) \in \mathbb{Z}^n$, 由 Laurent 单项式 $X(t)^{\bar{a}} = \prod_{i=1}^n x_{i,t}^{a_i}$ 的 $g$-向量的定义, 我们有

$$g(X(t)^{\bar{a}}) = \sum_{i=1}^n a_i g(x_{i,t}) = G_t \bar{a}.$$

根据定理 6.5 的证明, 我们很容易发现下面 $G$-矩阵的变异关系.

**定理 6.6** [72]　设 $\mathcal{A}$ 是初始点 $t_0$ 处的主系数丛代数, 对于任一点 $t \in \mathbb{T}_n$ 处, $G$-矩阵 $G_t = (g_{ij}^t)_{n\times n}$ 可由初始条件 $G_{t_0} = I_n$ 和如下的变异关系唯一确定: 对于 $n$-正则树 $\mathbb{T}_n$ 中的任一边 $t \overset{k}{\text{---}} t'$, 有

$$g_{ij}^{t'} = \begin{cases} g_{ij}^t, & \text{若 } j \neq k, \\ -g_{ik}^t + \sum_{b_{lk}^t > 0} g_{il}^t b_{lk}^t - \sum_{c_{lk}^t > 0} b_{il}^{t_0} c_{lk}^t, & \text{若 } j = k, \end{cases} \tag{6.11}$$

当 $j = k$ 时, 我们也有

$$g_{ij}^{t'} = -g_{ik}^t + \sum_{b_{lk}^t < 0} g_{il}^t(-b_{lk}^t) - \sum_{c_{lk}^t < 0} b_{il}^{t_0}(-c_{lk}^t).$$

**证明**    当 $j \neq k$ 时, $x_{j,t'} = x_{j,t}$, 因此 $\deg(x_{j,t'}) = \deg(x_{j,t})$, 从而对任意 $i = 1, \cdots, n$, 有 $g_{ij}^{t'} = g_{ij}^t$. 当 $j = k$ 时, 由定理 6.5 的证明知

$$\deg(x_{k,t'}) = -\deg(x_{k,t}) + \sum_{l=1}^{2n} [b_{lk}^t]_+ \deg(x_{l,t}).$$

因此, 对任意 $i \in [1, n]$, 有

$$g_{ij}^{t'} = -g_{ik}^t + \sum_{b_{lk}^t > 0, l=1}^n g_{il}^t b_{lk}^t - \sum_{c_{lk}^t > 0} b_{il}^{t_0} c_{lk}^t.$$

同理,

$$g_{ij}^{t'} = -g_{ik}^t + \sum_{b_{lk}^t < 0, l=1}^n g_{il}^t(-b_{lk}^t) - \sum_{c_{lk}^t < 0} b_{il}^{t_0}(-c_{lk}^t). \qquad \square$$

注意上述 $G$-矩阵的变异关系与 $C$-矩阵的元素有关. 事实上, 这两个矩阵的确切关系, 将由下一节给出.

**推论 6.2**    设 $\mathcal{A}$ 是初始点 $t_0$ 处的主系数丛代数, 记 $B$ 为初始的换位矩阵. 对任意 $t \in \mathbb{T}_n$, 记 $B_t, C_t, G_t$ 分别为在 $t$ 处的换位矩阵、$C$-矩阵和 $G$-矩阵. 那么

$$G_t B_t = B C_t. \tag{6.12}$$

**证明**    根据定理 6.6, 对任意 $i, k$,

$$-g_{ik}^t + \sum_{b_{lk}^t > 0} g_{il}^t b_{lk}^t - \sum_{c_{lk}^t > 0} b_{il}^{t_0} c_{lk}^t = -g_{ik}^t + \sum_{b_{lk}^t < 0} g_{il}^t(-b_{lk}^t) - \sum_{c_{lk}^t < 0} b_{il}^{t_0}(-c_{lk}^t).$$

因此,

$$\sum_{b_{lk}^t} g_{il}^t b_{lk}^t = \sum_{c_{lk}^t} b_{il}^{t_0} c_{lk}^t.$$

从而有 $G_t B_t = B C_t$. $\qquad \square$

## 6.5  $C$-矩阵与 $G$-矩阵的关系及相关性质

对在 $t_0$ 处为初始点的主系数可斜对称化丛代数 $\mathcal{A}$, 令 $S$ 为其换位矩阵 $B_{t_0} = B$ 的斜对称化子, 其 $t$ 处种子 $\Sigma_t$ 的 $G$-矩阵记为 $G_t$ 以及 $C$-矩阵记为 $C_t$. 本节中, 我们将给出 $G_t$ 和 $C_t$ 的关系, 详见文献 [150].

**引理 6.5**  令 $\widetilde{B} = \begin{pmatrix} B \\ C \end{pmatrix} \in \mathrm{Mat}_{2n \times n}(\mathbb{Z})$, 其中 $B \in \mathrm{Mat}_{n \times n}(\mathbb{Z})$ 是一个可斜对称化矩阵. 记 $S = \mathrm{diag}(s_i)_{i=1}^n$ 是 $B$ 的一个斜对称化子, 其中 $s_i > 0, i = 1, \cdots, n$. 对任意 $k \in [1, n]$, 设 $\mu_k(\widetilde{B}) = \begin{pmatrix} B' \\ C' \end{pmatrix} = \begin{pmatrix} b'_{ij} \\ c'_{ij} \end{pmatrix}$, 则

$$\mu_k \begin{pmatrix} SBS^{-1} \\ SCS^{-1} \end{pmatrix} = \begin{pmatrix} SB'S^{-1} \\ SC'S^{-1} \end{pmatrix}.$$

**证明**  记

$$B = (b_{ij}), \quad C = (c_{ij}), \quad \begin{pmatrix} SBS^{-1} \\ SCS^{-1} \end{pmatrix} = \begin{pmatrix} \widetilde{b}_{ij} \\ \widetilde{c}_{ij} \end{pmatrix}, \quad \mu_k \begin{pmatrix} SBS^{-1} \\ SCS^{-1} \end{pmatrix} = \begin{pmatrix} \widetilde{b}'_{ij} \\ \widetilde{c}'_{ij} \end{pmatrix}.$$

根据矩阵变异公式, 我们有

$$b'_{ij} = \begin{cases} -b_{ij}, & \text{若 } i = k \text{ 或 } j = k, \\ b_{ij} + \dfrac{|b_{ik}|b_{kj} + b_{ik}|b_{kj}|}{2}, & \text{若 } i, j \neq k, \end{cases}$$

$$c'_{ij} = \begin{cases} -c_{ij}, & \text{若 } j = k, \\ c_{ij} + \dfrac{|c_{ik}|b_{kj} + c_{ik}|b_{kj}|}{2}, & \text{若 } j \neq k, \end{cases}$$

$$\widetilde{b}'_{ij} = \begin{cases} -\widetilde{b}_{ij}, & \text{若 } i = k \text{ 或 } j = k, \\ \widetilde{b}_{ij} + \dfrac{|\widetilde{b}_{ik}|\widetilde{b}_{kj} + \widetilde{b}_{ik}|\widetilde{b}_{kj}|}{2}, & \text{若 } i, j \neq k, \end{cases}$$

$$\widetilde{c}'_{ij} = \begin{cases} -\widetilde{c}_{ij}, & \text{若 } j = k, \\ \widetilde{c}_{ij} + \dfrac{|\widetilde{c}_{ik}|\widetilde{b}_{kj} + \widetilde{c}_{ik}|\widetilde{b}_{kj}|}{2}, & \text{若 } j \neq k. \end{cases}$$

对任意 $i, j \in [1, n]$, 我们有

$$\widetilde{b}_{ij} = s_i b_{ij} s_j^{-1}, \quad \widetilde{c}_{ij} = s_i c_{ij} s_j^{-1}.$$

因此
$$\widetilde{b}'_{ij} = s_i b'_{ij} s_j^{-1}, \quad \widetilde{c}'_{ij} = s_i c'_{ij} s_j^{-1}. \qquad \square$$

给定一个整数矩阵 $B = (b_{ij})$, 记 $[B]_+ = ([b_{ij}]_+)$; 对任意 $k$, 记 $B^{\bullet k}$ 为将 $B$ 中除了第 $k$ 列外, 其余列都替换成 0 得到的矩阵, 同理, 记 $B^{k\bullet}$ 为将 $B$ 中除了第 $k$ 行外, 其余行都替换成 0 得到的矩阵. 容易发现, 操作 $B \rightsquigarrow [B]_+$ 与 $B \rightsquigarrow B^{\bullet k}$(分别地, $B \rightsquigarrow [B]_+$ 与 $B \rightsquigarrow B^{k\bullet}$) 可交换, 记 $[B]_+^{\bullet k} = ([B]_+)^{\bullet k} = ([B]^{\bullet k})_+$(分别地, $[B]_+^{k\bullet} = ([B]_+)^{k\bullet} = ([B]^{k\bullet})_+$).

对在 $t_0$ 处为初始点且以 $B$ 为换位矩阵的主系数可斜对称化丛代数 $\mathcal{A}$, 其 $t_0$ 处种子 $\Sigma_{t_0}$ 经一系列变异变到 $t$ 处的种子 $\Sigma_t$, 这时我们将种子 $\Sigma_t$ 的 $G$-矩阵 $G_t$ 表为 $G_t^{B;t_0}$ 以及 $C$-矩阵 $C_t$ 表为 $C_t^{B;t_0}$.

对于 $C$-矩阵 $C = C_t^{B;t_0}$, 由于它的列符号一致性 (定理 6.1), 那么对任意 $k$, 总可以选取 $\varepsilon_k(C) = \pm 1$, 使得 $[-\varepsilon_k(C)C]_+^{\bullet k} = 0$. 具体地, 如果 $C$ 的第 $k$ 列不为零, 那么我们可以将 $\varepsilon_k(C)$ 取成与 $C$ 的第 $k$ 列符号一致, 如果 $C$ 的第 $k$ 列为零, 那么 $\varepsilon_k(C)$ 取成 $\pm 1$ 均可.

对任意 $k$, 记 $J_k$ 为将单位矩阵中第 $(k,k)$ 个位置替换成 $-1$ 后得到的矩阵.

通过计算, 很容易发现下面事实.

**引理 6.6**  对任意整数方阵 $B = (b_{ij})$ 以及指数 $k$ 使得 $b_{kk} = 0$, 我们有
$$(J_k + B^{\bullet k})^{\top} = J_k + (B^{\top})^{k\bullet}, \quad (J_k + B^{k\bullet})^{-1} = J_k + B^{k\bullet}.$$

**命题 6.3**  设 $t \overset{k}{\rule{1cm}{0.4pt}} t'$ 是正则树 $\mathbb{T}_n$ 中的一条边, 令 $C = C_t^{B;t_0}, G = G_t^{B;t_0}$, $C' = C_{t'}^{B;t_0}$, 以及 $G' = G_{t'}^{B;t_0}$. 那么我们有
$$C' = C(J_k + [\varepsilon_k(C)B_t]_+^{k\bullet}), \quad G' = G(J_k + [-\varepsilon_k(C)B_t]_+^{\bullet k}).$$

**证明**  记 $C = (c_{ij}), C' = (c'_{ij}), B_t = (b'_{ij})$. 根据矩阵变异公式, 我们有
$$c'_{ij} = \begin{cases} -c_{ij}, & \text{若 } j = k, \\ c_{ij} + [c_{ik}]_+[b'_{kj}]_+ - [-c_{ik}]_+[-b'_{kj}]_+, & \text{若 } j \neq k. \end{cases}$$

通过矩阵乘法, 容易验证: 该等式等价于
$$C' = C(J_k + [\varepsilon_k(C)B_t]_+^{k\bullet}) + [-\varepsilon_k(C)C]_+^{\bullet k}B_t = C(J_k + [\varepsilon_k(C)B_t])_+^{k\bullet}.$$

同理, 通过矩阵乘法容易验证: 等式 (6.11) 等价于
$$G' = G(J_k + [-\varepsilon B_t]_+^{\bullet k}) - B[-\varepsilon C]_+^{\bullet k},$$

其中 $\varepsilon = \pm 1$. 令 $\varepsilon = \varepsilon_k(C)$, 那么 $[-\varepsilon_k(C)C]_+^{\bullet k} = 0$, 因此,
$$G' = G(J_k + [-\varepsilon_k(C)B_t]_+^{\bullet k}). \qquad \square$$

**推论 6.3**　对任意 $t \in \mathbb{T}_n$, 我们有 $\det(C_t^{B;t_0}) = \pm 1$. 特别地, $C_t^{B;t_0} \in GL_n(\mathbb{Z})$.

**证明**　因为矩阵 $B_t$ 的第 $(k,k)$ 位置为 0, 因此

$$\det((J_k + [\varepsilon_k(C)B_t]_+^{k\bullet})) = -1.$$

由于 $C_{t_0}^{B;t_0} = I_n$, 从而 $\det(C_{t_0}^{B;t_0}) = 1$ 对 $t = t_0$ 成立. 因此结论可以通过命题 6.3 利用归纳法得到. □

注意到, 我们已经在引理 6.3 的证明中知道了 $C$-矩阵可逆.

**注 6.1**　通过推论 6.3, 我们知道对任意 $C$-矩阵, $\varepsilon_k(C)$ 为 $C$ 的第 $k$ 列中任意一个非零位置的符号.

同理, 我们得到如下推论.

**推论 6.4**　对任意 $t \in \mathbb{T}_n$, 我们有 $\det(G_t^{B;t_0}) = \pm 1$. 特别地, $G_t^{B;t_0}$ 是 $\mathrm{Mat}_{n \times n}(\mathbb{Z})$ 中的可逆矩阵.

因此, 进一步有

**推论 6.5**　对于任意的 $t \in \mathbb{T}_n$, 对丛代数 $\mathcal{A}$ 的丛 $X(t) = (x_{1;t}, x_{2;t}, \cdots, x_{n;t})$, $g$-向量组 $\{g(x_{1;t}), g(x_{2;t}), \cdots, g(x_{n;t})\}$ 是 $\mathbb{Z}^n$ 的一组 $\mathbb{Z}$-基.

**定理 6.7**[150]　对于任意的 $t \in \mathbb{T}_n$, 记 $C_t^{-B^\top;t_0}$ 表示 $t_0$ 处带主系数且换位矩阵为 $-B^\top$ 时, $t$ 处的 $C$-矩阵. 则 $G$-矩阵 $G_t^{B;t_0}$ 和 $C$-矩阵 $C_t^{B;t_0}$, $C_t^{-B^\top;t_0}$ 满足如下关系:

(1) $C_t^{-B^\top;t_0} = SC_t^{B;t_0}S^{-1}$;

(2) $C_t^{-B^\top;t_0}(G_t^{B;t_0})^\top = SC_t^{B;t_0}S^{-1}(G_t^{B;t_0})^\top = I_n$.

**证明**　根据引理 6.5, 可以归纳地证明 $C_t^{-B^\top;t_0} = SC_t^{B;t_0}S^{-1}$, 上述 (1) 得证. 特别地, 有 $\varepsilon_k(C_t^{-B^\top;t_0}) = \varepsilon_k(C_t^{B;t_0})$. 当在 $t_0$ 处放的矩阵为 $-B^\top$ 时, 根据引理 6.5, 相应在 $t$ 点的矩阵为 $-B_t^\top$. 因此, 根据命题 6.3, 对于正则树 $\mathbb{T}_n$ 中的任意边 $t \overset{k}{\underline{\quad\quad}} t'$, 我们有

$$C_{t'}^{-B^\top;t_0}(G_{t'}^{B;t_0})^\top$$

$$= C_t^{-B^\top;t_0}(J_k + [\varepsilon_k(C_t^{-B^\top;t_0})(-B_t^\top)]_+^{k\bullet})\left(G_t^{B;t_0}(J_k + [-\varepsilon_k(C_t^{B;t_0})B_t]_+^{\bullet k})\right)^\top$$

$$= C_t^{-B^\top;t_0}(J_k + [\varepsilon_k(C_t^{-B^\top;t_0})(-B_t^\top)]_+^{k\bullet})(J_k + [-\varepsilon_k(C_t^{B;t_0})B_t]_+^{\bullet k})^\top(G_t^{B;t_0})^\top$$

$$= C_t^{-B^\top;t_0}(J_k + [\varepsilon_k(C_t^{-B^\top;t_0})(-B_t^\top)]_+^{k\bullet})(J_k + [-\varepsilon_k(C_t^{B;t_0})B_t^\top]_+^{k\bullet})(G_t^{B;t_0})^\top$$

$$= C_t^{-B^\top;t_0}(J_k + [\varepsilon_k(C_t^{B;t_0})(-B_t^\top)]_+^{k\bullet})(J_k + [-\varepsilon_k(C_t^{B;t_0})B_t^\top]_+^{k\bullet})(G_t^{B;t_0})^\top$$

$$= C_t^{-B^\top;t_0}(G_t^{B;t_0})^\top,$$

即

$$(\diamondsuit W =)C_{t'}^{-B^{\top};t_0}(G_{t'}^{B;t_0})^{\top} = C_t^{-B^{\top};t_0}(G_t^{B;t_0})^{\top}.$$

然后对 $\mathbb{T}_n$ 中顶点的路长作归纳法, 我们就有

$$W = C_t^{-B^{\top};t_0}(G_t^{B;t_0})^{\top}, \quad t \in \mathbb{T}_n.$$

由于

$$C_{t_0}^{-B^{\top};t_0}(G_{t_0}^{B;t_0})^{\top} = I_n I_n = I_n,$$

因此 $W = I_n$. 于是, 对任何 $t \in \mathbb{T}_n$, 有

$$C_t^{-B^{\top};t_0}(G_t^{B;t_0})^{\top} = I_n. \qquad \square$$

**命题 6.4** 对任意可斜对称化整数矩阵 $B \in \mathrm{Mat}_{n \times n}(\mathbb{Z})$, 令 $t_0 \overset{k}{\longrightarrow} t_1$ 是正则树 $\mathbb{T}_n$ 中的一条边, 记 $B_1 = \mu_k(B)$. 那么对任意 $t \in \mathbb{T}_n$, 有

$$C_t^{B_1;t_1} = (J_k + [-\varepsilon_k(C_{t_0}^{-B_t;t})B]_+^{k\bullet})C_t^{B;t_0}.$$

我们将在下面同时给出命题 6.4 和定理 6.8 的证明. 首先我们有

**注 6.2** 根据引理 6.6,

$$(J_k + [-\varepsilon_k(C_{t_0}^{-B_t;t})B]_+^{k\bullet})^{-1} = J_k + [-\varepsilon_k(C_{t_0}^{-B_t;t})B]_+^{k\bullet}.$$

根据矩阵变异,

$$(C_{t_1}^{-B_t;t})^{\bullet k} = -(C_{t_0}^{-B_t;t})^{\bullet k},$$

故

$$\varepsilon_k(C_{t_1}^{-B_t;t}) = -\varepsilon_k(C_{t_0}^{-B_t;t}),$$

从而有

$$[-\varepsilon_k(C_{t_0}^{-B_t;t})B]_+^{k\bullet} = [-\varepsilon_k(C_{t_1}^{-B_t;t})B_1]_+^{k\bullet}.$$

因此

$$C_t^{B_1;t_1} = (J_k + [-\varepsilon_k(C_{t_0}^{-B_t;t})B]_+^{k\bullet})C_t^{B;t_0}$$

$$\Leftrightarrow (J_k + [-\varepsilon_k(C_{t_0}^{-B_t;t})B]_+^{k\bullet})^{-1}C_t^{B_1;t_1} = C_t^{B;t_0}$$

$$\Leftrightarrow (J_k + [-\varepsilon_k(C_{t_0}^{-B_t;t})B]_+^{k\bullet})C_t^{B_1;t_1} = C_t^{B;t_0}$$

$$\Leftrightarrow (J_k + [-\varepsilon_k(C_{t_1}^{-B_t;t})B_1]_+^{k\bullet})C_t^{B_1;t_1} = C_t^{B;t_0},$$

即在命题 6.4 的结论中, 我们可以交换 $t_0, t_1$ 的位置.

为下面证明的需要, 我们先给出一个简单的线性代数的事实如下:

**引理 6.7**　令 $C \in GL_n(\mathbb{C})$. 对于 $k, l \in [1, n]$, 假设存在 $i \neq k$ 使得 $C$ 的第 $(i, l)$ 个位置非零, 那么存在 $j \neq l$ 使得 $C^{-1}$ 的第 $(j, k)$ 个位置非零.

**证明**　假设对任意 $j \neq l$, 总有 $C^{-1}$ 的第 $(j, k)$ 个位置为零, 那么 $C^{-1}$ 的第 $k$ 列为 $\varepsilon \mathbf{e}_l$, 其中 $\mathbf{e}_1, \cdots, \mathbf{e}_n$ 为 $\mathbb{R}^n$ 中的标准基, $\varepsilon(\neq 0) \in \mathbb{C}$. 因此 $C(\varepsilon \mathbf{e}_l) = \mathbf{e}_k$, 从而 $C$ 的第 $l$ 列为 $\frac{1}{\varepsilon} \mathbf{e}_k$, 与已知条件矛盾. □

**定理 6.8**　对于任意的 $t \in \mathbb{T}_n$, 令 $\mathcal{A}'$ 为在 $t$ 处带主系数且换位矩阵为 $-B_t$ 的丛代数, 记 $C_{t_0}^{-B_t; t}$ 表示 $\mathcal{A}'$ 在 $t_0$ 处的 $C$-矩阵. 则 $C$-矩阵 $C_t^{B; t_0}$ 与 $C_{t_0}^{-B_t; t}$ 满足关系

$$C_t^{B; t_0} = (C_{t_0}^{-B_t; t})^{-1}.$$

**命题 6.4 和定理 6.8 的证明**

根据注 6.2, 不妨假设 $t_0$ 处于连接 $t$ 与 $t_1$ 的道路上, 即 $d(t, t_1) = d(t, t_0) + 1$. 我们对 $t_0$ 与 $t$ 的距离 $d(t, t_0)$ 作归纳同时证明命题 6.4 和定理 6.8.

因为 $B_1 = \mu_k B$, 故 $B_1^{k\bullet} = -B^{k\bullet}$. 通过计算

$$(C_{t_1}^{-B_t; t})^{\bullet k} = -(C_{t_0}^{-B_t; t})^{\bullet k},$$

故

$$\varepsilon_k(C_{t_1}^{-B_t; t}) = -\varepsilon_k(C_{t_0}^{-B_t; t}).$$

当 $d(t, t_0) = 0$, 即 $t = t_0$ 时, 我们有

$$C_t^{B; t_0} = (C_{t_0}^{-B_t; t})^{-1} = I_n,$$

故定理 6.8 在 $t = t_0$ 时成立且 $\varepsilon_k(C_{t_0}^{-B_t; t}) = 1$. 并且, 通过计算有

$$C_t^{B_1; t_1} = J_k + [-B]_+^{k\bullet}.$$

从而命题 6.4 在 $d(t, t_0) = 0$ 时也成立.

归纳地, 现在假设命题 6.4 和定理 6.8 在对任意满足 $d(t, t_0) = d$ 的 $t, t_0$ 成立.

(I) 下证定理 6.8 对任意满足 $d(t, t_1) = d + 1$ 的 $t, t_1$ 都成立.

令 $t_0 \stackrel{k}{\longrightarrow} t_1$ 是正则树 $\mathbb{T}_n$ 中的一条边使得 $t_0$ 处于连接 $t$ 与 $t_1$ 的道路上, 因此 $d(t, t_0) = d(t, t_1) - 1 = d$. 根据归纳假设, 我们有

$$C_t^{B_1; t_1} = (J_k + [-\varepsilon_k(C_{t_0}^{-B_t; t})B]_+^{k\bullet})C_t^{B; t_0}, \quad C_t^{B; t_0} = (C_{t_0}^{-B_t; t})^{-1}.$$

因此

$$C_t^{B_1; t_1} = (J_k + [-\varepsilon_k(C_{t_0}^{-B_t; t})B]_+^{k\bullet})C_t^{B; t_0}$$

$$= (J_k + [\varepsilon_k(C_{t_0}^{-B_t;t})(-B)]_+^{k\bullet})(C_{t_0}^{-B_t;t})^{-1}$$

$$= \left(C_{t_0}^{-B_t;t}(J_k + [\varepsilon_k(C_{t_0}^{-B_t;t})(-B)]_+^{k\bullet})\right)^{-1}$$

$$= (C_{t_1}^{-B_t;t})^{-1},$$

其中最后一个等式由命题 6.3得到.

(II) 下证命题 6.4 对任意满足 $d(t',t_0) = d+1$ 的 $t', t_0$ 成立.

令 $t' \xrightarrow{\;l\;} t$ 是正则树 $\mathbb{T}_n$ 中的一条边, 使得 $t$ 处于连接 $t'$ 与 $t_0$ 的道路上, 因此 $d(t,t_0) = d(t',t_0) - 1 = d$. 根据归纳假设, 命题 6.4对任意满足 $d(t,t_0) = d$ 的 $t, t_0$ 都成立, 故有

$$C_t^{B_1;t_1} = (J_k + [-\varepsilon_k(C_{t_0}^{-B_t;t})B]_+^{k\bullet})C_t^{B;t_0}. \tag{6.13}$$

将初始顶点取为 $t$, 相应矩阵取为 $-B_t$, 由于 $d(t,t_0) = d$, 根据归纳假设, 得到等式

$$C_{t_0}^{-B_{t'};t'} = (J_l + [-\varepsilon_l(C_t^{B;t_0})B_t]_+^{l\bullet})C_{t_0}^{-B_t;t}. \tag{6.14}$$

选取边 $t_0 \xrightarrow{\;k\;} t_1$ 使得 $t_0$ 落在连接 $t_1$ 与 $t$ 的道路上, 因此 $d(t_1,t) = d(t_0,t) + 1 = d+1$.

在 (I) 中我们已经证明定理 6.8 对任意满足 $d(t,t_1) = d+1$ 的 $t, t_1$ 都成立. 由于 $d(t_1,t) = d(t',t_0) = d+1$, 因此, 我们有

$$C_t^{B_1;t_1} = (C_{t_1}^{-B_t;t})^{-1}, \qquad C_{t'}^{B;t_0} = (C_{t_0}^{-B_{t'};t'})^{-1}. \tag{6.15}$$

为了证明命题 6.4 对 $t', t_0$ 成立, 我们需要证明等式

$$C_{t'}^{B_1;t_1} = (J_k + [-\varepsilon_k(C_{t_0}^{-B_{t'};t'})B]_+^{k\bullet})C_{t'}^{B;t_0}. \tag{6.16}$$

由命题 6.3,

$$C_{t'}^{B_1;t_1} = C_t^{B_1;t_1}(J_l + [\varepsilon_l(C_t^{B_1;t_1})B_t]_+^{l\bullet}), \qquad C_{t'}^{B;t_0} = C_t^{B;t_0}(J_l + [\varepsilon_l(C_t^{B;t_0})B_t]_+^{l\bullet}). \tag{6.17}$$

因此等式 (6.16) 等价于

$$C_t^{B_1;t_1}(J_l + [\varepsilon_l(C_t^{B_1;t_1})B_t]_+^{l\bullet})$$

$$= (J_k + [-\varepsilon_k(C_{t_0}^{-B_{t'};t'})B]_+^{k\bullet})C_t^{B;t_0}(J_l + [\varepsilon_l(C_t^{B;t_0})B_t]_+^{l\bullet}). \tag{6.18}$$

进一步, 根据 (6.13), 等式 (6.16) 等价于

$$(J_k + [-\varepsilon_k(C_{t_0}^{-B_t;t})B]_+^{k\bullet})C_t^{B;t_0}(J_l + [\varepsilon_l(C_t^{B_1;t_1})B_t]_+^{l\bullet})$$

$$= (J_k + [-\varepsilon_k(C_{t_0}^{-B_{t'};t'})B]_+^{k\bullet})C_t^{B;t_0}(J_l + [\varepsilon_l(C_t^{B;t_0})B_t]_+^{l\bullet}). \tag{6.19}$$

故我们只需要证明等式 (6.19). 我们考虑如下两种情形:

**情形 1**　存在 $i \neq k$ 使得矩阵 $C_t^{B;t_0}$ 的第 $(i,l)$ 位置非零;

**情形 2**　对任意 $i \neq k$, 矩阵 $C_t^{B;t_0}$ 的第 $(i,l)$ 位置为零, 即 $C_t^{B;t_0}$ 的第 $l$ 列唯一可能非零的位置为 $(k,l)$, 根据推论 6.3, 等价于 $C_t^{B;t_0}$ 的第 $l$ 列等于 $\varepsilon \mathbf{e}_k, \varepsilon = \pm 1$, 其中 $\mathbf{e}_1, \mathbf{e}_2, \cdots, \mathbf{e}_n$ 是 $\mathbb{Z}^n$ 的标准基.

我们首先考虑情形 1. 根据等式 (6.13), 我们知道 $C_t^{B_1;t_1}$ 与 $C_t^{B;t_0}$ 只有第 $k$ 行不同, 从而 $C_t^{B_1;t_1}$ 与 $C_t^{B;t_0}$ 的第 $(i,l)$ 位置相同且非零, 因此根据注 6.1,

$$\varepsilon_l(C_t^{B_1;t_1}) = \varepsilon_l(C_t^{B;t_0}). \tag{6.20}$$

因此, 等式 (6.19) 等价于

$$(J_k + [-\varepsilon_k(C_{t_0}^{-B_t;t})B]_+^{k\bullet})C_t^{B;t_0} = (J_k + [-\varepsilon_k(C_{t_0}^{-B_{t'};t'})B]_+^{k\bullet})C_t^{B;t_0},$$

从而, 进一步等价于

$$\varepsilon_k(C_{t_0}^{-B_t;t}) = \varepsilon_k(C_{t_0}^{-B_{t'};t'}). \tag{6.21}$$

下证等式 (6.21) 成立. 根据 (6.15), $C_t^{B;t_0}$ 和 $C_{t_0}^{-B_t;t}$ 互逆. 因为存在 $i \neq k$ 使得 $C_t^{B;t_0}$ 的第 $(i,l)$ 个位置非零, 根据引理 6.7, 存在 $j \neq l$ 使得 $C_{t_0}^{-B_t;t}$ 的第 $(j,k)$ 个位置非零. 根据等式 (6.14), 我们知道 $C_{t_0}^{-B_t;t}$ 与 $C_{t_0}^{-B_{t'};t'}$ 只有第 $l$ 行不同, 从而 $C_{t_0}^{-B_t;t}$ 与 $C_{t_0}^{-B_{t'};t'}$ 的第 $(j,k)$ 位置相同且非零, 因此根据注 6.1, 等式 (6.21) 成立.

接下来, 我们考虑情形 2, 即 $C_t^{B;t_0}$ 的第 $l$ 列等于 $\varepsilon \mathbf{e}_k, \varepsilon = \pm 1$. 根据 (6.15), $C_t^{B;t_0}$ 和 $C_{t_0}^{-B_t;t}$ 互逆. 由引理 6.7 的证明知, $C_{t_0}^{-B_t;t}$ 的第 $k$ 列等于 $\varepsilon \mathbf{e}_l$. 因此, 我们有

$$\varepsilon_l(C_t^{B;t_0}) = \varepsilon_k(C_{t_0}^{-B_t;t}) = \varepsilon. \tag{6.22}$$

根据等式 (6.13), $C_t^{B_1;t_1}$ 的第 $l$ 列为

$$(J_k + [-\varepsilon_k(C_{t_0}^{-B_t;t})B]_+^{k\bullet})(\varepsilon \mathbf{e}_k) = -\varepsilon \mathbf{e}_k.$$

同理, 根据等式 (6.14), $C_{t_0}^{-B_{t'};t'}$ 的第 $k$ 列为 $-\varepsilon \mathbf{e}_l$. 因此, 我们有

$$\varepsilon_l(C_t^{B_1;t_1}) = \varepsilon_k(C_{t_0}^{-B_{t'};t'}) = -\varepsilon. \tag{6.23}$$

因此, 等式 (6.19) 为

$$(J_k + [-\varepsilon B]_+^{k\bullet})C_t^{B;t_0}(J_l + [-\varepsilon B_t]_+^{l\bullet}) = (J_k + [\varepsilon B]_+^{k\bullet})C_t^{B;t_0}(J_l + [\varepsilon B_t]_+^{l\bullet}).$$

进一步, 根据引理 6.6, 等式 (6.19) 等价于

$$(J_k + [\varepsilon B]_+^{k\bullet})(J_k + [-\varepsilon B]_+^{k\bullet})C_t^{B;t_0} = C_t^{B;t_0}(J_l + [\varepsilon B_t]_+^{l\bullet})(J_l + [-\varepsilon B_t]_+^{l\bullet}). \quad (6.24)$$

经过计算, 我们有

$$(J_k + [\varepsilon B]_+^{k\bullet})(J_k + [-\varepsilon B]_+^{k\bullet}) = I_n + \varepsilon B^{k\bullet},$$

$$(J_l + [\varepsilon B_t]_+^{l\bullet})(J_l + [-\varepsilon B_t]_+^{l\bullet}) = I_n + \varepsilon B_t^{l\bullet},$$

等式 (6.24) 变为

$$(I_n + \varepsilon B^{k\bullet})C_t^{B;t_0} = C_t^{B;t_0}(I_n + \varepsilon B_t^{l\bullet}).$$

等价地, 我们只需要证明等式

$$B^{k\bullet}C_t^{B;t_0} = C_t^{B;t_0}B_t^{l\bullet}. \quad (6.25)$$

下面我们证明等式 (6.25). 根据定理 6.7,

$$(G_t^{B;t_0})^\top = (C_t^{-B^\top;t_0})^{-1} = S(C_t^{B;t_0})^{-1}S^{-1},$$

其中 $S = \mathrm{diag}(s_i), s_i \in \mathbb{Z}_{>0}$ 为矩阵 $B$ 的斜对称化子. 因为 $(C_t^{B;t_0})^{-1}$ 的第 $k$ 列为 $\varepsilon \mathbf{e}_l$, 故 $(G_t^{B;t_0})^\top$ 的第 $k$ 列为 $s_l s_k^{-1}\varepsilon \mathbf{e}_l$. 由推论 6.4 知 $s_l s_k^{-1} = 1$. 从而, 我们有

$$\text{矩阵 } G_t^{B;t_0} \text{ 的第 } k \text{ 行等于 } \varepsilon \mathbf{e}_l^\top. \quad (6.26)$$

根据推论 6.2, $G_t^{B;t_0}B_t = BC_t^{B;t_0}$. 记 $B = (b_{ij}), C_t^{B;t_0} = (c_{ij}), B_t = (b_{ij;t})$. 考虑 $G_t^{B;t_0}B_t = BC_t^{B;t_0}$ 两边的第 $k$ 行, 则有

$$\varepsilon b_{lj;t} = \sum_p b_{kp}c_{pj}.$$

从而等式 (6.25) 成立.                                                                       □

与 *C*-矩阵具有列符号一致性相关的是, *G*-矩阵具有行符号一致性, 又称为**g-向量符号一致性**, 即: 对带主系数丛代数 $\mathcal{A}(\Sigma)$ 的任何丛 $X = \{x_1, \cdots, x_n\}$ 及对应的 *g*-向量 $\{g_{x_1}, \cdots, g_{x_n}\}$, *G*-矩阵 $G = (g_{x_1}, \cdots, g_{x_n})$ 的任一行向量或者是非负的或者是非正的整向量. 这原本是 Fomin 和 Zelevinsky 早期提出的猜想, 见文献 [72, Conjecture 6.13]. 下面我们给出这个猜想在可斜对称化情形的肯定回答.

**推论 6.6** [91,150]  对于主系数可斜对称化丛代数 $\mathcal{A}(\Sigma)$, 每个点 $t$ 上的 *G*-矩阵 $G_t = (g_1, \cdots, g_n)$ 都是行符号一致的.

**证明**　利用定理 6.7, 可得

$$G_t^\top = (SC_t^{B;t_0}S^{-1})^{-1} = S(C_t^{B;t_0})^{-1}S^{-1}.$$

再根据定理 6.8, $C_t^{B;t_0} = (C_{t_0}^{-B_t;t})^{-1}$. 因此, $G_t = (SC_{t_0}^{-B_t;t}S^{-1})^\top$. 再由定理 6.1, $C_{t_0}^{-B_t;t}$ 是列符号一致的. 又因为 $S$ 是对角元均为正数的对角矩阵, 可得 $G_t = (g_1,\cdots,g_n)$ 是行符号一致的. □

我们在文献 [34] 中给出了这个猜想在无圈符号斜对称情形的肯定回答.

在 13.3.3 小节中, 我们将用丛代数的加法范畴化, 重新证明推论 6.6 对无圈斜对称情况的结论.

$g$-向量和 $G$-矩阵是由丛变量和一个丛的分次分别来定义的, 所以有必要考虑 $g$-向量是否可以决定丛变量或者丛单项式. 事实上, 我们有

**定理 6.9** [91]　设 $\mathcal{A} = \mathcal{A}(\Sigma_{t_0})$ 是主系数可斜对称化丛代数, 则 $\mathcal{A}$ 的不同丛单项式有不同的 $g$-向量.

根据上述定理我们发现, 可斜对称化主系数丛代数的种子可由 $G$-矩阵决定. 利用定理 6.7, $G$-矩阵和 $C$-矩阵相互决定, 因此我们得到如下定理.

**定理 6.10** [33]　主系数可斜对称化丛代数 $\mathcal{A}(\Sigma_{t_0})$ 的种子由 $C$-矩阵唯一决定, 即: 对于 $\forall t_1, t_2 \in \mathbb{T}_n$, 若有 $C_{t_1} = C_{t_2}$, 则 $\Sigma_{t_1} = \Sigma_{t_2}$.

由定义可知, $C$-矩阵和 $c$-向量是由种子决定的. 而这个定理恰好反过来说明了, 在主系数的情况, $C$-矩阵可以决定种子本身.

## 6.6　$F$-多项式与丛变量、$d$-向量和 $g$-向量之间的关系

在这一节, 我们将在本章前面的基础上探讨完全符号斜对称丛代数 (简称为 TSSS 丛代数) 中 $F$-多项式、$d$-向量和 $g$-向量之间的一些关系. 但这些结果的证明需要我们在文献 [133] 中引入的多面体方法, 无法在此系统介绍, 只介绍由此导出的与本章相关的结果和它们的关系.

### 6.6.1　广义度

取定一组代数独立变量, 这组变量下的一个 (Laurent) 多项式 $P$ 的最短长度的单项式和式展开易见是唯一的. 我们将其称为**最短 (Laurent) 多项式**.

对任意的 $t \in \mathbb{T}_n$, $k \in [1,n]$, 令 $t_k \in \mathbb{T}_n$ 是与 $t$ 由标记为 $k$ 的边相连的点. 根据变异公式 (1.10), 令

$$M_{k;t} = \prod_{j=1}^{n+m} x_{j,t}^{[b_{jk}(t)]_+} + \prod_{j=1}^{n+m} x_{j,t}^{[-b_{jk}(t)]_+},$$

那么, $x_{k,t_k}x_{k,t} = M_{k;t}$.

**定义 6.4** 令 $P$ 是关于 $X(t)$ 的一个最短 Laurent 多项式, 假设 $P$ 关于丛变量 $x_{k;t}$ 是 $\mathbb{Z}$-齐次的, 记

$$\widetilde{\deg}_k^t(P) := \deg_k^t(P) + \max\{s \in \mathbb{N}: M_{k;t}^s | P\}.$$

更一般地, 对任意 Laurent 多项式 $P = \sum_i P_i$, 其中 $P_i$ 是 $X(t)$ 的 $x_{k;t}$-齐次 Laurent 多项式, 定义 $\widetilde{\deg}_k^t(P) := \min_i\{\widetilde{\deg}_k^t(P_i)\}$. 称 $\widetilde{\deg}_k^t(P)$ 为 $P$ 关于 $x_{k;t}$ 的 **广义度**.

显然, $\widetilde{\deg}_k^t(P)$ 是使得 $\dfrac{P}{x_{k;t}^a}$ 能被表示为 $X(t_k)$ 的 Laurent 多项式的最大整数 $a$.

在 (6.2) 中, 对 $i \in [1,n]$, 令 $P_{i;t}^{t_0} = f_i(x_{1,t_0}, \cdots, x_{n,t_0})$, 则

$$x_{i,t} = \frac{P_{i;t}^{t_0}}{x_{1,t_0}^{d_{1i}^t} \cdots x_{n,t_0}^{d_{ni}^t}}, \tag{6.27}$$

其中 $x_i \nmid P_{i;t}^{t_0}$, 对任意 $i \in [1,n]$.

对任意的 $i \in [1,n]$ 和 $t \in \mathbb{T}_n$, 定义映射

$$\phi_i^t: \mathbb{ZP}[x_{1;t}, \cdots, x_{n;t}] \longrightarrow \mathbb{ZP}[x_{1;t}, \cdots, x_{i-1;t}, x_{i+1;t}, \cdots, x_{n;t}],$$

使得 $\phi_i^t(P) = P|_{x_{i;t} \to 0}$.

### 6.6.2  关系与关系图

我们已知有定理:

**定理 6.11** [133] 令 $\mathcal{A}$ 是一个以 $t_0 \in \mathbb{T}_0$ 为初始顶点的 TSSS 丛代数, $x_{l;t}$ 是 $\mathcal{A}$ 中的一个非初始丛变量, 其中 $l \in [1,n]$, $t \in \mathbb{T}_n$. 那么, 对分母向量 $\overrightarrow{d}_{x_{l;t}}^{t_0} = (d_{1l}^t, d_{2l}^t, \cdots, d_{nl}^t)^\top$, 对任意的 $k \in [1,n]$, 有

$$d_{kl}^t = \widetilde{\deg}_k(P_{l;t}) = \widetilde{\deg}_k(\phi_k(P_{l;t})).$$

对一个主系数丛代数 $\mathcal{A}$, 定义映射

$$\psi: \mathbb{ZP}[x_1^{\pm 1}, \cdots, x_n^{\pm 1}] \longrightarrow \mathbb{ZP}[x_1, \cdots, x_n],$$

使得 $\psi(x) = P$ 当 $x = PX^\alpha$, 其中 $P \in \mathbb{ZP}[x_1, \cdots, x_n]$, $\alpha \in \mathbb{Z}^n$ 且 $P$ 与 $x_i, i \in [1,n]$ 互素.

由 (6.27), 对 $l \in [1, n]$, 有

$$x_{l,t} = \frac{P_{l;t}^{t_0}}{x_{1,t_0}^{d_{1l}^t} \cdots x_{n,t_0}^{d_{nl}^t}},$$

又由 $\mathcal{A}$ 是主系数的, 我们有

$$x_{l;t} = \frac{F_{l;t}|_{\mathcal{F}}(\hat{y}_1, \hat{y}_2, \cdots, \hat{y}_n)}{F_{l;t}|_{\mathbb{P}}(y_1, y_2, \cdots, y_n)} X_0^{g_{l;t}} = F_{l;t}|_{\mathcal{F}}(\hat{y}_1, \hat{y}_2, \cdots, \hat{y}_n) X_0^{g_{l;t}}, \tag{6.28}$$

其中 $\hat{y}_{j;t_0} = y_{j;t_0} \prod_{i=1}^n x_{i;t_0}^{b_{ij}^{t_0}}$, $g_{l;t} = (g_1, \cdots, g_n)^\top$ 为 $x_{l,t}$ 的 $g$-向量.

由 $\psi$ 和 $F$-多项式的定义, 我们可得

$$\psi(x_{l,t}) = P_{l;t}^{t_0} = \psi(F_{l;t}|_{\mathcal{F}}(\hat{y}_1, \hat{y}_2, \cdots, \hat{y}_n)).$$

根据定理 6.11, 我们可以定义映射:

$$\varphi: \{\mathcal{A} \text{ 的非初始丛变量的 } F\text{-多项式}\} \longrightarrow \{\mathcal{A} \text{ 的非初始 } d\text{-向量}\},$$

使得

$$\varphi(F_{l;t}) = (\widetilde{\deg}_1 \circ \phi_1^{t_0} \circ \psi(F_{l;t}|_{\mathcal{F}}(\hat{y}_1, \hat{y}_2, \cdots, \hat{y}_n)), \cdots,$$
$$\widetilde{\deg}_n \circ \phi_n^{t_0} \circ \psi(F_{l;t}|_{\mathcal{F}}(\hat{y}_1, \hat{y}_2, \cdots, \hat{y}_n)))^\top,$$

它把一个非初始丛变量的 $F$-多项式映射为该丛变量的 $d$-向量.

由 (6.27) 和 (6.28) 可得, 对任意的 $l \in [1, n]$ 和 $t \in \mathbb{T}_n$, 有

$$X_0^{g_{l;t}} = \frac{p_0}{X_0^{d_{l;t}}},$$

其中 $p_0$ 是 $P_{l;t}$ 中唯一的系数为 1 的 $X_0$-单项式. 所以我们可以定义一个从非初始丛变量的 $F$-多项式到该丛变量的 $g$-向量的映射:

$$\Theta_1: \{\mathcal{A} \text{的非初始 } F\text{-多项式}\} \longrightarrow \{\mathcal{A} \text{非初始 } g\text{-向量}\},$$

使得

$$\Theta_1(F_{l;t}) = \left( \deg_{x_1} \left( \frac{\psi(F_{l;t}|_{\mathcal{F}}(\hat{y}_1, \hat{y}_2, \cdots, \hat{y}_n))|_{y_1=\cdots=y_n=0}}{X^{\varphi(F_{l;t})}} \right), \cdots, \right.$$
$$\left. \deg_{x_n} \left( \frac{\psi(F_{l;t}|_{\mathcal{F}}(\hat{y}_1, \hat{y}_2, \cdots, \hat{y}_n))|_{y_1=\cdots=y_n=0}}{X^{\varphi(F_{l;t})}} \right) \right)^\top.$$

综上, 我们得到下面的定理:

**定理 6.12** 令 $\mathcal{A}$ 是一个主系数的 TSSS 丛代数. 那么对任意 $l = 1, \cdots, n$ 和 $t \in \mathbb{T}_n$,

(1) 存在满射

$$\varphi : \{\mathcal{A} \text{ 的非初始 } F\text{-多项式}\} \longrightarrow \{\mathcal{A} \text{ 的非初始 } d\text{-向量}\},$$

使得

$$\begin{aligned}
\varphi(F_{l;t}) =& (\widetilde{\deg_1} \circ \phi_1 \circ \psi(F_{l;t}|_{\mathcal{F}}(\hat{y}_1, \hat{y}_2, \cdots, \hat{y}_n)), \cdots, \\
& \widetilde{\deg_n} \circ \phi_n \circ \psi(F_{l;t}|_{\mathcal{F}}(\hat{y}_1, \hat{y}_2, \cdots, \hat{y}_n)))^{\top};
\end{aligned}$$

(2) 存在双射

$$\Theta_1 : \{\mathcal{A} \text{ 的非初始 } F\text{-多项式}\} \longrightarrow \{\mathcal{A} \text{ 的非初始 } g\text{-向量}\},$$

使得

$$\begin{aligned}
\Theta_1(F_{l;t}) =& \left( \deg_{x_1}\left( \frac{\psi(F_{l;t}|_{\mathcal{F}}(\hat{y}_1, \hat{y}_2, \cdots, \hat{y}_n))|_{y_1 = \cdots = y_n = 0}}{X^{\varphi(F_{l;t})}} \right), \cdots, \right. \\
& \left. \deg_{x_n}\left( \frac{\psi(F_{l;t}|_{\mathcal{F}}(\hat{y}_1, \hat{y}_2, \cdots, \hat{y}_n))|_{y_1 = \cdots = y_n = 0}}{X^{\varphi(F_{l;t})}} \right) \right)^{\top};
\end{aligned}$$

(3) 存在双射

$$\chi_1 : \{\mathcal{A} \text{ 的非初始 } F\text{-多项式}\} \longrightarrow \{\mathcal{A} \text{ 的非初始丛变量}\},$$

使得

$$x_{l;t} = \chi_1(F_{l;t}) = \frac{\psi(F_{l;t}|_{\mathcal{F}}(\hat{y}_1, \hat{y}_2, \cdots, \hat{y}_n))}{F(y_1, y_2, \cdots, y_n)_{\mathbb{P}} X^{\varphi(F_{l;t})}}.$$

由映射 $\chi_1$ 可得下面的结论:

**推论 6.7** 令 $\mathcal{A}$ 是一个 TSSS 丛代数, $x_{l;t}$, $x_{l';t'}$ 是两个非初始丛变量, $F_{l;t}$ 和 $F_{l';t'}$ 分别是它们的 $F$-多项式. 如果 $F_{l;t} = F_{l';t'}$, 那么 $x_{l;t} = x_{l';t'}$.

**命题 6.5**[35] 令 $\mathcal{A}$ 是一个主系数可斜对称化丛代数, $t, t' \in \mathbb{T}_n$. 如果丛 $X(t)$ 和 $X(t')$ 的丛单项式 $\prod_{i=1}^n x_{i;t}^{a_i}$ 和 $\prod_{i=1}^n x_{i;t'}^{a_i'}$ 相等, 那么对任意的 $a_i \neq 0$, 存在 $j \in [1, n]$ 使得 $x_{i;t} = x_{j;t'}$ 和 $a_i = a_j'$.

下列推论是命题 6.5 的推广:

**推论 6.8** 令 $\mathcal{A}$ 是一个主系数 TSSS 丛代数, 对 $t, t' \in \mathbb{T}_n$ 和非零向量 $\alpha, \beta \in \mathbb{Z}^n$, 如果 $X(t)^{\alpha} = X(t')^{\beta}$, 那么存在 $[1, n]$ 的一个置换 $\sigma$ 使得对任意的 $\alpha_i \neq 0$, 有 $x_{i;t} = x_{\sigma(i);t'}$ 且 $\alpha_i = \beta_{\sigma(i)}$.

**证明**

$$X(t')^\beta = X(t)^\alpha = \prod_{i=1}^n \left( \frac{P_{i;t}^{t'}}{X(t')^{d_i^{t'}(x_{i;t})}} \right)^{\alpha_i},$$

其中第二个等式由 (6.2) 得到. 所以 $\prod_{i=1}^n (P_{i;t}^{t'})^{\alpha_i}$ 是一个单项式. 令

$$I_1 = \{i \in [1,n] | x_{i;t} \in X(t')\}, \quad I_2 = [1,n] \setminus I_1.$$

根据推论 6.7, 如果 $i \neq j$ 且 $i \in I_2$, 那么 $F_{i;t}^{t'} \neq F_{j;t}^{t'}$, 因此 $P_{i;t}^{t'} \neq P_{j;t}^{t'}$. 所以对任意的 $i \in I_2$ 有 $\alpha_i = 0$. 因此存在 $[1,n]$ 的置换 $\sigma$ 使得对 $i \in I_1$, 有 $x_{i;t} = x_{\sigma(i);t'}$, 且

$$\prod_{i \in I_1} x_{\sigma(i);t'}^{\alpha_i} = \prod_{i=1}^n x_{i;t'}^{\beta_{\sigma(i)}}.$$

因此对 $i \in I_1$ 有 $\alpha_i = \beta_{\sigma(i)}$, 对 $i \in I_2$ 有 $\alpha_i = 0$. □

**定理 6.13** [35]　对任意的可斜对称化丛代数 $\mathcal{A}$ 和其中任意的丛变量集合 $U$, 如果 $U$ 中每对丛变量都落在 $\mathcal{A}$ 的某个丛中, 那么存在一个丛包含所有 $U$ 中丛变量.

**引理 6.8**　对任意的 $l \in [1,n]$ 和 $t \in \mathbb{T}_n$, $x_{l;t}$ 是初始丛变量当且仅当 $F_{l;t} = 1$.

**证明**　($\Rightarrow$) 直接由 $F$-多项式的定义可得.

($\Leftarrow$) 我们已知

$$x_{l;t} = \frac{F_{l;t}|_{\mathcal{F}}(\hat{y}_1, \hat{y}_2, \cdots, \hat{y}_n)}{F_{l;t}|_{\mathbb{P}}(y_1, y_2, \cdots, y_n)} X(t_0)^{g_{l;t}},$$

所以当 $F_{l;t} = 1$ 时, $x_{l;t}$ 同时是 $X(t_0)$ 和 $X(t)$ 的 Laurent 单项式. 根据推论 6.8, 存在某个 $j$ 使得 $x_{l;t} = x_j$, 由此得到充分性. □

根据引理 6.8、定理 6.13 和推论 6.7, 我们有下列推论:

**推论 6.9**　令 $\mathcal{A}$ 为一个可斜对称化丛代数, $X(t)$ 和 $X(t')$ 是它的两个丛. 如果 $\{F_{i;t}\}_{i\in[1,n]} = \{F_{i;t'}\}_{i\in[1,n]}$, 那么 $X(t) = X(t')$.

**证明**　方便起见, 我们把两个 $F$-多项式的集合重新排序, 使得对任意 $i \in [1,n]$ 有 $F_{i;t} = F_{i;t'}$. 如果 $F_{i;t} \neq 1$, 根据引理 6.8, $x_{i;t}$ 非初始丛变量, 因此根据推论 6.7 有 $x_{i;t} = x_{i;t'}$. 如果 $F_{i;t} = 1$, 那么 $x_{i;t}$ 是一个初始丛变量. 不失一般性, 我们假设 $i \in [1,k]$ 时 $F_{i;t} = 1$, 否则 $i \notin [1,k]$ 时 $F_{i;t} \neq 1$. 那么只需说明给定丛变量 $x_{k+1;t}, \cdots, x_{n;t}$, 存在唯一的初始丛变量的 $k$-集合 $x_{i_1}, \cdots, x_{i_k}$ 使得 $(x_{i_1}, \cdots, x_{i_k}, x_{k+1;t}, \cdots, x_{n;t})$ 是一个丛.

假设有两个不同的 $k$-集合满足上面的条件, 那么根据定理 6.13 存在一个丛包含两个集合中的所有丛变量. 但是这里有至少 $n+1$ 个丛变量, 这与丛的定义矛盾. □

在定理 6.12 中, 我们是对一般的 TSSS 丛代数, 给出了 $F$-多项式与丛变量及其 $g$-向量、$d$-向量的映射. 我们以关系图的形式对此给予总结. 注意到从 $F$-多项式出发的映射是限制在非初始 $F$-多项式构成的子集上的, 因为初始丛变量的 $F$-多项式总为 1.

一个自然的问题是: 在图 6.1 中我们是否可以构造从 $d$-向量的集合到其他几个集合的映射? 在以前的结果中, 只是文献 [91] 证明了在可斜对称化情形下 $g$-向量唯一决定它对应的丛变量. 虽然我们已经改进了这个结论, 但下面还是把重点也放在 $g$-向量上, 总结为下面的问题:

**问题 6.2** 在丛代数 $\mathcal{A}$ 中, 丛变量 $x_{l;t}$ 以及它的 $g$-向量 $g_{l,t}$ 是否由这个丛变量的 $d$-向量 $d_{l;t}$ 决定?

在一些特殊情况下答案是肯定的. 例如, 当 $\mathcal{A}$ 的秩为 2 时, 根据文献 [128] 的结论, $\mathcal{A}$ 的膨胀基以分母向量参数化获得, 从而丛变量可以由 $d$-向量决定. 但是在一般情况下这仍然是一个未解决的问题. 根据文献 [133], 我们认为牛顿多面体方法也是处理这个问题的可选工具.

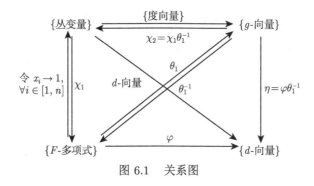

图 6.1 关系图

# 第 7 章　来自曲面的丛代数

受 Fock 和 Goncharov[62,63] 以及 Gekhtman, Shapiro 和 Vainshtein[86] 工作的启发, Fomin, Shapiro 和 Thurston[65] 引入了一类重要的丛代数——来自曲面的丛代数. 本章中我们将介绍这类丛代数. 首先介绍基本的概念, 然后引入一些研究来自曲面丛代数的工具, 最后给出来自曲面丛代数丛变量的 Laurent 展开公式. 本章的主要参考文献是 [65, 66, 145].

## 7.1　基本概念

### 7.1.1　曲面的三角剖分及翻转

**定义 7.1**　一个 (标注) 曲面 ((marked) surface) 是一个二元对 $(S, M)$, 其中,

(1) $S$ 是一个连通的定向黎曼曲面, 记 $\partial S$ 是 $S$ 的边界 (可能为空);

(2) $M \subseteq S$ 是 $S$ 上的一个有限点集, $M$ 中的点称为**标注点** (marked point), 满足边界 $\partial S$ 的每个连通分支上至少有一个标注点. 在 $S$ 内部的标注点 (不在 $\partial S$ 上的) 称为**刺穿点** (puncture), 用 $P$ 表示 $S$ 的刺穿点之集, 即 $P \subset M$.

当 $S$ 的边界 $\partial S$ 为空时, 我们称 $(S, M)$ 是一个**封闭曲面** (closed surface).

由于技术原因, 我们不考虑仅有 1, 2 或 3 个刺穿点的球面以及单角形 (monogon) 或双角形 (digon) 的情形, 见图 7.1. 因为在这些情况, $(S, M)$ 或者没有三角剖分或者三角剖分是孤立的, 不能进行翻转 (flip).

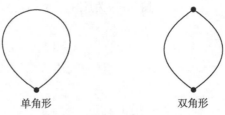

单角形　　　　双角形

图 7.1　单角形和双角形

本书中, 我们经常将一个标注曲面简称为一个**曲面**.

下面关于三角剖分及翻转的概念, 请参考文献 [6].

**定义 7.2** 一个标注曲面 $(S, M)$ 上的一条弧 (在同痕 (isotopy) 的意义下) 是 $S$ 上的一条曲线 $\gamma$, 满足如下条件:

(1) $\gamma$ 的两端点都在 $M$ 中;

(2) 除了两端点外, $\gamma$ 与 $S$ 的边界 $\partial S$ 不交;

(3) $\gamma$ 不切割出一个不带刺穿点的单角形或者二角形;

(4) 除了两端点可能重合, $\gamma$ 不自相交.

若一条弧的两端点重合, 那我们称这条弧为一个**圈**. 称满足条件 (1)—(3) 的曲线为一条**广义弧**.

我们称边界 $\partial S$ 上连接两个标注点且不穿过其他标注点的曲线为**边界段**. 因此, 边界段一定不是弧.

若两条弧 $\alpha$ 和 $\gamma$ 是同痕的, 则表为 $\alpha \cong \gamma$. 对 $(S, M)$ 的两条弧 $\gamma$ 与 $\gamma'$, 记

$$e(\gamma, \gamma') = \min\{\alpha \text{ 与 } \alpha' \text{ 相交点的个数 } | \alpha, \alpha' \text{ 是 } S \text{ 的弧且 } \alpha \cong \gamma, \alpha' \cong \gamma'\}.$$

若 $e(\gamma, \gamma') = 0$, 称弧 $\gamma$ 与 $\gamma'$ 是**相容的** (compatible).

**定义 7.3** 曲面 $(S, M)$ 中的一个极大的两两相容的弧集与边界段集的并, 被称为 $(S, M)$ 的一个**理想三角剖分** (ideal triangulation), 简称**三角剖分**.

**注 7.1** 由上述定义不难看出, 一个理想三角剖分中所有的弧将曲面 $(S, M)$ 切割为一些三角 (triangle) 的并, 但这些三角中可能出现有两条边重合的情形, 见例 7.2, 我们称这样的退化三角为**自折叠三角** (self-folded triangle). 这样的自折叠三角在拓扑意义下的三角剖分中是不被允许的, 这就是我们称其为理想三角剖分的原因. 显然, 拓扑意义下的三角剖分为理想三角剖分的特例. 由于我们涉及的都是理想三角剖分, 所以下文中如果仅提三角剖分, 都理解为理想三角剖分.

**例 7.1** 图 7.2 给出了一个七边形的 (理想) 三角剖分.

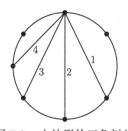

图 7.2 七边形的三角剖分

**例 7.2** 图 7.3 给出了带一个刺穿点的四边形的含自折叠三角的理想三角剖分.

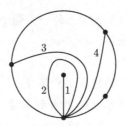

图 7.3　带一个刺穿点的四边形含自折叠三角的理想三角剖分

由理想三角剖分的定义可知, 自折叠三角由一条封闭的弧 $l$ 和连接 $l$ 端点与 $l$ 内部的刺穿点的一条弧 $\gamma$ 组成, 我们称这条弧 $\gamma$ 为该自折叠三角的**半径** (radius), 称 $l$ 为该自折叠三角的**闭弧**, 见图 7.4.

图 7.4　自折叠三角

下面关于黎曼面的理想三角剖分的定理给出了黎曼面上基本数据间的一个重要关系:

**定理 7.1** [61,65,165]　令 $(S, M)$ 是一个标注曲面, $T_S$ 为其上的一个理想三角剖分. 假设 $S$ 的亏格 (genus) 是 $g$, 边界连通分支的个数是 $b$, $(S, M)$ 中含有 $p$ 个刺穿点以及 $c$ 个边界标注点, $T_S$ 中有 $n$ 条弧. 那么有

$$n = 6g + 3b + 3p + c - 6.$$

由于该结论与本书的讨论内容相关性不大, 故省去其证明.

我们称理想三角剖分中弧的个数 $n = 6g + 3b + 3p + c - 6$ 为曲面 $(S, M)$ 的**秩**.

由拓扑学 [6] 的基本性质知道, 一个曲面 $(S, M)$ 的任两个理想三角剖分, 都可以通过翻转相互得到. 具体地, 我们有如下性质.

**命题 7.1**　对任意理想三角剖分 $T$ 以及弧 $\gamma \in T$, 若 $\gamma$ 不是 $T$ 中某个自折叠三角的半径时, 那么存在唯一的弧 $\gamma' \neq \gamma$, 使得

$$T' = (T \setminus \{\gamma\}) \cup \{\gamma'\}$$

是一个理想三角剖分.

我们将上述由理想三角剖分 $T$ 得到理想三角剖分 $T'$ 的过程称为通过 $T$ 在 $\gamma$ 处作**翻转**, 记作 $T' = \mu_\gamma T$.

图 7.5 给出了翻转的两种基本情况.

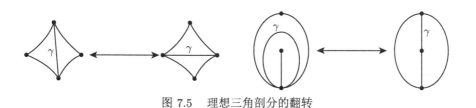

图 7.5 理想三角剖分的翻转

## 7.1.2 带标记的三角剖分

### 1. 带标记的概念、翻转

注意到, 如果 $\gamma$ 是 $T$ 中一个自折叠三角的半径时, 我们没办法对 $T$ 在 $\gamma$ 处作翻转. 因此, 为了克服这个问题, 我们需要引入带标记的弧 (tagged arc) 以及带标记的三角剖分 (tagged triangulation) 的概念.

**定义 7.4** 令 $(S, M)$ 是一个标注曲面. 一条标记弧是一段两端带标记 (要么标记为**空** (plain, 即实际不做标记), 要么标记为**结** (notched, $\bowtie$)) 的弧, 并且满足如下条件:

(1) 这条弧不切割出带一个刺穿点的单边形;

(2) 与边界点相连的一端总是标记为空;

(3) 一个封闭的弧的两端标记方式一致.

假设 $\gamma$ 是一段不围出带一个刺穿点的单边形的弧, 我们将 $\gamma$ 看作是两端都被标记为空的弧.

**定义 7.5** 我们称两个标记弧 $\beta$ 和 $\beta'$ 是**相容的**, 如果下列条件满足

(1) 未被标记前, 弧 $\beta$ 和 $\beta'$ 是相容的;

(2) 如果未被标记前 $\beta$ 和 $\beta'$ 是不同痕的, 那么 $\beta$ 与 $\beta'$ 的任意公共端点处的标记相同;

(3) 如果未被标记前 $\beta$ 和 $\beta'$ 是同痕的, 那么 $\beta$ 至少有一端和对应 $\beta'$ 的一端的标记相同.

**例 7.3** 图 7.6 是一些相容的弧的例子, 其中前四组未被标记前 $\beta$ 和 $\beta'$ 是不同的, 后两组未被标记前 $\beta$ 和 $\beta'$ 是同痕的.

**例 7.4** 图 7.7 是一些不相容的弧的例子, 其中前三组未被标记前 $\beta$ 和 $\beta'$ 是不同痕的, 最后一组未被标记前 $\beta$ 和 $\beta'$ 是同痕的.

**定义 7.6** 曲面 $(S, M)$ 中的一个极大的两两相容的标记弧集与边界段集的并被称为 $(S, M)$ 的一个**带标记的三角剖分**.

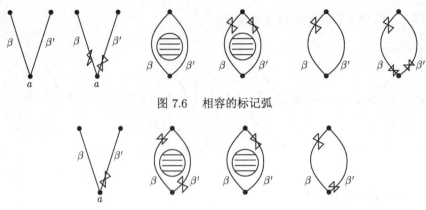

图 7.6    相容的标记弧

图 7.7    不相容的标记弧

**例 7.5**    图 7.8 给出了带一个刺穿点的四边形的两个带标记的三角剖分.

图 7.8    带一个刺穿点的四边形的两个带标记的三角剖分

设 $p, q \in M$ 是两个刺穿点 ($p, q$ 可能一样). 对于任意的弧 $\gamma$, 记 $\gamma^{(p)}$ 为改变 $\gamma$ 与 $p$ 相连端的标记后的弧, 因此 $\gamma = \gamma^{(p)}$ 当且仅当 $\gamma$ 与 $p$ 不相连. 同理, 记 $\gamma^{(p,q)}$ 为改变 $\gamma$ 与 $p, q$ 相连端的标记后的弧, 因此如果 $p = q$, 那么 $\gamma^{(p,q)} = \gamma^{(p)}$, 如图 7.9 所示.

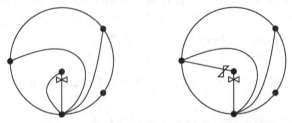

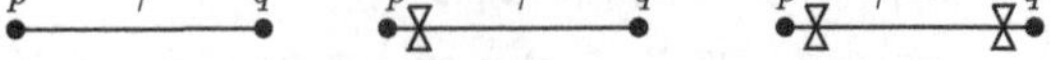

图 7.9    弧 $\gamma, \gamma^{(p)}, \gamma^{(p,q)}$ 的例

令 $T$ 是一个带标记的三角剖分, 记 $T^{(p)} = \{\gamma^{(p)} | \gamma \in T\}$. 显然 $T^{(p)}$ 仍然是一个带标记的三角剖分.

任意弧 $\beta$ 对应带标记的弧 $l(\beta)$, 构造如下:

(1) 如果 $\beta$ 不围出带一个刺穿点的单边形时, 令 $l(\beta)$ 为 $\beta$;

(2) 如果 $\beta$ 围出带一个刺穿点 $p$ 的单边形时, 设 $\beta$ 的端点为 $a$, 且 $\alpha$ 为连接 $a, p$ 的弧并是与 $\beta$ 相容的唯一的弧, 令 $l(\beta) = \alpha^{(p)}$, 如图 7.10 所示.

和理想三角剖分中没法对自折叠三角的半径作翻转不同, 对于理想三角剖分, 我们有如下结论.

图 7.10 $l(\beta)$ 的一种情况

**命题 7.2** 对任意带标记的三角剖分 $T$ 以及标记弧 $\gamma \in T$, 存在唯一的标记弧 $\gamma' \neq \gamma$, 使得

$$T' = (T \setminus \{\gamma\}) \cup \{\gamma'\}$$

是一个带标记的三角剖分.

**证明** 根据命题 7.1, 我们只用考虑 $\gamma$ 是自折叠三角半径的情形, 不妨假设对应的刺穿点为 $p$, 则 $\gamma^{(p)} \in T$. 设 $\alpha$ 为围住 $p$ 的圈使得 $\alpha, \gamma$ 构成一个自折叠三角, 对 $\alpha$ 作翻转得到弧 $\beta$, 那么 $(T \setminus \{\gamma\}) \cup \{\beta^{(p)}\}$ 是一个带标记的三角剖分 (参考例 7.5). □

我们将上述由带标记的三角剖分 $T$ 得到带标记的三角剖分 $T'$ 的过程称为通过 $T$ 在 $\gamma$ 处作**翻转**, 记作 $T' = \mu_\gamma T$.

图 7.11 给出了带标记的三角剖分的翻转的三种基本情况.

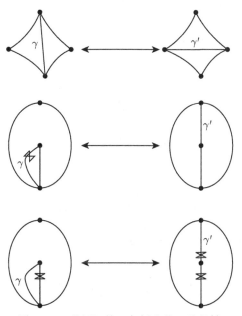

图 7.11 带标记的三角剖分的三种翻转

### 2. 与理想三角剖分的对应

现在我们构造一个从全体理想三角剖分集到全体带标记的三角剖分集的一个映射:

$$l : \{\text{全体理想三角剖分}\} \to \{\text{全体带标记三角剖分}\}, \quad T^o \mapsto l(T^o) = \{l(\beta) | \beta \in T^o\}.$$

对于任意的理想三角剖分 $T^o$, 不难发现 $l(T^o)$ 是一个带标记的三角剖分, 因此上面映射 $l$ 的定义是合理的. 我们称 $l(T^o)$ 是 $T^o$ **对应**的带标记的三角剖分. 例如, 例 7.2 中的理想三角剖分对应例 7.5 中左边的带标记的三角剖分.

根据 $l(T^o)$ 的构造易见, 不可能存在一个刺穿点 $p$ 使得 $l(T^o)$ 中的标记弧在 $p$ 处都打结. 因此, 上述映射通常不是满射. 一个带标记的三角剖分 $T$ 是 $l$ 的一个像当且仅当对任意刺穿点 $p$, $T$ 中与 $p$ 相连的标记弧在 $p$ 端不能都打结.

因此, 任给带标记的三角剖分 $T$, 对任意刺穿点 $p$ 满足 $T$ 中与 $p$ 相连的标记弧在 $p$ 端都打结, 将 $T$ 中与 $p$ 相连的标记弧的结都拿掉, 那么得到的带标记三角剖分 $T'$ 落在 $l$ 的像中. 即存在理想三角剖分 $T^o$ 使得 $l(T^o) = T'$, 将 $T^o$ 记作 $\pi(T)$. 从而我们得到一个从全体带标记的三角剖分集到全体理想三角剖分集的一个映射:

$$\pi : \{\text{全体带标记三角剖分}\} \to \{\text{全体理想三角剖分}\}, \quad T \mapsto \pi(T).$$

我们称 $\pi(T)$ 为 $T$ **对应**的理想三角剖分. 注意到, 对任意刺穿点 $p$, $T$ 与 $T^{(p)}$ 对应的理想三角剖分一样.

例如, 例 7.5 中左边的带标记的三角剖分对应例 7.2 中的理想三角剖分对应.

图 7.12 的例子说明了同时对应于理想三角剖分 $T^o$ 的带标记三角剖分 $T$ 和 $T'$ 的不同.

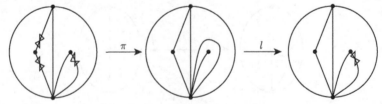

图 7.12　同时对应于 $T^o$(中) 的带标记三角剖分 $T$(左) 和 $T'$(右)

**习题 7.1**　证明 $\pi l = \mathrm{Id}$, 从而 $l$ 是单射, $\pi$ 是满射.

## 7.2　来自曲面的丛代数的定义

本节中给出来自曲面的丛代数的定义. 令 $(S, M)$ 为一个标注曲面, $T^o$ 为其上一个理想三角剖分, 设 $\{\tau_1, \tau_2, \cdots, \tau_n\}$ 为 $T^o$ 中所有弧的集合.

对于任意 $\tau, \tau' \in T^o$ 以及 $T^o$ 中的一个非自折叠三角 $\Delta$,

(1) 如果 $\tau, \tau'$ 不是 $T^o$ 中任意自折叠三角的半径, 定义

$$
b_{\tau\tau'}^{T^o;\Delta} = \begin{cases} 1, & \text{如果 } \tau, \tau' \text{ 是 } \Delta \text{ 的两条边并且 } \tau \text{ 顺时针旋转得到 } \tau', \\ -1, & \text{如果 } \tau, \tau' \text{ 是 } \Delta \text{ 的两条边并且 } \tau \text{ 逆时针旋转得到 } \tau', \\ 0, & \text{其他.} \end{cases}
$$

(2) 如果 $\tau$ 或 $\tau'$ 是 $T^o$ 中某个自折叠三角的半径, 令

$$
\widetilde{l}(\tau) = \begin{cases} \tau, & \text{如果 } \tau \text{ 不是 } T^o \text{ 中任意自折叠三角的半径}, \\ l(\tau), & \text{如果 } \tau \text{ 是 } T^o \text{ 中某个自折叠三角的半径且 } l(\tau) \text{ 为该自折叠} \\ & \text{三角的闭弧}, \end{cases}
$$

$$
\widetilde{l}(\tau') = \begin{cases} \tau', & \text{如果 } \tau' \text{ 不是 } T^o \text{ 中任意自折叠三角的半径}, \\ l(\tau'), & \text{如果 } \tau' \text{ 是 } T^o \text{ 中某个自折叠三角的半径且 } l(\tau') \text{ 为该自折叠} \\ & \text{三角的闭弧}. \end{cases}
$$

此时 $\widetilde{l}(\tau), \widetilde{l}(\tau')$ 满足情形 1 的条件, 因此我们得到整数 $b_{\widetilde{l}(\tau)\widetilde{l}(\tau')}^{T^o;\Delta}$. 下面定义

$$
b_{\tau\tau'}^{T^o;\Delta} = b_{\widetilde{l}(\tau)\widetilde{l}(\tau')}^{T^o;\Delta}.
$$

**定义 7.7** 令 $(S, M)$ 是一个标注曲面.

(1) 设 $T^o$ 是 $(S, M)$ 的一个理想三角剖分, $T^o$ 的**关联矩阵** $B_{T^o} = (b_{\tau\tau'}^{T^o})$ 是一个以 $T^o$ 的弧集为指标集的方阵, 满足

$$
b_{\tau\tau'}^{T^o} = \sum_{\Delta} b_{\tau\tau'}^{T^o;\Delta}, \tag{7.1}
$$

其中 $\Delta$ 取遍 $T^o$ 中所有的非自折叠三角.

(2) 设 $T$ 是 $(S, M)$ 的一个带标记的三角剖分, $T^o$ 是 $T$ 对应的理想三角剖分, $T$ 的**关联矩阵** $B_T$ 定义为

$$
B_T = B_{T^o}.
$$

对任意刺穿点 $p$, 由于 $T$ 与 $T^{(p)}$ 对应的理想三角剖分一样, 因此 $B_T = B_{T^{(p)}}$.

**注 7.2** 在定义 7.7 中, 我们可以将行指标集取为 $T^o$ 中弧集与边界段集的并, 列指标集取为 $T^o$ 的弧集, 记得到的矩阵为 $\hat{B}_{T^o}$. 类似地, 我们可以得到矩阵 $\hat{B}_T$.

**例 7.6**　例 7.1 和例 7.2 中理想三角剖分的关联矩阵分别为

$$
\begin{pmatrix}
0 & 1 & 0 & 0 \\
-1 & 0 & 1 & 0 \\
0 & -1 & 0 & 1 \\
0 & 0 & -1 & 0
\end{pmatrix},
\begin{pmatrix}
0 & 0 & 1 & 0 \\
0 & 0 & 1 & 0 \\
-1 & -1 & 0 & 1 \\
0 & 0 & -1 & 0
\end{pmatrix}.
$$

**命题 7.3**　令 $T^o$ 是一个理想三角剖分, $\gamma \in T^o$ 是一段弧并且 $T^o$ 可以在 $\gamma$ 处作翻转. 证明 $B_{T^o}$ 是斜对称的并且 $B_{\mu_\gamma T^o} = \mu_\gamma(B_{T^o})$.

**证明**　根据 $b_{\tau\tau'}^{T^o,\Delta}$ 的定义, 很容易发现 $b_{\tau\tau'}^{T^o,\Delta} = -b_{\tau'\tau}^{T^o,\Delta}$. 因此, 我们有 $b_{\tau\tau'}^{T^o} = -b_{\tau'\tau}^{T^o}$, 从而 $B_{T^o}$ 是斜对称的.

假设在 $T^o$ 中 $\gamma$ 是边 $\gamma_1, \gamma_2, \gamma_3, \gamma_4$ 围成四边形的对角线. 不妨假设 $\gamma_1, \cdots, \gamma_4$ 两两不同并且 $\gamma_1, \gamma_3$ 顺时针到 $\gamma$, 其他情形可以类似证明. 设 $T^o$ 中 $\gamma_1, \gamma, \gamma_2$ 构成一个三角 $\Delta_1$, $\gamma_3, \gamma, \gamma_4$ 构成一个三角 $\Delta_2$, 则 $\mu_\gamma T^o$ 中 $\gamma_1, \gamma', \gamma_4$ 构成一个三角 $\Delta_1'$, $\gamma_2, \gamma', \gamma_3$ 构成一个三角 $\Delta_2'$, 其中 $\gamma'$ 为 $\mu_\gamma T^o$ 中新得到的弧.

因此, $b_{\gamma\gamma_1}^{T^o,\Delta_1} = -1, b_{\gamma\gamma_1}^{T^o,\Delta_2} = 0$ 且 $b_{\gamma\gamma_1}^{\mu_\gamma T^o,\Delta_1'} = 1, b_{\gamma\gamma_1}^{\mu_\gamma T^o,\Delta_2'} = 0$. 而对于其他与 $\Delta_1, \Delta_2$ 互异的三角 $\Delta$, $b_{\gamma\gamma_1}^{T^o,\Delta} = 0$. 因此, $b_{\gamma\gamma_1}^{T_0} = -b_{\gamma'\gamma_1}^{\mu_\gamma T_0} = -1$. 同理 $b_{\gamma\gamma_2}^{T_0} = -b_{\gamma'\gamma_2}^{\mu_\gamma T_0} = 1$. 类似地, 对任意 $\beta \in T^o$, 我们有 $b_{\gamma\gamma_1}^{T_0} = -b_{\gamma'\gamma_1}^{\mu_\gamma T_0}$.

易见, 我们有 $b_{\gamma_1\gamma_2}^{T^o,\Delta_1} = -1, b_{\gamma_1\gamma_2}^{T^o,\Delta_2} = 0$ 且 $b_{\gamma_1\gamma_2}^{\mu_\gamma T^o,\Delta_1'} = b_{\gamma_1\gamma_2}^{\mu_\gamma T^o,\Delta_2'} = 0$. 故

$$
b_{\gamma_1\gamma_2}^{\mu_\gamma T_0} = b_{\gamma_1\gamma_2}^{T_0} + 1 = b_{\gamma_1\gamma_2}^{T_0} + \frac{|b_{\gamma_1\gamma}^{T_0}|b_{\gamma\gamma_2}^{T_0} + b_{\gamma_1\gamma}^{T_0}|b_{\gamma\gamma_2}^{T_0}|}{2}.
$$

同理, 对任意 $\alpha, \beta \in T^o$, 我们有

$$
b_{\alpha\beta}^{\mu_\gamma T_0} = b_{\alpha\beta}^{T_0} + \frac{|b_{\alpha\gamma}^{T_0}|b_{\gamma\beta}^{T_0} + b_{\alpha\gamma}^{T_0}|b_{\gamma\beta}^{T_0}|}{2}.
$$

因此, $B_{\mu_\gamma T^o} = \mu_\gamma(B_{T^o})$.　□

**定义 7.8**　令 $(S, M)$ 是一个标注曲面. 我们称一个丛代数 $\mathcal{A}$ **来自曲面** $(S, M)$, 如果存在一个理想三角剖分 $T^o$ 使得 $T^o$ 的关联矩阵 $B_{T^o}$ 为 $\mathcal{A}$ 的一个换位矩阵.

类似于丛代数中每一个非冰冻变量都能够作变异, 带标记的三角剖分中的每一段带标记的弧都能作翻转. 进一步, 我们有如下对应关系.

**定理 7.2** [65,66]　令 $\mathcal{A}$ 是一个来自于标注曲面 $(S, M)$ 的丛代数.
(1) 如果 $(S, M)$ 不是只带一个刺穿点的封闭曲面, 那么存在如下双射

$$
\{(S,M)\text{中的带标记的弧}\} \to \{\mathcal{A} \text{ 的丛变量}\}, \quad \gamma \mapsto x_\gamma,
$$

$$\{(S,M)\text{的带标记的三角剖分}\} \to \{\mathcal{A} \text{ 的丛}\}, \quad T \mapsto X(T).$$

进一步, 在上述对应下, 带标记的三角剖分的翻转和丛代数的变异相容, 即: 对任意带标记的三角剖分 $T$ 以及带标记的弧 $\gamma \in T$, 记 $T'$ 为 $T$ 在 $\gamma$ 处作翻转得到的带标记的三角剖分, 那么我们有 $X(T') = \mu_\gamma X(T)$.

(2) 如果 $\Sigma$ 是只带一个刺穿点的封闭曲面, 那么存在如下双射

$$\{(S,M)\text{中的弧}\} \to \{\mathcal{A} \text{ 的丛变量}\}, \quad \gamma \mapsto x_\gamma,$$

$$\{(S,M)\text{的理想三角剖分}\} \to \{\mathcal{A} \text{ 的丛}\}, \quad T \mapsto X(T).$$

进一步, 在上述对应下, 理想三角剖分的翻转和丛代数的变异相容, 即: 对任意的理想三角剖分 $T$ 以及带标记的弧 $\gamma \in T$, 记 $T'$ 为 $T$ 在 $\gamma$ 处作翻转得到的理想三角剖分, 那么我们有 $X(T') = \mu_\gamma X(T)$.

**注 7.3** 对于只带一个刺穿点 $p$ 的封闭曲面, 令 $T$ 是一个带标记的三角剖分, 改变 $T$ 中所有带标记的弧的标记得到的集合 $T^{(p)}$ 无法通过 $T$ 作翻转得到.

**注 7.4** 给定一个标注曲面 $(S,M)$ 以及带标记的三角剖分 $T$, 除了一般系数环情况, 根据系数选取的不同, 我们可以构造如下常见的具有三种特殊系数环的来自 $(S,M)$ 的丛代数:

(1) 无系数情形, 即丛 $X(T)$ 对应的扩张换位矩阵为 $B_T$;

(2) 带边界系数情形, 即丛 $X(T)$ 对应的扩张换位矩阵为 $\hat{B}_T$, 其中 $\hat{B}_T$ 由注 7.2 给出, 我们称此时的丛代数为**带边界系数**的丛代数;

(3) 主系数情形, 即丛 $X(T)$ 对应的扩张换位矩阵为 $\begin{pmatrix} B_T \\ I \end{pmatrix}$.

对一般系数的情形, 需要引入标注曲面上的线组 (lamination) 以及切变 (shear) 坐标, 更多细节见文献 [65,66].

**习题 7.2** 对任意 $n \geqslant 4$, 证明 Grassmannian $G(2,n)$ 的齐次坐标环 $\mathbb{C}[G(2,n)]$ 是来自 $n$ 边形的带边界系数多项式环为系数环的丛代数.

**注 7.5** 由于来自标注曲面的丛代数都是斜对称的, 为了研究有限变异型的可斜对称化丛代数, Felikson, Shapiro 和 Tumarkin [59,60] 引入了来自轨形的丛代数. 我们不讨论来自轨形的丛代数的更多细节, 只在下面做个简单的介绍.

一个 **(标注) 轨形**就是一个三元组 $(S,M,U)$, 使得二元组 $(S,M)$ 是一个标注曲面, 并且曲面 $S$ 上有一个带权有限点集 $U \subseteq S \setminus (\partial S \cup M)$, $U$ 的每个点称为**轨形点**, 所带**权**或者为 2 或者 $\frac{1}{2}$.

与标注曲面类似地, 我们可以定义来自轨形的带标记的三角剖分、翻转、相应的关联矩阵以及来自轨形的丛代数.

再次强调一下, 来自标注曲面的丛代数为斜对称丛代数, 而来自标注轨形的丛代数为可对称化丛代数.

# 7.3　蛇图及其完美匹配

本节中我们介绍研究来自曲面丛代数的重要工具——蛇图及其完美匹配.

### 7.3.1　蛇图的抽象定义

一块**砖** $G$ 是 $\mathbb{R}^2$ 中的一个边长为 1 的正方形使得四条边要么平行于 $x$-轴, 要么平行于 $y$-轴. 按照方位, 我们依次称 $G$ 的四条边为东边、南边、西边、北边, 分别记作 $E(G), S(G), W(G)$ 和 $N(G)$, 如图 7.13 所示.

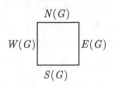

图 7.13　砖的图示

我们将一块砖看作一个具有四个顶点和四条边的图.

**定义 7.9**　一个**蛇图** (snake graph) 是由有限个砖 $G_1, \cdots, G_d, d \geqslant 1$ 拼接而成的一个连通的图, 使得对任意 $i = 1, \cdots, d-1$, 砖 $G_i$ 和 $G_{i+1}$ 恰好共享一条边 $E_i$, 并且 $E_i$ 或者是 $G_i$ 的北边且是 $G_{i+1}$ 的南边, 或者是 $G_i$ 的东边且是 $G_{i+1}$ 的西边. 粗略地说就是, 砖严格地从左下向右上方向叠垒延伸过去.

**例 7.7**　图 7.14 为一些蛇图的例子.

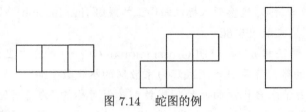

图 7.14　蛇图的例

### 7.3.2　完美匹配及其扭转

**定义 7.10**　令 $G$ 是一个蛇图. $G$ 的一个**完美匹配** (perfect matching) 是一个边集 $P$ 使得对于任意 $G$ 的顶点 $v$, $P$ 中存在唯一一条边 $E$ 使得 $E$ 与 $v$ 相连.

给定一个蛇图 $G$, 我们记 $G$ 的全体完美匹配构成的集合为 $\mathcal{P}(G)$.

对砖的个数作归纳, 不难证明; 任意蛇图都存在完美匹配, 并且每一个完美匹配中含有的边的个数等于砖的个数加 1.

**例 7.8** 图 7.15 为一些完美匹配的例子.

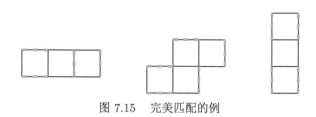

图 7.15 完美匹配的例

**定义 7.11** 设 $P$ 是蛇图 $G$ 的一个完美匹配. 我们称 $P$ 在砖 $G_i$ 上是**可扭转的** (twistable), 如果 $G_i$ 有两条边属于 $P$. 设 $P$ 在砖 $G_i$ 上是可扭转的, $P$ 在 $G_i$ 上的**扭转** (twist) 定义为将 $G_i$ 中落在 $P$ 中的两条边替换成 $G_i$ 剩下的两条边, 所得的边集记作 $\mu_{G_i}P$.

显然, 如果 $P$ 在 $G_i$ 上是可扭转的, 那么 $\mu_{G_i}P$ 也是 $G$ 的一个完美匹配.

**例 7.9** 图 7.16 为一个完美匹配扭转的例子.

$$P \qquad\qquad\qquad \mu_{G_1}P$$

图 7.16 完美匹配的扭转

### 7.3.3 蛇图 $G_{T^\circ,\gamma}$ 的构造

对于一个给定的标注曲面 $(S, M)$ 及其理想三角剖分 $T^\circ$, 令 $\gamma$ 为 $(S, M)$ 上的一段不带标注的弧. 本节中我们给出蛇图 $G_{T^\circ,\gamma}$ 的构造, 更多内容请参考文献 [145]. 假设 $\gamma$ 交 $T^\circ$ 依次于点 $p_1, \cdots, p_d$. 记 $\gamma$ 的起点和终点分别为 $p_0$ 和 $p_{d+1}$. 对任意 $j = 1, \cdots, d$, 设 $p_j$ 落在弧 $\tau_{i_j} \in T^\circ$, 记 $\Delta_{j-1}$ 与 $\Delta_j$ 为 $T^\circ$ 中以 $\tau_{i_j}$ 为边的两个三角形.

蛇图 $G_{T^\circ,\gamma}$ 通过如下步骤构造:

(1) 对任意相交点 $p_j$, 我们构造一块砖 $G_j$ 如下: 令 $\Delta_1^j$ 和 $\Delta_2^j$ 是两个三角形并且分别与三角形 $\Delta_{j-1}$ 和 $\Delta_j$ 的标记相同, 进一步, 要求当 $j$ 为奇数时, $\Delta_1^j$ 和 $\Delta_2^j$ 的定向与 $\Delta_{j-1}$ 和 $\Delta_j$ 的定向相同; 当 $j$ 为偶数时, $\Delta_1^j$ 和 $\Delta_2^j$ 的定向与 $\Delta_{j-1}$ 和 $\Delta_j$ 的定向相反. 我们将 $\Delta_1^j$ 和 $\Delta_2^j$ 沿着标记为 $\tau_{i_j}$ 的边粘贴得到砖 $G_j$, 使得 $G_j$ 的定向要么与 $(S, M)$ 的定向相同, 要么相反, 我们称标记为 $\tau_{i_j}$ 的粘贴的边为 $G_j$ 的**对角线**.

(2) 将砖 $G_1, \cdots, G_d$ 通过如下方式拼接得到图 $\overline{G_{T^\circ,\gamma}}$: 注意到对任意 $j = 1, \cdots, d-1$, $\Delta_j$ 有两条边的标记分别为 $\tau_{i_j}, \tau_{i_{j+1}}$, 记其第三条边的标记为 $\tau_{[\gamma_j]}$. 因

此, $G_j$ 的北边或者东边有一条标记为 $\tau_{[\gamma_j]}$ 且 $G_{j+1}$ 的南边和西边有一条标记为 $\tau_{[\gamma_j]}$. 对任意 $j = 1, \cdots, d-1$, 我们将 $G_j$ 和 $G_{j+1}$ 沿着标记为 $\tau_{[\gamma_j]}$ 的边粘贴得到图 $\overline{G_{T^o, \gamma}}$;

(3) 去掉图 $\overline{G_{T^o, \gamma}}$ 中每一块砖的对角线得到蛇图 $G_{T^o, \gamma}$.

**例 7.10**　令 $(S, M)$ 为一个八边形, 三角剖分 $T^o$ 如图 7.17 左边所示, 蛇图 $G_{T^o, (1,4)}$ 如图 7.17 右边所示.

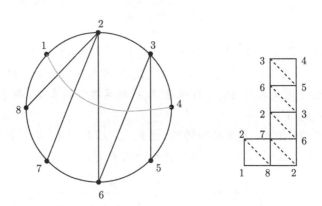

图 7.17　三角剖分 $T^o$(左) 及蛇图 $G_{T^o, (1,4)}$(右)

### 7.3.4　完美匹配集 $\mathcal{P}(G_{T^o, \gamma})$ 的格结构

令 $P \in \mathcal{P}(G_{T^o, \gamma})$ 能够在砖 $G_i$ 上作扭转, 不妨设 $W(G_i), E(G_i) \in P$, 规定

$$
P \begin{cases} < \mu_{G_i}(P), & \text{如果 } G_i \text{ 的定向与 } (S, M) \text{ 的定向一致}, \\ > \mu_{G_i}(P), & \text{如果 } G_i \text{ 的定向与 } (S, M) \text{ 的定向相反}. \end{cases}
$$

**命题 7.4**　上述关系能诱导出 $\mathcal{P}(G_{T^o, \gamma})$ 上的一个格 (lattice) 结构, 进一步,

(1) 最大元为 $\mathcal{P}(G_{T^o, \gamma})$ 中唯一仅含边界边的完美匹配 $P_+$ 满足: 对任意 $E \in P_+ \cap \text{edge}(G_i)$, 如果 $G_i$ 与 $(S, M)$ 的定向一致, 那么 $E \in \{N(G_i), S(G_i)\}$; 否则, $E \in \{W(G_i), E(G_i)\}$.

(2) 最小元为 $\mathcal{P}(G_{T^o, \gamma})$ 中唯一仅含边界边的完美匹配 $P_-$ 满足: 对任意 $E \in P_- \cap \text{edge}(G_i)$, 如果 $G_i$ 与 $(S, M)$ 的定向一致, 那么 $E \in \{W(G_i), E(G_i)\}$; 否则, $E \in \{N(G_i), S(G_i)\}$, 其中 $\text{edge}(G_i)$ 为砖 $G_i$ 的边集.

**习题 7.3**　证明命题 7.4.

**提示**　$\mathcal{P}(G_{T^o, \gamma})$ 同构于某个 $A$-型箭图的某个表示的子表示格.　　□

**命题 7.5**　对任意给定的完美匹配 $P \in \mathcal{P}(G_{T^o, \gamma})$, 对称差 (symmetric difference) $(P_- \cup P) \setminus (P_- \cap P)$ 为一些圈 (cycle) 的并, 是蛇图 $G_{T^o, \gamma}$ 的一个子蛇图 (可能不连通) 的边界边集.

**证明** 任意选取边 $E_1 \in P_- \setminus (P_- \cap P)$, 任取边 $E_1$ 的一个顶点 $v_1$. 从 $v_1$ 开始沿着 $E_1$ 走, 到达 $E_1$ 的另一个顶点 $v_2$. 因为 $P$ 和 $P_-$ 是完美匹配, 存在唯一 $E_2(\neq E_1) \in P \setminus (P_- \cap P)$ 与 $v_2$ 相连. 同样地, 从 $v_2$ 开始继续沿着 $E_2$ 走到达 $E_2$ 的另一个顶点 $v_3$. 同理, 存在唯一 $E_3(\neq E_2) \in P_- \setminus (P_- \cap P)$ 与 $v_3$ 相连. 按照同样的方式, 我们能够得到 $(P_- \cup P) \setminus (P_- \cap P)$ 中的边序列 $E_i, i = 1, 2, \cdots$. 由于 $(P_- \cup P) \setminus (P_- \cap P)$ 是一个有限集合, 那么存在 $p, N$ 使得当 $k \geqslant N$ 时, $E_k = E_{k+p}$.

接下来, 我们证明 $N$ 最小可以取成 1. 反之, 假设 $N$ 最小取值 $M \geqslant 2$ 使得对任意 $k \geqslant M$ 有 $E_k = E_{k+p}$. 根据 $E_i, i = 1, 2, \cdots$ 的构造, 我们知 $E_{M-1}, E_M = E_{M+p}, E_{M+p-1}$ 共有一个顶点且 $E_{M-1} \neq E_M$. 而 $E_{M-1}, E_M = E_{M+p}, E_{M+p-1} \in (P_- \cup P)$, 因此 $E_{M-1} = E_{M-1+p}$, 与 $M$ 的极小性矛盾. 因此, $N$ 最小可以取 1, 即当 $k \geqslant 1$ 时 $E_k = E_{k+p}$. 因此, 序列 $E_1, E_2, \cdots, E_p \in (P_- \cup P) \setminus (P_- \cap P)$ 是一个子蛇图的边界边集.

再根据 $E_1$ 选取的任意性, 该命题得证. □

**例 7.11** 图 7.18 为对称差 $(P_- \cup P) \setminus (P_- \cap P)$ 的一个例子.

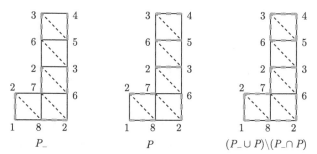

图 7.18 $\quad P_-$(左图) 与 $P$(中图) 的对称差 $(P_- \cup P) \setminus (P_- \cap P)$(右图)

# 7.4 展 开 公 式

## 7.4.1 $\mathcal{A}$ 与 $\mathcal{A}^{(p)}$ 的一个丛代数同构

给定一个标注曲面 $(S, M)$. 令 $T$ 是一个带标记的三角剖分, $\beta$ 是一段带标记的弧. 设 $\mathcal{A}$ 是一个来自曲面 $(S, M)$ 的丛代数. 根据定理 7.2, $T$ 对应 $\mathcal{A}$ 的一个丛 $X_T$, $\beta$ 对应 $\mathcal{A}$ 的一个丛变量 $x_\beta$ (当 $(S, M)$ 是带一个刺穿点的封闭曲面时, 假设 $\beta$ 是一段弧). 根据 Laurent 现象 (定理 1.2), $x_\beta$ 可以表达成 $X_T$ 的 Laurent 多项式. 本节中, 我们将给出这个 Laurent 多项式的具体表达公式. 根据定理 6.3, 我们不妨假设 $\mathcal{A}$ 在 $T$ 对应的种子处带主系数. 对任意带标记的弧 $\beta$, 记对应的系数变量为 $y_\beta^T$.

**命题 7.6**　设 $(S, M)$ 是秩为 $n$ 的标注曲面. 假设 $(S, M)$ 不是带一个刺穿点的封闭曲面. 令 $\mathcal{A}$ 和 $\mathcal{A}^{(p)}$ 分别是来自曲面 $(S, M)$ 并且在 $T$ 和 $T^{(p)}$ 对应的种子处带主系数的丛代数, 记系数变量分别为 $y_\beta^T, y_{\beta(p)}^{T^{(p)}}, \beta \in T$. 在丛代数 $\mathcal{A}^{(p)}$ 中, 对任意的弧 $\beta$, 记 $\beta$ 对应的丛变量为 $\hat{x}_\beta$. 那么存在唯一的丛代数同构 $f : \mathcal{A} \to \mathcal{A}^{(p)}$ 使得

(1) 对任意带标记的弧 $\tau$, $f(x_\tau) = \hat{x}_{\tau^{(p)}}$;

(2) $f(y_\beta^T) = y_{\beta(p)}^{T^{(p)}}, \beta \in T$;

(3) $f$ 与变异相容, 即: 对任意带标记的三角剖分 $T'$ 以及带标记的弧 $\gamma \in T'$, 我们有 $f(\mu_\gamma^T(x_\gamma)) = \mu_{\gamma^{(p)}}^{T^{(p)}}(\hat{x}_{\gamma^{(p)}})$, 其中 $\mu^T, \mu^{T^{(p)}}$ 分别表示在 $T$ 和 $T^{(p)}$ 对应的种子中作变异.

**证明**　对任意带标记的三角剖分 $T'$, 记 $\widetilde{B}_{T'}^{(p)}$ 为丛代数 $\mathcal{A}^{(p)}$ 在 $T'$ 对应种子的扩张换位矩阵. 利用定义 7.7, 我们可以归纳证明 $\widetilde{B}_{T'^{(p)}}^{(p)} = \widetilde{B}_{T'}$. 再利用定理 7.2, 该结论成立. □

作为命题 7.6 的一个直接推论, 我们有如下结果.

**推论 7.1**　分别令 $[x_\gamma]_{X(T)}^{\mathcal{A}}, [\hat{x}_{\gamma^{(p)}}]_{\hat{X}(T^{(p)})}^{\mathcal{A}^{(p)}}$ 表示 $x_\gamma$ 和 $\hat{x}_{\gamma^{(p)}}$ 关于丛 $X(T)$ 和 $\hat{X}(T^{(p)})$ 的 Laurent 多项式. 那么

$$[\hat{x}_{\gamma^{(p)}}]_{\hat{X}(T^{(p)})}^{\mathcal{A}^{(p)}} = [x_\gamma]_{X(T)}^{\mathcal{A}}\big|_{x_{\tau_i} \leftarrow \hat{x}_{\tau_i^{(p)}}, y_\beta^T \leftarrow y_{\beta^{(p)}}^{T^{(p)}}}.$$

**注 7.6**　设 $\mathcal{A}$ 是来自标注曲面 $(S, M)$ 的丛代数. 根据推论 7.1, 为了给出 $\mathcal{A}$ 中任意丛变量 $x$ 关于丛 $X(T)$ 的 Laurent 展开公式, 我们总可以假设对任意刺穿点 $p$, $T$ 中的标记弧在 $p$ 处不总是打结. 利用 7.1.2 小节中的讨论, 存在某个理想三角剖分 $T^o$ 使得 $T = l(T^o)$. 再利用标记弧与丛变量的一一对应, 我们需要考虑三种情形: $x$ 对应不带标记的弧; $x$ 对应一端带标记的弧; $x$ 对应两端带标记的弧.

具体地, 令 $p, q$ 是两个标注点, $\gamma$ 是一段连接 $p, q$ 的弧. 令 $T^o$ 是一个理想三角剖分, $T = l(T^o)$ 是 $T^o$ 对应的带标记的三角剖分. 设 $\mathcal{A}$ 是来自 $(S, M)$ 并在 $T$ 对应的种子处带主系数的丛代数. 为了给出 $\mathcal{A}$ 中丛变量的 Laurent 展开公式, 我们只需要考虑以下三种情形:

(1) $x_\gamma$ 关于丛 $X(T)$ 的展开公式, 这里 $\gamma$ 是不带标记的弧;

(2) $x_{\gamma^{(p)}}$ 关于丛 $X(T)$ 的展开公式, 其中 $p$ 是一个刺穿点并且 $q \neq p$;

(3) $x_{\gamma^{(p,q)}}$ 关于丛 $X(T)$ 的展开公式, 其中 $p, q$ 是刺穿点.

利用分离公式 (定理 6.3), 不妨假设 $\mathcal{A}$ 在 $T$ 处带主系数.

### 7.4.2 不带标记的弧的情形

本节中, 我们给出 $x_\gamma$ 关于丛 $X(T)$ 的展开公式. 假设 $\gamma$ 与 $T^o$ 中的弧 $\tau_{i_1}, \cdots, \tau_{i_d}$ 依次相交.

若 $\tau$ 是一个围出带一个刺穿点的单边形的圈, 设对应的刺穿点为 $p$ 半径为 $\alpha$, 规定

$$x_\tau = x_\alpha x_{\alpha(p)}.$$

当 $\alpha$ 是一个边界弧时, 我们规定 $x_\alpha = 1$.

**定义 7.12** 令 $(S, M)$ 是一个标注曲面, $T^o$ 是一个理想三角剖分, $T$ 为 $T^o$ 对应的标记三角剖分. 设 $\gamma$ 是 $(S, M)$ 中的一段弧, $P \in \mathcal{P}(G_{T^o,\gamma})$ 是一个完美匹配.

(1) 若 $\gamma$ 与 $T^o$ 中的弧 $\tau_{i_1}, \cdots, \tau_{i_d}$ 依次相交, 我们定义 $\gamma$ 关于 $T^o$ 的**相交单项式** (crossing monomial) 为

$$c(\gamma, T^o) = \prod_{j=1}^d x_{\tau_{i_j}}.$$

(2) 若 $P$ 中的边被标记为 $\tau_{j_1}, \cdots, \tau_{j_r}$, 我们定义 $P$ 的**权** (weight) 为

$$w^{T^o}(P) = x_{\tau_{j_1}} \cdots x_{\tau_{j_r}}.$$

(3) 若集合 $(P_- \cup P) \setminus (P_- \cap P)$ 包围了蛇图 $G_{T^o,\gamma}$ 中砖集 $\bigcup_{j \in J} G_{i_j}$, 其中 $J$ 是某个有限集合. 我们定义 $P$ 的**高度单项式** (height monomial) 为

$$h^T(P) = \prod_{k=1}^n (h_{\tau_k})^{m_k},$$

其中 $m_k$ 表示集合里 $\bigcup_{j \in J} G(p_{i_j})$ 里对角线标记为 $\tau_k$ 的砖的个数, $n$ 是三角剖分中非边界段的个数.

(4) 我们定义 $P$ 的**特化高度单项式** (specialized height monomial) 为 $y^T(P) := \Phi(h(P))$, 其中 $\Phi$ 的定义为

$$\Phi(h_{\tau_i}) = \begin{cases} y^T_{\tau_i}, & \text{如果 } \tau_i \text{ 不是 } T^o \text{ 中任意自折叠三角的边}, \\[2mm] \dfrac{y^T_\beta}{y^T_{\beta(p)}}, & \text{如果 } \tau_i \text{ 是 } T^o \text{ 中某个自折叠三角的半径 } \beta \text{ 并且对应刺穿点为 } p, \\[2mm] y^T_{\beta(p)}, & \text{如果 } \tau_i \text{ 是 } T^o \text{ 中某个自折叠三角的圈, 对应半径为 } \beta \text{ 刺穿点为 } p. \end{cases}$$

**定义 7.13**   令 $(S,M)$ 是一个标注曲面, $T^o$ 是一个理想三角剖分, $T$ 为 $T^o$ 对应的标注三角剖分. 设 $\gamma$ 是 $(S,M)$ 中的一段未标注的弧, $Q \in \mathcal{P}(G_{T^o,\gamma})$ 是一个完美匹配. 我们定义 $Q$ 的权重 Laurent 单项式 $x^T(Q)$ 为

$$x^T(Q) = \frac{w^{T^o}(Q) \cdot y^T(Q)}{c(\gamma, T^o)}.$$

根据完美匹配扭转以及高度单项式 $h^T(P)$ 的定义, 我们有如下引理.

**引理 7.1**   令 $P \in \mathcal{P}(G_{T^o,\gamma})$ 是一个完美匹配使得 $P$ 在砖 $G_j$ 上可以作扭转. 记 $G_j$ 的四条边的标记依次为 $u_1, u_2, u_3, u_4$, 对角线标记为 $\tau$. 假设在三角剖分 $T^o$ 中, $u_1, u_3$ 在 $\tau$ 的顺时针方向, $u_2, u_4$ 在 $\tau$ 的逆时针方向. 如果 $G_j$ 中标记为 $u_1, u_3$ 的边在 $P$ 里, 那么我们有

$$\frac{h^T(\mu_{G_j}P)}{h^T(P)} = h_\tau.$$

**证明**   对任意砖 $G_k \neq G_j$, 显然 $(P_- \cup \mu_{G_j}P) \setminus (P_- \cap \mu_{G_j}P)$ 包围 $G_k$ 当且仅当 $(P_- \cup P) \setminus (P_- \cap P)$ 包围 $G_k$.

当 $P_-$ 包含 $G_j$ 中的一条边时, 根据命题 7.4, 该边的标记为 $u_1$ 或者 $u_3$. 因此 $(P_- \cup \mu_{G_j}P) \setminus (P_- \cap \mu_{G_j}P)$ 包围 $G_j$ 但是 $(P_- \cup P) \setminus (P_- \cap P)$ 不包围 $G_j$; 当 $P_-$ 不包含 $G_j$ 的边时, 要么 $G_{j-1}$ 在 $G_j$ 的左边且 $G_{j+1}$ 在 $G_j$ 的右边, 要么 $G_{j-1}$ 在 $G_j$ 的下边且 $G_{j+1}$ 在 $G_j$ 的上边. 不妨假设前者发生, 同样根据命题 7.4, 我们有 $j > 1$ 是奇数. 因此, $(P_- \cup \mu_{G_j}P) \setminus (P_- \cap \mu_{G_j}P)$ 包围 $G_j$ 但是 $(P_- \cup P) \setminus (P_- \cap P)$ 不包围 $G_j$. 故该结论由高度单项式的定义可得. $\square$

**注 7.7**   假设 $Q$ 在砖 $G_j$ 上可以作扭转并且 $\mu_{G_j}Q > Q$, 记由 Laurent 单项式 $x^T(\mu_{G_j}Q)$ 和 $x^T(Q)$ 对应的指数向量分别为 $a(\mu_{G_j}P)$ 和 $a(P)$, 那么 $a_{\mu_{G_j}P} = a(P) + b_{\tau_{i_j}}$, 其中 $b_{\tau_{i_j}}$ 为扩张换位矩阵 $\widetilde{B}_T$ 的第 $\tau_{i_j}$ 列.

**定理 7.3**[145]   令 $(S,M)$ 是一个标注曲面, $T^o$ 是 $(S,M)$ 的一个理想三角剖分, $T$ 是 $T^o$ 对应的带标记的三角剖分. 设 $\gamma$ 是 $(S,M)$ 上的一段不带标记的弧. 则丛变量 $x_\gamma$ 关于丛 $X(T)$ 的 Laurent 展开式为

$$x_\gamma = \sum_{P \in \mathcal{P}(G_{T^o,\gamma})} x^T(P).$$

**例 7.12**   令 $(S,M)$ 和 $T$ 为图 7.19 所示的标注曲面以及三角剖分, $\gamma$ 为图 7.19 所示的曲线. 设 $A$ 是在 $T$ 处带主系数的丛代数, 即 $\widetilde{B}_T = \begin{pmatrix} B_T \\ I_2 \end{pmatrix}$, 其中 $I_2$ 是二阶单位矩阵, 其中 $B_T = \begin{pmatrix} 0 & 2 \\ -2 & 0 \end{pmatrix}$ (注意弧 1 和 2 在内外各形成一个三角形).

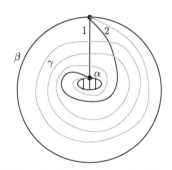

图 7.19 标注曲面 $(S, M)$ 上的三角剖分 $T$ 及曲线 $\gamma$

分别记三角剖分 $T$ 中的弧为 $1, 2, \alpha, \beta$, 如下图所示. 则蛇图 $G_{T,\gamma}$ 为

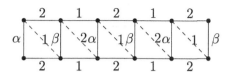

蛇图 $G_{T,\gamma}$ 的所有完美匹配如图 7.20 所示.

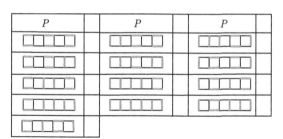

图 7.20 蛇图 $G_{T,\gamma}$ 的所有完美匹配

因此,

$$
\begin{aligned}
x_\gamma &= \frac{x_2^4 x_3^3 x_4^2}{x_1^3} + \frac{x_2^2 x_3^2 x_4^2}{x_1^3} + \frac{x_4}{x_1 x_2^2} + \frac{x_2^2 x_3^2 x_4^2}{x_1^3} + \frac{x_3 x_4^2}{x_1^3} + \frac{x_1}{x_2^2} \\
&\quad + \frac{x_2^2 x_3^2 x_4^2}{x_1^3} + \frac{x_3 x_4^2}{x_1^3} + \frac{x_3 x_4}{x_1^1} + \frac{x_3 x_4^2}{x_1^3} + \frac{x_4^2}{x_1^3 x_2^2} + \frac{x_4}{x_1 x_2^2} + \frac{x_3 x_4}{x_1} \\
&= \frac{x_2^4 x_3^3 x_4^2}{x_1^3} + \frac{x_1}{x_2^2} + \frac{x_4^2}{x_1^3 x_2^2} + 2\frac{x_4}{x_1 x_2^2} + 2\frac{x_3 x_4}{x_1} + 2\frac{x_3 x_4^2}{x_1^3} + 3\frac{x_2^2 x_3^2 x_4^2}{x_1^3}.
\end{aligned}
$$

### 7.4.3 一端带标记的弧的情形

本节中, 我们给出 $x_{\gamma(p)}$ 关于丛 $X(T)$ 的展开公式, 其中 $p$ 是一个刺穿点并且 $q \neq p$.

取 $\gamma$ 的方向为 $q$ 到 $p$, 假设 $\gamma$ 与 $T^o$ 中的弧 $\tau_{i_1}, \cdots, \tau_{i_d}$ 依次相交. 令 $l_p$ 为包围 $\gamma$ 和刺穿点 $p$ 的圈, 取定 $l_p$ 的一个方向, 那么 $l_p$ 与 $T^o$ 中的弧 $\tau_{i_1}, \cdots, \tau_{i_d}, \zeta_1, \cdots,$ $\zeta_{e_p}, \tau_{i_d}, \cdots, \tau_{i_1}$ 依次相交, 如图 7.21 所示.

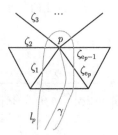

图 7.21　圈 $l_p$ 和它与 $p$ 相连弧的相交情况

蛇图 $G_{T^o, l_p}$ 有四个特殊的子图 $G_{T^o, \gamma, p, 1}, G_{T^o, \gamma, p, 2}, H_{T^o, \gamma, p, 1}, H_{T^o, \gamma, p, 2}$, 见图 7.22, 具体构造如下:

因 $l_p$ 是一个围出带一个刺穿点的单边形的圈, 且对应的刺穿点为 $p$, 半径为 $\gamma$, 故蛇图 $G_{T^o, l_p}$ 的两端各包含一个子图同构于 $G_{T^o, \gamma}$, 分别记为 $G_{T^o, \gamma, p, 1}, G_{T^o, \gamma, p, 2}$. 令 $v_1, v_2$ 为蛇图 $G_{T^o, l_p}$ 中标记为 $\zeta_1$ 和 $\zeta_{e_p}$ 的公共顶点. 对任意 $i \in \{1, 2\}$, 令 $H_{T^o, \gamma, p, i}$ 为 $G_{T^o, \gamma, p, i}$ 删去与 $v_i$ 相连的两条边之后得到的子图.

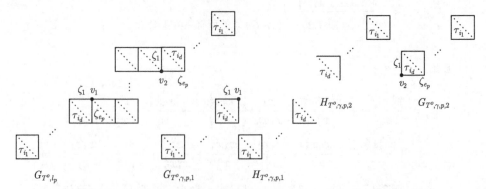

图 7.22　蛇图 $G_{T^o, l_p}$ 及其子图 $G_{T^o, \gamma, p, 1}, G_{T^o, \gamma, p, 2}, H_{T^o, \gamma, p, 1}, H_{T^o, \gamma, p, 2}$ 图示

**例 7.13**　令 $(S, M), T^o$ 以及 $\gamma$ 如图 7.23 所示. 则蛇图 $G_{T^o, l_0}$ 以及子图 $G_{T^o, \gamma, 0, 1}, G_{T^o, \gamma, 0, 2}, H_{T^o, \gamma, 0, 1}, H_{T^o, \gamma, 0, 2}$ 如图 7.24.

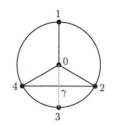

图 7.23 例 7.13 的曲面

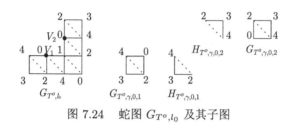

图 7.24 蛇图 $G_{T^o, l_0}$ 及其子图

**定义 7.14** 我们称 $G_{T^o, l_p}$ 的一个完美匹配 $P$ 为 $\gamma$-对称的, 如果有

$$P|_{H_{T^o, \gamma, p, 1}} \cong P|_{H_{T^o, \gamma, p, 2}},$$

其中 $P|_{H_{T^o, \gamma, p, 1}}, P|_{H_{T^o, \gamma, p, 2}}$ 分别表示 $P$ 在子图 $H_{T^o, \gamma, p, 1}$ 以及 $H_{T^o, \gamma, p, 2}$ 上的限制.

**例 7.14** 图 7.25 为例 7.13 中的一些 $\gamma$-对称的完美匹配.

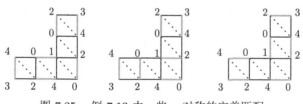

图 7.25 例 7.13 中一些 $\gamma$-对称的完美匹配

**引理 7.2** 令 $P$ 是 $G_{T^o, l_p}$ 的一个完美匹配, 那么 $P$ 在 $G_{T^o, \gamma, p, 1}$ 上的限制 $P|_{G_{T^o, \gamma, p, 1}}$ 或者 $P$ 在 $G_{T^o, \gamma, p, 2}$ 上的限制 $P|_{G_{T^o, \gamma, p, 2}}$ 是一个完美匹配.

**证明** 假设存在 $P \in \mathcal{P}(G_{T^o, l_p})$ 使得 $P|_{G_{T^o, \gamma, p, 1}}$ 和 $P|_{G_{T^o, \gamma, p, 2}}$ 都不是完美匹配. 考虑 $P$ 中与 $v_1$ 相连的边, 那么只可能是标记为 $\zeta_2$ 的边在 $P$ 中. 同理, 考虑 $P$ 中与 $v_2$ 相连的边, 那么只可能是标记为 $\zeta_{e_p-1}$ 的边在 $P$ 中. 如图 7.26 所示.

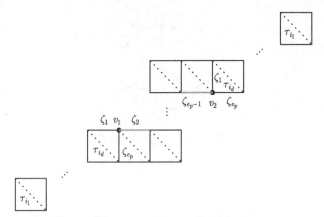

图 7.26　引理 7.2 的示图

　　但是注意到, 由于子图 $G_{T^o,l_p(\gamma)} \setminus (G_{T^o,\gamma,p,1} \cup G_{T^o,\gamma,p,2})$ 任意三个相连的砖都不在同一水平线或者垂直线, 容易发现上述标记为 $\zeta_2$ 和 $\zeta_{e_p-1}$ 的边不可能同时出现在一个完美匹配中, 故矛盾.　　　　　　　　　　　　　　　　　　　　　　　□

　　**定义 7.15**　对任意 $\gamma$-对称的完美匹配 $P \in \mathcal{P}(G_{T^o,l_p})$, 根据引理 7.2, 不妨假设 $P|_{G_{T^o,\gamma,p,1}}$ 是一个完美匹配. 我们定义 $P$ 的**截断权重 Laurent 单项式** (truncated weight Laurent monomial) $\bar{x}^T(Q)$ 为

$$\bar{x}^T(P) = \frac{x^T(P)}{x^T(P|_{G_{T^o,\gamma,p,1}})}.$$

　　**定理 7.4** [145]　令 $(S,M)$ 是一个标注曲面, $T^o$ 是 $(S,M)$ 的一个理想三角剖分, $T$ 是 $T^o$ 对应的带标记的三角剖分. 设 $\gamma$ 是 $(S,M)$ 中连接 $p,q$ 的一段不带标记的弧. 设 $p(\neq q)$ 是一个刺穿点. 那么丛变量 $x_{\gamma(p)}$ 关于丛 $X(T)$ 的 Laurent 展开为

$$x_{\gamma(p)} = \sum_P \bar{x}^T(P),$$

其中 $P$ 取遍 $\mathcal{P}(G_{T^o,l_p})$ 中 $\gamma$-对称的完美匹配.

### 7.4.4　两端带标记的弧的情形

　　本节中, 我们给出 $x_{\gamma(p,q)}$ 关于丛 $X(T)$ 的展开公式, 其中 $p,q$ 是刺穿点. 令 $l_p$ 为包围 $\gamma$ 与 $p$ 的圈, $l_q$ 为包围 $\gamma$ 与 $q$ 的圈.

　　**定义 7.16**　令 $P \in \mathcal{P}(G_{T^o,l_p}), Q \in \mathcal{P}(G_{T^o,l_q})$ 是两个 $\gamma$-对称的完美匹配. 根据引理 7.2, 不妨假设 $P|_{G_{T^o,\gamma,p,1}}$ 与 $Q|_{G_{T^o,\gamma,q,1}}$ 是完美匹配. 我们称 $(P,Q)$ 是 $\gamma$-**相容的**, 如果有

$$P|_{G_{T^o,\gamma,p,1}} \cong Q|_{G_{T^o,\gamma,q,1}},$$

即在 $G_{T^o,\gamma,p,1} \cong G_{T^o,\gamma,q,1} \cong G_{T^o,\gamma}$ 意义下, $P|_{G_{T^o,\gamma,p,1}}$ 与 $Q|_{G_{T^o,\gamma,q,1}}$ 一样.

**定义 7.17**  对任意 $\gamma$-相容的完美匹配对 $(P,Q) \in \mathcal{P}(G_{T^o,l_p}) \times \mathcal{P}(G_{T^o,l_q})$, 根据引理 7.2, 不妨假设 $P|_{G_{T^o,\gamma,p,1}}, Q|_{G_{T^o,\gamma,q,1}}$ 是完美匹配. 我们定义 $(P,Q)$ 的**截断权重 Laurent 单项式** $\overline{\overline{x}}^T(P,Q)$ 为

$$\overline{\overline{x}}^T(P,Q) = \frac{x^T(P)x^T(Q)}{(x^T(P|_{G_{T^o,\gamma,1}}))^3}.$$

对任意刺穿点 $p \in M$ 以及带标记的弧 $\beta$, 记 $e_p(\beta)$ 为 $\beta$ 与 $p$ 相连的次数, 显然 $e_p(\beta)$ 的取值范围为 $0,1,2$.

**定理 7.5**[145]  令 $(S,M)$ 是一个标注曲面, $T^o$ 是 $(S,M)$ 的一个理想三角剖分, $T$ 是 $T^o$ 对应的带标记的三角剖分. 设 $\gamma$ 是 $(S,M)$ 中连接 $p,q$ 的一段不带标记的弧. 设 $p,q$ 是刺穿点.

(1) 如果 $\gamma \notin T^o$, 那么丛变量 $x_{\gamma(p,q)}$ 关于丛 $X(T)$ 的 Laurent 展开为

$$x_{\gamma(p,q)} = \sum_{(P,Q)} \overline{\overline{x}}^T(P,Q),$$

其中 $(P,Q)$ 取遍 $\gamma$-相容的完美匹配对.

(2) 如果 $\gamma \in T^o$, 那么丛变量 $x_{\gamma(p,q)}$ 关于丛 $X(T)$ 的 Laurent 展开为

$$\frac{x_{\gamma(p)}x_{\gamma(q)}y_\gamma^T + \left(1 - \prod_{\tau \in T}(y_\tau^T)^{e_p(\tau)}\right)\left(1 - \prod_{\tau \in T}(y_\tau^T)^{e_q(\tau)}\right)}{x_\gamma}.$$

**习题 7.4**  当 $\gamma \in T^o$ 时, 证明 $x_{\gamma(p,q)}$ 关于丛 $X(T)$ 的 Laurent 展开的系数是非负的.

### 7.4.5  注记

最后, 让我们重新来理解一下上述蛇图方法的意义, 以及本章主要结果在丛变量展开的研究中的位置.

蛇图以三角形拼成的砖的垒叠方式, 直观地来表达出其对应的弧与三角剖分及其弧集的关系. 通过蛇图的构造, 一段弧对应蛇图的砖恰好反映了这段弧与三角剖分中弧的相交关系. 对应到丛代数, 正好是三角剖分对应的丛的丛变量与其他某个丛变量之间的相容度关系, 这方面其实可以用后面第 10 章的定义 10.3 的相容度函数来解释. 一条弧对应的蛇图的完美匹配, 恰是这条弧对应的丛变量关于三角剖分对应的丛的 Laurent 展开中的一个 Laurent 单项式的指数向量, 而完美匹配的扭转, 反映了这个展开式中不同 Laurent 单项式的指数向量的关系.

　　根据三角剖分关联矩阵的定义, 任意来自曲面丛代数的丛变量变异公式中, 分子部分的每一项的次数最多为 2, 这样的特殊性也使得我们可以利用蛇图的完美匹配作为指标集去给出丛变量展开公式. 特别地, 丛变量的一次变异恰好可以用一块砖的完美匹配的扭转去刻画.

　　从上面的定理 7.3—定理 7.5 知道, 对于来自标注曲面的丛代数的丛变量关于初始丛的 Laurent 展开式, 我们可以分三个情况给出具体的公式表达. 进一步地, 利用与以刺穿点为顶点的三角形集, 可以给出这三种情况的一个统一的公式表达, 详细请参考文献 [101]. 本章给出的公式也可以推广到斜对称的量子丛代数中去, 见黄敏在文献 [100] 中的研究.

　　除了本章给出的这些表达公式外, 也有一些特殊情况下的研究给出了丛变量的 Laurent 展开式的公式表达. 比如, 基于 Caldero 和 Chapoton 的工作[29], 对于无圈斜对称情形, 利用箭图 Grassmannians 簇 Caldero-Keller 给出了具体表达公式, 被称为**丛特征**或 **Caldero-Chapoton 公式**. 之后, 该方法被 Palu[153] 和 Plamondon[154,155] 推广到了具有加法范畴化的丛代数上. 然而, 该方法的局限性在于表达公式的系数为箭图 Grassmannians 簇的欧拉特征, 具体计算会非常复杂并且无法直接得到正性.

　　对一般的丛代数, 虽然我们已经知道, 丛变量的 Laurent 展开具有 Laurent 现象和系数的正性, 但我们至今还无法用更一般的公式表达来给出丛变量的 Laurent 展开式, 因此一般来说, 如何去计算丛变量在给定丛下的 Laurent 展开式是困难的. 这也是目前丛代数领域具有挑战性的一个重要的有待解决的问题.

　　不过, 作为对丛变量的 Laurent 展开的公式表达的替代方案, 在文献 [133] 中的定理 4.1 给出了丛变量的 Laurent 展开式的递推公式表达, 并且是在最一般的范围, 也就是完全符号斜对称丛代数中给出的, 所用的是被称为牛顿多面体方法的组合方法. 有兴趣的读者可以查阅文献 [133].

# 第 8 章 有限型和有限变异型丛代数

丛代数发展历史上, 最先被完全分类清楚的丛代数类应该是有限型丛代数, 以它为子类的更大类的重要丛代数类是有限变异型丛代数, 也在之后被获得完整的分类. 这两类丛代数提供了众多的自然而有用的丛代数实例, 并且通过它们让丛代数理论与李理论、代数表示论以及黎曼面的拓扑结构联系起来. 这一章中, 我们将首先研究有限型丛代数, 然后研究有限变异型丛代数.

## 8.1 有限型丛代数

已经知道, 一个丛代数由种子簇 $\Sigma_t = (X(t), Y(t), B_t)_{t \in \mathbb{T}_n}$ 来决定. 由前面讨论知道, 在置换等价关系下, 以种子的等价类为顶点, 变异关系为边, 组成了换位图.

**定义 8.1** 一个丛代数 $\mathcal{A}$ 称为**有限型的**, 若它的种子的置换等价下的等价类个数是有限的. 或等价地说, $\mathcal{A}$ 的换位图是有限图.

### 8.1.1 有限型丛代数的一个刻画

在文献 [38] 中, 我们证明了: 对于一个 (几何型) 丛代数 $\mathcal{A}$, 它的种子 $\Sigma_t$ 是由扩张丛 $\widetilde{X}(t)$ 决定的. 因此, $\mathcal{A}$ 是有限型的当且仅当它的非标记丛只有有限个. 在这种情况时, 在置换等价下, $\mathcal{A}$ 的换位矩阵 $\widetilde{B}_t$ 也只有有限个.

**习题 8.1** 证明: 丛代数 $\mathcal{A}$ 是有限型的当且仅当 $\mathcal{A}$ 只有有限个丛变量.(见文献 [67, 第 5 章])

有限型丛代数是最先得到完整刻画的一类丛代数, 见下面的定理, 又可参见文献 [71,86].

**定理 8.1** 令 $\mathcal{A}(\Sigma)$ 是一个可斜对称化几何型丛代数, $\Sigma = (\widetilde{X}, \widetilde{B})$, $\widetilde{B} = \begin{pmatrix} B \\ C \end{pmatrix}$. 则如下条件等价:

(1) $\mathcal{A}(\Sigma)$ 是有限型的;

(2) $B$ 是 2-有限的;

(3) 存在与 $B$ 变异等价的矩阵 $B'$, 使 $B'$ 的对应 Cartan 矩阵 $C' = C(B')$ 是正的, 也即, 是有限型 Cartan 矩阵;

(4) 同 (3) 符号, $C' = C(B')$ 的 Coxeter 图是 Dynkin 型的.

下面先解释定理中的相关概念, 然后对其中部分结论给出证明.

(a) 一个可斜对称化整数矩阵 $B = (b_{ij})_{n \times n}$ 被称为 **2-有限的**, 若任一与 $B$ 变异等价的矩阵 $B' = (b'_{ij})$ 满足 $\forall i, j \in [1, n]$, 有 $|b'_{ij} b'_{ji}| \leqslant 3$.

(b) $n$ 阶整数方阵 $A = (a_{ij})$ 被称为**可对称化广义 Cartan 矩阵**, 或简称 **Cartan 矩阵**. 若

- $A$ 的对角元 $a_{ii} = 2$, $\forall i \in [1, n]$;
- $a_{ij} \leqslant 0$, $\forall i, j \in [1, n], i \neq j$;
- 存在正整数对角矩阵 $D$, 使 $DA$ 是对称阵.

进一步, 若 $A$ 是正定矩阵, 称 $A$ 是**正矩阵**. 正的可对称化广义 Cartan 矩阵又简称**有限型 Cartan 矩阵**.

(c) 一个 Cartan 矩阵 $A = (a_{ij})$ 称为**不可分解的**, 若不能做相同的行列置换将 $A$ 写成 $\begin{pmatrix} A_1 & \\ & A_2 \end{pmatrix}$ 的形式, 其中 $A_1, A_2$ 分别是阶数 $\geqslant 1$ 的方阵.

(d) 一个 $n$ 阶 Cartan 矩阵 $A = (a_{ij})$ 的 **Coxeter 图** $Q = Q(A)$ 定义为: 顶点集 $Q_0 = \{1, 2, \cdots, n\}$, $\forall i, j \in [1, n]$ 之间有 $|a_{ij} a_{ji}|$ 条边, 若 $a_{ij} \neq 0$(等价于 $a_{ji} \neq 0$); 否则, $i, j$ 之间没有连边. 特别地, 如果 $|a_{ij}| > |a_{ji}|$, 那么 $i$ 与 $j$ 相连的边变为 $j$ 到 $i$ 的箭向.

(e) 我们称一个 Coxeter 图是 Dynkin 型的, 如果其同构于定理 8.3 中 $A, B, C$, $D, E, F, G$ 中的某一个.

(f) 令 $B = (b_{ij})_{n \times n}$ 是一个可斜对称化整数矩阵, 它的对应 Cartan 矩阵 $A = A(B) = (a_{ij})_{n \times n}$ 定义为

$$
a_{ij} = \begin{cases} 2, & \text{当 } i = j, \\ -|b_{ij}|, & \text{当 } i \neq j. \end{cases}
$$

易证: $A = A(B)$ 是一个可对称化矩阵.

基于上述概念, 有如下结论作为习题:

**习题 8.2**　Cartan 阵 $A$ 是不可分解的当且仅当它的 Coxeter 图 $Q(A)$ 是连通图.

### 8.1.2　秩 $\leqslant 2$ 的有限型丛代数分类

对于秩 $n = 1$ 的情况, $\mathcal{A}(\Sigma)$ 只有两个种子: $\Sigma_1 \bullet \!\!-\!\!-\!\!-\!\! \bullet \Sigma_2$. 故当然是有限型的. 所以这部分, 先只考虑秩 $n = 2$ 的丛代数 $\mathcal{A}(\Sigma_t), t \in T_2$ 在有限型条件下怎么分类.

$$\cdots \bullet \overset{-2}{\underset{}{}} \!\!-\!\!\!\!\overset{1}{\phantom{x}}\!\!-\!\! \bullet \overset{-1}{\phantom{x}} \!\!-\!\!\!\!\overset{2}{\phantom{x}}\!\!-\!\! \bullet \overset{0}{\phantom{x}} \!\!-\!\!\!\!\overset{1}{\phantom{x}}\!\!-\!\! \bullet \overset{1}{\phantom{x}} \!\!-\!\!\!\!\overset{2}{\phantom{x}}\!\!-\!\! \bullet \overset{2}{\phantom{x}} \cdots$$

这时, $\Sigma_t = (\widetilde{X}(t), \widetilde{B}_t)$, $\widetilde{B}_t = \begin{pmatrix} B_t \\ C_t \end{pmatrix}$, 其中二阶矩阵 $B_t$ 是 $\widetilde{B}_t$ 的主部分. 一般地,

作为可斜对称化整数矩阵, $B_0$ 可表为 $B_0 = \begin{pmatrix} 0 & b \\ -c & 0 \end{pmatrix}$, 其中 $b \geqslant 0, c \geqslant 0$, 并且

同时是正整数或同时为 0.

由矩阵的换位关系定义可见, 对于任意 $t \in \mathbb{Z}$, 有 $B_t = (-1)^t \begin{pmatrix} 0 & b \\ -c & 0 \end{pmatrix}$.

**定理 8.2** 令秩为 2 的丛代数 $\mathcal{A}$ 的 $B_0 = \begin{pmatrix} 0 & b \\ -c & 0 \end{pmatrix}$, 则 $\mathcal{A}$ 是有限型的当

且仅当 $bc \leqslant 3$.

此定理是前面定理中 (1) $\Leftrightarrow$ (2) 在秩为 2 时的特例.

**证明** ($\Leftarrow$) (1) 当 $b = c = 0$ 时, 由丛变量的换位公式,

$$x_1' x_1 = f(x_3, \cdots, x_m), \quad x_2' x_2 = g(x_3, \cdots, x_m).$$

这里 $x_3, \cdots, x_m$ 是 $\mathcal{A}$ 的冰冻变量, 所以 $\mathcal{A}$ 的丛只有 $(x_1, x_2), (x_1', x_2), (x_1', x_2')$, $(x_1, x_2')$.

(2) 当 $bc \neq 0$ 时, 因为 $bc \leqslant 3$, 故不妨设 $b = 1$, 这时 $c \in \{1, 2, 3\}$. 对于不同的 $c$ 的情况, 用变异公式直接计算, 在非标注种子意义下, 不难获得如下结论:

(i) 对于 $B_0 = \begin{pmatrix} 0 & 1 \\ -1 & 0 \end{pmatrix}$, 可以导出丛代数 $\mathcal{A}$ 恰有 5 个不同种子;

(ii) 对于 $B_0 = \begin{pmatrix} 0 & 1 \\ -2 & 0 \end{pmatrix}$, 可以导出丛代数 $\mathcal{A}$ 恰有 6 个不同种子;

(iii) 对于 $B_0 = \begin{pmatrix} 0 & 1 \\ -3 & 0 \end{pmatrix}$, 可以导出丛代数 $\mathcal{A}$ 恰有 8 个不同种子.

因此, 由此结论, 我们知道, 当 $bc \leqslant 3$ 时, 导出 $\mathcal{A}$ 是有限型的.

($\Rightarrow$) 即要证明: 当 $\mathcal{A}$ 是有限型时, 必有 $bc \leqslant 3$. 我们用反证法.

若不然. 则 $bc \geqslant 4$. 只要证: 在这条件下, $\mathcal{A}$ 有无穷多个不同的种子.

令 $\Sigma_t = (X(t), X_{fr}, B_t)$, $t \in \mathbb{Z}$, 其中

$$X(0) = (z_1 = x_1, z_2 = x_2), \quad X(1) = (z_3 = x_1', z_2),$$

$$X(2) = (z_3, z_4 = x_2'), \quad X(3) = (z_5 = z_3', z_4), \cdots.$$

注意对 $l = 1, 2, \cdots$, 其中, $z_{l-1} \xmapsto{\mu_*} z_{l+1}$. 那么, 我们要证: $\{z_t : t \in \mathbb{Z}\}$ 是无限集.

令 $u$ 是一个形式变量 (未定元), $U = \{u^r : r \in \mathbb{R}\}$. 定义 $u^r \oplus u^s = u^{\max\{r,s\}}$, $u^r \cdot u^s = u^{r+s}$. 则 $U$ 关于 $\oplus, \cdot$ 成为一个半域 (semifield).

如能定义从 $F = \mathbb{Z}[x_i]_{i=3}^m \langle z_t : t \in \mathbb{Z} \rangle$ 到半域 $U$ 的半域同态, 则由 $U$ 有无穷个元素, 可导出 $\{z_t : t \in \mathbb{Z}\}$ 有无穷个元素. 具体地, 分如下两个情况讨论.

**情形 1** $bc > 4$.

这时方程 $\lambda^2 - (bc-2)\lambda + 1 = 0$ 有实根

$$\lambda = \frac{(bc-2) + \sqrt{(bc-2)^2 - 4}}{2} > 1.$$

定义 $\psi : F \to U$, 满足

$$\psi(x_i) = 1 \ (i = 3, \cdots, m), \quad \psi(z_1) = u^c, \quad \psi(z_2) = u^{\lambda+1}. \tag{8.1}$$

可证 $\psi$ 是一个半域同态. 因为 $z_{t-1} \xrightarrow{\mu_*} z_{t+1}$, $\forall l \in \mathbb{Z}$, 所以由换位公式可以导出

$$\psi(z_{t-1})\psi(z_{t+1}) = \begin{cases} \psi(z_t)^c \oplus 1, & \text{若 } t \text{ 是偶数}, \\ \psi(z_t)^b \oplus 1, & \text{若 } t \text{ 是奇数}. \end{cases} \tag{8.2}$$

事实上, 当 $t$ 是偶数时, 则在 $\mu_1$ 作用下, 有

$$z_{t-1}z_{t+1} = z_{t-1}\mu_1(z_{t-1}) = \prod_{j=3}^m x_j^{[b_{j1}(t)]_+} z_t^{[-c]_+} + \prod_{j=3}^m x_j^{[-b_{j1}(t)]} z_t^{[c]_+}.$$

上述等式两边作用 $\psi$, 并由 $\psi$ 是半域同态, 则得等式

$$\psi(z_{t-1})\psi(z_{t+1}) = 1 \oplus \psi(z_t)^c.$$

当 $t$ 是奇数时, 则在 $\mu_2$ 作用下, 以 $b$ 代替 $c$, 则同理可证得

$$\psi(z_{t-1})\psi(z_{t+1}) = \psi(z_t)^b \oplus 1.$$

综之, 我们获得 (8.2).

用 (8.2), 从 (8.1) 出发, 以递推方法可证: 对于 $k = 0, 1, 2, \cdots$, 有

$$\psi(z_{2k+1}) = u^{\lambda^k c}, \quad \psi(z_{2k+2}) = u^{\lambda^k(\lambda+1)}. \tag{8.3}$$

事实上, 由 $k$ 时的值可导出 $k+1$ 时的值:

$$\psi(z_{2k+3}) = \frac{\psi(z_{2k+2})^c \oplus 1}{\psi(z_{2k+1})} = \frac{u^{\lambda^k(\lambda+1)c} \oplus 1}{u^{\lambda^k c}}$$

$$= u^{\lambda^k(\lambda+1)c - \lambda^k c} = u^{\lambda^{k+1}c}.$$

同理, $\psi(z_{2k+4}) = u^{\lambda^{k+1}(\lambda+1)}$.

因为 $\lambda > 1$, 所以 $\psi(z_t)_{t\in\mathbb{Z}} = \{u^{\lambda^k c}, u^{\lambda^k(\lambda+1)}\}_{k\in\mathbb{N}}$ 是无限集, 因此 $\{z_t : t \in \mathbb{Z}\}$ 是无限集, 故 $\mathcal{A}$ 不是有限型的.

**情形 2** $bc = 4$.

定义 $\psi : F \to U$, 满足: $\psi(x_i) = 1 (i = 3, \cdots, m), \psi(z_1) = u, \psi(z_2) = u^b$. 可证 $\psi$ 是一个半域同态; 并由归纳法和 (8.2) 可证 $\psi(z_{2k-1}) = u^{2k-1}, \psi(z_{2k}) = u^{kb}$. 与上同样可证 $\psi(z_t)_{t\in\mathbb{Z}}$ 是无限集, 因此 $\mathcal{A}$ 不是有限型的. □

**习题 8.3** 对于上述定理证明中 (i), (ii), (iii) 的不同情况, 具体算出各情况下的 $5, 6, 8$ 个非标注种子.

### 8.1.3 定理 8.1 的证明

**(1) $\Rightarrow$ (2)** 8.1.2 小节秩为 2 情况的必要性的证明方法, 可以用到一般秩为 $n$ 时定理中给出 (1) $\Rightarrow$ (2) 的证明.

用反证法. 若不然, 则 $B$ 不是 2-有限的, 即存在 $B' = (b'_{ij})$ 与 $B$ 是变异等价的, 使得有 $i_0, j_0 \in [1, n]$, 满足 $|b'_{i_0 j_0} b'_{j_0 i_0}| \geqslant 4$. 不妨设 $i_0 = 1, j_0 = 2$, 使得 $b'_{i_0 j_0} = b, b'_{j_0 i_0} = -c$, 则

$$B = \begin{pmatrix} 0 & b & * \\ -c & 0 & * \\ * & & * \end{pmatrix}.$$

类似地, 我们有

$$X(0) = (z_1, z_2, z_3', \cdots, z_n') \xrightarrow{\mu_1} X(1) = (z_3, z_2, z_3', \cdots, z_n')$$

$$\xrightarrow{\mu_2} X(2) = (z_3, z_4, z_3', \cdots, z_n') \xrightarrow{\mu_1} X(3) = (z_5, z_4, z_3', \cdots, z_n')$$

$$\xrightarrow{\mu_2} \cdots.$$

对 $F = \mathbb{Z}[x_i]_{i=3}^m \mathbb{Z}[z_j']_{j=3}^n \langle z_t : t \in \mathbb{Z}\rangle$, 定义半域同态 $\psi : F \to U = \{u^r : r \in \mathbb{R}\}$, 使得

$$\text{冰冻变量} x_j \longmapsto 1, z_i' \longmapsto 1, \quad \forall i = 3, \cdots, n, j = 3, \cdots, m,$$

并且当 $bc > 4$ 时, $z_1 \longmapsto u^c, z_2 \longmapsto u^{\lambda+1}$; 当 $bc = 4$ 时, $z_1 \longmapsto u, z_2 \longmapsto u^b$. 与秩为 2 时同样可证 $\{z_t : t \in \mathbb{Z}\}$ 是无限集, 这与 $\mathcal{A}$ 是有限型的矛盾.

但秩为 2 时 (2) $\Rightarrow$ (1) 的证明不能用于一般秩的情况的类似证明, 因为对于一般秩的情况还涉及 $3, \cdots, n$ 位置的丛变量.

**(3) ⇔ (4)**　其实就是下面众所周知的结论.

**定理 8.3**[111]　一个 $n \times n$ 阶的不可分解 Cartan 矩阵是有限型的当且仅当它的 Coxeter 图是 Dynkin 型的, 即同构于图 8.1 中的某一个.

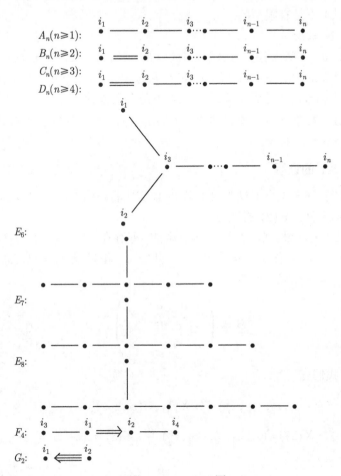

图 8.1　Dynkin 图

图 8.1 中 $B_n$ 是在 $A_n$ 的底图基础上, 再满足: $\overset{i_1}{\bullet} \Longleftarrow \overset{i_2}{\bullet}$ 意味着 $a_{i_2 i_1} = -1$, $a_{i_1 i_2} = -2$; $C_n, F_4$ 意义类似; $G_2$ 是在 $A_2$ 的底图基础上, 再满足: $a_{i_2 i_1} = -1$, $a_{i_1 i_2} = -3$. 由此, $B_n$, $C_n$, $F_4$, $G_2$ 对应的 Cartan 矩阵是可对称化的, Dynkin 图的其他类型对应的 Cartan 矩阵是对称的.

**(2) ⇒ (3)**　证明概述如下.

任意一个符号斜对称矩阵 $B$ 都对应一个赋权箭图 $D_B$ (见下面的定义 8.3), 一个赋权箭图被称为 **2-有限图 (2-finite diagram)**, 如果其通过任意变异 (见命题 8.1) 得到的赋权箭图中任两点间之间的箭向的权至多为 3. 从而一个完全符号斜对称矩阵 $B$ 是 2-有限的当且仅当 $D_B$ 是 2-有限的. 可见, (2) $\Rightarrow$ (3) 等价于要证明: 由 $B$ 决定的 2-有限图变异等价于一个 Dynkin 图的定向图. 由于涉及大量的具有技巧性的组合证明, 故在此省略, 具体证明详见文献 [67, Proposition 5.10.4; 71, Theorem 7.1].

**(4) $\Rightarrow$ (1)** 我们仅给出 $A_n$-型为有限型的证明. 令 $\mathcal{A}$ 是一个 $A_n$-型的丛代数. 令 $Q$ 是一个箭图使得其底图为 $A_n$-型的 Dynkin 图, 则 $Q$ 是 $\mathcal{A}$ 的一个换位矩阵. 因此, $Q$ 是无圈的, 故可以经过有限步变异将其转化成一个线性定向的箭图, 即: $Q$ 中只有一个源点 (source) 和一个汇点 (sink).

考虑 $n+3$ 边形的一个三角剖分 $T = \{(1,3), (1,4), \cdots, (1, n+2)\}$, 其中 $(1, i)$ 表示连接 1 和 $i$ 的对角线, 见例 7.1. 则 $T$ 的关联矩阵对应的箭图为 $Q$ (见例 7.6), 从而 $\mathcal{A}$ 为来自 $n+3$ 边形的丛代数. 根据定理 7.2, $\mathcal{A}$ 的丛变量与 $n+3$ 边形中的对角线一一对应, 一共有 $\dfrac{n(n+3)}{2}$ 条对角线, 故其为有限型.

**注8.1** (1) $D_n$-型的丛代数为来自带一个刺穿点多边形的丛代数 (见例 7.2 和例 7.6), 根据定理 7.2, 其为有限型;

(2) $B_n, C_n$-型的丛代数分别为来自带一个权为 2 和 $\dfrac{1}{2}$ 的轨形点多边形的丛代数, 根据定理 7.2 的轨形版本, 其为有限型;

(3) $E, F, G$-型丛代数需要借用计算机算出所有的丛变量, 从而说明其为有限型.

## 8.2 有限变异型丛代数

由前面我们知道, 一个丛可以由丛变量决定. 现在我们首先说明, 换位矩阵不能决定丛.

事实上, 若丛代数是有限型的, 即在置换等价下, 有有限个种子, 从而只有置换等价下的有限个换位矩阵. 但反之, 换位矩阵的置换等价类只有有限个的时候, 丛变量个数就未必只有有限个.

因此, 我们有如下定义:

**定义 8.2** 一个丛代数 $\mathcal{A}$ 称为**有限变异型的**, 若 $\mathcal{A}$ 在置换等价下的换位矩阵的变异等价类个数只有有限个.

由定义可知, 有限型丛代数必为有限变异型的, 反之不然.

关于有限变异型丛代数的分类, 我们将分斜对称和可斜对称化两种情况进行讨论.

### 8.2.1　斜对称情况

对斜对称丛代数 $\mathcal{A}$, 我们已知的结果是:

**定理 8.4** [57]　一个有限秩的斜对称丛代数 $\mathcal{A}$ 是有限变异型的, 当且仅当 $\mathcal{A}$ 是如下之一类的丛代数:

(1) $\mathcal{A}$ 的秩为 2, 则 $B = \begin{pmatrix} 0 & a \\ -a & 0 \end{pmatrix}$, 其中 $a \in \mathbb{Z}$;

(2) $\mathcal{A}$ 来自于某个标注曲面 $(S, M)$;

(3) $\mathcal{A}$ 的丛箭图 $Q_B$ 变异等价于定向箭图 $E_k, \widetilde{E}_k, E_k^{(1,1)}$ $(k = 6, 7, 8)$, $X_6$, $X_7$ 中某一个, 见图 8.2.

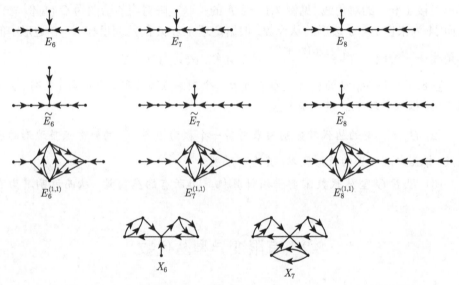

图 8.2　有限变异型的例外型

**注 8.2**　由文献 [57] 知道, 在定理 8.4中,

(1) 情形 1 的 $\mathcal{A}$ 为有限型的当且仅当 $a = 1$;

(2) 情形 2 的 $\mathcal{A}$ 为有限型的当且仅当 $(S, M)$ 为至多带一个刺穿点的多边形;

(3) 情形 3 的 $\mathcal{A}$ 为有限型的当且仅当 $Q_B$ 变异等价于 $E_k, k = 6, 7, 8$.

### 8.2.2　可斜对称化情况

本节中, 我们将介绍可斜对称化有限变异型丛代数的分类, 更多细节请参考文献 [58]. 为此, 我们先引入一些概念.

**定义 8.3**　定义 $n \times n$ 阶可斜对称化矩阵 $B$ 的对应**赋权箭图** (valued diagram)$D_B$ 是: 顶点集 $\{1, 2, \cdots, n\}$; 对 $i, j \in [1, n]$, 若 $b_{ij} > 0$, 则给一个箭向

$i \to j$, 并在箭向上赋权 $|b_{ij}b_{ji}| = -b_{ij}b_{ji}$: $i \xrightarrow{|b_{ij}b_{ji}|} j$.

注意到赋权箭图的底图为 $B$ 对应的 Cartan 矩阵的 Coxeter 图.

易见, 不同的 $B$ 可能对应同一个 $D_B$, 但至多仅有有限个不同 $B$ 可以对应同一个 $Q_B$. 另外, 不是所有的赋权箭图是某个可斜对称化矩阵 $B$ 的 $D_B$. 从而, 我们有下面的结论作为习题.

**习题 8.4** 令 $\mathbb{B}$ 是可斜对称化阵之集, $\mathbb{D}$ 是赋权箭图之集, 则 $\varphi$: $\mathbb{B} \to \mathbb{D}, B \mapsto D_B$ 是一个非满的映射, 且对于任意 $Q \in \mathbb{D}$, 有 $|\varphi^{-1}(Q)| < +\infty$.

**习题 8.5** 赋权箭图 $Q$ 是某个可斜对称化矩阵 $B$ 的 $D_B$, 即 $Q = D_B$ 的一个必要条件是: $Q$ 中任意无向圈上的权之积为一个完全平方数 (即: 是某个整数的平方).

**习题 8.6** 一个可斜对称化整数矩阵 $B$ 与某个斜对称整数矩阵有相同的赋权箭图的充要条件是: $B$ 的赋权箭图的每条箭向的权都是完全平方数.

**命题 8.1**[72, Proposition 8.1] 设可斜对称化整数矩阵 $B$ 对应的赋权箭图为 $D_B$, $\mu_k(B)$ 对应的赋权箭图为 $D_{\mu_k(B)} \doteq \mu_k(D_B)$, 则 $D_{\mu_k(B)}$ 可由 $D_B$ 通过以下步骤得到:

(1) 将 $D_B$ 中与 $k$ 相连的箭向取反, 箭向的权保持不变.

(2) 对于任意 $D_B$ 中的 $i$ 到 $j$ 经过 $k$ 的长度为 2 的有向路, $i$ 到 $j$ 边的箭向和权由以下规则确定, 见图 8.3:

$$\pm\sqrt{c} \pm \sqrt{c'} = \sqrt{ab},$$

其中 $a$ 和 $b$ 分别表示 $i$ 到 $k$ 和 $k$ 到 $j$ 的箭向个数, $c$ 和 $c'$ 分别表示 $D_B$ 和 $D_{\mu_k(B)}$ 中 $i$ 和 $j$ 边的个数. 若在 $D_B$(分别地, $D_{\mu_k(B)}$) 中, $i, j, k$ 构成有向圈, 则 $\sqrt{c}$ (分别地, $\sqrt{c'}$) 前面的符号取正, 反之取负. $c$ 或 $c'$ 有可能取零.

(3) 保持其他箭向和权不变, 见图 8.3.

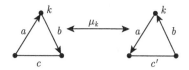

图 8.3 赋权箭图的变异

**证明** 设有可斜对称化整数矩阵 $B = (b_{ij})_{n \times n}$, 它的斜对称化子是 $D = \mathrm{diag}(d_1, \cdots, d_n)$, 则 $(DB)^\top = -DB$. 令 $\mu_k(B) = B' = (b'_{ij})_{n \times n}$, 根据变异公式有:

(i) 当 $i = k$ 或 $j = k$ 时, $b'_{ij} = -b_{ij}, -b'_{ij}b'_{ji} = -(-b_{ij})(-b_{ji}) = -b_{ij}b_{ji}$, 故与 $k$ 相连的箭向的变换满足 (1).

(ii) 当 $i \neq k$ 且 $j \neq k$ 时, 设 $a = -b_{ik}b_{ki}, b = -b_{jk}b_{kj}, c = -b_{ij}b_{ji}, c' = -b'_{ij}b'_{ji}$. 由于 $B$ 是可斜对称化整数矩阵, 故

$$abc = (-b_{ik}b_{ki})(-b_{jk}b_{kj})(-b_{ij}b_{ji}) = b_{ik}^2 \frac{d_i}{d_k} b_{kj}^2 \frac{d_k}{d_j} b_{ji}^2 \frac{d_j}{d_i} = b_{ik}^2 b_{kj}^2 b_{ji}^2.$$

同理可得 $abc = b_{ki}^2 b_{ij}^2 b_{jk}^2$.

若 $i$ 到 $j$ 不存在经过 $k$ 的长度为 2 的有向路, 则 $b_{ik}$ 与 $b_{kj}$, $b_{jk}$ 与 $b_{ki}$ 不同号, 故 $b'_{ij} = b_{ij}, b'_{ji} = b_{ji}$, 因此, 我们得到 (3).

若存在 $i$ 到 $k$ 的箭向且存在 $k$ 到 $j$ 的箭向, 则

$$c' = -(b_{ij} + b_{ik}b_{kj})(b_{ji} - b_{jk}b_{ki})$$
$$= -b_{ij}b_{ji} + b_{ij}b_{jk}b_{ki} - b_{ji}b_{ik}b_{kj} + b_{ik}b_{kj}b_{jk}b_{ki}.$$

若 $j$ 到 $i$ 有箭向, 则

$$b_{ij}b_{jk}b_{ki} = -b_{ji}b_{ik}b_{kj} = -\sqrt{abc}, \quad c' = c + ab - 2\sqrt{abc}.$$

因此

$$c' = (\sqrt{c} - \sqrt{ab})^2. \tag{8.4}$$

且有

$$\sqrt{ab} - \sqrt{c} = \frac{1}{\sqrt{c}}(\sqrt{abc} - c)$$
$$= \frac{1}{\sqrt{c}}(b_{ji}b_{ik}b_{kj} + b_{ij}b_{ji})$$
$$= \frac{1}{\sqrt{c}}(b_{ji}(b_{ij} + b_{ik}b_{kj}))$$
$$= \frac{1}{\sqrt{c}}b_{ji}b'_{ij}.$$

故在 $\Gamma(\mu_k(B))$ 中, 若 $\sqrt{ab} - \sqrt{c}$ 为正, 则存在 $i$ 到 $j$ 的箭向. 此时由 (8.4), 我们有 $\sqrt{ab} = \sqrt{c} + \sqrt{c'}$. 否则, 若 $\sqrt{ab} - \sqrt{c}$ 为负, 存在 $j$ 到 $i$ 的箭向且 $\sqrt{ab} = \sqrt{c} - \sqrt{c'}$.

若 $i$ 到 $j$ 有箭向, 则

$$b_{ij}b_{jk}b_{ki} = -b_{ji}b_{ik}b_{kj} = \sqrt{abc}, \quad c' = c + ab + 2\sqrt{abc}.$$

因此

$$c' = (\sqrt{c} + \sqrt{ab})^2. \tag{8.5}$$

同理可得

$$\sqrt{ab} + \sqrt{c} = \frac{1}{\sqrt{c}}(b_{ij}(b_{jk}b_{ki} - b_{ji})) = \frac{1}{\sqrt{c}}b_{ij}b'_{ji}.$$

故在 $\Gamma(\mu_k(B))$ 中, 若 $\sqrt{ab} + \sqrt{c}$ 为正, 则存在 $j$ 到 $i$ 的箭向. 此时由 (8.5), 我们有 $\sqrt{ab} = -\sqrt{c} + \sqrt{c'}$. 否则, 则存在 $i$ 到 $j$ 的箭向且 $\sqrt{ab} = -\sqrt{c} - \sqrt{c'}$.

当存在 $k$ 到 $i$ 的箭向且存在 $j$ 到 $k$ 的箭向, 则

$$c' = -(b_{ij} - b_{ik}b_{kj})(b_{ji} + b_{jk}b_{ki}) = -b_{ij}b_{ji} - b_{ij}b_{jk}b_{ki} + b_{ji}b_{ik}b_{kj} + b_{ik}b_{kj}b_{jk}b_{ki}.$$

若 $j$ 到 $i$ 有箭向, 则

$$-b_{ij}b_{jk}b_{ki} = b_{ji}b_{ik}b_{kj} = \sqrt{abc},$$

$$c' = c + ab + 2\sqrt{abc},$$

$$\sqrt{ab} + \sqrt{c} = \frac{1}{\sqrt{c}}(b_{ji}(b_{ik}b_{kj} - b_{ij})),$$

故在 $\Gamma(\mu_k(B))$ 中, 若 $\sqrt{ab} + \sqrt{c}$ 为负, 则存在 $i$ 到 $j$ 的箭向, 否则, 存在 $j$ 到 $i$ 的箭向. 若 $i$ 到 $j$ 有箭向, 则

$$-b_{ij}b_{jk}b_{ki} = b_{ji}b_{ik}b_{kj} = -\sqrt{abc}, \quad c' = c + ab - 2\sqrt{abc}.$$

因为

$$\sqrt{ab} - \sqrt{c} = \frac{1}{\sqrt{c}}(b_{ij}(b_{jk}b_{ki} + b_{ji})),$$

故在 $\Gamma(\mu_k(B))$ 中, 若 $\sqrt{ab} - \sqrt{c}$ 为负, 则存在 $i$ 到 $j$ 的箭向, 否则, 存在 $j$ 到 $i$ 的箭向.

综上, 我们得到 (2).  □

一个赋权箭图 $S$ 被称为**s-可分解的**, 若 $S$ 可以由如图 8.4 中六类箭图加上适当的赋权来粘合得到, 其中粘合只能通过白点 (空点) 来进行, 黑点不能做粘合. 我们把这六类赋权箭图称为**基本的**.

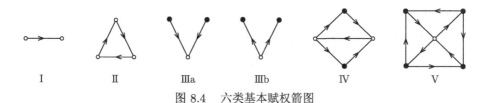

图 8.4  六类基本赋权箭图

对于可斜对称化丛代数, 已知的结论是:

**定理 8.5** [58]    令 $\mathcal{A}$ 是一个不是斜对称情形的可斜对称化丛代数 $\mathcal{A}$, 则如下等价:

(1) $\mathcal{A}$ 是有限变异型的;

(2) $\mathcal{A}$ 的任一换位矩阵 $B$ 的对应赋权箭图 $D_B$ 在变异关系下的等价类只含有有限个赋权箭图;

(3) $\mathcal{A}$ 的任一 $D_B$ 或为 $s$-可分解的, 或变异等价于如下图 8.5中七类赋权箭图之一 (我们称它们为**例外型赋权箭图**).

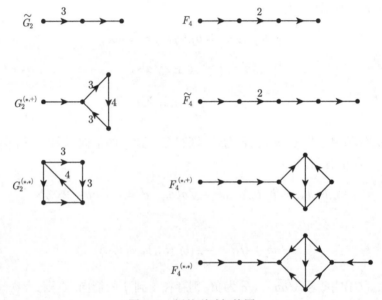

图 8.5    例外型赋权箭图

**证明**    **(1)** $\Leftrightarrow$ **(2)**: 对于 $\mathcal{A}$ 的秩为 2 的情况, 结论是显然的. 对于 $\mathcal{A}$ 的秩大于等于 3 的情况, 由习题 8.4 知

$$\#\{B\text{的变异等价类}\} < +\infty \Leftrightarrow \#\{D_B\text{的变异等价类}\} < +\infty,$$

从而定理中 (1) $\Leftrightarrow$ (2).

**(2)** $\Leftrightarrow$ **(3)**: 其证明见文献 [58], 在此省略.    $\square$

**例 8.1**    若 $B = \begin{pmatrix} 0 & 2 & -4 \\ -1 & 0 & 2 \\ 1 & -1 & 0 \end{pmatrix}$, 则 $B$ 的变异等价类含六个矩阵 (置换等价意义下), $D_B$ 的变异等价类含四个图.

**习题 8.7** 证明秩为 2 的丛代数 $\mathcal{A}$ 总是有限变异型的.

关于 $s$-可分解的赋权箭图我们有如下等价刻画, 详细请参考 [59, Lemma 4.10, Lemma 4.11].

**定理 8.6** $D_B$ 为 $s$-可分解的当且仅当 $B$ 为某个轨形的三角剖分的关联矩阵.

**注 8.3** 来自轨形 $(S, M, U)$ 的丛代数是有限型的当且仅当 $(S, M, U)$ 为至多带一个刺穿点或者至多带一个轨形点的多边形.

关于有限变异型的赋值箭图 (既变异等价类中只含有限个赋权箭图), 我们有如下等价刻画.

**定理 8.7** [58] 顶点个数 $\geqslant 3$ 的连通赋权箭图 $S$ 是有限变异型的当且仅当在 $S$ 的变异等价类中任一图不包含任何权大于 4 的箭向.

证明请参考相关文献, 感兴趣的读者可以尝试证明上述定理.

# 第 9 章 散射图理论简介

本章的主要参考文献为 [91,151]. 为了简化起见, 我们在本节中只考虑不带系数的可斜对称化丛代数, 即扩张换位矩阵为可斜对称化整数方阵的情形.

在 "前言" 中, 我们提到 Gross 等在文献 [91] 中, 已经用散射图理论解决了可斜对称化丛代数的正性猜想等一系列猜想. 他们也在别的文献中, 对丛代数及其他重要领域, 说明了散射图的重要性. 我们在本章粗略介绍一下散射图理论. 这也是为本书在后面用到散射图理论做准备, 即第 10 章的丛代数分母向量的正性和第 11 章的 Theta 基, 都会用到散射图作为工具.

## 9.1 固定数据

**定义 9.1** (固定数据)   一组**固定数据** (Fixed data) $\Gamma = \Gamma(N, N^o, D)$ 包含如下信息:

(1) 一个同构于 $\mathbb{Z}^n$ 的格 $N$ 并且其上具有一个斜对称双线性型

$$\{\cdot, \cdot\} : N \times N \to \mathbb{Q}; \tag{9.1}$$

(2) 令 $M = \operatorname{Hom}(N, \mathbb{Z}), M^o = \operatorname{Hom}(N^o, \mathbb{Z})$;

(3) 子格 $N^o \subset N$, 同时 $N^o$ 是 $N$ 的子群且指数 $[N, N^o] < \infty$ 以及 $\{N^o, N\} \subset \mathbb{Z}$;

(4) 存在正整数对角矩阵 $D = \operatorname{diag}(d_1, \cdots, d_n)$ 满足 g.c.d.$(d_1, \cdots, d_n) = 1$.

给定一组固定数据 $\Gamma$, 令 $N_{\mathbb{R}} = N \otimes \mathbb{R}, M_{\mathbb{R}} = M \otimes \mathbb{R}$, 因此我们有

$$N^o \subset N \subset N_{\mathbb{R}}, \quad M \subset M^o \subset M_{\mathbb{R}}. \tag{9.2}$$

**定义 9.2** (种子)   令 $\Gamma$ 是一组固定数据, $\Gamma$ 的一个**种子** $\mathfrak{s} = (e_1, \cdots, e_n)$ 为 $N$ 的一组基使得 $(d_1 e_1, \cdots, d_n e_n)$ 是 $N^o$ 的一组基.

**注 9.1**   一般来说, 一组固定数据不一定总是有种子的.

接下来, 我们总是考虑具有种子的固定数据 $\Gamma$. 令 $\mathfrak{s} = (e_1, \cdots, e_n)$ 为 $\Gamma$ 的一个种子. 记 $(e_1^*, \cdots, e_n^*)$ 为 $(e_1, \cdots, e_n)$ 在 $M$ 中的对偶基, 即满足 $e_i^*(e_j) = \delta_{ij}$, 其中 $\delta$ 为 Kronecker 符号

$$\delta_{ij} = \begin{cases} 1, & \text{如果 } j = i, \\ 0, & \text{如果 } j \neq i. \end{cases}$$

令

$$f_i = d_i^{-1} e_i^*, \quad i = 1, \cdots, n, \tag{9.3}$$

那么 $(f_1, \cdots, f_n)$ 为 $M^o$ 的基.

因此, 我们有如下同构:

$$\phi_{\mathfrak{s}} : N \to \mathbb{Z}^n, \quad N_{\mathbb{R}} \to \mathbb{R}^n, \tag{9.4}$$

$$e_i \mapsto \mathbf{e}_i,$$

$$\phi_{\mathfrak{s}} : M^o \to \mathbb{Z}^n, \quad M_{\mathbb{R}} \to \mathbb{R}^n, \tag{9.5}$$

$$f_i \mapsto \mathbf{e}_i,$$

其中 $\mathbf{e}_1, \cdots, \mathbf{e}_n$ 为 $\mathbb{Z}^n$ 的标准基.

分别记 $N \cong_{\mathfrak{s}} \mathbb{Z}^n$, $N_{\mathbb{R}} \cong_{\mathfrak{s}} \mathbb{R}^n$, $M^o \cong_{\mathfrak{s}} \mathbb{Z}^n$, $M_{\mathbb{R}} \cong_{\mathfrak{s}} \mathbb{R}^n$.

**注 9.2** 在同构 $N \cong_{\mathfrak{s}} \mathbb{Z}^n$, $M^o \cong_{\mathfrak{s}} \mathbb{Z}^n$ 的意义下, 对任意 $\mathbf{n} \in N^o \subset N$ 以及 $\mathbf{m} \in M^o$, **典范对** (canonical pairing) $\langle \mathbf{n}, \mathbf{m} \rangle$ 由下式给出:

$$\langle \mathbf{n}, \mathbf{m} \rangle := \widetilde{\mathbf{n}}^\top D^{-1} \widetilde{\mathbf{m}}, \tag{9.6}$$

其中 $D = \operatorname{diag}(d_1, \cdots, d_n)$, $\widetilde{\mathbf{n}}$ 为 $\mathbf{n}$ 在基 $e_1, \cdots, e_n$ 下的坐标, $\widetilde{\mathbf{m}}$ 为 $\mathbf{m}$ 在基 $f_1, \cdots, f_n$ 下的坐标. 我们同样将公式 (9.6) 作为 $N_{\mathbb{R}} \times M_{\mathbb{R}}$ 上的典范对.

**注 9.3** 一组固定数据的种子 $\mathfrak{s}$ 对应于域 $\mathcal{F}_{X_{\mathfrak{s}}}$ 中的种子 $(X_{\mathfrak{s}}, B_{\mathfrak{s}})$, 其中 $\mathcal{F}_{X_{\mathfrak{s}}}$ 是由独立变量 $x_1, \cdots, x_n$ 生成的有理函数域, $X_{\mathfrak{s}} = \{x_1, \cdots, x_n\}$, $B_{\mathfrak{s}} = (b_{ij})$ 满足

$$b_{ij} = \{d_i e_i, e_j\}. \tag{9.7}$$

对任意 $\mathbf{m} = m_1 f_1 + \cdots + m_n f_n \in M^o$, 记 $X_{\mathfrak{s}}^{\mathbf{m}} = x_1^{m_1} x_2^{m_2} \cdots x_n^{m_n}$.

根据双线性型 $\{\cdot, \cdot\}$ 的斜对称性, 可见矩阵 $B_{\mathfrak{s}}$ 为可斜对称化的, 并且斜对称化子为 $D^{-1}$.

**注 9.4** 反过来, 给定一个可斜对称化矩阵 $B$, 设 $S = \operatorname{diag}(s_i)$ 为其斜对称化子使得 $\gcd(s_1, \cdots, s_n) = 1$. 令 $d_i = \prod_j s_j / s_i$, $D = \operatorname{diag}(d_i)$. 因此 $D^{-1} B$ 是斜对称的. 令 $N = \mathbb{Z}^n$, 其上有一个由矩阵 $D^{-1} B$ 决定的斜对称双线性型. 记 $e_1, \cdots, e_n$ 为 $N$ 的典范基, $N^o = \oplus d_i \mathbb{Z} e_i$. 从而我们通过 $B$ 得到一组固定数据 $\Gamma$ 并且 $\mathfrak{s} = \{e_1, \cdots, e_n\}$ 为 $\Gamma$ 的一组基. 不难发现, 此时我们有 $B_{\mathfrak{s}} = B$.

给定一组固定数据, 我们有如下的态射

$$p^* : N \to M^o, \quad \mathbf{n} \mapsto \{\cdot, \mathbf{n}\}. \tag{9.8}$$

**习题 9.1**　利用 (9.7) 定义的矩阵 $B_\mathfrak{s}$, 我们有

(1) $p^*(e_j) = \sum_{i=1}^n b_{ij} f_i$;

(2) 在基 $\{e_1, \cdots, e_n\}$ 和基 $\{f_1, \cdots, f_n\}$ 下, $p^*$ 对应的矩阵为 $B_\mathfrak{s}$;

(3) 在种子 $(X_\mathfrak{s}, B_\mathfrak{s})$ 中, 我们有

$$\hat{y}_i = \prod_{j=1}^n x_j^{b_{ji}} = X_\mathfrak{s}^{p^*(e_i)}. \tag{9.9}$$

记 $N^+ = N_\mathfrak{s}^+ = \{\sum_{i=1}^n a_i e_i \mid a_i \in \mathbb{Z}_{\geqslant 0}, \sum_{i=1}^n a_i \neq 0\}$.

通常, 对于一组固定数据 $\Gamma$, 如果映射 $p^*$ 是一个单射, 那么这组固定数据被称为满足**单性假设**. 下文中我们涉及的固定数据 $\Gamma$ 都假定是满足单性假设的.

**习题 9.2**　映射 $p^*$ 是单射当且仅当矩阵 $B_\mathfrak{s}$ 满秩, 亦当且仅当 $\hat{y}_1, \cdots, \hat{y}_n$ 代数独立.

## 9.2　墙

本节中给定一组固定数据 $\Gamma$, 我们固定 $M_\mathbb{R}$ 中的一个严格凸的 $n$ 维锥体 $\sigma$ 使得

$$P := \sigma \cap M^o \tag{9.10}$$

包含所有的 $p^*(e_i), i = 1, \cdots, n$. 不难发现, $P$ 关于加法是一个半群.

**注 9.5**　由于 $p^*$ 对应的矩阵为 $B_\mathfrak{s}$, 在同构 $M_\mathbb{R} \cong_\mathfrak{s} \mathbb{R}^n$ 意义下, 我们有 $\mathbf{b}_i = p^*(e_i), i = 1, \cdots, n$. 令 $\sigma$ 是由向量 $\mathbf{b}_1, \cdots, \mathbf{b}_n$ 生成的凸锥. 由习题 9.2, $B_\mathfrak{s}$ 是满秩的. 故 $\sigma$ 是一个严格凸的 $n$ 维锥体并且 $p^*(e_i) \in \sigma \cap M^o, i = 1, \cdots, n$, 因此 $\sigma$ 满足上述 (9.10) 的要求.

令 $K$ 为任一特征为 $0$ 的域. 记 $0_P$ 为半群 $P$ 中的零元素, 由于 $\sigma$ 是一个椎体, $P \setminus \{0_P\}$ 是一个子半群. 记 $K[P]$ 为 $P$ 的半群代数, 那么 $J = K[P] \setminus K0_P$ 为 $K[P]$ 的一个极大理想. 令

$$\widetilde{K[P]} = \lim_{+\infty \leftarrow n} K[P]/J^n \tag{9.11}$$

为 $K[P]$ 关于 $J$ 的完备化. 对任意 $\mathbf{m} = (m_1, \cdots, m_n) \in P$, 记 $X^\mathbf{m} = x_1^{m_1} \cdots x_n^{m_n}$, 可以将任意 $K[P]$ 和 $\widetilde{K[P]}$ 中的元素分别写成关于 $X^\mathbf{m}$ 的多项式和形式幂级数如下:

$$\sum_{\mathbf{m} \in P} c_\mathbf{m} X^\mathbf{m}, \quad c_\mathbf{m} \in K. \tag{9.12}$$

**注 9.6** 由 (9.9) 以及 $p^*(e_i) \in P, i = 1, \cdots, n$ 知

$$K[\hat{y}_1, \cdots, \hat{y}_n] \subset K[P], \quad K[[\hat{y}_1, \cdots, \hat{y}_n]] \subset \widetilde{K[P]}.$$

**定义 9.3** 对于一个种子 $\mathfrak{s}$, 定义 $\mathfrak{s}$ 的一面**墙** (wall) 是满足如下条件的三元组 $(\mathbf{n}, W, f_W)$:

(1) $\mathbf{n} = \sum_{i=1}^n a_i e_i \in N^+$ 是一个本原向量, 即最大公因数 g.c.d.$(a_1, \cdots, a_n) = 1$;

(2) 在同构 $M_{\mathbb{R}} \cong_{\mathfrak{s}} \mathbb{R}^n$ 的意义下, $W \subset \mathbf{n}^\perp := \{\mathbf{m} \in M_{\mathbb{R}} \mid \langle \mathbf{n}, \mathbf{m} \rangle = 0\}$ 是余维数为 1 的一个凸多面锥;

(3) $f_W$ 是 $\widetilde{K[P]}$ 中的一个 (形式) 多项式并且具有如下形式

$$f_W = 1 + \sum_{k=1}^\infty c_k X^{kp^*(\mathbf{n})} = 1 + \sum_{k=1}^\infty c_k X^{kB_\mathfrak{s}\mathbf{n}}. \tag{9.13}$$

我们称 $\mathbf{n}$ 为**法向量** (normal vector), $W$ 为**支撑** (support), $f_W$ 为**墙函数** (wall function).

我们称墙 $(\mathbf{n}, W, f_W)$ 为**内向的** (incoming), 如果 $p^*(\mathbf{n}) \in W$. 否则, 我们称墙 $(\mathbf{n}, W, f_W)$ 为**外向的** (outgoing).

**注 9.7** 记 $\tilde{\mathbf{n}}$ 为 $\mathbf{n}$ 在基 $e_1, \cdots, e_n$ 下的坐标, 根据习题 9.1, 我们有 $p^*(\mathbf{n})$ 在基 $f_1, \cdots, f_n$ 下的坐标为 $B_\mathfrak{s}\tilde{\mathbf{n}}$. 再根据等式 (9.6) 以及矩阵 $D^{-1}B_\mathfrak{s}$ 的斜对称性, 我们有 $\langle \mathbf{n}, p^*(\mathbf{n}) \rangle = \tilde{\mathbf{n}}^\top D^{-1} B_\mathfrak{s} \tilde{\mathbf{n}} = 0$. 因此, $p^*(\mathbf{n}) \in \mathbf{n}^\perp$.

**例 9.1** 令 $\mathbf{n} = e_i, W = e_i^\perp$ 且 $f_W = 1 + \hat{y}_i$. 则 $(\mathbf{n}, W, f_W)$ 是一面墙. 根据注 9.7, 我们有 $p^*(e_i) \in e_i^\perp = W$, 所以 $(\mathbf{n}, W, f_W)$ 是一面内向的墙.

对任意正整数 $l$, 记 $I_l$ 为 $\widetilde{K[P]}$ 的由子集 $\{X^{p^*(\mathbf{n})} \mid \text{若} \sum a_i \geqslant l \text{对于} \mathbf{n} = \sum a_i e_i\}$ 生成的理想. 我们称 $f = 1 + \sum_{\mathbf{m} \in P, \mathbf{m} \neq 0} c_\mathbf{m} X^\mathbf{m} \in \widetilde{K[P]}$ **在模 $I_l$ 下平凡**, 如果 $f$ 在 $\widetilde{K[P]}/I_l$ 中的同态像为 1, 即 $\sum_{\mathbf{m} \in P, \mathbf{m} \neq 0} c_\mathbf{m} X^\mathbf{m} \in I_l$.

# 9.3 散 射 图

接下来, 我们给出散射图的定义.

**定义 9.4** 令 $\mathfrak{s}$ 为一个种子. 关于 $\mathfrak{s}$ 的一个**散射图** (scattering diagram)

$$\mathcal{D} = \{(\mathbf{n}_j, W_j, f_{W_j}) \mid j \in \Lambda\}$$

是可数个关于种子 $\mathfrak{s}$ 的墙的一个集合, 并且满足**有限性条件**, 即对任意正整数 $l$, 只存在有限面墙使得其墙函数在模 $I_l$ 下非平凡.

散射图 $\mathcal{D}$ 的**支撑区域** (supporting area) 和**奇异区域** (singular area) 分别被定义为

$$\mathrm{Supp}(\mathcal{D}) = \bigcup_{j\in\Lambda} W_j, \tag{9.14}$$

$$\mathrm{Sing}(\mathcal{D}) = \left(\bigcup_{j\in\Lambda} \partial W_j\right) \bigcup \left(\bigcup_{j,j'\in\Lambda,\dim(W_j\cap W_{j'})=n-2} (W_j\cap W_{j'})\right), \tag{9.15}$$

其中 $\partial W_j$ 为墙 $W_j$ 的边界.

显然, 奇异区域 $\mathrm{Sing}(\mathcal{D})$ 是支撑区域 $\mathrm{Supp}(\mathcal{D})$ 的子集, 称奇异区域的点是支撑区域的**奇点**.

**定义 9.5**　给定一个散射图 $\mathcal{D}$, 在同构 $M_{\mathbb{R}}\cong\mathbb{R}^n$ 的意义下, 一条相对于 $\mathcal{D}$ 的**允许曲线** (admissible curve) 为一个映射 $\gamma:[0,1]\to\mathbb{R}^n$, 满足如下条件:

(1) $\gamma$ 与 $\mathrm{Sing}(\mathcal{D})$ 不相交, 即: $\mathrm{Im}(\gamma)\cap\mathrm{Sing}(\mathcal{D})=\varnothing$;

(2) $\gamma$ 的端点不落在 $\mathrm{Supp}(\mathcal{D})$ 中, 即: $\gamma(0),\gamma(1)\notin\mathrm{Supp}(\mathcal{D})$;

(3) $\gamma$ 是一条光滑曲线并且与 $\mathcal{D}$ 中的每一面墙的支撑都横向相交, 即: $\gamma$ 与该墙支撑的交点处, $\gamma$ 的方向与墙的法向量 $\mathbf{n}$ 不垂直.

下面我们提到的曲线都将是允许曲线, 它们与墙的支撑的横向相交简称相交, 或简称为与墙相交.

**定义 9.6**　对任意 $\mathbf{n}_0\in N^+, \mathbf{m}_0=p^*(\mathbf{n}_0)$ 以及 $f=1+\sum_{k=1}^{\infty}c_kX^{k\mathbf{m}_0}\in\widetilde{K[P]}$, 我们定义 $\widetilde{K[P]}$ 上的一个自同构 $\mathcal{P}_{\mathbf{n}_0,f}$ 如下:

$$\mathcal{P}_{\mathbf{n}_0,f}(X^{\mathbf{m}}) = X^{\mathbf{m}}f^{\langle\mathbf{n}_0',\mathbf{m}\rangle} \quad (\mathbf{m}\in P\subset M^o), \tag{9.16}$$

其中 $\mathbf{n}_0'=c\mathbf{n}_0$, $c$ 为最小的正有理数使得 $c\mathbf{n}_0\in N^o$.

**习题 9.3**　在同构 $N\cong_s\mathbb{Z}^n, M^o\cong_s\mathbb{Z}^n$ 的意义下,

(1) 令 $\mathbf{n}_0=\mathbf{e}_i$, 说明 $\mathbf{m}_0=\mathbf{b}_i$ 为矩阵 $B_s$ 的第 $i$ 列且 $\mathbf{n}_0'=d_i\mathbf{e}_i$.

(2) 令 $f=1+X^{\mathbf{b}_i}=1+\hat{y}_i$, 说明 $\mathcal{P}_{\mathbf{n}_0,f}(X^{\mathbf{m}})=X^{\mathbf{m}}(1+\hat{y}_i)^{\langle d_i\mathbf{e}_i,\mathbf{m}\rangle}$.

**定义 9.7**　对于任意的散射图 $\mathcal{D}$ 以及一条相对于 $\mathcal{D}$ 的允许曲线 $\gamma$, 我们通过如下方式定义**穿墙自同构** (wall-crossing automorphism) $\mathcal{P}_{\gamma,\mathcal{D}}\in\mathrm{Aut}(\widetilde{K[P]})$:

(1) 对任意正整数 $l$, 根据 $\mathcal{D}$ 的有限性条件, 存在有限面墙使得对应的墙函数关于 $I_l$ 是非平凡的. 在这有限面墙中, 假设与 $\gamma$ 相交的墙依次为 $(\mathbf{n}_1,W_1^l,f_{W_1^l})$, $\cdots,(\mathbf{n}_r,W_r^l,f_{W_r^l})$. 那么存在 $t_1,\cdots,t_r$ 满足 $0<t_1\leqslant t_2\leqslant\cdots\leqslant t_r<1$ 使得当 $t=t_s,1\leqslant s\leqslant r$ 时, $\gamma$ 与 $W_s^l$ 相交, 即 $\gamma(t_s)\in W_s^l$.

(2) 对任意 $s = 1, \cdots, r$, 令

$$\epsilon_s = \begin{cases} 1, & \text{如果 } \langle \mathbf{n}_s, \gamma'(t_s) \rangle < 0, \\ -1, & \text{如果 } \langle \mathbf{n}_s, \gamma'(t_s) \rangle > 0, \end{cases} \tag{9.17}$$

其中 $\gamma'$ 为 $\gamma$ 的导函数.

(3) 对于任意正整数 $l$, 令 $\mathcal{P}^l_{\gamma,\mathcal{D}} = \mathcal{P}^{\epsilon_r}_{\mathbf{n}_r, f_{W_r^l}} \circ \cdots \circ \mathcal{P}^{\epsilon_r}_{\mathbf{n}_1, f_{W_1^l}}$. 最后, 定义

$$\mathcal{P}_{\gamma,\mathcal{D}} = \lim_{l \to \infty} \mathcal{P}^l_{\gamma,\mathcal{D}}. \tag{9.18}$$

**定义 9.8** 令 $\Gamma$ 为一组固定数据, $\mathfrak{s}$ 为 $\Gamma$ 的一个种子. 一个散射图 $\mathcal{D}$ 称为**连贯的** (consistent), 如果相对于 $\mathcal{D}$ 的任意允许曲线 $\gamma$, $\mathcal{P}_{\gamma,\mathcal{D}}$ 都只依赖于 $\gamma$ 的起点 $\gamma(0)$ 和终点 $\gamma(1)$.

**定义 9.9** 令 $\Gamma$ 为一组固定数据, $\mathfrak{s}$ 为 $\Gamma$ 的一个种子. 两个关于 $\mathfrak{s}$ 的散射图 $\mathcal{D}, \mathcal{D}'$ 称为**等价的**, 如果对于任意相对于 $\mathcal{D}, \mathcal{D}'$ 的允许曲线 $\gamma$, 我们总有 $\mathcal{P}_{\gamma,\mathcal{D}} = \mathcal{P}_{\gamma,\mathcal{D}'}$.

显然, 若散射图 $\mathcal{D}, \mathcal{D}'$ 等价且 $\mathcal{D}$ 是连贯的, 那么 $\mathcal{D}'$ 也是连贯的.

下面是关于散射图的一个重要的基本定理, 给出了散射图的存在性和唯一性. 其证明已经超出了本书范围, 故省去证明.

**定理 9.1** [91, 定理 1.12, 定理 1.28; 151] 给定一组满足单性假设的固定数据 $\Gamma$, 令 $\mathfrak{s}$ 为 $\Gamma$ 的一个种子. 那么在等价的意义下存在唯一一个散射图 $\mathcal{D}_\mathfrak{s}$ 满足如下条件:

(1) 内向墙的集合 $\mathcal{D}_{in,\mathfrak{s}}$ 为 $\{(e_i, e_i^\perp, 1 + \hat{y}_i) \mid i = 1, \cdots, n\} \subset \mathcal{D}_\mathfrak{s}$;

(2) $\mathcal{D}_{out,\mathfrak{s}} := \mathcal{D}_\mathfrak{s} \setminus \mathcal{D}_{in,\mathfrak{s}}$ 恰为外向的墙的集合, 且它们的法向量不为 $e_i, i = 1, \cdots, n$;

(3) $\mathcal{D}_\mathfrak{s}$ 是连贯的.

根据注 9.4, 任意可斜对称化矩阵 $B$ 都对应一个种子 $\mathfrak{s}$, 定理 9.1 中的散射图 $\mathcal{D}_\mathfrak{s}$ 称为关于种子 $\mathfrak{s}$ 的**丛散射图**, 也称为可斜对称化矩阵 $B$ 的**散射图**, 也记作 $\mathcal{D}(B)$.

**注 9.8** 注意到, 我们要求 $\mathfrak{s}$ 满足单性假设, 等价于矩阵 $B = B_\mathfrak{s}$ 是列满秩的 (习题 9.2). 对于一般的矩阵 $B$, 我们利用列满秩矩阵 $\begin{pmatrix} B \\ I_n \end{pmatrix}$ 去类似地得到散射图.

**例 9.2** 图 9.1 为 $A_2$-型连贯散射图的例子. 其有三面墙分别为

$$(e_1, W_1, 1 + \hat{y}_1), \quad (e_2, W_2, 1 + \hat{y}_2), \quad ((1,1)^\top, W_3, 1 + \hat{y}_1 \hat{y}_2),$$

其中 $W_1 = e_1^\perp, W_2 = e_2^\perp, W_3 = \{(x,y) \mid x \geqslant 0, y = -x\}$.

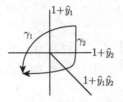

图 9.1　$A_2$-型连贯散射图

其对应矩阵为 $B = \begin{pmatrix} 0 & -1 \\ 1 & 0 \end{pmatrix}$, 因此 $\hat{y}_1 = x_2, \hat{y}_2 = x_1^{-1}$. 根据例 9.1, $(e_1, W_1, 1 + \hat{y}_1), (e_2, W_2, 1 + \hat{y}_2)$ 是内向的. 由于 $p^*((1,1)^\top) = B(1,1)^\top = (-1,1)^\top \notin W_3$, 因此墙 $((1,1)^\top, W_3, 1 + \hat{y}_1\hat{y}_2)$ 是外向的. 显然 $\partial W_i = \varnothing$ 对于 $i = 1, 2, 3$.

令 $\gamma_1, \gamma_2$ 为如图 9.1 所示的两条允许曲线. $\gamma_1$ 依次与墙 $(e_1, W_1, 1 + \hat{y}_1), (e_2, W_2, 1 + \hat{y}_2)$ 相交, $\gamma_2$ 依次与墙 $(e_2, W_2, 1 + \hat{y}_2), ((1,1)^\top, W_3, 1 + \hat{y}_1\hat{y}_2), (e_1, W_1, 1 + \hat{y}_1)$ 相交. 注意到, 当 $l \geqslant 2$ 时我们有

$$\mathcal{P}^l_{\gamma_1, \mathcal{D}} = \mathcal{P}_{e_2, 1+\hat{y}_2} \circ \mathcal{P}_{e_1, 1+\hat{y}_1}, \quad \mathcal{P}^l_{\gamma_2, \mathcal{D}} = \mathcal{P}_{e_1, 1+\hat{y}_1} \circ \mathcal{P}_{(1,1)^\top, 1+\hat{y}_1\hat{y}_2} \circ \mathcal{P}_{e_2, 1+\hat{y}_2}.$$

因此

$$\mathcal{P}_{\gamma_1, \mathcal{D}} = \lim_{l \to \infty} \mathcal{P}^l_{\gamma_1, \mathcal{D}} = \mathcal{P}_{e_2, 1+\hat{y}_2} \circ \mathcal{P}_{e_1, 1+\hat{y}_2},$$

$$\mathcal{P}_{\gamma_2, \mathcal{D}} = \lim_{l \to \infty} \mathcal{P}^l_{\gamma_2, \mathcal{D}} = \mathcal{P}_{e_1, 1+\hat{y}_1} \circ \mathcal{P}_{(1,1), 1+\hat{y}_1\hat{y}_2} \circ \mathcal{P}_{e_2, 1+\hat{y}_2}.$$

由定义 9.6, 我们有

$$\begin{aligned}
(\mathcal{P}_{e_2, 1+\hat{y}_2} \circ \mathcal{P}_{e_1, 1+\hat{y}_1})(x_1) &= \mathcal{P}_{e_2, 1+\hat{y}_2}(x_1(1 + \hat{y}_1)) \\
&= \mathcal{P}_{e_2, 1+\hat{y}_2}(x_1(1 + x_2)) \\
&= \mathcal{P}_{e_2, 1+\hat{y}_2}(x_1) + \mathcal{P}_{e_2, 1+\hat{y}_2}(x_1 x_2) \\
&= x_1 + x_1 x_2(1 + \hat{y}_2) \\
&= x_1 + x_1 x_2(1 + x_1^{-1}) \\
&= x_1 + x_2 + x_1 x_2,
\end{aligned}$$

$$\begin{aligned}
(\mathcal{P}_{e_1, 1+\hat{y}_1} \circ \mathcal{P}_{(1,1), 1+\hat{y}_1\hat{y}_2} \circ \mathcal{P}_{e_2, 1+\hat{y}_2})(x_1) &= (\mathcal{P}_{e_1, 1+\hat{y}_1} \circ \mathcal{P}_{(1,1), 1+\hat{y}_1\hat{y}_2})(x_1) \\
&= \mathcal{P}_{e_1, 1+\hat{y}_1}(x_1(1 + \hat{y}_1\hat{y}_2)) \\
&= \mathcal{P}_{e_1, 1+\hat{y}_1}(x_1(1 + x_2 x_1^{-1}))
\end{aligned}$$

$$= \mathcal{P}_{e_1, 1+\hat{y}_1}(x_1) + \mathcal{P}_{e_1, 1+\hat{y}_1}(x_2)$$

$$= x_1(1 + \hat{y}_1) + x_2$$

$$= x_1 + x_2 + x_1 x_2.$$

同理, 我们有

$$(\mathcal{P}_{e_2, 1+\hat{y}_2} \circ \mathcal{P}_{e_1, 1+\hat{y}_1})(x_2) = x_2 + x_1^{-1} x_2$$

$$= (\mathcal{P}_{e_1, 1+\hat{y}_1} \circ \mathcal{P}_{(1,1), 1+\hat{y}_1\hat{y}_2} \circ \mathcal{P}_{e_2, 1+\hat{y}_2})(x_2).$$

因此, 我们得到 $\mathcal{P}_{\gamma_1, \mathcal{D}} = \mathcal{P}_{\gamma_2, \mathcal{D}}$, 从而 $\mathcal{D}$ 是连贯的.

**注 9.9** 目前例题 9.2 中的散射图连贯性的证明是不严格的. 它的严格证明依赖于如下两个事实

(1) 对任意允许曲线 $\gamma$, 记 $\overline{\gamma}$ 为 $\gamma$ 的反向. 那么对于任意正整数 $l$, 我们有

$$\mathcal{P}_{\overline{\gamma}, \mathcal{D}}^l = (\mathcal{P}_{\gamma, \mathcal{D}}^l)^{-1}, \qquad \mathcal{P}_{\overline{\gamma}, \mathcal{D}} = (\mathcal{P}_{\gamma, \mathcal{D}})^{-1}.$$

(2) 对任意两条允许曲线 $\gamma_1, \gamma_2$, 如果其中 $\gamma_1$ 的终点 $\gamma_1(1)$ 与 $\gamma_2$ 的起点 $\gamma_2(0)$ 相同, 我们以 $\gamma_2 \circ \gamma_1$ 表示与 $\gamma_1$ 和 $\gamma_2$ 连接后的曲线同伦等价的光滑曲线, 那么对于任意正整数 $l$, 我们有

$$\mathcal{P}_{\gamma_2 \circ \gamma_1, \mathcal{D}}^l = \mathcal{P}_{\gamma_2, \mathcal{D}}^l \circ \mathcal{P}_{\gamma_1, \mathcal{D}}^l, \qquad \mathcal{P}_{\gamma_2 \circ \gamma_1, \mathcal{D}} = \mathcal{P}_{\gamma_2, \mathcal{D}} \circ \mathcal{P}_{\gamma_1, \mathcal{D}}.$$

**习题** 请给出上述注记中两个事实的证明并补充完整例题 9.2 中的散射图连贯性的严格证明.

## 9.4 胞腔和散射图的拉回

本节中, 我们介绍散射图的胞腔和散射图的拉回.

令 $B$ 是一个可斜对称化矩阵, $\mathcal{D}(B)$ 是 $B$ 对应的散射图, 我们把

$$\mathbb{R}^n \setminus \left( \bigcup_{(\mathbf{n}, W, f) \in \mathcal{D}(B)} W \right)$$

的一个道路连通分支称为 $\mathcal{D}(B)$ 的一个**胞腔**. 由胞腔的定义及定理 9.1, 我们知道 $(\mathbb{R}_{>0})^n$ 和 $(\mathbb{R}_{<0})^n$ 一定是 $\mathcal{D}(B)$ 的胞腔, 这两个胞腔分别叫做**全正胞腔**和**全负胞腔**.

一个 $\mathcal{D}(B)$ 的胞腔 $\mathcal{C}$ 被称为**可达的胞腔**, 如果存在一条有限横向相交的允许曲线 $\gamma$ 使得起点 $\gamma(0)$ 在全正胞腔内, 终点 $\gamma(1)$ 在胞腔 $\mathcal{C}$ 内.

**定理 9.2** [91, 引理 2.10]　设 $\mathcal{A}$ 是一个 $t_0$ 处带主系数的可斜对称化丛代数, 则它的散射图 $\mathcal{D}(B_{t_0})$ 的可达胞腔都形如

$$\mathbb{R}_{>0}\mathbf{g}_1 + \cdots + \mathbb{R}_{>0}\mathbf{g}_n,$$

其中 $G = (\mathbf{g}_1, \cdots, \mathbf{g}_n)$ 是 $\mathcal{A}$ 的一个 $G$-矩阵.

令 $I$ 是 $[1, n]$ 的一个子集, 我们假设 $I = \{i_1, \cdots, i_p\}$ 并且 $i_1 < i_2 < \cdots < i_p$. 令 $\pi_I : \mathbb{R}^n \to \mathbb{R}^{|I|} = \mathbb{R}^p$ 是**标准投影**, $\pi_I(\mathbf{m}) = (m_{i_1}, \cdots, m_{i_p})^\top$, 其中 $\mathbf{m} = (m_1, \cdots, m_n)^\top \in \mathbb{R}^n$. 令 $\pi_I^\top : \mathbb{R}^{|I|} = \mathbb{R}^p \to \mathbb{R}^n$ 是如下的坐标嵌入:

$$\pi_I^\top(\mathbf{v})_i = \begin{cases} v_k, & i = i_k \in I, \\ 0, & \text{其他,} \end{cases}$$

其中 $\mathbf{v} = (v_1, \cdots, v_p)^\top \in \mathbb{R}^p$.

设 $I$ 是 $\{1, 2, \cdots, n\}$ 的一个子集, 令 $B^\dagger = (b_{ij})_{i,j \in I}$ 是 $B$ 的由 $I$ 确定的主子矩阵. 在文献 [144] 中, 散射图 $\mathcal{D}(B^\dagger)$ 的**拉回**(pull-back) 被定义为

$$\pi_I^* \mathcal{D}(B^\dagger) = \{(\pi_I^\top(\mathbf{v}), \pi_I^{-1}(W), \pi_I(f_W)) | (\mathbf{v}, W, f_W) \in \mathcal{D}(B^\dagger)\},$$

其中 $\pi_I(f_W)$ 为将 $f_W$ 中 $\hat{y}_i, i \neq I$ 均变为 1 得到.

Muller 在文献 [144, Theorem 5.1.1] 中描述了如何从散射图 $\mathcal{D}(B)$ 去得到散射图 $\pi_I^* \mathcal{D}(B^\dagger)$, 其中 $B$ 是一个斜对称矩阵. 事实上, Muller 的证明也适用于可斜对称化矩阵, 下面的定理是文献 [144, Theorem 5.1.1] 的可斜对称化版本.

**定理 9.3**　对每个可斜对称化矩阵 $B$, 从散射图 $\mathcal{D}(B)$ 中删除如下的墙 $(\mathbf{u}, W, f_W)$, 其中 $\mathbf{u} = (u_1, \cdots, u_n)$ 满足: 存在 $i \notin I$ 使得 $u_i \neq 0$. 剩余的墙就构成了散射图 $\pi_I^* \mathcal{D}(B^\dagger)$.

## 9.5　散射图的变异

**定义 9.10** (种子变异)　令 $\Gamma$ 为一组固定数据, $\mathfrak{s} = (e_1, \cdots, e_n)$ 为 $\Gamma$ 的一个种子. 对任意 $k = 1, \cdots, n$, 我们定义一个新的种子 $\mu_k(\mathfrak{s}) = (e_1', \cdots, e_n')$ 如下:

$$e_i' = \begin{cases} -e_k, & \text{若 } i = k, \\ e_i + [b_{ki}]_+ e_k, & \text{若 } i \neq k. \end{cases} \tag{9.19}$$

我们称 $\mu_k(\mathfrak{s})$ 为 $\mathfrak{s}$ 在方向 $k$ 处的**变异**.

**命题 9.1**　(1) $\mu_k(\mathfrak{s}) = (e_1', \cdots, e_n')$ 为 $\Gamma$ 的一个种子.

(2) 由种子 $\mu_k(\mathfrak{s}) = (e_1', \cdots, e_n')$ 根据 (9.7) 得到的矩阵 $B'$ 恰好为矩阵 $B$ 在方向 $k$ 的变异 $\mu_k(B)$.

**证明** (1) 根据种子定义 (9.19), 我们有

$$(e'_1, \cdots, e'_n) = (e_1, \cdots, e_n)(J_k + [B]^{k\bullet}_+),$$

从而

$$(d_1 e'_1, \cdots, d_n e'_n) = (d_1 e_1, \cdots, d_n e_n)(J_k + [-B^{\mathrm{T}}]^{k\bullet}_+),$$

其中 $D = \mathrm{diag}(d_1, \cdots, d_n)$.

由引理 6.6, 矩阵 $J_k + [B]^{k\bullet}_+$, $J_k + [-B^{\mathrm{T}}]^{k\bullet}_+$ 是可逆矩阵并且行列式为 $-1$. 故 $e'_1, \cdots, e'_n$ 构成 $N$ 的基, 同时 $d_1 e'_1, \cdots, d_n e'_n$ 构成 $N^o$ 的基, 因此 $(e'_1, \cdots, e'_n)$ 是 $\Gamma$ 的种子.

(2) 根据等式 (9.7), 当 $j \neq k$ 时,

$$b'_{kj} = \{d_k e'_k, e'_j\} = \{-d_k e_k, e_j + [b_{kj}]_+ e_k\} = -\{d_k e_k, e_j\} = -b_{kj},$$

同理我们有 $b'_{jk} = -b_{jk}, b'_{kk} = b_{kk} = 0$.

当 $i, j \neq k$ 时,

$$
\begin{aligned}
b'_{ij} &= \{d_i e'_i, e'_j\} = d_i \{e_i + [b_{ki}]_+ e_k, e_j + [b_{kj}]_+ e_k\} \\
&= d_i \{e_i, e_j + [b_{kj}]_+ e_k\} + d_i \{[b_{ki}]_+ e_k, e_j + [b_{kj}]_+ e_k\} \\
&= d_i \{e_i, e_j\} + d_i \{e_i, [b_{kj}]_+ e_k\} + d_i \{[b_{ki}]_+ e_k, e_j\} \\
&= b_{ij} + b_{ik}[b_{kj}]_+ + [-b_{ik}]_+ b_{kj}.
\end{aligned}
$$

因此, $B' = \mu_k(B)$. □

**命题 9.2** 在上述种子变异下,

(1) $N^o$ 的基 $d_1 e_1, \cdots, d_n e_n$ 的**变异**为: 对 $i = 1, \cdots, n$,

$$d_i e'_i = \begin{cases} -d_k e_k, & \text{若 } i = k, \\ d_i e_i + [-b_{ik}]_+ d_k e_k, & \text{若 } i \neq k. \end{cases}$$

(2) $M^o$ 的基 $f_1, \cdots, f_n$ **变异**为: 对 $i = 1, \cdots, n$,

$$f'_i = \begin{cases} -f_k + \sum_{j=1}^{n} [-b_{jk}]_+ f_j, & \text{若 } i = k, \\ f_i, & \text{若 } i \neq k. \end{cases}$$

**证明** (1) 的证明直接由等式 (9.19) 得到.

(2) 记 $e'^*_i$ 为 $e'_i$ 关于基 $e'_1, \cdots, e'_n$ 的对偶基向量, 则 $e'^*_i(e'_j) = \delta_{ij}$. 根据等式 (9.3), 我们可得

$$\left(-f_k + \sum_{j=1}^{n} [-b_{jk}]_+ f_j\right)(e'_k) = \left(-f_k + \sum_{j=1}^{n} [-b_{jk}]_+ f_j\right)(-e_k) = f_k(e_k) = d_k^{-1}.$$

当 $i \neq k$ 时,

$$\left(-f_k + \sum_{j=1}^{n}[-b_{jk}]_+ f_j\right)(e_i') = \left(-f_k + \sum_{j=1}^{n}[-b_{jk}]_+ f_j\right)(e_i + [b_{ki}]_+ e_k)$$

$$= -f_k([b_{ki}]_+ e_k) + [-b_{ik}]_+ f_i(e_i)$$

$$= -d_k^{-1}[b_{ki}]_+ + d_i^{-1}[-b_{ik}]_+ = 0.$$

由于 $e_k'^{*}$ 是在基 $e_1', \cdots, e_n'$ 下 $e_k'$ 的对偶基向量, 因此由上式, 可以推出

$$d_k^{-1} e_k'^{*} = f_k + \sum_{j=1}^{n}[-b_{jk}]_+ f_j.$$

再由等式 (9.3), 我们得到

$$f_k' = -f_k + \sum_{j=1}^{n}[-b_{jk}]_+ f_j.$$

当 $i \neq k$ 时, 我们有

$$f_i(e_i') = f_i(e_i + [b_{ki}]_+ e_k) = d_i^{-1}, \quad f_i(e_k') = f_i(-d_k e_k) = 0.$$

对任意 $j \neq i, j \neq k$, 我们有 $f_i(e_j') = f_i(e_j + [b_{kj}]_+ e_k) = 0$. 因此, $f_i = d_i^{-1} e_i'^{*}$, 再利用等式 (9.3) 我们有

$$f_i' = d_i^{-1} e_i'^{*} = f_i. \qquad \square$$

对任意种子 $\mathfrak{s} = (e_1, \cdots, e_n)$, 以及 $k = 1, \cdots, n$, 我们定义如下线性映射:

$$S_{k,\mathfrak{s}} : M_{\mathbb{R}} \to M_{\mathbb{R}}, \quad \mathbf{m} \mapsto \mathbf{m} + \langle d_k e_k, \mathbf{m} \rangle p^*(e_k), \tag{9.20}$$

$$S_{k,\mathfrak{s}}^* : N \to N, \quad \mathbf{n} \to \mathbf{n} + \{d_k e_k, \mathbf{n}\} e_k.$$

记 $H_{k,+} = \{\mathbf{m} \in M_{\mathbb{R}} \mid \langle e_k, \mathbf{m} \rangle \geqslant 0\}, H_{k,-} = \{\mathbf{m} \in M_{\mathbb{R}} \mid \langle e_k, \mathbf{m} \rangle \leqslant 0\}$.

接下来, 我们定义分段线性映射

$$T_{k,\mathfrak{s}} : M_{\mathbb{R}} \to M_{\mathbb{R}}, \tag{9.21}$$

$$\mathbf{m} \mapsto \begin{cases} S_{k,\mathfrak{s}}(\mathbf{m}), & \text{若 } \mathbf{m} \in H_{k,+}, \\ \mathbf{m}, & \text{若 } \mathbf{m} \in H_{k,-}. \end{cases}$$

**定义 9.11** (散射图的变异)  令 $\mathcal{D}_\mathfrak{s}$ 是一个连贯的散射图, 对任意 $k = 1, \cdots, n$, 我们定义 $\mathcal{D}_\mathfrak{s}$ 在方向 $k$ 的**变异**为通过如下方式得到的墙的集合, 记作 $T_k(\mathcal{D}_\mathfrak{s})$:

(1) 对任意异于 $(e_k, e_k^{\perp}, 1 + \hat{y}_k)$ 的墙 $(\mathbf{n}, W, f_W)$, 令 $W_+ = W \cap H_{k,+}, W_- = W \cap H_{k,-}$. 我们将墙 $(\mathbf{n}, W, f_W)$ 拆成两面:

$$(\mathbf{n}, W_+, f_W), \quad (\mathbf{n}, W_-, f_W),$$

特别地, 如果其中一面的余维数大于 1, 那么我们将其舍弃.

(2) 若 $(\mathbf{n}, W_+, f_W)$ 没有被舍弃, 则将 $(\mathbf{n}, W_+, f_W)$ 替换成 $S_{k,\mathfrak{s}}^*(\mathbf{n}), S_{k,\mathfrak{s}}(W)$, $S_{k,\mathfrak{s}}(f_W)$, 其中 $S_{k,\mathfrak{s}}(f_W)$ 为将 $f_W$ 中的每一项 $x^{\mathbf{m}}, \mathbf{m} \in P$ 替换成 $x^{S_{k,\mathfrak{s}}(\mathbf{m})}$ 得到.

(3) 将 $(e_k, e_k^\perp, 1 + \hat{y}_k)$ 替换成 $(e_k, e_k^\perp, 1 + \hat{y}_k^{-1})$.

下面的定理告诉我们 $T_k(\mathcal{D}_\mathfrak{s})$ 是相对种子 $\mathfrak{s}' = \mu_k(\mathfrak{s})$ 的散射图. 由于该证明超出本书内容, 故省去证明.

**定理 9.4**[91, Theorem 1.24] 令 $\Gamma$ 为一组满足单性假设的固定数据. 令 $\mathcal{D}_\mathfrak{s}$ 是由定理 9.1 给出的散射图, 那么 $T_k(\mathcal{D}_\mathfrak{s})$ 是相对种子 $\mathfrak{s}' = \mu_k(\mathfrak{s})$ 的散射图. 进一步, $T_k(\mathcal{D}_\mathfrak{s})$ 是连贯的.

## 9.6 折断线与 Theta 函数

折断线与 Theta 函数是散射图理论中非常重要的概念, 我们在此给出一个简单的介绍.

**定义 9.12** (折断线) 令 $\mathcal{D}_\mathfrak{s}$ 为一个关于种子 $\mathfrak{s}$ 的散射图. 令 $\mathbf{m}_0 \in M^o \setminus \{0\}$, $Q \in M_\mathbb{R} \setminus \mathrm{Supp}(\mathcal{D}_\mathfrak{s})$ 且 $Q$ 在基 $(f_1, \cdots, f_n)$ 下的坐标均是无理数. $(\mathbf{m}_0, Q)$ 的**折断线** (broken line) 是一条分段线性的曲线 $\chi : (-\infty, 0] \to M_\mathbb{R} \setminus \mathrm{Sing}(\mathcal{D}_\mathfrak{s})$ 满足条件 (i)—(v):

(i) $\chi$ 的终点 $\chi(0) = Q$.

(ii) 存在有限个数 $-\infty = t_0 < t_1 < t_2 < \cdots < t_{r+1} = 0 (r > 0)$ 使得 $\chi$ 在区间 $(t_j, t_{j+1}), j = 0, \cdots, r$ 上是线性的. 进一步, $\chi$ 在每个折断点 $t_j$ 均落在某些墙上, 即 $\chi(t_j) \in W \subset \mathcal{D}_\mathfrak{s}$.

(iii) $\chi$ 在区间 $(-\infty, t_1)$ 的方向向量为 $-\mathbf{m}_0$, 假设 $\chi$ 在区间 $(t_j, t_{j+1})$ 的方向向量为 $-\mathbf{m}_j$.

(iv) 赋予每个区间 $(t_j, t_{j+1})$ 一个单项式 $c_j X^{\mathbf{m}_j}$, 特别地, 要求 $c_0 = 1$.

(v) 对每个 $l = 1, \cdots, r$, 都能选取足够小的正数 $\delta$ 使得 $\chi$ 在区间 $(t_j - \delta, t_j + \delta)$ 上只在 $t_j$ 处穿过墙, 即满足如下两点:

(1) 对 $t \in (t_j - \delta, t_j) \cup (t_j, t_j + \delta)$ 以及任意墙 $(\mathbf{n}, W, f_W)$, 总有 $\chi(t) \notin W$;

(2) 存在墙 $(\mathbf{n}_j, W_j, f_{W_j})$ 使得 $\chi(t_j) \in W_j$ 并且

$$\left(\chi\left(t_j - \frac{\delta}{2}\right), \mathbf{n}_j\right)\left(\chi\left(t_j + \frac{\delta}{2}\right), \mathbf{n}_j\right) < 0,$$

记 $\chi_j = \chi|_{(t_j - \delta, t_j + \delta)}$. 那么 $c_j X^{\mathbf{m}_j}$ 是 $\mathcal{P}_{\chi_j, \mathcal{D}_\mathfrak{s}}(c_{j-1} X^{\mathbf{m}_{j-1}})$ 的一个单项, 其中 $\mathcal{P}_{\chi_j, \mathcal{D}_\mathfrak{s}}$ 为 $\chi_j$ 对应的穿墙自同构.

**注 9.10**　在上述定义中, 我们要求 $Q$ 的坐标均为无理数, 原因在于避免折断线穿过奇异区域, 见文献 [91, Theorem 3.5; 152, Remark 7.19].

定义

$$\mathrm{Mono}(\chi) := c_r X^{\mathbf{m}_r}, \tag{9.22}$$

其中 $-\mathbf{m}_r$ 为折断线 $\chi$ 最后一段的方向向量.

**定义 9.13**　在定义 9.12 的记号下, 定义 **Theta 函数** $\theta_{Q,\mathbf{m}_0}$ 为

$$\theta_{Q,\mathbf{m}_0} = \sum_{\chi} \mathrm{Mono}(\chi) \in \widetilde{K[P]}, \tag{9.23}$$

其中求和取遍所有 $(\mathbf{m}_0, Q)$ 的折断线 $\chi$, $\widetilde{K[P]}$ 由 (9.11) 给出.

特别地, 当 $\mathbf{m}_0 = 0$ 时, 我们定义 $\theta_{Q,0} = 1$.

我们将在第 11 章给出 Theta 函数的性质, 并且进一步构造上丛代数的 Theta 基.

# 第 10 章  丛代数结构的一些基本性质

## 10.1  丛变量的分母向量正性

作为文献 [72] 中分母向量正性猜想的肯定, 我们现在可以证明文献 [35] 中可斜对称化丛代数的分母向量的正性定理, 即:

**定理 10.1** (分母向量定理)  设 $\mathcal{A}(\mathcal{S})$ 是一个可斜对称化的丛代数, $d^{t_0}(x_{i;t}) = (d_1, \cdots, d_n)^{\top}$ 是丛变量 $x_{i;t}$ 关于丛 $X(t_0)$ 的 $d$-向量. 则有

(1) 对每个 $k = 1, \cdots, n$, $d_k$ 只依赖于 $x_{i;t}$ 和 $x_{k;t_0}$ 这两个丛变量, 并不依赖于包含丛变量 $x_{k;t_0}$ 的丛的选取;

(2) 对每个 $k = 1, \cdots, n$, $d_k \geqslant -1$. 更具体地说,

$$d_k = \begin{cases} -1, & \text{当且仅当 } x_{i;t} = x_{k;t_0}, \\ 0, & \text{当且仅当 } x_{i;t} \neq x_{k;t_0} \text{ 并且存在一个丛 } X(t') \text{ 同时} \\ & \text{包含 } x_{i;t}, x_{k;t_0}, \\ \text{一个正整数}, & \text{当且仅当不存在丛 } X(t') \text{ 同时包含 } x_{i;t} \text{ 和 } x_{k;t_0}. \end{cases}$$

特别地, 如果 $x_{i;t} \notin X(t_0)$, 则 $d^{t_0}(x_{i;t}) \in \mathbb{N}^n$.

在我们证明上述定理之前, 关于 $d$-向量的正性猜想的研究, 只对有限型和来自曲面的丛代数有肯定的结论. 之后在我们稍早的一篇文章中, 用完全不同的方法, 对斜对称丛代数证明了这个猜想, 见文献 [36].

目前上述定理对于可斜对称化丛代数的 $d$-向量的正性, 是至今已发表论文中这个问题上最好的结论.

更一般地, 对于完全符号斜对称丛代数, $d$-向量的正性其实可以由前面的定理 6.11 直接作为推论获得, 因为对任意的 $k \in [1, n]$, 有

$$d_{kl}^t = \widetilde{\deg}_k(P_{l;t}) = \widetilde{\deg}_k(\phi_k(P_{l;t})) \in \mathbb{N}^n,$$

从而 $\vec{d}_{x_{i;t}}^{t_0} \in \mathbb{N}^n$, 即: 分母向量总是非零非负向量.

我们之所以介绍可斜对称化丛代数的分母向量的正性的证明, 是因为如上所说的这个性质非常重要, 它是丛代数的基本性质之一; 同时它的证明用到了我们的 "足够 $g$-对性质" 方法, 这是一个很有效的方法, 也是后面我们讨论丛代数结构唯一性的基础.

### 10.1.1　丛代数的足够 $g$-对性质

在本小节中, 我们介绍丛代数的足够 $g$-对性质并给出足够 $g$-对的存在性定理和唯一性定理. 这部分内容主要文献是 [35].

下面是两个非主系数初始种子间的相对 Laurent 展开表达.

**定理 10.2**　设 $\mathcal{A}$ 为一个在 $t_0$ 具有主系数的可斜对称化丛代数, 并且 $X(t)$, $X(t')$ 为 $\mathcal{A}$ 的两个丛. 那么

(1) $x_{j;t}$ 关于 $X(t')$ 的 Laurent 展开式具有如下形式:

$$x_{j;t} = X(t')^{\mathbf{r}_{j;t}^{t'}}\left(1 + \sum_{0 \neq \mathbf{v} \in \mathbb{N}^n, \mathbf{u} \in \mathbb{Z}^n} c_{\mathbf{v},\mathbf{u}} Y^{\mathbf{v}} X(t')^{\mathbf{u}}\right),$$

其中 $c_{\mathbf{v},\mathbf{u}} \geq 0$ 并且 $\mathbf{r}_{j;t}^{t'}$ 满足 $g(x_{j;t}) = G_{t'}\mathbf{r}_{j;t}^{t'}$.

(2) $G_t = G_{t'}R(t)^{t'}$, 其中 $R(t)^{t'} = (\mathbf{r}_{1;t}^{t'}, \cdots, \mathbf{r}_{n;t}^{t'})$. 特别地, $\det(G_{t'}) = \pm 1$.

**证明**　由丛变量 Laurent 展开正性知, $x_{j;t}$ 关于 $X(t')$ 的展开式形如

$$x_{j;t} = \sum_{\mathbf{r} \in P} \lambda_{\mathbf{r}} X(t')^{\mathbf{r}} + \sum_{0 \neq \mathbf{v} \in \mathbb{N}^n, \mathbf{w} \in \mathbb{Z}^n} \alpha_{\mathbf{v},\mathbf{w}} Y^{\mathbf{v}} X(t')^{\mathbf{w}},$$

其中 $\alpha_{\mathbf{v},\mathbf{w}} \geq 0$ 并且 $P$ 是 $\mathbb{Z}^n$ 的一个有限子集, 使得 $\lambda_{\mathbf{r}} > 0$ 对任意 $\mathbf{r} \in P$ 成立. 由推论 6.1, 可以得到

$$X(t_0)^{g(x_{j;t})} = x_{j;t}|_{y_1=\cdots=y_n=0} = \sum_{\mathbf{r} \in P} \lambda_{\mathbf{r}} X(t')^{\mathbf{r}}|_{y_1=\cdots=y_n=0} = \sum_{\mathbf{r} \in P} \lambda_{\mathbf{r}} X(t_0)^{G_{t'}\mathbf{r}},$$

其中 $\lambda_{\mathbf{r}} > 0$. 上式成立当且仅当 $P$ 恰好有一个元素 (记为 $\mathbf{r}_{j;t}^{t'}$), 且 $\lambda_{\mathbf{r}_{j;t}^{t'}} = 1$, $g(x_{j;t}) = G_{t'}\mathbf{r}_{j;t}^{t'}$.

于是 $x_{j;t}$ 关于 $X(t')$ 的展开式形如

$$x_{j;t} = X(t')^{\mathbf{r}_{j;t}^{t'}} + \sum_{0 \neq \mathbf{v} \in \mathbb{N}^n, \mathbf{w} \in \mathbb{Z}^n} \alpha_{\mathbf{v},\mathbf{w}} Y^{\mathbf{v}} X(t')^{\mathbf{w}}.$$

不难看出 $x_{j;t}$ 可以改写为如下形式:

$$x_{j;t} = X(t')^{\mathbf{r}_{j;t}^{t'}}\left(1 + \sum_{0 \neq \mathbf{v} \in \mathbb{N}^n, \mathbf{u} \in \mathbb{Z}^n} c_{\mathbf{v},\mathbf{u}} Y^{\mathbf{v}} X(t')^{\mathbf{u}}\right),$$

其中 $\mathbf{u} = \mathbf{w} - \mathbf{r}_{j;t}^{t'}$, $c_{\mathbf{v},\mathbf{u}} = \alpha_{\mathbf{v},\mathbf{w}-\mathbf{r}_{j;t}^{t'}} \geq 0$ 并且 $\mathbf{r}_{j;t}^{t'}$ 满足 $g(x_{j;t}) = G_{t'}\mathbf{r}_{j;t}^{t'}$. 于是我们得到 $G_t = G_{t'}R(t)^{t'}$, 其中 $R(t)^{t'} = (\mathbf{r}_{1;t}^{t'}, \cdots, \mathbf{r}_{n;t}^{t'})$.

取 $t = t_0$, 于是有 $G_{t'}R_{t_0}^{t'} = G_{t_0} = I_n$. 由 $G_{t'}$ 和 $R_{t_0}^{t'}$ 为整系数矩阵, 可得 $\det(G_{t'}) = \pm 1$. $\qquad\square$

**定义 10.1**  设 $\mathcal{A}$ 为一个在 $t_0$ 具有主系数的可斜对称化丛代数, $U \subseteq X(t_0) = \{x_{1;t_0}, \cdots, x_{n;t_0}\}$. 设 $X(t), X(t')$ 为 $\mathcal{A}$ 的两个丛, $G_t, G_{t'}$ 为它们的 $G$-矩阵. 令 $R_t^{t'} = G_{t'}^{-1} G_t$ 为定理 10.2 中所给出的整数矩阵.

(1) 称丛对 $(X(t), X(t'))$ 是一个**关于 $U$ 的 $g$-对**, 若它满足两个条件:

(a) $U$ 为 $X(t')$ 的一个子集;

(b) 对任意 $i$, 若 $x_{i;t'} \notin U$, 那么 $R_t^{t'}$ 的第 $i$ 行向量是一个非负向量.

这时我们也称 $X(t')$ 是 $U$ 关于 $X(t)$ 的一个 **co-Bongartz 完备化**.

(2) 称 $\mathcal{A}$ 具有**足够 $g$-对性质**, 若对于任意的子集 $U \subseteq X(t_0)$ 和 $\mathcal{A}$ 的任意丛 $X(t)$, 存在一个丛 $X(t')$ 使得 $(X(t), X(t'))$ 是关于 $U$ 的一个 $g$-对.

设 $I$ 为 $\{1, \cdots, n\}$ 的一个子集. 序列 $(k_1, \cdots, k_s)$ 被称为一个**$I$-序列**, 若其中任意 $k_j \in I$. 设 $\mathcal{A}$ 为一个可斜对称化丛代数, 且 $(X(t), Y(t), B_t), (X(t_0), Y(t_0), B_{t_0})$ 为 $\mathcal{A}$ 的两个种子. 我们称$(X(t), Y(t), B_t)$ **通过一个 $I$-序列与 $(X(t_0), Y(t_0), B_{t_0})$ 连接**, 若存在一个 $I$-序列 $(k_1, \cdots, k_s)$ 使得

$$(X(t), Y(t), B_t) = \mu_{k_s} \cdots \mu_{k_2} \mu_{k_1}(X(t_0), Y(t_0), B_{t_0}).$$

**定理 10.3**[35](存在性定理)  *设 $\mathcal{A}$ 为一个在 $t_0$ 具有主系数的丛代数, 对于任意 $J \subseteq \{1, \cdots, n\}$, $I = \{1, \cdots, n\} \backslash J$ 及 $X(t_0)$ 的子集 $U = \{x_{j;t_0} | j \in J\}$ 和 $\mathcal{A}$ 的任意丛 $X(t)$, 则存在种子 $(X(t'), Y(t'), B_{t'})$ 使得*

*(1) 种子 $(X(t'), Y(t'), B_{t'})$ 通过 $I$-序列与 $t_0$ 处的初始种子连接.*

*(2) $(X(t), X(t'))$ 是关于 $U$ 的 $g$-对. 亦即, $X(t')$ 是 $U$ 关于 $X(t)$ 的 co-Bongartz 完备化.*

*进一步, $\mathcal{A}$ 具有足够 $g$-对性质.*

**证明**  (1) 令 $B_{t_0}^\dagger = (b_{ij}^{t_0})_{i,j \in I}$ 是 $B_{t_0} = (b_{ij}^{t_0})$ 的主子矩阵. 根据定理 9.3, 散射图 $\pi_I^* \mathfrak{D}(B_{t_0}^\dagger)$ 是从散射图 $\mathfrak{D}(B)$ 中删除如下的墙 $(\mathbf{u}, W)$, 其中 $\mathbf{u} = (u_1, \cdots, u_n)$, 满足: 存在 $i \notin I$ 使得 $u_i \neq 0$. 因此我们有如下的一些事实:

**事实 (i)**  $\pi_I^* \mathfrak{D}(B_{t_0}^\dagger)$ 中的每面墙 $(\mathbf{u}, W)$ 都是 $\mathfrak{D}(B_{t_0})$ 中的一面墙.

从这个事实, 我们得到

**事实 (ii)**  $\mathfrak{D}(B_{t_0})$ 的每个胞腔 $\mathcal{C}$ 被含在 $\pi_I^* \mathfrak{D}(B_{t_0}^\dagger)$ 的某个胞腔 $\mathcal{C}^\dagger$ 中.

从事实 (i) 和事实 (ii), 我们得到

**事实 (iii)**  $\mathfrak{D}(B_{t_0})$ 中的每条允许曲线 $\rho : [0, 1] \to \mathbb{R}^n$ 都是 $\pi_I^* \mathfrak{D}(B_{t_0}^\dagger)$ 中的一条允许曲线.

从事实 (ii) 和事实 (iii), 我们得到

**事实 (iv)**  $\mathfrak{D}(B_{t_0})$ 中的每个可达的胞腔 $\mathcal{C}$ 被含在 $\pi_I^* \mathfrak{D}(B_{t_0}^\dagger)$ 的某个可达的胞腔 $\mathcal{C}^\dagger$ 中.

根据 $\pi_I^* \mathfrak{D}(B_{t_0}^\dagger)$ 的定义, 我们得到

**事实 (v)**　如果 $\mathcal{C}^\dagger$ 是 $\pi_I^* \mathfrak{D}(B_{t_0}^\dagger)$ 的一个 (可达的) 胞腔, 则 $\pi_I(\mathcal{C}^\dagger)$ 是 $\mathfrak{D}(B_{t_0}^\dagger)$ 的一个 (可达的) 胞腔.

对 $\mathcal{A}$ 的任意 $G$-矩阵 $G_t$, 根据定理 9.2, $G_t$ 对应着 $\mathfrak{D}(B_{t_0})$ 中一个可达的胞腔 $\mathcal{C}_t$. 根据事实 (iv), 存在 $\pi_I^* \mathfrak{D}(B_{t_0}^\dagger)$ 中的一个可达的胞腔 $\mathcal{C}_t^\dagger$ 使得 $\mathcal{C}_t \subseteq \mathcal{C}_t^\dagger$.

根据事实 (v), $\pi_I(\mathcal{C}_t^\dagger)$ 是 $\mathfrak{D}(B_{t_0}^\dagger)$ 中的一个可达的胞腔. 再利用定理 9.2, $\pi_I(\mathcal{C}_t^\dagger)$ 对应 $B_{t_0}^\dagger$ 的一个 $G$-矩阵 $G_{t\dagger} = (\mathbf{g}_1^{t\dagger}, \cdots, \mathbf{g}_p^{t\dagger})$.

假定 $B_t^\dagger$ 的 $G$-矩阵 $G_{t\dagger}$ 是通过 $B_{t_0}^\dagger$ 的初始 $G$-矩阵沿着序列 $(k_1, \cdots, k_s)$ 变异得到, 这里 $k_1, \cdots, k_s \in I$. 令 $(X(t'), Y(t'), B_{t'}) = \mu_{k_s} \cdots \mu_{k_2} \mu_{k_1}(X(t_0), Y(t_0), B_{t_0})$, 则种子 $(X(t'), Y(t'), B_{t'})$ 通过 $I$-序列与 $(X(t_0), Y(t_0), B_{t_0})$ 连接. 从而, (1) 的结论成立.

(2) 我们将证明 $(X(t), X(t'))$ 是关于 $U$ 的一个 $g$-对.

不失一般性, 可以假设 $U = \{x_{p+1; t_0}, \cdots, x_{n; t_0}\}$. 于是 $J = \{p+1, \cdots, n\}$ 且 $I = \{1, \cdots, p\}$. 因为种子 $(X(t'), Y(t'), B_{t'})$ 通过 $I$-序列与 $(X(t_0), Y(t_0), B_{t_0})$ 连接, 所以 $U \subseteq X(t')$.

记 $G_t = (\mathbf{g}_1^t, \cdots, \mathbf{g}_n^t)$ 以及 $R_t^{t'} := G_{t'}^{-1} G_t = (r_{ij})$. 因为种子 $(X(t'), Y(t'), B_{t'})$ 通过 $I$-序列与 $(X(t_0), Y(t_0), B_{t_0})$ 连接, 可知 $X(t')$ 的 $G$-矩阵有以下形式:

$$G_{t'} = \begin{pmatrix} G_{t\dagger} & 0 \\ * & I_{n-p} \end{pmatrix}.$$

我们来证明对任意 $x_{i; t'} \notin U$, 即 $i \in I$ 时, $R_t^{t'}$ 的第 $i$ 个行向量非负.

由 $G_t = G_{t'} R_t^{t'}$, 可得

$$\mathbf{g}_k^t = r_{1k} \mathbf{g}_1^{t'} + \cdots + r_{nk} \mathbf{g}_n^{t'},$$

从而

$$\pi_I(\mathbf{g}_k^t) = r_{1k} \pi_I(\mathbf{g}_1^{t'}) + \cdots + r_{pk} \pi_I(\mathbf{g}_p^{t'}) = r_{1k} \mathbf{g}_1^{t\dagger} + \cdots + r_{pk} \mathbf{g}_p^{t\dagger}.$$

并且, 我们知道

$$\mathbf{g}_k^t \in \mathbb{R}_{\geqslant 0} \mathbf{g}_1^t + \cdots + \mathbb{R}_{\geqslant 0} \mathbf{g}_n^t = \overline{\mathcal{C}_t} \subseteq \overline{\mathcal{C}_t^\dagger},$$

其中 $\overline{\mathcal{C}_t}$ (对应地, $\overline{\mathcal{C}_t^\dagger}$) 是 $\mathcal{C}_t$ (对应地, $\mathcal{C}_t^\dagger$) 在 $\mathbb{R}^n$ 中的闭包. 因此,

$$\pi_I(\mathbf{g}_k^t) \in \pi_I(\overline{\mathcal{C}}) \subseteq \pi_I(\overline{\mathcal{C}_t^\dagger}) = \overline{\pi_I(\mathcal{C}_t^\dagger)} = \mathbb{R}_{\geqslant 0} \mathbf{g}_1^{t\dagger} + \cdots + \mathbb{R}_{\geqslant 0} \mathbf{g}_p^{t\dagger},$$

即, 我们可得到

$$\pi_I(\mathbf{g}_k^t) \in \mathbb{R}_{\geqslant 0} \mathbf{g}_1^{t\dagger} + \cdots + \mathbb{R}_{\geqslant 0} \mathbf{g}_p^{t\dagger}.$$

由 $\pi_I(\mathbf{g}_k^t) \in \mathbb{Z}^p$ 及 $\det(G_{t\dagger}) = \pm 1$ (见定理 10.2), 我们有

$$\pi_I(\mathbf{g}_k^t) \in \mathbb{Z}_{\geqslant 0} \mathbf{g}_1^{t\dagger} + \cdots + \mathbb{Z}_{\geqslant 0} \mathbf{g}_p^{t\dagger}.$$

因此, 可以令 $\pi_I(\mathbf{g}_k^t) = v_{1k}^\dagger \mathbf{g}_1^{t\dagger} + \cdots + v_{pk}^\dagger \mathbf{g}_p^{t\dagger}$, 其中 $\mathbf{v}_k^\dagger = (v_{1k}^\dagger, \cdots, v_{pk}^\dagger)^\top \in \mathbb{N}^p$. 由

$$r_{1k}\mathbf{g}_1^{t\dagger} + \cdots + r_{pk}\mathbf{g}_p^{t\dagger} = \pi_I(\mathbf{g}_k^t) = v_{1k}^\dagger \mathbf{g}_1^{t\dagger} + \cdots + v_{pk}^\dagger \mathbf{g}_p^{t\dagger}, \quad \det(G_{t\dagger}) = \pm 1,$$

可得

$$(r_{1k}, \cdots, r_{pk})^\top = (v_{1k}^\dagger, \cdots, v_{pk}^\dagger)^\top \in \mathbb{N}^p,$$

其中 $k = 1, \cdots, n$. 故对任意 $x_{i;t'} \notin U$, 即 $i \in I$ 时, $R_t^{t'}$ 的第 $i$ 个行向量是非负向量. 因此, $(X(t), X(t'))$ 是关于 $U$ 的一个 $g$-对. 亦即, $X(t')$ 是 $U$ 关于 $X(t)$ 的一个 co-Bongartz 完备化.

进一步地, $\mathcal{A}$ 具有足够 $g$-对性质. $\qquad\qquad\qquad\qquad\qquad\qquad\qquad\square$

**定理 10.4** [35](唯一性定理) 设 $\mathcal{A}(\mathcal{S})$ 为一个在 $t_0$ 具有主系数的可斜对称化丛代数, $X(t)$ 为 $\mathcal{A}(\mathcal{S})$ 的一个丛, $U$ 是 $X(t_0)$ 的一个子集. 若 $X(t_1)$ 和 $X(t_2)$ 皆为 $U$ 关于 $X(t)$ 的 co-Bongartz 完备化, 则作为集合有 $X(t_1) = X(t_2)$.

**证明** 不失一般性, 我们可设 $U = \{x_{p+1;t_0}, \cdots, x_{n;t_0}\}$. 因为 $X(t_1)$ 和 $X(t_2)$ 皆是 $U$ 关于 $X(t)$ 的 co-Bongartz 完备化, 所以 $U$ 是 $X(t_1)$ 和 $X(t_2)$ 的公共子集. 又不失一般性, 可设 $x_{i;t_1} = x_{i;t_0} = x_{i;t_2}$, 对 $i = p+1, \cdots, n$. 于是它们的 $G$-矩阵具有形式:

$$G_{t_1} = \begin{pmatrix} G(t_1) & 0 \\ W_1 & I_{n-p} \end{pmatrix}, \quad G_{t_2} = \begin{pmatrix} G(t_2) & 0 \\ W_2 & I_{n-p} \end{pmatrix},$$

其中由 $G$-矩阵的符号一致性, 可知 $W_1, W_2$ 是非负矩阵. 记

$$R_t^{t_1} = G_{t_1}^{-1} G_t = \begin{pmatrix} R_1 \\ R_2 \end{pmatrix}, \quad R_t^{t_2} = G_{t_2}^{-1} G_t = \begin{pmatrix} R_1' \\ R_2' \end{pmatrix},$$

其中 $R_1, R_1'$ 是 $p \times n$ 矩阵, $R_2, R_2'$ 是 $(n-p) \times n$ 矩阵. 再由 $X(t_1)$ 和 $X(t_2)$ 皆是 $U$ 关于 $X(t)$ 的 co-Bongartz 完备化, 可知 $R_1$ 和 $R_1'$ 皆是非负矩阵.

由 $G_{t_1} R_t^{t_1} = G_t = G_{t_2} R_t^{t_2}$ 可得 $G(t_1) R_1 = G(t_2) R_1'$. 易见

$$\begin{aligned} G_{t_1} \begin{pmatrix} R_1 \\ W_2 R_1' \end{pmatrix} &= \begin{pmatrix} G(t_1) & 0 \\ W_1 & I_{n-p} \end{pmatrix} \begin{pmatrix} R_1 \\ W_2 R_1' \end{pmatrix} \\ &= \begin{pmatrix} G(t_2) & 0 \\ W_2 & I_{n-p} \end{pmatrix} \begin{pmatrix} R_1' \\ W_1 R_1 \end{pmatrix} = G_{t_2} \begin{pmatrix} R_1' \\ W_1 R_1 \end{pmatrix}. \end{aligned}$$

注意到 $A = (a_{ij})_{n \times p} := \begin{pmatrix} R_1 \\ W_2 R_1' \end{pmatrix}$ 和 $F = (f_{ij})_{n \times n} := \begin{pmatrix} R_1' \\ W_1 R_1 \end{pmatrix}$ 皆是非负矩阵. 于是丛单项式 $X(t_1)^{\mathbf{a}_i}$ 和 $X(t_2)^{\mathbf{f}_i}$ 具有相同 $g$-向量, 对 $i = 1, \cdots, n$, 其中 $\mathbf{a}_i, \mathbf{f}_i$ 分别是 $A$ 与 $F$ 的第 $i$ 列向量. 因此可知两个丛单项式 $X(t_1)^{\mathbf{a}} := X(t_1)^{\mathbf{a}_1 + \cdots + \mathbf{a}_n}$ 和 $X(t_2)^{\mathbf{f}} := X(t_2)^{\mathbf{f}_1 + \cdots + \mathbf{f}_n}$ 具有相同的 $g$-向量.

由定理 10.2 (ii) 可知 $R_t^{t_1}$ 和 $R_t^{t_2}$ 皆是满秩的, 于是 $R_1$ 和 $R_1'$ 均只有非零行. 于是我们总有 $a_i > 0$ 与 $f_i > 0$ 对 $i = 1, \cdots, p$ 成立, 其中 $a_i$ 和 $f_i$ 是 $\mathbf{a}$ 和 $\mathbf{f}$ 的第 $i$ 分量. 将定理 6.12 和命题 6.5 运用于两个丛单项式 $X(t_1)^{\mathbf{a}}$ 和 $X(t_2)^{\mathbf{f}}$, 我们可得到 $\{x_{1;t_1}, \cdots, x_{p;t_1}\} \subseteq X(t_2)$ 以及 $\{x_{1;t_2}, \cdots, x_{p;t_2}\} \subseteq X(t_1)$. 则由 $x_{i;t_1} = x_{i;t_0} = x_{i;t_2}, i = p+1, \cdots, n$ 可得 $X(t_1) = X(t_2)$. □

### 10.1.2　分母向量正性的证明

**引理 10.1**　设 $\mathcal{A}$ 为一个在 $t_0$ 具有主系数的可斜对称化丛代数, $(X(t), X(t'))$ 为关于 $U = \{x_{l;t_0}\} \subseteq X(t_0)$ 的一个 $g$-对. 令 $G_t, G_{t'}$ 分别为 $X(t), X(t')$ 的 $G$-矩阵, 并记 $R(t)^{t'} := G_{t'}^{-1} G_t = (r_{ij})$. 令 $d^{t'}(x_{i;t}) = (d_1', \cdots, d_n')$ 为 $x_{i;t}$ 关于 $X(t')$ 的 $d$-向量. 令 $k$ 满足 $x_{k;t'} = x_{l;t_0}$, 那么

(1) 对任意 $j \neq k$, $R(t)^{t'}$ 的第 $j$ 行向量为非负向量;

(2) $r_{ki} > 0$ 当且仅当 $d_k' = -1$, 亦当且仅当 $x_{i;t} \in X(t')$ 并 $x_{i;t} = x_{k;t'}$;

(3) $r_{ki} = 0$ 当且仅当 $d_k' = 0$, 亦当且仅当 $x_{i;t} \in X(t')$ 并 $x_{i;t} \neq x_{k;t'}$;

(4) $r_{ki} < 0$ 当且仅当 $d_k' > 0$, 亦当且仅当 $x_{i;t} \notin X(t')$.

特别地, $d_k' = -1, 0$ 或 $d_k' > 0$.

**证明**　(1) 由关于 $U = \{x_{l;t_0}\} = \{x_{k;t'}\}$ 的 $g$ 对的定义即可得.

(2) 和 (3) 的证明:

由定理 10.2, $x_{i;t}$ 关于 $X(t')$ 的 Laurent 展开有形式

$$x_{i;t} = X(t')^{\mathbf{r}_{i;t}^{t'}} \left( 1 + \sum_{0 \neq \mathbf{v} \in \mathbb{N}^n, \mathbf{u} \in \mathbb{Z}^n} c_{\mathbf{v},\mathbf{u}} Y^{\mathbf{v}} X(t')^{\mathbf{u}} \right),$$

其中 $c_{\mathbf{v},\mathbf{u}} \geqslant 0$, $\mathbf{r}_{i;t}^{t'}$ 为 $R(t)^{t'}$ 的第 $i$ 列向量.

若 $r_{ki} \geqslant 0$, 则 $\mathbf{r}_{i;t}^{t'} \in \mathbb{N}^n$, 且 $X(t')^{\mathbf{r}_{i;t}^{t'}}$ 为 $X(t')$ 中与丛变量 $x_{i;t}$ 有相同 $g$-向量的丛单项式. 由定理 6.12, 可得 $x_{i;t}$ 为 $X(t')$ 中的一个丛变量. 确切地说, 若 $r_{ki} > 0$, 则 $x_{i;t} = x_{k;t'}$, 因此 $d_k' = -1$; 若 $r_{ki} = 0$, 则存在 $j \neq k$ 使 $x_{i;t} = x_{j;t'}$, 此时, $d_k' = 0$.

(4) 若 $r_{ki} < 0$, 则 $x_{k;t'}$ 在 $X(t')^{\mathbf{r}_{i;t}^{t'}}$ 中的指数是负的. 从而, $x_{k;t'}$ 出现在 $x_{i;t}$ 关于 $X(t')$ 的 Laurent 展开中的指数是负的. 回顾 $-d_k'$ 的含义: 恰为 $x_{k;t'}$ 出现

在 $x_{i;t}$ 关于 $X(t')$ 的 Laurent 展开中的指数. 故 $d'_k$ 是正的. $\qquad\square$

**推论 10.1** 设 $\mathcal{A}$ 是在 $t_0$ 具有主系数的可斜对称化丛代数, $x$ 为 $\mathcal{A}$ 的一个丛变量. 令 $d^{t_0}(x) = (d_1, \cdots, d_n)^\top$ 为 $x$ 关于 $X(t_0)$ 的 $d$-向量, 则对任意 $k = 1, 2, \cdots, n$, 总有 $d_k = -1, 0$ 或 $d_k > 0$, 并且

(1) 若 $d_k = -1$, 则 $x = x_{k;t_0}$;

(2) 若 $d_k = 0$, 则存在一个丛 $X(t')$ 同时包含 $x$ 和 $x_{k;t_0}$.

**证明** 设 $X(t)$ 为包含丛变量 $x$ 的一个丛. 由定理 10.3, 对 $U = \{x_{k;t_0}\}$ 和丛 $X(t)$, 存在种子 $(X(t'), Y(t'), B_{t'})$ 满足

(a) $(X(t'), Y(t'), B_{t'})$ 通过 $I = \{1, \cdots, n\}\backslash\{k\}$-序列与初始种子连接;

(b) $(X(t), X(t'))$ 是关于 $U = \{x_{k;t_0}\}$ 的一个 $g$-对.

令 $d^{t'}(x) = (d'_1, \cdots, d'_n)$ 为 $x$ 关于 $X(t')$ 的 $d$-向量, 则由命题 6.2, 得 $d_k = d'_k$. 从而由 $x_{k;t'} = x_{k;t_0}$ 及引理 10.1 即得所需结论. $\qquad\square$

**命题 10.1** 设 $\mathcal{A}_1, \mathcal{A}_2$ 是两个可斜对称化的丛代数, 它们在 $t_0$ 有着相同的换位矩阵. 对 $k = 1, 2$, 用 $(X(t)(k), Y(t)(k), B_t(k))$ 表示丛代数 $\mathcal{A}_k$ 在 $t \in \mathbb{T}_n$ 处的种子, 则有

(1) 对 $i, j \in [1, n]$, $t_1, t_2 \in \mathbb{T}_n$, $x_{i;t_1}(1) = x_{j;t_2}(1)$ 当且仅当 $x_{i;t_1}(2) = x_{j;t_2}(2)$;

(2) 如果存在置换 $\sigma \in S_n$ 使得 $x_{i;t_1}(1) = x_{\sigma(i);t_2}(1)$, $i = 1, \cdots, n$, 则对任何 $i, j$, 有

$$y_{i;t_1}(1) = y_{\sigma(i);t_2}(1), \quad b^{t_1}_{ij}(1) = b^{t_2}_{\sigma(i)\sigma(j)}(1).$$

**证明** (1) 由于 $B_{t_0}(1) = B_{t_0}(2)$, 我们知道对任何 $t \in \mathbb{T}_n$, 有 $B_t(1) = B_t(2)$. 令 $\mathcal{A}^{pr}$ 是一个在 $t_1$ 处种子主系数的丛代数, 并且它在 $t_1$ 处的换位矩阵为 $B_{t_1}(1) = B_{t_1}(2)$. 记 $\mathcal{A}^{pr}$ 在 $t \in \mathbb{T}_n$ 处的种子为 $(X(t)^{pr}, Y(t)^{pr}, B_t^{pr})$.

如果 $x_{i;t_1}(1) = x_{j;t_2}(1)$, 我们知道 $d^{t_1}(x_{j;t_2}(1)) = -\mathbf{e}_i$, 其中 $\mathbf{e}_i$ 是单位矩阵 $I_n$ 的第 $i$ 个列向量. 由于 $d$-向量与丛代数的系数选取无关, 故 $d^{t_1}(x_{j;t_2}^{pr}) = -\mathbf{e}_i$. 再根据推论 10.1, 得到 $x_{i;t_1}^{pr} = x_{j;t_2}^{pr}$. 利用定理 6.3, 我们可得 $x_{i;t_1}(2) = x_{j;t_2}(2)$. 类似可证, 如果 $x_{i;t_1}(2) = x_{j;t_2}(2)$, 则 $x_{i;t_1}(1) = x_{j;t_2}(1)$.

(2) 在 (1) 中, 存在置换 $\sigma \in S_n$ 使得对 $i = 1, \cdots, n$, 有 $x_{i;t_1}(1) = x_{\sigma(i);t_2}(1)$, 从而 $x_{i;t_1}^{pr} = x_{\sigma(i);t_2}^{pr}$. 利用定理 2.1, 我们有 $y_{i;t_1}^{pr} = y_{\sigma(i);t_2}^{pr}$ 和 $b^{t_1}_{ij} = b^{t_2}_{\sigma(i)\sigma(j)}$. 再利用定理 2.2 即可得结论. $\qquad\square$

现在我们可以补充丛代数换位图含特定丛变量子图的连通性的证明.

**定理 2.3 的证明**

设 $U$ 是 $X(t_0)$ 的子集. 我们考虑 $\mathcal{A}$ 中其丛包含 $U$ 的所有种子. 需要证明这些种子构成了 $\mathcal{A}$ 的换位图的连通子图.

根据定理 2.2, 可以假设 $\mathcal{A}$ 是在 $t_0$ 处的主系数丛代数. 设 $X(t)$ 是包含 $U$ 的丛. 由 co-Bongartz 完备化的定义, $X(t)$ 是 $U$ 的关于 $X(t)$ 本身的 co-Bongartz 完备化.

另一方面, 根据定理 10.3, 对于 $U \subset X(t_0)$ 和 $X(t)$, 存在种子 $(X(t'), Y(t'), B_{t'})$ 满足

(a) 种子 $(X(t'), Y(t'), B_{t'})$ 与初始种子可由 $I$-序列相连, 其中 $I = [1, n] \backslash J$, $J \subset [1, n]$ 满足 $U = \{x_{j;t_0} : j \in J\}$.

(b) $X(t')$ 是 $U$ 关于 $X(t)$ 的一个 co-Bongartz 完备化.

因此, $X(t')$ 和 $X(t)$ 都是 $U$ 关于 $X(t)$ 的 co-Bongartz 完备化. 因此由定理 10.4, 可得 $X(t) = X(t')$. 又由命题 10.1(2), 我们知道与它们对应的种子 $(X(t), Y(t), B_t)$ 和 $(X(t'), Y(t'), B_{t'})$ 是等价的. 已知种子 $(Y_{t'}, Y_{t'}, B_{t'})$ 与初始种子可由 $I$-序列相连, 因此每个出现在这个序列中的种子的丛将包含 $U$ 中的丛变量. 因此, $\mathcal{A}$ 中包含 $U$ 的种子构成 $\mathcal{A}$ 的换位图的连通子图. □

下面我们对任意的可斜对称化丛代数给出分母向量的正性的证明.

**定理 10.1 的证明**

(1) 令 $X(t')$ 是另外一个包含丛变量 $x_{k;t_0}$ 的丛, $d^{t'}(x_{i;t}) = (d'_1, \cdots, d'_n)^\top$ 是 $x_{i;t}$ 关于丛 $X(t')$ 的 $d$-向量. 不失一般性, 我们可以假设 $x_{k;t'} = x_{k;t_0}$. 由定理 2.3, 丛 $X(t')$ 可以通过一个 $[1, n] \backslash \{k\}$-序列与丛 $X(t_0)$ 连接. 再由命题 6.2, 可得 $d'_k = d_k$.

(2) $d_k \geqslant -1$ 由推论 10.1 直接得到, 下面需要考虑什么时候 $d_k$ 分别取值为 $-1, 0$ 和正整数. 由命题 6.2 和命题 10.1 可知, 我们不妨假设 $\mathcal{A}$ 是在点 $t_0$ 具有主系数的可斜对称化丛代数.

(a) 若 $x_{i;t} = x_{k;t_0}$, 则显然, $d_k = -1$. 反之, 若 $d_k = -1$, 则由推论 10.1 (1) 即得 $x_{i;t} = x_{k;t_0}$.

(b) 由推论 10.1, 若 $d_k = 0$, 则存在一个丛 $X(t')$ 同时包含 $x_{i;t}$ 和 $x_{k;t_0}$. 又因为 $d_k = 0$, 可得 $x_{i;t} \neq x_{k;t_0}$.

反之, 设 $x_{i;t} \neq x_{k;t_0}$ 并且存在一个丛 $X(t')$ 同时包含 $x_{i;t}$ 和 $x_{k;t_0}$. 不妨假设 $x_{i;t} = x_{1;t'}$, $x_{k;t_0} = x_{2;t'}$. 由 (1) 可知 $d_k$ 并不依赖于包含 $x_{k;t_0} = x_{2;t'}$ 的丛, 故 $d_k$ 等于 $d^{t'}(x_{i;t})$ 的第 2 个分量. 因为 $d^{t'}(x_{i;t}) = d^{t'}(x_{1;t'}) = -\mathbf{e}_1$, 我们可得 $d_k = 0$.

(c) 由 (a) 和 (b), $d_k \leqslant 0$ 当且仅当存在一个丛同时包含 $x_{i;t}$ 和 $x_{k;t_0}$. 等价地说, $d_k > 0$ 当且仅当不存在丛同时包含 $x_{i;t}$ 和 $x_{k;t_0}$.

(d) 我们已证明 $d_k \geqslant -1$, 并且若 $d_k = -1$, 则 $x_{i;t} \in X(t_0)$. 因此若 $x_{i;t} \notin X(t_0)$, 则每一 $d_k$ 都是非负的, 因此我们有 $d^{t_0}(x_{i;t}) \in \mathbb{N}^n$. □

## 10.2 真 Laurent 单项式性质和丛单项式的线性无关性

根据定理 10.1, 非初始丛变量的 $d$-向量总是不等于零的非负向量. 对可斜对称化丛代数 $\mathcal{A}$, 当丛变量 $x_{i;t} \notin X(t_0)$ 时, 则

$$x_{i;t} = \frac{f_i(x_{1;t_0}, \cdots, x_{n;t_0})}{x_{1;t_0}^{d_{1i}^t} \cdots x_{n;t_0}^{d_{ni}^t}}, \tag{10.1}$$

这时 $0 \neq d^{t_0}(x_{i;t}) = (d_{1i}^t, \cdots, d_{ni}^t)^\top \geqslant 0$. 由此, 我们知道, $x_{i;t}$ 的 Laurent 展开是一个真正的 Laurent 多项式, 而不是 $x_{1;t_0}, \cdots, x_{n;t_0}$ 的一个多项式.

一个进一步的问题: 若将 (10.1) 右边的 Laurent 多项式写成一组线性无关的 Laurent 单项式的线性组合, 其中每个 Laurent 单项式也是 "真的" (proper) 吗? 也就是, 是否会是一个多项式的单项式? 这就是重要的真 Laurent 单项式性质 (proper Laurent monomial property) 问题.

令 $X(t)$ 是秩为 $n$ 的丛代数 $\mathcal{A}$ 的一个丛, 对 $\bar{a} = (a_1, \cdots, a_n) \in \mathbb{Z}^n$, 记 $X(t)^{\bar{a}} = \prod_{i=1}^n x_{i;t}^{a_i}$, 称为丛 $X(t)$ 的 **Laurent 单项式**. 若 $\bar{a} \in \mathbb{N}^n$, 称 $X(t)^{\bar{a}}$ 是丛 $X(t)$ 的 **丛单项式**. 若 $\bar{a} \in \mathbb{Z}^n \backslash \mathbb{N}^n$, 称 $X(t)^{\bar{a}}$ 是丛 $X(t)$ 的**真 Laurent 单项式**. 用 $CM(t)$ 表示丛 $X(t)$ 的所有丛单项式之集, 则当 $X(t_1)$ 和 $X(t_2)$ 有公共丛变量, 有 $CM(t_1) \cap CM(t_2) \neq \varnothing$.

**定义 10.2** 一个丛代数 $\mathcal{A}$ 称为有**真 Laurent 单项式性质**的, 若对任两个不同的丛 $X(t)$ 和 $X(t_0)$ 及丛单项式 $X(t)^{\bar{a}} \in CM(t) \backslash CM(t_0)$, $X(t)^{\bar{a}}$ 可表为 $X(t_0)$ 的真 Laurent 单项式 $\mathbb{ZP}$-线性组合.

下面这个定理体现了真 Laurent 单项式性质的重要性.

**定理 10.5** [108] 若一个丛代数 $\mathcal{A}$ 有真 Laurent 单项式性质, 则 $\mathcal{A}$ 的丛单项式集

$$\bigcup_{t \in \mathbb{T}_n} CM(t)$$

是 $\mathbb{ZP}$-线性无关集.

**证明** 假定 $\sum_{t \in \mathbb{T}_n, \mathbf{v} \in \mathbb{N}^n} c_{t,\mathbf{v}} X(t)^v = 0$, 其中 $c_{t,\mathbf{v}} \in \mathbb{ZP}$. 要证: $\forall t \in \mathbb{T}_n$, $\mathbf{v} \in \mathbb{N}^n$, $c_{t,\mathbf{v}} = 0$.

任取 $t_0 \in \mathbb{T}_n$, 将 $\sum_{t \in \mathbb{T}_n, \mathbf{v} \in \mathbb{N}^n} c_{t,\mathbf{v}} X(t)^{\mathbf{v}}$ 考虑成关于 $X(t_0)$ 的 Laurent 多项式. 对任意 $\mathbf{v} \in \mathbb{N}^n$, $\sum_{t \in \mathbb{T}_n, \mathbf{v} \in \mathbb{N}^n} c_{t,\mathbf{v}} X(t)^{\mathbf{v}}$ 中 Laurent 单项式 $X(t_0)^{\mathbf{v}}$ 的系数为 $c_{t_0,\mathbf{v}}$. 根据真 Laurent 单项式性的定义, 可以得到 $c_{t_0,\mathbf{v}} = 0$.

由 $t_0 \in \mathbb{T}_n$ 的任意性知, 对任意 $t \in \mathbb{T}_n, \mathbf{v} \in \mathbb{N}^n$, 有 $c_{t,\mathbf{v}} = 0$. $\qquad\square$

下面这个定理说明了, 在什么条件下丛代数 $\mathcal{A}$ 有真 Laurent 单项式性质.

**定理 10.6** [35]　若一个丛代数 $\mathcal{A}$ 的丛变量的正性和 $d$-向量的正性都成立, 那么 $\mathcal{A}$ 具有真 Laurent 单项式性质.

**证明**　令 $X(t), X(t_0)$ 是 $\mathcal{A}$ 的任两个丛, 即存在 $x_{k_0;t}$ 不是 $X(t_0)$ 中的丛变量. 取一个丛单项式 $X(t)^{\overline{a}} = \prod_{i=1}^{n} x_{i;t}^{a_i} \in CM(t) \backslash CM(t_0)$.

由 Laurent 现象, 存在一个有限集 $V \in \mathbb{Z}^n$ 及 $0 \neq c_{\mathbf{v}} \in \mathbb{ZP}$, 对任何 $\mathbf{v} = (v_1, \cdots, v_n) \in V$, 使 $X(t)^{\overline{a}} = \sum_{\mathbf{v} \in V} c_{\mathbf{v}} X(t_0)^{\mathbf{v}}$. 由假设 $\mathcal{A}$ 的丛变量的正性成立, 因此上式中对任何 $\mathbf{v} \in V$, 有 $c_{\mathbf{v}} \gneq 0$.

反过来, $X(t_0)$ 的丛单项式也可以由 $X(t)$ 的正系数 Laurent 多项式来表出, 即存在多项式 $f_1, \cdots, f_n \in \mathbb{NP}[x_{1;t}, \cdots, x_{n;t}]$, 使得 $\forall i, j \in [1, n]$, $x_{j;t} \nmid f_i$, 且

$$x_{i;t_0} = \frac{f_i(x_{1;t}, \cdots, x_{n;t})}{X(t)^{\overline{d}^t_{x_{i;t_0}}}}.$$

令 $F^{\mathbf{v}} = f_1^{v_1} \cdots f_n^{v_n}$, 由于 $v_i \in \mathbb{Z}$, 正负都有可能, 我们可写 $F^{\mathbf{v}} = \dfrac{F_{1,\mathbf{v}}}{F_{2,\mathbf{v}}}$, 其中 $F_{1,\mathbf{v}} = \prod_{v_i > 0} f_i^{v_i}$, $F_{2,\mathbf{v}} = \prod_{v_i < 0} f_i^{-v_i}$ 都是 $\mathbb{NP}[x_{1;t}, \cdots, x_{n;t}]$ 的多项式, 且 $x_{j;t} \nmid F_{1,\mathbf{v}}$, $x_{j;t} \nmid F_{2,\mathbf{v}}$ $\forall j \in [1, n]$. 从而

$$X(t)^{\overline{a}} = \sum_{\mathbf{v} \in V} c_{\mathbf{v}} X(t_0)^{\mathbf{v}} = \sum_{\mathbf{v} \in V} c_{\mathbf{v}} \prod_i \frac{f_i^{v_i}}{X(t)^{\overline{d}^t_{x_{i;t_0}} v_i}} = \sum_{\mathbf{v} \in V} c_{\mathbf{v}} \prod_i X(t)^{-\overline{d}^t_{x_{i;t_0}} v_i} \prod_i f_i^{v_i}$$

$$= \sum_{\mathbf{v} \in V} c_{\mathbf{v}} X(t)^{\sum_i -\overline{d}^t_{x_{i;t_0}} v_i} F^{\mathbf{v}} = \sum_{\mathbf{v} \in V} c_{\mathbf{v}} X(t)^{-D^t_{t_0} \mathbf{v}} \frac{F_{1,\mathbf{v}}}{F_{2,\mathbf{v}}}.$$

令 $g(x_{1;t}, \cdots, x_{n;t})$ 是 $F_{2,\mathbf{v}}(\mathbf{v} \in V)$ 的最小公倍式, 则

$$X(t)^{\overline{a}} g(x_{1;t}, \cdots, x_{n;t}) = \sum_{\mathbf{v} \in V} c_{\mathbf{v}} X(t)^{-D^t_{t_0} \mathbf{v}} g_{\mathbf{v}}(x_{1;t}, \cdots, x_{n;t}),$$

从而

$$g(x_{1;t}, \cdots, x_{n;t}) = \sum_{\mathbf{v} \in V} c_{\mathbf{v}} X(t)^{-D^t_{t_0} \mathbf{v} - \overline{a}} g_{\mathbf{v}}(x_{1;t}, \cdots, x_{n;t}).$$

易见 $g, g_{\mathbf{v}} \in \mathbb{NP}[x_{1;t}, \cdots, x_{n;t}]$, 且 $x_{j;t} \nmid g$, $x_{j;t} \nmid g_{\mathbf{v}}$, $\forall j \in [1, n]$. 又因为 $c_{\mathbf{v}} \in \mathbb{NP}$, 所以 $-D^t_{t_0} \mathbf{v} - \overline{a} \in \mathbb{N}^n$. 因而, $D^t_{t_0} \mathbf{v} + \overline{a}$ 的每个分量都小于零, 特别对前面已设 $x_{k_0;t} \notin X(t_0)$ 的 $k_0$, 有

$$(d^{t_0}_{k_0 1} v_1 + \cdots + d^{t_0}_{k_0 n} v_n) + a_{k_0} \leqslant 0, \quad \forall \mathbf{v} \in V, \tag{10.2}$$

其中 $d^t(x_{j;t_0}) = (d^{t_0}_{1j}, \cdots, d^{t_0}_{k_0 j}, \cdots, d^{t_0}_{nj})^{\top}$, $j = 1, \cdots, n$. 由 $d$-向量的正性, 以及 $x_{k_0;t}$ 不是 $X(t_0)$ 中的丛变量, 可知 $d^t(x_{j;t_0}) \gneq 0$, $\forall j \in [1, n]$. 因此 $d^{t_0}_{k_0 j} \geqslant 0$, $\forall j \in$

$[1, n]$. 由于 $a_{k_0} > 0$, 要使 (10.2) 成立, 必须对 $\mathbf{v} \in V$, 有 $\mathbf{v} \notin \mathbb{N}^n$, 这意味着 $X(t)^{\overline{a}} = \sum_{\mathbf{v} \in V} c_{\mathbf{v}} X(t_0)^{\mathbf{v}}$ 的每个 Laurent 单项式是一个真 Laurent 单项式, 从而 丛代数 $\mathcal{A}$ 有真 Laurent 单项式性质.                                         □

**推论 10.2**  一个可斜对称化丛代数 $\mathcal{A}$ 总是具有真 Laurent 单项式性质的, 从而 $\mathcal{A}$ 的丛单项式集是 $\mathbb{ZP}$-线性无关的.

**证明**  由前已知, $\mathcal{A}$ 具有丛变量的正性和 $d$-向量的正性, 从而由定理 10.5 和 定理 10.6 即得此结论.                                                             □

事实上, 丛代数的丛单项式集是否 $\mathbb{ZP}$-线性无关的? 这是个困难的问题, 在文 献 [72] 中被作为一个猜想提出. 并且因为与丛代数的基构造联系在一起, 而显得 非常重要. 上面的推论是我们近期在这个方面的一个重要进展, 它告诉人们, 对于 这个问题或者猜想, 目前只留下了下面的问题:

对符号斜对称丛代数, 真 Laurent 单项式性质和丛单项式集的 $\mathbb{ZP}$-线性无关 性是否成立?

关于基的研究, 我们会放在下一阶段来讨论.

## 10.3  丛代数的结构唯一性

本章最后我们讨论下丛代数的组合结构决定代数结构的一个实例, 即丛代数 的结构唯一性定理. 为此我们需要先介绍一下丛上的相容性函数以及对丛的刻画.

### 10.3.1  相容性函数与丛的刻画

有限型丛代数的丛变量集合上的相容度的定义首先在文献 [42] 中被引入, 与 其对应的有限型根系的几乎正根集合上定义的相容度 (见文献 [71, 75]) 有密切的 联系, 具体可参阅文献 [42, 定理 3.1].

基于分母向量定理, 也即定理 10.1, 我们可以把相容度的定义延拓到任何可 斜对称化丛代数上去.

**定义 10.3**  设 $\mathcal{A}$ 是一个可斜对称化的丛代数, $\mathcal{X}$ 是 $\mathcal{A}$ 的丛变量的集合. 我 们定义一个函数 $d : \mathcal{X} \times \mathcal{X} \to \mathbb{Z}_{\geqslant -1}$, 这个函数被称为丛变量集合 $\mathcal{X}$ 上的**相容度 函数**. 对任何两个丛变量 $x_{i;t}$ 和 $x_{j;t_0}$, 我们按照下面的方式去定义 $d(x_{j;t_0}, x_{i;t})$:

- 选一个包含丛变量 $x_{j;t_0}$ 的丛 $X(t_0)$;
- 计算丛变量 $x_{i;t}$ 关于丛 $X(t_0)$ 的 $d$-向量, $d^{t_0}(x_{i;t}) = (d_1, \cdots, d_n)$;
- $d(x_{j;t_0}, x_{i;t}) := d_j$, 被称为丛变量 $x_{i;t}$ 关于丛变量 $x_{j;t_0}$ 的相容度.

**注 10.1**  (1) 根据定理 10.1 (1), $d(x_{j;t_0}, x_{i;t})$ 只依赖于丛变量 $x_{i;t}$ 和 $x_{j;t_0}$, 而 不依赖于包含丛变量 $x_{j;t_0}$ 的丛的选取, 所以相容度 $d(x_{j;t_0}, x_{i;t})$ 是定义良好的.

(2) 根据定理 10.1 (2), 我们有以下的事实:

(a) $d(x_{j;t_0}, x_{i;t}) \in \mathbb{Z}_{\geqslant -1}$;

(b) $d(x_{j;t_0}, x_{i;t}) = -1$ 当且仅当 $d(x_{i;t}, x_{j;t_0}) = -1$, 亦当且仅当 $x_{i;t} = x_{j;t_0}$;

(c) $d(x_{j;t_0}, x_{i;t}) = 0$ 当且仅当 $d(x_{i;t}, x_{j;t_0}) = 0$, 亦当且仅当存在一个丛同时包含 $x_{i;t}$ 和 $x_{j;t_0}$ 并且 $x_{i;t} \neq x_{j;t_0}$;

(3) 根据 (b), (c) 和定理 10.1 (2), $d(x_{j;t_0}, x_{i;t}) \leqslant 0$ 当且仅当 $d(x_{i;t}, x_{j;t_0}) \leqslant 0$;

(4) 由 (3) 知 $d(x_{j;t_0}, x_{i;t}) > 0$ 当且仅当 $d(x_{i;t}, x_{j;t_0}) > 0$, 亦当且仅当不存在同时包含 $x_{i;t}$ 和 $x_{j;t_0}$ 的丛.

我们称丛变量 $x_{i;t}$ 和 $x_{j;t_0}$ 是**相容的**, 如果 $d(x_{j;t_0}, x_{i;t}) \leqslant 0$. 设 $x_1, \cdots, x_p$ 是丛代数 $\mathcal{A}$ 的 $p$ 个互不相同的丛变量. 集合 $\{x_1, \cdots, x_p\}$ 被称为 $\mathcal{A}$ 的一个**相容集**, 如果这个集合中的任何两个丛变量都是相容的.

**引理 10.2**   设 $x_{i;t}$ 是可斜对称化丛代数 $\mathcal{A}$ 的一个丛变量, $X(t_0) = \{x_{1;t_0}, \cdots, x_{n;t_0}\}$ 是 $\mathcal{A}$ 的一个丛. 如果 $x_{i;t}$ 与 $U \subset X(t_0)$ 中的每个丛变量都相容, 则存在 $\mathcal{A}$ 的一个丛 $X(t')$ 使得 $\{x_{i;t}\} \cup U \subset X(t')$.

**证明**   根据命题 10.1, 我们不妨设 $\mathcal{A}$ 是一个在 $t_0$ 处带主系数的丛代数.

不失一般性地, 可设 $U = \{x_{p+1;t_0}, \cdots, x_{n;t_0}\}$. 由定理 10.3, 对子集 $U \subseteq X(t_0)$ 及丛 $X(t)$, 存在一个丛 $X(t')$ 使得 $(X(t), X(t'))$ 是关于 $U$ 的 g-对, 并且对任意 $k = p+1, \cdots, n$ 有 $x_{k;t'} = x_{k;t_0}$.

将 $R_t^{t'} := G_{t'}^{-1} G_t$ 的第 $i$ 列向量记为 $\mathbf{r}_{i;t}^{t'} = (r_{1i}, \cdots, r_{ni})^\top$. 由定理 10.2 可知, $x_{i;t}$ 关于 $X(t')$ 的 Laurent 展示具有如下形式:

$$x_{i;t} = X(t')^{\mathbf{r}_{i;t}^{t'}} \left( 1 + \sum_{0 \neq \mathbf{v} \in \mathbb{N}^n, \mathbf{u} \in \mathbb{Z}^n} c_{\mathbf{v},\mathbf{u}} Y^{\mathbf{v}} X(t')^{\mathbf{u}} \right),$$

其中 $c_{\mathbf{v},\mathbf{u}} \geqslant 0$ 并且 $\mathbf{r}_{i;t}^{t'}$ 满足 $g(x_{i;t}) = G_{t'} \mathbf{r}_{i;t}^{t'}$.

设 $d^{t'}(x_{i;t}) = (d_1, \cdots, d_n)^\top$ 是 $x_{i;t}$ 关于 $X(t')$ 的 d-向量. 对任意 $k = p+1, \cdots, n$, 由假定 $x_{i;t}$ 与 $x_{k;t_0} = x_{k;t'}$ 相容, 所以 $d_k \leqslant 0$, 从而 $r_{ki} \geqslant 0$, 对 $k = p+1, \cdots, n$.

又因为 $(X(t), X(t'))$ 是关于 $U$ 的 g-对, 所以对任意 $x_{j;t'} \notin U$, 即 $j = 1, \cdots, p$ 时, $R_t^{t'}$ 的第 $j$ 行向量是非负向量, 特别地, $r_{ji} \geqslant 0$. 结合上面的 $r_{ki} \geqslant 0$ 对 $k = p+1, \cdots, n$ 成立, 由此推出, $\mathbf{r}_{i;t}^{t'}$ 是非负向量.

因此, $X(t')^{\mathbf{r}_{i;t}^{t'}}$ 是一个丛单项式, 并由于 $g(x_{i;t}) = G_{t'} \mathbf{r}_{i;t}^{t'}$, 故 $X(t')^{\mathbf{r}_{i;t}^{t'}}$ 与 $x_{i;t}$ 具有相同的 g-向量. 由定理 6.12 知, $X(t')^{\mathbf{r}_{i;t}^{t'}} = x_{i;t}$, 从而 $x_{i;t}$ 是 $X(t')$ 中的一个丛变量. 因此 $\{x_{i;t}\} \cup U$ 是 $X(t')$ 的子集. $\qquad \square$

下面的定理完成了对丛的刻画.

**定理 10.7**  设 $\mathcal{A}$ 是一个秩 $n$ 的可斜对称化丛代数. 则有

(1) $\{x_1, \cdots, x_p\}$ 是 $\mathcal{A}$ 中的一个相容集当且仅当 $\{x_1, \cdots, x_p\}$ 是 $\mathcal{A}$ 中某个丛 $X(t)$ 的子集. 因此, 总有 $p \leqslant n$.

(2) $\{x_1, \cdots, x_p\}$ 是 $\mathcal{A}$ 中的一个极大的相容集当且仅当 $\{x_1, \cdots, x_p\}$ 是 $\mathcal{A}$ 中的一个丛. 此时必有 $p = n$.

**证明**  (1) 充分性部分是显然的. 必要性部分利用引理 10.2 做归纳即可得到.

(2) 由 (1) 显然可得. □

下面的推论证实了 [65, 猜想 5.5].

**推论 10.3**  设 $\mathcal{A}$ 是一个可斜对称化的丛代数. 任何一个 $\mathcal{A}$ 中若干丛变量的集合, 如果这个集合中的任何两个丛变量都被 $\mathcal{A}$ 中的某个丛包含, 则存在 $\mathcal{A}$ 中的一个丛包含所有的这些丛变量.

**证明**  由假设知, 这些丛变量的集合是 $\mathcal{A}$ 中的一个相容集, 从而利用定理 10.7 即可得结论. □

利用定理 10.7, 我们可以重新证明文献 [35, 86] 中的一个结果.

**推论 10.4**  设 $\mathcal{A}$ 是一个秩 $n$ 的可斜对称化丛代数, $(X(t_1), Y(t_1), B_{t_1})$ 和 $(X(t_2), Y(t_2), B_{t_2})$ 是 $\mathcal{A}$ 的两个种子, 满足 $x_{i;t_1} = x_{i;t_2}$, $i = 1, 2, \cdots, n-1$. 令 $x'_{n;t_1}$ 是种子 $\mu_n(X(t_1), Y(t_1), B_{t_1})$ 中变异得到的丛变量, 则 $x_{n;t_2} = x_{n;t_1}$ 或者 $x_{n;t_2} = x'_{n;t_1}$.

**证明**  由变异的定义, 我们知

$$x_{n;t_1} x'_{n;t_1} = \frac{y_{n;t_1}}{1 \oplus y_{n;t_1}} \prod_{b^{t_1}_{in} > 0} x^{b^{t_1}_{in}}_{i;t_1} + \frac{1}{1 \oplus y_{n;t_1}} \prod_{b^{t_1}_{in} < 0} x^{-b^{t_1}_{in}}_{i;t_1}.$$

由于 $x_{i;t_1} = x_{i;t_2}$, $i = 1, 2, \cdots, n-1$, 我们知

$$\frac{y_{n;t_1}}{1 \oplus y_{n;t_1}} \prod_{b^{t_1}_{in} > 0} x^{b^{t_1}_{in}}_{i;t_1} + \frac{1}{1 \oplus y_{n;t_1}} \prod_{b^{t_1}_{in} < 0} x^{-b^{t_1}_{in}}_{i;t_1}$$

作为一个关于 $X(t_2)$ 中丛变量的多项式, 它关于 $X(t_2)$ 的 $d$-向量是零向量, 也即

$$d^{t_2}(x_{n;t_1} x'_{n;t_1}) = d^{t_2} \left( \frac{y_{n;t_1}}{1 \oplus y_{n;t_1}} \prod_{b^{t_1}_{in} > 0} x^{b^{t_1}_{in}}_{i;t_1} + \frac{1}{1 \oplus y_{n;t_1}} \prod_{b^{t_1}_{in} < 0} x^{-b^{t_1}_{in}}_{i;t_1} \right) = 0.$$

特别地, $d^{t_2}(x_{n;t_1} x'_{n;t_1})$ 的第 $n$ 个分量为 0, 也即

$$d(x_{n;t_2}, x_{n;t_1}) + d(x_{n;t_2}, x'_{n;t_1}) = 0.$$

所以有 $d(x_{n;t_2}, x_{n;t_1}) \leqslant 0$ 或者 $d(x_{n;t_2}, x'_{n;t_1}) \leqslant 0$, 也即, 或者 $x_{n;t_2}$ 和 $x_{n;t_1}$ 相容, 或者 $x_{n;t_2}$ 和 $x'_{n;t_1}$ 相容. 假如 $x_{n;t_2} \neq x_{n;t_1}$ 并且 $x_{n;t_2} \neq x'_{n;t_1}$, 则我们知道, 要么

$$\{x_{1;t_1}, \cdots, x_{n-1;t_1}, x_{n;t_2}, x_{n;t_1}\} = \{x_{1;t_2}, \cdots, x_{n-1;t_2}, x_{n;t_2}, x_{n;t_1}\}$$

构成一个有 $n+1$ 个元素的相容集, 要么

$$\{x_{1;t_1}, \cdots, x_{n-1;t_1}, x_{n;t_2}, x'_{n;t_1}\} = \{x_{1;t_2}, \cdots, x_{n-1;t_2}, x_{n;t_2}, x'_{n;t_1}\}$$

构成一个有 $n+1$ 个元素的相容集. 这与定理 10.7 矛盾, 因此我们必有 $x_{n;t_2} = x_{n;t_1}$ 或者 $x_{n;t_2} = x'_{n;t_1}$.　　　□

**例 10.1**　设 $\mathcal{A}$ 是由初始换位矩阵 $B_{t_0}$ 确定的系数自由的丛代数, 其中 $B_{t_0} = \begin{pmatrix} 0 & 1 \\ -1 & 0 \end{pmatrix}$. 可知 $\mathcal{A}$ 有五个丛:

$$\{x_1, x_2\} \xrightarrow{\mu_1} \{x_3, x_2\} \xrightarrow{\mu_2} \{x_3, x_4\} \xrightarrow{\mu_1} \{x_5, x_4\} \xrightarrow{\mu_2} \{x_5, x_1\} \xrightarrow{\mu_1} \{x_2, x_1\},$$

其中, $x_3 = \dfrac{x_2 + 1}{x_1}, x_4 = \dfrac{x_1 + x_2 + 1}{x_1 x_2}, x_5 = \dfrac{x_1 + 1}{x_2}$. $\mathcal{A}$ 的丛变量的集合 $\mathcal{X} = \{x_1, x_2, x_3, x_4, x_5\}$. 通过简单的计算, $\mathcal{X}$ 上的相容度函数可通过下面的矩阵给出:

$$\begin{pmatrix} d(x_1, x_1) & d(x_1, x_2) & d(x_1, x_3) & d(x_1, x_4) & d(x_1, x_5) \\ d(x_2, x_1) & d(x_2, x_2) & d(x_2, x_3) & d(x_2, x_4) & d(x_2, x_5) \\ d(x_3, x_1) & d(x_3, x_2) & d(x_3, x_3) & d(x_3, x_4) & d(x_3, x_5) \\ d(x_4, x_1) & d(x_4, x_2) & d(x_4, x_3) & d(x_4, x_4) & d(x_4, x_5) \\ d(x_5, x_1) & d(x_5, x_2) & d(x_5, x_3) & d(x_5, x_4) & d(x_5, x_5) \end{pmatrix}$$

$$= \begin{pmatrix} -1 & 0 & 1 & 1 & 0 \\ 0 & -1 & 0 & 1 & 1 \\ 1 & 0 & -1 & 0 & 1 \\ 1 & 1 & 0 & -1 & 0 \\ 0 & 1 & 1 & 0 & -1 \end{pmatrix}.$$

由上面的矩阵, $\mathcal{A}$ 的极大相容集有

$$\{x_1, x_2\}, \quad \{x_3, x_2\}, \quad \{x_3, x_4\}, \quad \{x_5, x_4\}, \quad \{x_5, x_1\},$$

这恰是 $\mathcal{A}$ 的五个丛.

### 10.3.2 结构唯一性定理

本小节中, 我们将证明丛代数的结构唯一性定理.

令 $\mathcal{X}$ 是丛代数 $\mathcal{A}$ 的所有丛变量的集合. 由于丛代数 $\mathcal{A}$ 是由丛变量的集合 $\mathcal{X}$ 生成的 $\mathcal{F}$ 的一个子代数, 因此, 丛变量集合 $\mathcal{X}$ 决定着 $\mathcal{A}$ 的代数结构. 很自然的一个问题是: $\mathcal{X}$ 能否同样地决定 $\mathcal{A}$ 的组合结构? 也就是丛的分布? 也即, Assem, Schiffler 和 Shramchenko 作的如下猜想:

**猜想 10.1** [8](结构唯一性猜想)  令 $\mathcal{A}$ 和 $\mathcal{A}'$ 是两个具有相同丛变量集合的丛代数, 也即, $\mathcal{X} = \mathcal{X}'$, 则 $\mathcal{A}$ 和 $\mathcal{A}'$ 有相同的丛的集合.

在文献 [39] 的结果之前, 上面的猜想被证明的情况有: 有限型丛代数和秩 2 的丛代数[8], 仿射 $A$-型的丛代数[10], 来自无刺穿点黎曼曲面的丛代数[11].

**定义 10.4** [8]  一个丛代数 $\mathcal{A}$ 被称为**结构唯一的** (unistructural), 如果对任何与 $\mathcal{A}$ 有相同的丛变量集的丛代数 $\mathcal{A}'$, 即 $\mathcal{X} = \mathcal{X}'$, 必然蕴含着 $\mathcal{A}$ 和 $\mathcal{A}'$ 有相同的丛的集合.

以此定义, 猜想 10.1 是说: 任何丛代数都具有结构唯一性.

**引理 10.3**  设 $\mathcal{A}$ 是一个可斜对称化的丛代数, 则对任何丛变量 $x_{i;t}$ 和 $x_{k;t_0}$, 存在一个包含 $x_{k;t_0}$ 的丛 $X(t')$ (不妨设 $x_{k;t_0} = x_{k;t'}$) 使得在 $x_{i;t}$ 关于 $X(t')$ 的 Laurent 展开中, 有一个 Laurent 单项式 $F$ 满足如下性质:

(1) 对任何 $j \neq k$, $x_{j;t'}$ 在 $F$ 中的指数是非负的;

(2) (a) 如果 $x_{k;t'}$ 在 $F$ 中的指数是正的, 则 $x_{i;t} = x_{k;t'}$;

(b) 如果 $x_{k;t'}$ 在 $F$ 中的指数是零, 则 $x_{i;t} \in X(t')$ 且 $x_{i;t} \neq x_{k;t'}$;

(c) 如果 $x_{i;t} \notin X(t')$, 则 $x_{k;t'}$ 在 $F$ 中的指数是负的.

**证明**  我们先假设 $\mathcal{A}$ 是 $t_0$ 处主系数的丛代数. 取 $X(t')$ 是 $U = \{x_{k;t_0}\}$ 关于 $X(t)$ 的 co-Bongartz 完备化, 取 $F = X(t')^{\mathbf{r}_{i;t}^{t'}}$ 是引理 10.1 证明中出现的 Laurent 单项式. 此时, 引理 10.1 中的结论直接蕴含当前引理中的结论.

一般情形下的结果可由主系数情形下的结果结合分离公式 (定理 6.3) 直接得到. □

下面我们对可斜对称化丛代数给出猜想 10.1 的肯定的证明.

**定理 10.8** [39]  任何可斜对称化丛代数都具有结构唯一性.

**证明**  设 $\mathcal{A}$ 和 $\mathcal{A}'$ 是两个可斜对称化的丛代数, 并且有相同的丛变量集合, 即 $\mathcal{X} = \mathcal{X}'$. 我们需要证明 $\mathcal{A}$ 和 $\mathcal{A}'$ 有相同的丛的集合.

我们首先证明: $x, z \in \mathcal{X} = \mathcal{X}'$ 在 $\mathcal{A}$ 中是相容的, 当且仅当它们在 $\mathcal{A}'$ 中是相容的.

记 $X(t) = \{x_{1;t}, \cdots, x_{n;t}\}$ 是丛代数 $\mathcal{A}$ 在顶点 $t \in \mathbb{T}_n$ 处的丛, $Z(u) = \{z_{1;u}, \cdots, z_{m;u}\}$ 是丛代数 $\mathcal{A}'$ 在顶点 $u \in \mathbb{T}_m$ 处的丛. (注意: 这里我们没有必

要去假设 $m = n$.)

设 $x, z \in \mathcal{X} = \mathcal{X}'$ 是两个在 $\mathcal{A}'$ 中相容的丛变量. 利用反证法, 假设 $x$ 和 $z$ 在 $\mathcal{A}$ 中不相容, 等价地, 不存在丛代数 $\mathcal{A}$ 的一个丛 $X(t)$ 同时包含 $x$ 和 $z$. 利用引理 10.3, 存在 $\mathcal{A}$ 的一个包含 $x$ 的丛 $X(t')$ (不妨设, $x = x_{1;t'}$), 满足: 在 $z$ 关于丛 $X(t')$ 的 Laurent 展开中, 存在一个 Laurent 单项式 $F$ 使得对任何 $j \neq 1$, $x_{j;t'}$ 在 $F$ 中的指数是非负的, 同时 $x = x_{1;t'}$ 在 $F$ 中的指数是负的 (因为不存在 $\mathcal{A}$ 的一个丛 $X(t)$ 同时包含 $x$ 和 $z$, 特别地, $z \notin X(t')$). 我们可以假设 $F = cx_{1;t'}^{-v_1} \prod_{i=2}^{n} x_{i;t'}^{v_i}$, 其中 $v_1 > 0$, $v_2, \cdots, v_n \geqslant 0$, $c \in \mathbb{P}$. 这样 $z$ 关于 $X(t')$ 的 Laurent 展开可被写为

$$z = F + \widetilde{F}(x_{1;t'}, \cdots, x_{n;t'}) = cx_{1;t'}^{-v_1} \prod_{i=2}^{n} x_{i;t'}^{v_i} + \widetilde{F}(x_{1;t'}, \cdots, x_{n;t'}),$$

其中 $\widetilde{F}$ 是一个具有正系数的 Laurent 多项式.

由于 $x = x_{1;t'}$ 和 $z$ 在 $\mathcal{A}'$ 是相容的, 从而存在 $\mathcal{A}'$ 的一个丛 $Z(u)$ 使得 $Z(u)$ 同时包含 $x = x_{1;t'}$ 和 $z$. 不失一般性, 我们可以假设 $x = x_{1;t'} = z_{1;u}$, $z = z_{2;u}$. 考虑 $x_{i;t'}$ 关于 $Z(u)$ 的 Laurent 展开

$$x_{i;t'} = \frac{g_i(z_{1;u}, \cdots, z_{m;u})}{z_{1;u}^{d_{1i}} \cdots z_{m;u}^{d_{ni}}},$$

其中 $g_i$ 是一个关于 $z_{1;u}, \cdots, z_{m;u}$ 的具有正系数的多项式并且 $z_{l;u} \nmid g_i$, 对任何 $l$. 由注 10.1 及 $x_{i;t'} \neq x_{1;t'} = x = z_{1;u}$, $i = 2, \cdots, n$, 我们知道 $d_{1i} \geqslant 0$, $i = 2, \cdots, n$. 所以对每个 $i = 2, \cdots, n$, 在 $x_{i;t'}$ 关于丛 $Z(u)$ 的 Laurent 展开中都存在一个 Laurent 单项式 $G_i$ 使得 $z_{1;u} = x$ 在 $G_i$ 的指数是非正的, 也即, $x_{i;t'}$ 有如下的形式:

$$x_{i;t'} = G_i + \widetilde{G}_i(z_{1;u}, \cdots, z_{m;u}) = c_i z_{1;u}^{-a_{1i}} \prod_{l=2}^{m} z_{l;u}^{a_{li}} + \widetilde{G}_i(z_{1;u}, \cdots, z_{m;u}),$$

其中 $\widetilde{G}_i$ 具有正系数的 Laurent 多项式, $a_{1i} \geqslant 0$, $c_i \in \mathbb{NP}$.

把 $x_{1;t'} = x = z_{1;u}$ 和 $x_{i;t'} = c_i z_{1;u}^{-a_{1i}} \prod_{l=2}^{m} z_{l;u}^{a_{li}} + \widetilde{G}_i(z_{1;u}, \cdots, z_{n;u})$, $i \geqslant 2$ 代入

$$z = cx_{1;t'}^{-v_1} \prod_{i=2}^{n} x_{i;t'}^{v_i} + \widetilde{F}(x_{1;t'}, \cdots, x_{n;t'}),$$

我们可得到 $z = z_{2;u}$ 关于 $Z(u)$ 的 Laurent 展开, 具有如下形式:

$$z_{2;u} = z = cz_{1;u}^{-v_1} \prod_{i=2}^{n} \left( c_i z_{1;u}^{-a_{1i}} \prod_{l=2}^{m} z_{l;u}^{a_{li}} \right)^{v_i} + R(z_{1;u}, \cdots, z_{m;u})$$

$$= c \prod_{i=2}^{n} c_i z_{1;u}^{-(v_1+v_2 a_{12}+\cdots v_n a_{1n})} \prod_{l=2}^{m} z_{l;u}^{v_2 a_{l2}+\cdots+v_n a_{ln}} + R(z_{1;u}, \cdots, z_{m;u}),$$

其中 $R$ 可被写为 $R = \dfrac{r_1(z_{1;u}, \cdots, z_{m;u})}{r_2(z_{1;u}, \cdots, z_{m;u})}$, $r_1, r_2 \in \mathbb{NP}[z_{1;u}, \cdots, z_{m;u}]$. 可有

$$z_{2;u} - c \prod_{i=2}^{n} c_i z_{1;u}^{-(v_1+v_2 a_{12}+\cdots v_n a_{1n})} \prod_{l=2}^{m} z_{l;u}^{v_2 a_{l2}+\cdots+v_n a_{ln}} = \frac{r_1(z_{1;u}, \cdots, z_{m;u})}{r_2(z_{1;u}, \cdots, z_{m;u})}.$$

一个简单的事实是, 如果

$$z_{2;u} - c \prod_{i=2}^{n} c_i z_{1;u}^{-(v_1+v_2 a_{12}+\cdots v_n a_{1n})} \prod_{l=2}^{m} z_{l;u}^{v_2 a_{l2}+\cdots+v_n a_{ln}} \neq 0,$$

则它不可能被写为两个具有正系数多项式的商. 因此, 我们必有

$$z_{2;u} = c \prod_{i=2}^{n} c_i z_{1;u}^{-(v_1+v_2 a_{12}+\cdots v_n a_{1n})} \prod_{l=2}^{m} z_{l;u}^{v_2 a_{l2}+\cdots+v_n a_{ln}}.$$

从而 $v_1 + v_2 a_{12} + \cdots v_n a_{1n} = 0$. 但这与 $v_1 > 0$, $v_i, a_{1i} \geqslant 0$ 矛盾. 所以, 如果 $x$ 和 $z$ 在 $\mathcal{A}'$ 中是相容的, 则它们在 $\mathcal{A}$ 中也是相容的.

类似地, 可以证明: 如果 $x$ 和 $z$ 在 $\mathcal{A}$ 中是相容的, 则它们在 $\mathcal{A}'$ 中也是相容的.

所以, $x, z \in \mathcal{X} = \mathcal{X}'$ 在 $\mathcal{A}$ 中相容当且仅当它们在 $\mathcal{A}'$ 中相容. 因此, 一个子集 $M \subseteq \mathcal{X} = \mathcal{X}'$ 是 $\mathcal{A}$ 中的一个极大相容集当且仅当它是 $\mathcal{A}'$ 中的一个极大相容集, 也即, 一个子集 $M \subseteq \mathcal{X} = \mathcal{X}'$ 是 $\mathcal{A}$ 的一个丛当且仅当它是 $\mathcal{A}'$ 的一个丛, 根据定理 10.7. 因此, $\mathcal{A}$ 和 $\mathcal{A}'$ 有相同的丛的集合. □

设 $\mathcal{A}$ 是 $\mathbb{ZP}$ 上的一个丛代数, 由 4.1 节丛同构的定义, 它的一个**丛自同构** (cluster automorphism) 是 $\mathcal{A}$ 到它自身的丛同构.

**推论 10.5** 设 $\mathcal{A}$ 是 $\mathbb{ZP}$-丛代数, 则 $f : \mathcal{A} \to \mathcal{A}$ 是一个丛自同构当且仅当 $f$ 是丛生成的有理函数域 $\mathcal{F}$ 的 $\mathbb{ZP}$-自同构, 并且 $f$ 限制到 $\mathcal{A}$ 的丛变量集上给出一个置换.

**证明** 由定理 10.8 和文献 [8, 定理 1.4] 的证明即得. □

作为结构唯一性定理的应用, 这个推论告诉我们, 对丛自同构的刻画, 在代数自同构的基础上, 只需要考虑丛变量之间的置换即可.

# 第 11 章 丛代数的基

注意到, 在前面 10.2 节中已证明, 一个可斜对称化丛代数 $\mathcal{A}$ 的丛单项式集 $M$ 总是 $\mathbb{ZP}$-线性无关的. 因此 $M$ 总可以包含在 $\mathcal{A}$ 的某一组基中. [30,60] 等文献进一步证明了这个定理:

**定理 11.1** 可斜对称化丛代数 $\mathcal{A}$ 的丛单项式组成 $\mathcal{A}$ 的一组 $\mathbb{ZP}$-基当且仅当 $\mathcal{A}$ 是有限型的.

文献 [30] 主要讨论了 Dynkin 型的情况, 其他有限型的情况讨论在文献 [60] 中给出.

所以, 对非有限型的丛代数, 怎样从线性无关集 $M$ 以不同方法扩充出或构造出丛代数的基, 就是丛代数的基理论要解决的问题. 另外, Fomin 和 Zelevinsky 引入丛代数的原始动机是为了通过组合的方式去研究典范基, 因此, 丛代数的基问题是丛代数理论的核心问题.

## 11.1 一组 "好" 的基的标准

**定义 11.1** (1) 给定一个丛代数 $\mathcal{A}$ 和任意丛 $X = \{x_1, \cdots, x_n\}$, 称一个元素 $x \in \mathcal{A}$ 在丛 $X$ 上为**局部正的**, 如果 $x$ 能表示成系数在 $\mathbb{NP}$ 上关于 $X$ 的 Laurent 多项式. 我们称一个元素 $x$ 是 $\mathcal{A}$ 上的**正元素**, 如果 $x$ 在任意丛 $X$ 上都为局部正的.

(2) 丛代数中的一个正元素称为**不可分解**的, 如果它不能表达成两个非零正元素的和.

通常来说, 我们希望找到丛代数或它的上丛代数中的一组基 $\mathcal{B}$ 满足如下条件 (这时我们称基 $\mathcal{B}$ 是一组 "好" 基, 见文献 [128, 146, 156]):

(B1) $\mathcal{B}$ 包含所有的丛单项式 (从而所有丛变量在 $\mathcal{B}$ 中);

(B2) $\mathcal{B}$ 的结构常数为正, 即落在 $\mathbb{NP}$ 中;

(B3) $\mathcal{B}$ 的元素和 $\mathbb{Z}^n$ 有很自然的一一对应;

(B4) $\mathcal{B}$ 中的元素均为不可分解正元素.

上丛代数作为每个丛的丛变量的 Laurent 多项式的交, 可以由某些几何对象的坐标环的交来获得, 特别地, 每个丛的 Laurent 多项式就是环面 (torus) 的坐标环. 因此, 从几何的角度往往更容易构出上丛代数的基. 特别地, 当丛代数是无圈的时候, 丛代数和上丛代数是相等的 (命题 1.5), 此时上丛代数的基也是丛代数的基.

从上面这些条件 B(1)—B(4), 根据定理 11.1不难看出:

**推论 11.1** [41] 有限型可斜对称化丛代数 $\mathcal{A}$ 的丛单项式集组成的 $\mathbb{ZP}$-基是"好"的基.

如果这些条件不能同时被满足, 那么其中哪几个可能会被满足也是一件有意义的事情. 比如:

**定义 11.2** (1)[55] 丛代数 (或上丛代数) 中满足上述条件 B(4) 的一组 $\mathbb{ZP}$-基被称为**原子基** (atomic basis).

(2)[169] 丛代数 (或上丛代数) 中满足上述条件 B(1), B(2) 的一组 $\mathbb{ZP}$-基被称为具有**强正性**的 (strongly positive).

关于强正性, 我们有如下的命题:

**命题 11.1** 若可斜对称化丛代数 $\mathcal{A}$ 具有一组满足强正性的基, 那么 $\mathcal{A}$ 的丛变量具有正性.

**证明** 假设 $\mathcal{B}$ 为一组满足强正性的基. 对任意丛变量 $x$ 以及丛 $X = \{x_1, \cdots, x_n\}$, 不妨假设 $x \notin X$, 根据 Laurent 现象, $x = \dfrac{f(x_1, \cdots, x_n)}{x_1^{d_1} \cdots x_n^{d_n}}$, 其中 $f \in \mathbb{ZP}[x_1, \cdots, x_n]$, $d = (d_1, \cdots, d_n)$ 为 $x$ 相对于丛 $X$ 的 $d$-向量. 从而

$$x x_1^{d_1} \cdots x_n^{d_n} = f(x_1, \cdots, x_n).$$

根据定理 10.1, $d \in \mathbb{N}^n$. 再根据强正性基的定义的条件 (1), $x, x_1^{d_1} \cdots x_n^{d_n} \in \mathcal{B}$, 进一步由条件 B(2), 得到 $f(x_1, \cdots, x_n) \in \mathbb{NP}[x_1, \cdots, x_n]$. □

**注 11.1** Davison 和 Mandel 在文献 [49] 中证明了: 斜对称量子丛代数具有一组满足强正性的基.

**注 11.2** 覃帆在文献 [159] 中给出了所有满足条件 B(1), B(3) 的基的模空间的刻画. 这个模空间里的每一个元素都是一组满足条件 B(1) 和 B(3) 的基. 特别地, Theta 基就是这个模空间里面的一个元素, 关于 Theta 基的介绍见 11.6 节.

## 11.2 标准单项式和标准单项式基

本节的主要结论都来自文献 [13], $\mathcal{A}(\Sigma)$ 是秩为 $n$ 的可斜对称化丛代数.

**定义 11.3** 设 $\Sigma$ 是一个秩为 $n$ 的种子, $X = \{x_1, \cdots, x_n\}$ 是 $\Sigma$ 的丛. 对任意 $1 \leqslant i \leqslant n$, 记 $x_i' = \mu_i(x_i)$. 任给整数序列 $a = (a_1, \cdots, a_n) \in \mathbb{Z}^n$, 我们称

$$E(a) = x_1^{[a_1]_+} \cdots x_n^{[a_n]_+} x_1'^{[-a_1]_+} \cdots x_n'^{[-a_n]_+}$$

为 $x_1, \cdots, x_n, x_1', \cdots, x_n'$ 上的一个**标准单项式** (standard monomial).

**引理 11.1**　令 $I$ 是一个有限的非空集合, 设 $\sigma \in S_{|I|}$ 是一个循环置换, 对任意 $i \in [1, n]$, 记 $\sigma(i) = i^+$. 令 $(u_i)_{i \in I}$ 和 $(v_i)_{i \in I}$ 是两组交换的未定元. 那么有

$$\sum_{J \subseteq I, J \cap J^+ = \varnothing} (-1)^{|J|} \prod_{i \in I \setminus (J \cup J^+)} (u_i + v_i) \cdot \prod_{j \in J} (u_j v_{j^+}) = \prod_{i \in I} u_i + \prod_{i \in I} v_i, \tag{11.1}$$

其中 $J^+ = \{ j^+ \mid j \in J \}$.

**证明**　我们将等式 (11.1) 左边展开, 将其写作

$$\sum_{K \subseteq I} c_K \prod_{i \in K} u_i \prod_{j \in I \setminus K} v_j,$$

其中系数 $c_K$ 为

$$c_K = \sum_{J \subseteq \{ i \in K \mid i^+ \in I \setminus K \}} (-1)^{|J|}.$$

当集合 $\{ i \in K \mid i^+ \in I \setminus K \} \neq \varnothing$ 时, 设 $|\{ i \in K \mid i^+ \in I \setminus K \}| = s \neq 0$, 则

$$c_K = (-1)^0 + \mathrm{C}_s^1 (-1)^1 + \cdots + \mathrm{C}_s^{s-1} (-1)^{s-1} + (-1)^s = (1 - 1)^s = 0;$$

当集合 $\{ i \in K \mid i^+ \in I \setminus K \} = \varnothing$ 时, 则 $c_K = 1$.

因为 $\sigma : i \mapsto i^+$ 是一个循环置换, $\{ i \in K \mid i^+ \in I \setminus K \} = \varnothing$ 当且仅当 $K = \varnothing$ 或 $K = I$. 而我们有 $c_\varnothing = c_I = 1$, 从而得到等式 (11.1). $\qquad\square$

**命题 11.2**　令 $\Sigma$ 是一个有圈种子, 即, 不妨假设它的换位矩阵 $B$ 存在 $s$ 使得对任意 $i = 1, \cdots, s - 1$ 有 $b_{i,i+1} < 0$ 且 $b_{s1} < 0$. 那么

$$x_1' \cdots x_s' = \sum_{K \subsetneq [1,s]} f_K(x_1, \cdots, x_s) \prod_{k \in K} x_k', \tag{11.2}$$

其中 $f_K(x_1, \cdots, x_s) \in \mathbb{ZP}[x_1, \cdots, x_s], x_k' = \mu_k(x_k), k = 1, \cdots, s$.

**证明**　令 $I = [1, s]$, 记

$$i^+ = \begin{cases} i + 1, & \text{若 } i \leqslant s - 1, \\ 1, & \text{若 } i = s. \end{cases}$$

对任意 $j = 1, \cdots, s$, 记

$$u_j = \frac{\prod_{b_{ij} > 0} x_i^{b_{ij}}}{x_j}, \quad v_j = \frac{\prod_{b_{ij} < 0} x_i^{-b_{ij}}}{x_j},$$

故 $x_j' = u_j + v_j$.

在引理 11.1 中, 等式 (11.1) 左边, 当 $J = \varnothing$ 时得到 $\prod_{i=1}^s (u_i + v_i) = x_1' \cdots x_s'$. 因此, 根据引理 11.1, 为了证明该命题, 只需证明对任意 $j = 1, \cdots, s$, $u_j v_{j^+}$ 以及 $u_1 \cdots u_s, v_1 \cdots v_s$ 是 $x_1, \cdots, x_s$ 的单项式.

对于 $u_1 \cdots u_s$, 因为 $b_{i,i+1} < 0, i = 1, \cdots, s-1$ 且 $b_{s1} < 0$, 因此

$$x_1 x_2 \cdots x_s \Big| \prod_{j=1}^{s} \prod_{b_{ij}>0} x_i^{b_{ij}}.$$

从而 $u_1 \cdots u_s = \dfrac{\prod_{j=1}^{s} \prod_{b_{ij}>0} x_i^{b_{ij}}}{x_1 x_2 \cdots x_s}$ 是关于 $x_1, \cdots, x_s$ 的单项式. 同理可证 $u_j v_{j+}$ 和 $v_1 \cdots v_s$ 是 $x_1, \cdots, x_s$ 的单项式. $\square$

对任意种子 $\Sigma$, 记

$$\mathcal{L}(\Sigma) = \mathbb{ZP}[x_1, \cdots, x_n, x_1', \cdots, x_n'],$$

其中 $x_j' = \mu_j(x_j), j = 1, \cdots, n$. 显然, 我们有 $\mathcal{L}(\Sigma) \subseteq \mathcal{A}(\Sigma)$.

**定理 11.2** 设 $\Sigma$ 是一个秩为 $n$ 的种子, 则全体标准单项式之集 $\{E(a) \mid a \in \mathbb{Z}^n\}$ 是 $\mathbb{ZP}$-线性无关集当且仅当 $\Sigma$ 是无圈的. 特别地, 全体标准单项式是 $\mathcal{L}(\Sigma)$ 的一组 $\mathbb{ZP}$-基当且仅当 $\Sigma$ 是无圈的.

**证明** ($\Leftarrow$) 我们首先证明充分性, 即: 当 $\Sigma$ 是无圈的 (即它的换位矩阵 $B$ 是无圈的) 时, 所有的标准单项式线性无关. 因为 $\Sigma$ 无圈, 不妨假设当 $i \geqslant j$ 时有 $b_{ij} \geqslant 0$.

在 $\{E(a) \mid a \in \mathbb{Z}^n\}$ 上以字典序定义序关系, 即: 对任意 $a = (a_1, \cdots, a_n), a' = (a_1', \cdots, a_n') \in \mathbb{Z}^n$, 规定

$E(a) < E(a')$, 如果 $a$ 与 $a'$ 第一个不同的坐标满足 $a_j' - a_j > 0$.

例如, 我们有 $x_1^{-1} < x_2^{-1} < \cdots < x_n^{-1} < 1 < x_n < \cdots < x_2 < x_1$.

对任意 $a_j \in \mathbb{Z}$, 记

$$x_j^{\langle a_j \rangle} = \begin{cases} x_j^{a_j}, & \text{若 } a_j \geqslant 0, \\ (x_j')^{-a_j}, & \text{若 } a_j < 0. \end{cases}$$

因为当 $i > j$ 时 $b_{ij} \geqslant 0$, 将 $x_j^{\langle a_j \rangle}$ 展开成关于 $x_1, \cdots, x_n$ 的 Laurent 多项式时的最低次单项式 (在上述序关系下) 为 $x_j^{a_j}$ 与关于 $x_{j+1}, \cdots, x_n$ 的单项式乘积, 从而我们有: 当 $a < a'$ 时, 考虑展开成关于 $x_1, \cdots, x_n$ 的 Laurent 多项式时, $E(a)$ 的最低次单项式要比 $E(a')$ 的最低次单项式小. 因此, 我们得到 $\{E(a) \mid a \in \mathbb{Z}^n\}$ 在 $\mathbb{ZP}$ 上是线性无关的.

($\Rightarrow$) 接下来, 我们证明必要性, 即: 若所有的标准单项式线性无关, 那么 $\Sigma$ 无圈. 反之, 假设 $\Sigma$ 带圈, 不失一般性, 不妨设 $b_{j,j+1} < 0, j = 1, \cdots, n-1$, $b_{n1} < 0$. 考虑命题 11.2 中的等式 (11.2), 注意到右手边的每一项都不可能出现 $E(-1, \cdots, -1) = x_1' \cdots x_n'$. 从而我们有 $\{E(a) \mid a \in \mathbb{Z}^n\}$ 是线性相关的, 矛盾.

由于 $\{E(a) | a \in \mathbb{Z}^n\}$ 可以 $\mathbb{ZP}$-线性生成 $\mathcal{L}(\Sigma)$, 故全体标准单项式是 $\mathcal{L}(\Sigma)$ 的一组 $\mathbb{ZP}$-基当且仅当 $\Sigma$ 是无圈的. $\square$

**引理 11.2** 设 $\mathcal{A}(\Sigma)$ 是秩为 $n$ 的丛代数, 则 $\Sigma$ 无圈当且仅当 $\mathcal{L}(\Sigma) = \mathcal{A}(\Sigma)$.

**证明** 由于该证明比较繁杂, 我们在此只给出证明概要, 详细证明请参考 [13, Theorem 1.20].

($\Rightarrow$) 首先证明当 $\Sigma$ 无圈且互素 (即: 对所有 $i \in [1,n]$, $x_i x_i'$ 在 $\mathbb{ZP}[x_1, \cdots, x_n]$ 中都是两两互素的) 时, 结论成立; 特别地, $\Sigma$ 为带泛系数 (即半域 $\mathbb{P}$ 取作泛半域) 时成立; 最后证明带泛系数时的结论成立意味着对任意系数该结论都成立.

($\Leftarrow$) 反证法: 假设 $\Sigma$ 带圈, 取一个最小的指标集 $i_1, i_2, \cdots, i_s$ 使得

$$b_{i_j i_{j+1}} > 0 \quad j = 1, \cdots, s-1, \quad b_{i_s i_1} > 0,$$

令 $\Sigma^{(1)} = \mu_{i_1}(\Sigma), \Sigma^{(2)} = \mu_{i_2}(\Sigma^{(1)}), \cdots, \Sigma^{(s)} = \mu_{i_s}(\Sigma^{(s-1)})$. 那么由种子 $\Sigma^{(s-1)}$ 到种子 $\Sigma^{(s)}$ 新得到的丛变量不在 $\mathcal{L}(\Sigma)$ 中. $\square$

因此, 根据定理 11.2 以及引理 11.2, 我们有:

**定理 11.3** 设 $\mathcal{A}(\Sigma)$ 是秩为 $n$ 的丛代数, 则全体标准单项式是 $\mathcal{A}(\Sigma)$ 的一组 $\mathbb{ZP}$-基当且仅当 $\Sigma$ 是无圈的. 我们称这组基为**标准单项式基**.

**注 11.3** 根据定理 11.2 的证明, 当 $\Sigma$ 无圈时, 若将几何型丛代数 $\mathcal{A}(z)$ 的系数环 $R$ 取作任意介于 $\mathbb{Z}[x_{n+1}^{\pm 1}, \cdots, x_{n+m}^{\pm 1}]$ 和 $\mathbb{Z}[x_{n+1}, \cdots, x_{n+m}]$ 之间的环, 那么, 全体标准单项式在 $R$ 上总是线性无关的, 即全体标准单项式的线性无关性不依赖于底环的选择. 例如, 令

$$\widetilde{B} = \begin{pmatrix} 0 & 1 & 0 \\ -1 & 0 & 1 \\ 0 & -1 & 0 \\ 1 & 1 & 0 \\ 0 & 1 & 1 \\ 0 & 0 & 1 \end{pmatrix}.$$

那么在丛代数 $\mathcal{A}(\widetilde{B})$ 中, $\mu_2\mu_1(x_2) = \dfrac{x_1' x_2' + y_2}{y_1}$. 在底环取成 $\mathbb{Z}[y_1, y_2, y_3]$ 时, $\mu_2\mu_1(x_2)$ 并不能被所有的标准单项式在系数环 $\mathbb{Z}[y_1, y_2, y_3]$ 上张成, 即底环取成多项式时, 标准单项式不一定构成基.

## 11.3 膨 胀 基

取定 $b, c \in \mathbb{Z}_{>0}$, 令 $B = \begin{pmatrix} 0 & -b \\ c & 0 \end{pmatrix}$. 本节我们介绍平凡系数丛代数 $\mathcal{A}(B)$ 的膨胀基.

**定义 11.4**  一个元素 $x \in \mathcal{A}(B)$ 被称为在 $(a_1, a_2) \in \mathbb{Z}^2$ 处是**关键的** (pointed)，如果 $x$ 可以表达成如下形式:

$$x = x_1^{-a_1} x_2^{-a_2} \sum_{p,q > 0} c(p,q) x_1^{bp} x_2^{cq},$$

其中 $x_1, x_2$ 是初始丛变量，$c(p,q) \in \mathbb{Z}, \forall p, q, c(0,0) = 1$.

**定义 11.5**  一个元素 $x \in \mathcal{A}(B)$ 被称为在 $(a_1, a_2) \in \mathbb{Z}^2$ 处是**膨胀的** (greedy)，如果 $x$ 在 $(a_1, a_2)$ 处是关键的并且 $c(p,q)$ 满足如下的递归关系: 对任意非零对 $(p,q) \in \mathbb{Z}^2_{\geqslant 0}$，

$$c(p,q) = \max \left( \sum_{k=1}^{p} (-1)^{k-1} c(p-k, q) \binom{a_2 - cq + k - 1}{k}, \right.$$
$$\left. \sum_{k=1}^{q} (-1)^{k-1} c(p, q-k) \binom{a_1 - bp + k - 1}{k} \right).$$

对于这些膨胀元，有如下的结论:

**定理 11.4**[127, 定理 1.7]  取定 $b, c \in \mathbb{Z}_{>0}$，对于 $B = \begin{pmatrix} 0 & -b \\ c & 0 \end{pmatrix}$ 及相应的丛代数 $\mathcal{A}(B)$，有如下结论:

(1) 对任意 $(a_1, a_2) \in \mathbb{Z}^2$，$\mathcal{A}(B)$ 在 $(a_1, a_2)$ 处的膨胀元素 $x$ 唯一存在，记作 $x[a_1, a_2]$;

(2) 所有膨胀元素都是丛代数 $\mathcal{A}(B)$ 的不可分解正元素;

(3) $\mathcal{B} = \{x[a_1, a_2] \mid (a_1, a_2) \in \mathbb{Z}^2\}$ 构成丛代数 $\mathcal{A}(B)$ 的一组基，我们称这组基 $\mathcal{B}$ 为**膨胀基**;

(4) 膨胀基 $\mathcal{B}$ 不依赖于初始种子的选取;

(5) 膨胀基 $\mathcal{B}$ 包含所有的丛单项式.

**注 11.4**  这里膨胀基只对秩为 2 的可斜对称化丛代数才能构造. 对于一般秩的丛代数是否有类似膨胀基这样的结构? 这是一个很自然的问题. 有意思的是，我们在 [133] 中，用多面体的方法，对完全符号斜对称丛代数 (可斜对称化丛代数是其特例) 构造了一组所谓的多面体基 (polytope basis)，在秩为 2 的情况，恰好是这里的膨胀基.

**注 11.5**  由量子丛代数的定义，通过一些量子交换关系，可以将丛代数的标准单项式基和膨胀基推广到量子丛代数的情形，见文献 [127].

# 11.4　三　角　基

在本节中我们将介绍量子丛代数的两组基, 均被称为三角基, 分别由 Berenstein, Zelevinsky 和覃帆引入, 见文献 [15, 157].

## 11.4.1　Berenstein-Zelevinsky 三角基

给定无圈量子种子 $\Sigma$ 以及量子丛代数 $\mathcal{A}_v(\Sigma)$, 根据 Lusztig 引理, Berenstein 和 Zelevinsky 利用 11.2 节中的标准单项式基的量子版本给出了 $\mathcal{A}_v(\Sigma)$ 的一组 Bar-不变的基.

**引理 11.3** [15] (Lusztig 引理)　记 $v$ 是一个未定元. 令 $(L, \prec)$ 是一个偏序集使得对于任意 $a \in L$, 所有以 $a$ 为最大元的链的长度是有上界的. 假设 $\mathcal{A}$ 是以 $\{E_a \mid a \in L\}$ 为基的一个自由 $\mathbb{Z}[v, v^{-1}]$-模. 设 Bar 变换 "$-$": $\mathcal{A} \to \mathcal{A}, z \mapsto \bar{z}$ 是 $\mathcal{A}$ 上的一个 $\mathbb{Z}$-线性对合, 满足: 对任意 $f \in \mathbb{Z}[v, v^{-1}]$ 以及 $z \in \mathcal{A}$, 有

$$\overline{fz} = \bar{f}\bar{z}, \quad \text{其中 } \bar{f}(v) = f(v^{-1}).$$

假设

$$\overline{E}_a - E_a \in \bigoplus_{a' \prec a} \mathbb{Z}[v, v^{-1}]E_{a'}, \ a \in L, \tag{11.3}$$

那么对于任意 $a \in L$, 存在唯一的元素 $C_a \in \mathcal{A}$ 使得

$$\overline{C}_a = C_a, \quad C_a - E_a \in \bigoplus_{a' \prec a} v\mathbb{Z}[v]E_{a'}, \ a \in L. \tag{11.4}$$

从而 $\mathcal{A}$ 有一组 Bar-不变的基 $\{C_a \mid a \in L\}$.

**证明**　根据等式 (11.3), 我们有

$$\overline{E}_a = E_a + \sum_{a' \prec a} r_{a,a'} E_{a'}. \tag{11.5}$$

因为 Bar 变换 "$-$" 是一个对合, 即 $\overline{\overline{E}}_a = E_a$, 因此, 由 (11.5) 可得

$$E_a = \overline{\overline{E}}_a = \overline{E}_a + \sum_{a' \prec a} \bar{r}_{a,a'} \overline{E}_{a'}$$

$$= E_a + \sum_{a' \prec a}\left(r_{a,a'} + \bar{r}_{a,a'} + \sum_{a' \prec a'' \prec a} \bar{r}_{a,a''} r_{a'',a'}\right)E_{a'},$$

等价地, 对任意 $a, a' \in L$, 我们有

$$r_{a,a'} + \bar{r}_{a,a'} + \sum_{a' \prec a'' \prec a} \bar{r}_{a,a''} r_{a'',a'} = 0. \tag{11.6}$$

将 Bar 变换 "−" 作用到等式 (11.6) 左右两边, 我们得到

$$r_{a,a'} + \overline{r}_{a,a'} + \sum_{a' \prec a'' \prec a} r_{a,a''} \overline{r}_{a'',a'} = 0. \tag{11.7}$$

易见, 满足条件 (11.4) 的 $C_a$ 如果存在, 那一定形如

$$C_a = E_a + \sum_{a' \prec a} p_{a,a'} E_{a'}, \tag{11.8}$$

其中仅有有限 $p_{a,a'} \neq 0$ 且 $p_{a,a'} \in v\mathbb{Z}[v]$. 因此条件 $\overline{C}_a = C_a$, 即

$$\overline{E}_a + \sum_{a' \prec a} \overline{p}_{a,a'} \overline{E}_{a'} = E_a + \sum_{a' \prec a} p_{a,a'} E_{a'}.$$

将 (11.5) 代入上式并整理得

$$E_a + \sum_{a' \in L} \left( \overline{p}_{a,a'} + r_{a,a'} + \sum_{a''} \overline{p}_{a,a''} r_{a'',a'} \right) E_{a'} = E_a + \sum_{a' \prec a} p_{a,a'} E_{a'},$$

等价地, 对任意 $a' \prec a$, 我们有

$$p_{a,a'} - \overline{p}_{a,a'} = r_{a,a'} + \sum_{a' \prec a'' \prec a} \overline{p}_{a,a''} r_{a'',a'}. \tag{11.9}$$

令 $f = r_{a,a'} + \sum_{a' \prec a'' \prec a} \overline{p}_{a,a''} r_{a'',a'}$, 则 $f = p_{a,a'} - \overline{p}_{a,a'}$.

我们首先证明 $C_\alpha$ 的存在性, 即: 证明 $p_{a,a'}$ 的存在性. 等价地, 对任意 $a' \prec a$, 我们需要证明

$$f + \overline{f} = 0. \tag{11.10}$$

事实上, 由于 $p_{a,a'} \in v\mathbb{Z}[v]$, $p_{a,a'}$ 为 $f$ 中 $v$ 的正幂次项之和.

当 $a' \prec a$ 且不存在 $a''$ 使得 $a' \prec a'' \prec a$ 时, 我们有

$$f + \overline{f} = r_{a,a'} + \overline{r}_{a,a'} = 0,$$

其中第二个等式由 (11.7) 得到.

现在假设等式 (11.10) 对所有满足 $a' \prec a'' \prec a$ 的 $a''$ 都成立, 等价地, 我们有

$$p_{a,a''} = \overline{p}_{a,a''} + r_{a,a''} + \sum_{a'' \prec a''' \prec a} \overline{p}_{a,a'''} r_{a''',a''}.$$

因此, 对于 $a'$ 我们有

$$f + \overline{f} = r_{a,a'} + \overline{r}_{a,a'} + \sum_{a' \prec a'' \prec a} \left( \overline{p}_{a,a''} r_{a'',a'} + p_{a,a''} \overline{r}_{a'',a'} \right)$$

$$= \sum_{a' \prec a'' \prec a} \left( - r_{a,a''} \overline{r}_{a'',a'} + \overline{p}_{a,a''} r_{a'',a'} \right.$$

$$+ \left( \overline{p}_{a,a''} + r_{a,a''} + \sum_{a'' \prec a''' \prec a} \overline{p}_{a,a'''} r_{a''',a''} \right) \overline{r}_{a'',a'} \right)$$

$$= \sum_{a' \prec a'' \prec a} \overline{p}_{a,a''} \left( r_{a'',a'} + \overline{r}_{a'',a'} + \sum_{a' \prec a''' \prec a''} r_{a'',a'''} \overline{r}_{a''',a'} \right)$$

$$= 0,$$

其中第二个和第三个等式利用到了等式 (11.7).

为了证明存在性, 我们还需要证明对任意 $a \in L$ 只有有限个 $p_{a,a'} \neq 0$. 由条件已知, 以 $a$ 为最大元的链的长度是有上界的, 故对任意 $a' \prec a$, 可令 $c(a')$ 表示形如链 $a' = a_0 \prec a_1 \prec \cdots \prec a_m = a$ 的最大长度为 $m$. 记 $P_m(a)$ 为满足 $c(a') = m$ 且 $p_{a,a'} \neq 0$ 的全体 $a'$ 的集合. 根据 $L$ 的条件, 我们知 $c(a')$ 是有上界的, 因此, 我们只需要证明对任意 $m$, $P_m(a)$ 是有限的. 令 $R(a)$ 为满足 $r_{a,a'} \neq 0$ 的全体 $a'$ 的集合, 其为有限集合. 根据等式 (11.9) 我们有

$$P_m(a) \subset R(a) \cup \left( \bigcup_{k=1}^{m-1} \cup_{a'' \in P_k(a)} R(a'') \right),$$

因此可以归纳证明 $P_m(a)$ 是一个有限集合.

下面我们证明 $p_{a,a'}$ (作为 $\mathbb{Z}[v]$ 中多项式) 的唯一性. 我们对 $a$ 与 $a'$ 之间链的最大长度作归纳. 当 $a' \prec a$ 且不存在 $a''$ 使得 $a' \prec a'' \prec a$ 时, 根据等式 (11.9), $p_{a,a'} - \overline{p}_{a,a'} = r_{a,a'}$, 从而 $p_{a,a'}$ 为 $r_{a,a'}$ 中 $v$ 的正幂次项之和, 故唯一. 现在假设对所有满足 $a' \prec a'' \prec a$ 的 $a''$, 都有 $p_{a,a''}$ 是唯一存在的. 从而, 由等式 (11.9) 知, 左边的 $p_{a,a'} - \overline{p}_{a,a'}$ 是唯一确定的. 又因为 $p_{a,a'} \in v\mathbb{Z}[v]$, $p_{a,a'}$ 是 $p_{a,a'} - \overline{p}_{a,a'}$ 中 $v$ 的正幂次项之和, 因而 $p_{a,a'}$ 是唯一的. □

对于任意 $a \in \mathbb{Z}^{n+m}$, 定义 $r(a) = \sum_{i \in [1,n]} [-a_i]_+$. 利用 $r$ 可以给出 $\mathbb{Z}^{n+m}$ 上的一个偏序结构

$$a' \prec a \Leftrightarrow r(a') < r(a).$$

设 $\lhd$ 是 $[1,n]$ 上的一个序. 对任意 $a \in \mathbb{Z}^{n+m}$, 我们分别记 $E_a^o \in \mathcal{A}_v(\Sigma)$ 和 $LT(E_a^o)$ 为

$$E_a^o = X^{\sum\limits_{i=1,\cdots,m} a_{n+i} e_{n+i} + \sum\limits_{j=1,\cdots,n} [a_j]_+ e_j} \cdot \prod_{k=1,\cdots,n}^{\lhd} (X_k')^{[-a_k]_+}, \tag{11.11}$$

$$LT(E_a^o) = X^{\sum\limits_{i=1,\cdots,m} a_{n+i}e_{n+i} + \sum\limits_{j=1,\cdots,n} [a_j]_+ e_j} \cdot \prod\limits_{k=1,\cdots,n}^{\lhd} (X^{-e_k+[b_k]_+})^{[-a_k]_+}, \quad (11.12)$$

其中 $X_k' = \mu_k(X_k)$, $\prod\limits_{k=1,\cdots,n}^{\lhd}$ 表示按照 $\lhd$ 的增序乘积, $b_k$ 表示扩张换位矩阵的第 $k$ 列.

由定义可见, $LT(E_a^o)$ 是 $E_a^o$ 的展开式中的一项. 我们称 $LT(E_a^o)$ 为 $E_a^o$ 的首项.

下面结论可以看作定理 11.3 的量子版本, 其证明与定理 11.3 的证明类似, 故省去.

**定理 11.5** [14, Theorem 7.3] 令 $\Sigma$ 是一个无圈量子种子, 则 $\{E_a^o \mid a \in \mathbb{Z}^{n+m}\}$ 是 $\mathcal{A}_v(\Sigma)$ 的一组 $\mathbb{Z}[v, v^{-1}]$-基.

令 $\mathcal{T}_v(\Sigma) \to \mathcal{T}_v'(\Sigma) : Z \to \overline{Z}$ 是 $\mathcal{T}_v(\Sigma)$ 上的一个 $\mathbb{Z}$-线性对合使得 $\overline{v} = v^{-1}, \overline{X^a} = X^a, \forall a \in \mathbb{Z}^{n+m}$. 易知, 对任意 $Z, W \in \mathcal{T}_v(\Sigma)$ 和初始丛变量 $X_k$ 的一步变异产生的丛变量 $X_k'$, 我们有

$$\overline{ZW} = \overline{W}\,\overline{Z}, \quad \overline{X_k'} = X_k', \quad \forall k \in [1, n].$$

即: "$-$" 是一个反代数同态并且丛变量 $X_k'$ 是 Bar-不变的.

对任意 $a \in \mathbb{Z}^{n+m}$, 令 $E_a \in \mathcal{A}_v(\Sigma)$ 为

$$E_a = v^{\pi(a)} E_a^o, \quad (11.13)$$

其中 $\pi(a) \in \mathbb{Z}$ 是由条件 $v^{\pi(a)}LT(E_a^o) = v^{-\pi(a)}\overline{LT(E_a^o)}$ 决定的.

**定理 11.6** [15, Theorem 1.4] 令 $\mathcal{A}_v(\Sigma)$ 是一个无圈量子丛代数, $\Sigma$ 是一个无圈的量子种子, $\lhd$ 是 $[1, n]$ 上的一个序. 那么 $\{E_a \mid a \in \mathbb{Z}^{n+m}\}$ 满足 Lusztig 引理的条件. 因此存在一组 Bar-不变的 $\mathbb{Z}[v, v^{-1}]$-基 $\mathbf{B}(\Sigma, \lhd) = \{C_a \mid a \in \mathbb{Z}^{n+m}\}$.

**证明** 对任意 $r \geq 0$, 令 $F_r$ 包含所有关于 $X_k, X_k', k \in [1, n]$ 的非交换单项式 $M$ 的 $\mathbb{ZP}$-线性组合, 其中 $M$ 关于 $X_k', k \in [1, n]$ 的次数不超过 $r$. 因此我们得到量子丛代数 $\mathcal{A}_v(\Sigma)$ 的一个滤过 (filtration)

$$\{0\} = F_{-1} \subset F_0 \subset F_1 \subset \cdots.$$

于是, 对任意 $r, s \geq 0$ 我们有 $F_r F_s \subseteq F_{r+s}$. 从而通过该滤过我们得到相伴的分次 $\mathbb{ZP}$-代数

$$\hat{A} = \bigoplus_{r \geq 0} \hat{A}_r,$$

其中 $\hat{A}_r = F_r / F_{r-1}$. 对任意 $E \in F_r \setminus F_{r-1}$, 记 $\hat{E}$ 为 $E$ 在 $\hat{A}_r$ 中的像.

根据定理 11.5 以及命题 1.3, 对任意 $r \geqslant 0$, 我们有 $\{E_a^o \mid r(a) \leqslant r\}$ 为 $F_r$ 的一组 $\mathbb{Z}[v, v^{-1}]$-基. 因此, $\{\hat{E}_a^o \mid r(a) = r\}$ 为 $\hat{A}_r$ 的一组 $\mathbb{Z}[v, v^{-1}]$-基. 从而有 $\{E_a \mid r(a) \leqslant r\}$ 为 $F_r$ 的一组 $\mathbb{Z}[v, v^{-1}]$-基且 $\{\hat{E}_a \mid r(a) = r\}$ 为 $\hat{A}_r$ 的一组 $\mathbb{Z}[v, v^{-1}]$-基.

通过 $F_r$ 的构造, 我们发现 $\overline{F}_r = F_r$, 因此对任意 $r$, 我们有 Bar 变换诱导 $\hat{A}_r$ 上的一个对合, 不妨仍然记作 "$-$": $\hat{A}_r \to \hat{A}_r$. 为了证明 $\{E_a \mid a \in \mathbb{Z}^{n+m}\}$ 满足 Lusztig 引理中的等式 (11.3), 等价地, 我们需要证明 $\hat{E}_a, a \in \mathbb{Z}^{n+m}$ 在 "$-$" 运算下是不变的. 接下来, 我们证明 $\overline{\hat{E}}_a = \hat{E}_a$.

对任意 $a \in \mathbb{Z}^{n+m}$, 令 $\mathcal{T}(a)$ 为下面三类元素生成的量子环面:

(1) 元素 $\hat{X}_j, j \in [n+1, n+m]$;

(2) 元素 $\hat{X}_j, j \in [1, n] \cap \{j \mid a_j > 0\}$;

(3) 元素 $\hat{X}_k', k \in [1, n] \cap \{k \mid a_k < 0\}$.

其中第 (1), (2) 类元素的量子交换关系由初始量子丛变量的量子交换关系决定, 根据命题 1.3, 我们有

$$\hat{X}_i \hat{X}_k' = v^{2\Lambda(e_i, e_k')} \hat{X}_k' X_i, \quad \hat{X}_i' \hat{X}_k' = v^{2\Lambda(e_j', e_k')} \hat{X}_k' \hat{X}_j'.$$

因此, $\mathcal{T}(a)$ 对应的 $\Lambda$ 矩阵为初始量子丛变量对应的 $\Lambda$ 矩阵通过如下方式得到: 第 (1), (2) 类元素对应向量 $e_j$, 第 (3) 类元素对应向量 $e_k'$. 根据等式 (11.13) 以及 $LT(E_a^o)$ 的定义 (等式 (11.12)) 我们得到 $\overline{\hat{E}}_a = \hat{E}_a$. □

因为 $\Sigma$ 的换位矩阵 $B$ 无圈, 可以定义 $[1, n]$ 上的一组特殊的偏序 $\lhd$ 满足: 若 $b_{ij} < 0$, 则 $i \lhd j$.

**定理 11.7** [15]  假设 $\mathcal{A}_v(\Sigma)$ 是一个无圈量子丛代数, $\Sigma$ 是一个无圈的量子种子, 令 $\lhd$ 是 $[1, n]$ 上的一个序 $\lhd$ 满足: 若 $b_{ij} < 0$, 则 $i \lhd j$, 那么基 $\mathbf{B}(\Sigma, \lhd)$ 不依赖于 $\lhd$ 的选择. 此时我们称这组基为 **Berenstein-Zelevinsky 三角基**, 简称 **BZ 三角基**.

**证明**  令 $\lhd$ 是满足条件的一个序, 对任意 $j, k$ 满足 $b_{jk} = 0$, 令 $\lhd'$ 为改变 $j, k$ 顺序得到的序. 我们只需要证明 $\mathbf{B}(\Sigma, \lhd) = \mathbf{B}(\Sigma, \lhd')$, 特别地, 我们只需要证明通过 $\lhd$ 与 $\lhd'$ 得到的 $E_a, a \in \mathbb{Z}^{n+m}$ 一样. 当 $b_{jk} = 0$ 时, 根据命题 1.3 (3), 我们有 $X_j', X_k'$ 满足量子交换关系. 因此, 通过 $\lhd$ 与 $\lhd'$ 得到的 $E_a^o, a \in \mathbb{Z}^{n+m}$ 相差一个 $v$ 的方幂. 再根据 $E_a, a \in \mathbb{Z}^{n+m}$ 的定义, 我们知道通过 $\lhd$ 与 $\lhd'$ 得到的 $E_a, a \in \mathbb{Z}^{n+m}$ 一样. □

由 (11.8) 可见, 基 $C_a, a \in \mathbb{Z}^{n+m}$ 与基 $E_a, a \in \mathbb{Z}^{n+m}$ 之间的过渡矩阵恰好是一个下三角矩阵, 因此 $\{C_a, a \in \mathbb{Z}^{n+m}\}$ 被称为三角基.

Berenstein 和 Zelevinsky 在文献 [15] 中还进一步证明了 BZ 三角基不依赖于无圈量子种子的选择.

### 11.4.2 覃三角基

我们首先回顾文献 [157, 158] 里的一些重要的定义.

令 $\Sigma$ 是一个量子种子, 对任意 $k \in [1, n]$, 记 $Y_k(\Sigma) = X(\Sigma)^{b_k}$, 其中 $b_k$ 是扩张换位矩阵 $\widetilde{B}$ 的第 $k$ 列.

**定义 11.6**[157]　假设 $\Sigma$ 是一个量子种子, 量子环面 $\mathcal{T}_v(\Sigma)$ 里的一个 Laurent 多项式 $z$ 称为**关键的**, 如果 $z$ 能表达成

$$z = X(\Sigma)^g \cdot \left( 1 + \sum_{0 \neq w \in \mathbb{N}^n} c_w Y(\Sigma)^w \right)$$

的形式, 其中 $c_w \in \mathbb{Z}[v^{\pm 1}]$, $Y(\Sigma)^w = v^{a(w)} Y_1(\Sigma)^{w_1} \cdots Y_n(\Sigma)^{w_n}$, $a(w) \in \mathbb{Z}$, 满足 $\overline{Y(\Sigma)^w} = Y(\Sigma)^w$.

此时, 我们称 $z$ 在次数 $g$ 处是**关键的**, 记作 $\deg^\Sigma z = g$.

如果存在 $s \in \mathbb{Z}$ 使得 $z = v^s X(\Sigma)^g \cdot \left( 1 + \sum_{0 \neq w \in \mathbb{N}^n} c_w Y(\Sigma)^w \right)$, 记 $[z]^\Sigma = v^{-s} z$, 称作 $z$ 的**正规化**.

**注 11.6**　由推论 6.1 及其量子版本 (见 [170]), 所有的 (量子) 丛变量都是关键元.

为了说明关键元有唯一的极大分次项, 我们在 $\mathbb{Z}^{n+m}$ 上定义如下偏序关系.

**定义 11.7**[157]　我们称 $\mathbb{Z}^{n+m}$ 是 $\Sigma$ 上的分次格, 记作 $D(\Sigma)$. 任给 $g, g' \in D(\Sigma)$, 偏序定义为

$$g' \prec_\Sigma g \Leftrightarrow \exists\, 0 \neq w \in \mathbb{N}^{n+m} \text{ 使得 } g' = g + \widetilde{B} \cdot w.$$

若 $g' \prec_\Sigma g$ 且 $g \prec_\Sigma g'$, 那么存在 $w, w' \in \mathbb{N}^{n+m}$ 使得 $g' = g'' + \widetilde{B} \cdot w, g = g' + \widetilde{B} \cdot w'$. 因此 $\widetilde{B} \cdot (w + w') = 0$. 因为 $\widetilde{B}$ 是满秩矩阵, $w + w' = 0$, 故 $w = w' = 0$, 从而 $g' = g$, 即自反性成立.

若 $g'' \prec_\Sigma g' \prec_\Sigma g$, 那么存在 $w, w' \in \mathbb{N}^{n+m}$ 使得 $g' = g'' + \widetilde{B} \cdot w', g = g' + \widetilde{B} \cdot w$, 因此 $g = g'' + \widetilde{B} \cdot w + w'$, 故 $g'' \prec_\Sigma g$, 即传递性成立.

因此, 偏序 $\prec_\Sigma$ 的定义是合理的.

对任意 $1 \leqslant k \leqslant n$, 令 $I_k(\Sigma)$ 是量子丛代数 $\mathcal{A}_v(\Sigma)$ 中唯一的量子丛变量满足 $pr_n \deg^\Sigma I_k(\Sigma) = -e_k$, 其中 $pr_n$ 表示 $\mathbb{Z}^{n+m}$ 在前 $n$ 个分量的投影.

量子丛代数 $\mathcal{A}_v(\Sigma)$ 称为**内射可达的** (injective-reachable), 如果所有 $I_k(\Sigma), \forall k \in [1, n]$ 都存在.

　　从丛范畴 (见第 13 章) 的角度看, $I_k(\Sigma)$ 恰好对应丛范畴 $\mathcal{C}_Q$ 里的对象 $I_k$, 其中 $I_k$ 为路代数顶点 $k$ 处的内射模. 这就是上述量子丛代数称为内射可达的原因.

　　现在我们给出覃三角基的定义.

　　**定义 11.8** [157]　　量子丛代数 $\mathcal{A}_v$ 的一组 $\mathbb{Z}[v, u^-]$-基 $\mathbf{L}^\Sigma$ 被称为 $\mathcal{A}_v$ 在量子种子 $\Sigma$ 处的**覃三角基**, 如果如下条件成立:

　　(1) $x_i(\Sigma), I_k(\Sigma) \in \mathbf{L}^\Sigma, \forall i \in [1, n+m], k \in [1, n]$;

　　(2) (Bar-不变性) 基里的任一元素在 bar 作用下保持不变;

　　(3) $\mathbf{L}^\Sigma$ 中的任意元素都是关键元, 并且有如下的双射

$$\deg^\Sigma : \mathbf{L}^\Sigma \to D(\Sigma) = \mathbb{Z}^{n+m};$$

　　(4) (三角性) 对任意 $i$, 丛变量 $x_i(\Sigma)$ 以及 $S \in \mathbf{L}^\Sigma$, 总存在一个 Bar-不变的 Laurent 单项式 $b$ 使得

$$[x_i(\Sigma)S]^\Sigma = b + \sum_{b' 满足 \deg^\Sigma b' \prec \deg^\Sigma b} c_{b'} b', \tag{11.14}$$

其中 $\deg^\Sigma b = \deg^\Sigma x_i(\Sigma) + \deg^\Sigma S$, 而且 $c_{b'} \in v\mathbb{Z}[v]$.

　　**注 11.7**　　覃帆在文献 [157] 中证明了:

　　(1) 不同于 BZ 三角基的是, 覃三角基的定义不依赖于量子丛代数的无圈性;

　　(2) 覃三角基的存在性不一定能够保证, 但是如果存在一定唯一;

　　(3) 这里的关系 (11.14) 与 BZ 三角基的讨论中的关系 (11.8) 类似, 这可以理解为将其也称为三角基的原因.

　　在无圈斜对称的情形, [157, 160] 证明了覃三角基的存在性.

　　**定理 11.8** [157,160]　　(1) 如果量子种子 $\Sigma$ 无圈斜对称, 那么覃三角基 $\mathbf{L}^\Sigma$ 存在. 进一步, 它包含了所有的量子丛单项式.

　　(2) 在此情形, 覃三角基和 BZ 三角基其实是一致的.

# 11.5　来自曲面的丛代数的基

　　利用曲面的组合结构, Musiker, Schiffler 和 Willams[146] 构造出了来自曲面的丛代数的三组基, 即: 圈镯 (bangle)、环链 (bracelet)、链带 (band) 基, 下面我们介绍这些基.

　　给定一个不带刺穿点的曲面 $(S, M)$, 令 $\mathcal{A}$ 是来自曲面 $(S, M)$ 的一个几何型丛代数, 并且 $\mathcal{A}$ 的扩张换位矩阵是列满秩的.

　　根据文献 [65], $(S, M)$ 上的弧一一对应于丛代数 $\mathcal{A}$ 的丛变量, 三角剖分一一对应于丛代数 $\mathcal{A}$ 上的丛. 因此, 我们可以用带重数的两两不交的弧的集合表示丛代数 $\mathcal{A}$ 的丛单项式.

令 $(S, M)$ 是一个标注曲面, $\gamma$ 是 $(S, M)$ 上的一条广义弧 (见定义 7.2), 即满足如下条件的曲线:

(a) $\gamma$ 的两个端点都落在 $M$ 中;

(b) 除了端点以外, $\gamma$ 与 $M$ 以及 $S$ 的边界都不相交;

(c) $\gamma$ 不将曲面切出一个单角形或者双角形.

**定义 11.9**　(1) 一个标注曲面 $(S, M)$ 上的一条**闭圈**是指一条只有有限个自相交点的闭曲线或者两端重合但不在边界上的广义弧.

(2) 一条闭圈 $\gamma$ 被称为**本质的** (essential), 如果它是不可收缩的 (non-contractible) (即: 不同伦等价于一个点) 且不自相交.

需要注意: (1) 一条广义弧允许有有限个自相交点; (2) 我们视两条同痕的广义弧为同一条, 但同痕不可以将一条广义弧上的可收缩的结移除掉. 比如, 图 11.1 中为两条不同痕的曲线.

图 11.1　不同痕曲线的例

**定义 11.10**　令 $\zeta$ 是一个本质的闭圈.

(1) $k$ 个 $\zeta$ 的并被称为 $\zeta$ 的 $k$-**圈镯** (bangle), 记作 $\mathrm{Bang}_k(\zeta)$.

(2) 将 $\zeta$ 缠绕 $k$ 次得到的闭圈称为 $\zeta$ 的 $k$-**环链** (bracelet), 记作 $\mathrm{Brac}_k(\zeta)$.

图 11.2 中给出了 $\mathrm{Bang}_3(\zeta)$ 与 $\mathrm{Brac}_3(\zeta)$ 的例子.

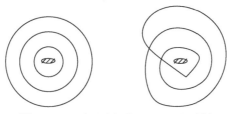

图 11.2　$\mathrm{Bang}_3(\zeta)$ 和 $\mathrm{Brac}_3(\zeta)$ 示例

### 11.5.1　圈镯集

对于任意的弧或者本质的闭圈 $\gamma$, 利用蛇图以及其上的完美配对, 我们可以将 $\gamma$ 对应 $\mathcal{A}$ 中的一个元素, 记为 $x_\gamma$. 对于一个可收缩的闭圈 $\gamma$, 我们定义 $x_\gamma = -2$, 具体请参考文献 [145—147].

我们称曲面 $(S, M)$ 上的一条**多重曲线**是指一些曲线的集合.

对于本质闭圈 $\zeta$ 的 $k$ 次并集得到的 $k$-圈镯 $\mathrm{Bang}_k(\zeta)$, 我们定义

$$x_{\mathrm{Bang}_k(\zeta)} = \left(x_{\mathrm{Bang}_1(\zeta)}\right)^k = x_\zeta^k.$$

令 $C^o$ 为包含一些弧和本质闭圈的多重曲线并满足如下条件:

(1) $|C^o| < \infty$;

(2) $C^o$ 中的曲线两两不交.

记 $\mathcal{C}^o$ 为包含所有上述多重曲线 $C^o$ 的集合.

**定义 11.11**　令 $\mathcal{B}^o = \left\{ \prod\limits_{\gamma \in C^o} x_\gamma \,\middle|\, C^o \in \mathcal{C}^o \right\}$, 我们称 $\mathcal{B}^o$ 为**圈镯集**(Bangle set).

## 11.5.2　纠结关系与环链集

**定义 11.12**　令 $(S, M)$ 是一个不带刺穿点的曲面.

(1) 对于 $(S, M)$ 上的两条相交于点 $x$ 处的曲线 $\gamma_1, \gamma_2$, 在相交点 $x$ 很小的邻域内, 将 "$\times$" 分别替换成 "$\asymp$" 以及 "$\supset\subset$", 得到两组多重曲线 $\{\gamma_3, \gamma_4\}, \{\gamma_5, \gamma_6\}$, 我们称多重曲线对 $\{\gamma_3, \gamma_4\}, \{\gamma_5, \gamma_6\}$ 为 $\gamma_1, \gamma_2$ 在相交点 $x$ 处的**光滑化** (smoothing), 见图 11.3.

$$\{\gamma_1, \gamma_2\} \xrightarrow{\text{在 } x \text{ 处的光滑化}} \{\gamma_3, \gamma_4\}, \{\gamma_5, \gamma_6\}.$$

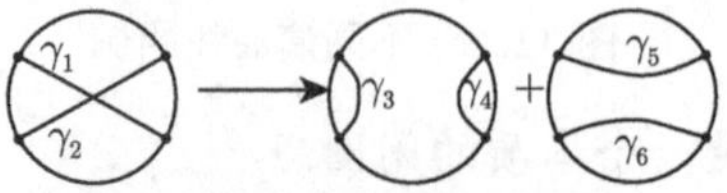

图 11.3　相交曲线的光滑化

(2) 同样地, 对于 $(S, M)$ 上的自相交于点 $x$ 处的曲线 $\gamma$, 作相同的局部变换, 我们会得到两个曲线组 $\gamma_{34}, \gamma_{56}$, 我们称 $\gamma_{34}, \gamma_{56}$ 为 $\gamma$ 在自相交点 $x$ 处的**光滑化**, 见图 11.4.

$$\gamma \xrightarrow{\text{在 } x \text{ 处的光滑化}} \gamma_{34}, \gamma_{56}.$$

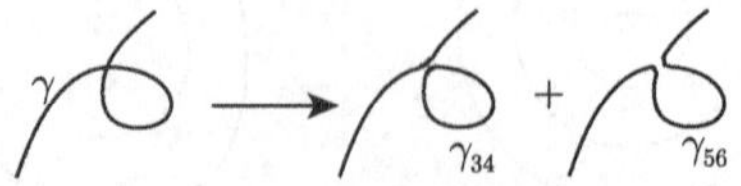

图 11.4　自相交曲线的光滑化 (一)

注意到对一条有自相交点的闭圈作光滑化, 我们可能会得到一个可收缩的圈, 如图 11.5 所示.

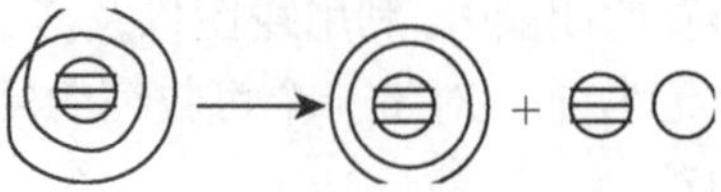

图 11.5　自相交曲线的光滑化 (二)

对于任意一条广义弧或者闭圈 $\gamma$, 通过不断地对自相交点作光滑化, 我们总可以得到若干个弧或者本质的闭圈的集合 $S_i, i \in I$. 此时, 我们定义 $x_\gamma = \sum_{i \in I} \prod_{\alpha \in S_i} x_\alpha$.

**定理 11.9** [146,147] (1) 如果多重曲线 $\{\gamma_3, \gamma_4\}$ 以及 $\{\gamma_5, \gamma_6\}$ 可以通过广义弧或闭圈 $\gamma_1, \gamma_2$ 作光滑化得到, 那么

$$x_{\gamma_1} x_{\gamma_2} = y_1 x_{\gamma_3} x_{\gamma_4} + y_2 x_{\gamma_5} x_{\gamma_6},$$

其中 $y_1, y_2$ 是半域 $\mathbb{P}$ 中的元素, $\mathbb{P}$ 为丛代数 $\mathcal{A}$ 对应的半域.

(2) 如果 $\gamma_{34}, \gamma_{56}$ 可以通过广义弧或闭圈 $\gamma$ 作光滑化得到, 那么

$$x_\gamma = y_1 x_{\gamma_{34}} + y_2 x_{\gamma_{56}},$$

其中 $y_1, y_2$ 是半域 $\mathbb{P}$ 中的元素.

我们称上述定理中的关系为**纠结关系**(skein relation).

对于 $\mathrm{Brac}_k(\zeta)$, 对最外面的自相交点作光滑化, 我们会得到 $\{\mathrm{Brac}_{k-1}(\zeta), \zeta\}$, $\{\zeta'\}$, 接下来再对 $\zeta'$ 的一个自相交点作光滑化, 我们会得到 $\{\mathrm{Brac}_{k-2}(\zeta), O\}$, $\{\mathrm{Brac}_{k-2}(\zeta)\}$, 其中 $O$ 为一个可收缩的圈. 因此利用纠结关系, 在不带系数的丛代数 $\mathcal{A}$ 中, 我们可得

$$\begin{aligned} x_{\mathrm{Brac}_k(\zeta)} &= x_\zeta x_{\mathrm{Brac}_{k-1}(\zeta)} + x_{\zeta'} \\ &= x_\zeta x_{\mathrm{Brac}_{k-1}(\zeta)} + (-2x_{\mathrm{Brac}_{k-2}(\zeta)} + x_{\mathrm{Brac}_{k-2}(\zeta)}) \\ &= x_\zeta x_{\mathrm{Brac}_{k-1}(\zeta)} - x_{\mathrm{Brac}_{k-2}(\zeta)}, \end{aligned}$$

其中第一个等式利用了对 $\mathrm{Brac}_k(\zeta)$ 最外面的自相交点作光滑化的纠结关系, 第二个等式利用了对 $\zeta'$ 作光滑化的纠结关系. 注意对其中可收缩的圈 $O$, 我们有 $x_O = -2$. $x_{\mathrm{Brac}_k(\zeta)}$ 可由如下递归关系决定:

$$x_{\mathrm{Brac}_0(\zeta)} = 2, \quad x_{\mathrm{Brac}_1(\zeta)} = x_\zeta, \quad x_{\mathrm{Brac}_k(\zeta)} = x_\zeta x_{\mathrm{Brac}_{k-1}(\zeta)} - x_{\mathrm{Brac}_{k-2}(\zeta)}. \quad (11.15)$$

令 $C$ 为包含一些弧和环链的多重曲线并满足如下条件:

(1) $|C| < \infty$;

(2) $C$ 中的曲线两两不相交;

(3) 对于任意本质闭圈 $\zeta$, 至多有一个 $\zeta$ 的 $k$-环链出现在 $C$ 中.

记 $\mathcal{C}$ 为包含所有上述多重曲线 $C$ 的集合.

**定义 11.13** 令 $\mathcal{B} = \left\{ \prod_{\gamma \in C} x_\gamma \middle| C \in \mathcal{C} \right\}$, 注意到此时 $x_\gamma, \gamma \in C$ 满足递归关系 (11.15). 我们称 $\mathcal{B}$ 为**环链集** (Bracelet set).

### 11.5.3 链带集

对由本质闭圈 $\zeta$ 缠绕 $k$ 次得到的 $k$-环链 $\mathrm{Brac}_k(\zeta)$, 通过递归的方式定义变量 $x'_{\mathrm{Brac}_k(\zeta)}$ 如下:

$$x'_{\mathrm{Brac}_0(\zeta)} = 1, \quad x'_{\mathrm{Brac}_1(\zeta)} = x_\zeta, \quad x'_{\mathrm{Brac}_k(\zeta)} = x_\zeta x'_{\mathrm{Brac}_{k-1}(\zeta)} - x'_{\mathrm{Brac}_{k-2}(\zeta)}. \quad (11.16)$$

对于弧 $\gamma$, 记 $x'_\gamma = x_\gamma$ 作为 $\gamma$ 对应的变量.

为了简化起见, 此时我们仅考虑不带系数的丛代数.

**定义 11.14** 令 $\mathcal{B}' = \left\{ \prod_{\gamma \in C} x'_\gamma \mid C \in \mathcal{C} \right\}$, 注意到此时 $x'_\gamma, \gamma \in C$ 满足递归关系 (11.16). 我们称 $\mathcal{B}'$ 为**链带集** (band set).

### 11.5.4 丛代数的三个基

注意到, 定义 11.11、定义 11.13、定义 11.14 中的集合 $\mathcal{B}^o$, $\mathcal{B}$, $\mathcal{B}'$ 均包含了所有的丛单项式, 事实上它们进一步地构成了丛代数的三组不同的基.

**定理 11.10**[146] 令 $\mathcal{A}$ 是来自曲面 $(S, M)$ 的一个几何型丛代数, 并且 $\mathcal{A}$ 的扩张换位矩阵是列满秩的, 那么, $\mathcal{B}^o$, $\mathcal{B}$ 和 $\mathcal{B}'$ 各自构成丛代数 $\mathcal{A}$ 的 $\mathbb{ZP}$-基.

**证明** 我们在此只给出证明概要如下:

对于 $\mathcal{B}^o$:

(i) 线性生成性: 由定理 11.9, 可以说明 $\mathcal{B}^o$ 通过 $\mathbb{ZP}$ 线性生成 $\mathcal{A}$.

(ii) 线性无关性:

(1) 在主系数丛代数的情形:

(a) 对任意本质的闭圈 $\zeta$, 通过它的展开公式可以说明 $x_\zeta$ 具有一个 $g$-向量, 从而 $\mathcal{B}^o$ 中每一个元素都有一个 $g$-向量[145, Proposition 6.2];

(b) 利用 $\mathcal{B}^o$ 中元素的 $g$-向量, 证明 $\mathcal{B}^o$ 中元素和 $\mathbb{Z}^n$ 一一对应[145, Theorem 6.13];

(c) 利用上述双射证明 $\mathcal{B}^o$ 线性无关.

(2) 在一般几何型且扩张换位矩阵为列满秩的情形:

通过分离公式 (定理 6.3), 利用扩张换位矩阵的满秩性以及 $g$-向量可以建立 $\mathcal{B}^o$ 中元素和 $\mathbb{Z}^n$ 一一对应, 从而进一步说明 $\mathcal{B}^o$ 线性无关[145, Theorem 7.3].

对于 $\mathcal{B}, \mathcal{B}'$:

由递归关系 (11.15) 和 (11.16) 知道, $\mathcal{B}$ 以及 $\mathcal{B}'$ 可以通过 $\mathcal{B}^o$ 乘上一个对角线元素为 1 的下三角矩阵得到, 故 $\mathcal{B}$ 和 $\mathcal{B}'$ 也是一组基. □

我们称 $\mathcal{B}^o$ 为**圈镯基**, $\mathcal{B}$ 为**环链基**, $\mathcal{B}'$ 为**链带基**.

**注 11.8** (1) 环链基具有正的结构常数[169];

(2) 通常情况下, 圈镯基的结构常数非正;

(3) 猜想链带基的结构常数为正[169];

(4) 定理 11.10 可以推广到不带刺穿点的轨形的情形, 并且相应的环链基的结构常数也为正[60].

**习题 11.1** 请举一个圈镯基的结构常数非正的例子.

**小结**  这三组基中, 圈镯基是比较简单且自然的, 但性质不那么好 (结构常数不为正). 环链基自然地由纠结关系构造, 并且它的结构常数为正. 链带基是受环链基的递推关系启发, 略微修改递推关系得到的一组新的基, 并且猜想它的结构常数也是正的. 另外, 是否可能仿造链带基那样, 给出环链基的其他方式的推广? 比如将递推的 1 改为 3 或其他数? 递推改为什么数作为起点是可能类似获得一组新的基的? 特别什么时候也是结构常数为正的? 这方面相关的工作请参考文献 [124].

## 11.6  Theta 函数、Theta 基与膨胀基

### 11.6.1  Theta 基

对可斜对称化矩阵 $B$ 的散射图 $\mathcal{D}(B)$, 我们给出其上 Theta 函数的一些基本性质, 进一步利用 Theta 函数, 构造相应的上丛代数的 Theta 基.

**定理 11.11**[91, Proposition 3.4]  对任意的散射图 $\mathcal{D}(B)$, 我们有

$$\theta_{Q,\mathbf{m}_0} \in x^{\mathbf{m}_0}\widetilde{K[P]}. \tag{11.17}$$

**定理 11.12**[91, Theorem 3.5]  令 $\mathcal{D}$ 是一个连贯的散射图. 令 $\mathbf{m}_0 \in M^o \setminus \{0\}$ 且 $Q, Q' \in M_{\mathbb{R}} \setminus \mathrm{Supp}(\mathcal{D})$. 那么对任意从 $Q$ 到 $Q'$ 的允许曲线 $\gamma$, 我们有

$$\theta_{Q',\mathbf{m}_0} = \mathcal{P}_{\gamma,\mathcal{D}}(\theta_{Q,\mathbf{m}_0}). \tag{11.18}$$

当 $Q, Q'$ 落在同一个胞腔的时候, 上述 $\mathcal{P}_{\gamma,\mathcal{D}} = \mathrm{Id}$, 亦即 $\theta_{Q',\mathbf{m}_0} = \theta_{Q,\mathbf{m}_0}$.

**定理 11.13**[91, Theorem 4.49]  对于任意散射图 $\mathcal{D}(B)$, 假设 $Q \in M_{\mathbb{R}} \setminus \mathrm{Supp}(\mathcal{D})$ 使得 $Q$ 在基 $(f_1, \cdots, f_n)$ 下的坐标均为正无理数, 那么任一 Theta 函数 $\theta_{Q,\mathbf{m}_0} \in x^{\mathbf{m}_0}\widetilde{K[P]}$ 均没有负系数.

下面定理说明了每一个丛变量关于初始丛的展开公式都是一个 Theta 函数.

**定理 11.14**[91, Corollary 3.9]  设 $\mathcal{A}$ 为一个可斜对称化丛代数, 令 $\mathcal{D}(B_{t_0})$ 为 $B_{t_0}$ 的散射图. 对任意 $t \in \mathbb{T}_n$, 令 $Q$ 为由 $G$-矩阵 $G_t$ 决定的胞腔中的一个整数向量, 对任意 $i$, 我们有 $\theta_{Q,g_{i;t}} = x_{i;t}$, 其中 $g_{i;t}$ 为 $G_t$ 的第 $i$ 列.

由这个定理, 我们看到丛变量的 Theta 函数的 $\mathbf{m}_0$ 恰好是这个丛变量的 $g$-向量. 所以我们把一般 Theta 函数 $\theta_{Q,\mathbf{m}_0}$ 中的 $\mathbf{m}_0$ 称为这个 **Theta 函数的** $g$-**向量**.

特别地, 由定理 11.13 以及定理 11.14, 我们可以得到丛变量 Laurent 展开的正性.

**定理 11.15**[91, Theorem 0.3, Theorem 7.16]  给定 $n$ 阶可斜对称化整数矩阵 $B$, 记 $\mathcal{D}(B)$ 为 $B$ 对应的散射图. 假设平凡系数丛代数 $\mathcal{A}(B)$ 存在红绿序列, 并且对任意 $\alpha \in M^o \setminus \{0\}$ 以及 $Q \in M_{\mathbb{R}} \setminus \mathrm{Supp}(\mathcal{D})$ 使得 $Q$ 在基 $(f_1, \cdots, f_n)$ 下的坐标均为正无理数, 那么 Theta 函数 $\theta_{Q,\alpha}$ 存在. 进一步, 在固定 $Q$ 满足上述条件情况时, 下述结论成立:

(1) 所有的 Theta 函数组成的集合 $\{\theta_{Q,\alpha} \mid \alpha \in M^o\}$ 包含所有的丛单项式.

(2) (Theta 基) 所有的 Theta 函数组成的集合 $\{\theta_{Q,\alpha} \mid \alpha \in M^o\}$ 构成上丛代数的一组基. 特别地, 所有的 Theta 函数构成局部无圈 (locally-acyclic) 丛代数的一组基.

下面一部分, 我们将对秩为 2 的 (无系数) 丛代数, 讨论膨胀基和 Theta 基的一致性. 注意到膨胀基的定义只是针对秩为 2 的情况, 对一般秩的丛代数的这一问题的讨论, 事实上就是我们将在进一步研究中给出的丛代数的多面体基与 Theta 基的关系.

### 11.6.2　秩为 2 时的膨胀基和 Theta 基的关系

本小节的结论和证明, 都来自于文献 [47].

**定理 11.16**　对于秩为 2 的平凡系数丛代数 $\mathcal{A}(B)$, 膨胀基与 Theta 基总是一致的. 具体地说, 对 $B = \begin{pmatrix} 0 & -b \\ c & 0 \end{pmatrix}$, 任意正整数 $b, c$ 和整数向量 $\mathbf{m} = (m_1, m_2) \in \mathbb{Z}^2$ 以及 $Q \in (\mathbb{R}_{>0} \setminus \mathbb{Q})^2$, 定义分段线性映射:

$$T : \mathbb{R}^2 \longrightarrow \mathbb{R}^2, \text{满足} \, T(\mathbf{u}) := \begin{cases} \mathbf{u} & u_2 \geqslant 0, \\ \mathbf{u} + (bu_2, 0), & u_2 < 0, \end{cases} \text{对任何} \, \mathbf{u} = (u_1, u_2) \in \mathbb{R}^2.$$

取初始丛 $X = (x_1, x_2)$, 则 $\theta_{Q,\mathbf{m}} = x[-m_1', -m_2']$, 其中 $T(\mathbf{m}) = (m_1', m_2')$. 从而丛代数 $\mathcal{A}(B)$ 的 Theta 基 $\{\theta_{Q,\mathbf{m}} \mid \mathbf{m} \in \mathbb{Z}^2\}$ 和膨胀基 $\{x[a_1, a_2] \mid (a_1, a_2) \in \mathbb{Z}^2\}$ 有双射:

$$\pi : \theta_{Q,\mathbf{m}} \mapsto x[-m_1', -m_2'].$$

**证明**　对于初始丛的一个 Laurent 多项式 $f = \sum_{r \in \mathbb{Z}^n} c_r X^r$, 我们称 $\{r \in \mathbb{Z}^n \mid c_r \neq 0\}$ 是 $f$ 的支撑集. 下面的这个结果给出了膨胀基的支撑集的刻画, 并且提供了 $\mathcal{A}(B)$ 中元素是否包含在膨胀基中的一个判断方式.

**引理 11.4** [128, 129]　对任意的 $(a_1, a_2) \in \mathbb{Z}^2$, 包含 $x[a_1, a_2]$ 支撑集的格点集① $R_{a_1,a_2}$ 如下所示:

(1) 若 $a_1, a_2 \leqslant 0$, 那么 $R_{a_1,a_2} = \{(-a_1, -a_2)\}$;

(2) 若 $a_1 \leqslant 0 < a_2$, 那么 $R_{a_1,a_2} = \{(p_1, -a_2) \mid -a_1 \leqslant p_1 \leqslant -a_1 + ba_2\}$;

(3) 若 $a_2 \leqslant 0 < a_1$, 那么 $R_{a_1,a_2} = \{(-a_1, p_2) \mid -a_2 \leqslant p_2 \leqslant -a_2 + ca_1\}$;

(4) 若 $0 < ba_2 \leqslant a_1$, 那么 $R_{a_1,a_2} = \{(p_1, p_2) \mid -a_1 \leqslant p_1 \leqslant -a_1 + ba_2, -a_2 \leqslant p_2 \leqslant -a_2 - cp_1\}$;

---

① 在文献 [47] 中 $R_{a_1,a_2}$ 被定义为可能退化的四边形. 事实上, 存在不少相关文献是借助这样的四边形 (或者说多面体) 的结构来研究丛变量和丛代数的, 可见文献 [56, 126, 128, 133] 等. 这里我们简化了概念, 仅将其视为格点构成的集合.

(5) 若 $0 < ca_1 \leqslant a_2$, 那么 $R_{a_1,a_2} = \{(p_1,p_2)| -a_1 \leqslant p_1 \leqslant -a_1 - bp_2, -a_2 \leqslant p_2 \leqslant -a_2 + ca_1\}$;

(6) 若 $0 < a_1 < ba_2$ 且 $0 < a_2 < ca_1$, 那么

$$
R_{a_1,a_2} = \left\{ (p_1,p_2)| -a_1 \leqslant p_1 < 0, -a_2 \leqslant p_2 < \left( \frac{a_2}{a_1} - c \right) p_1 \right\}
$$

$$
\cup \left\{ (p_1,p_2)| -a_1 \leqslant p_1 < \left( \frac{a_1}{a_2} - b \right) p_2, -a_2 \leqslant p_2 < 0 \right\}
$$

$$
\cup \{(-a_1 + ba_2, -a_2), (-a_1, -a_2 + ca_1)\}.
$$

另外, 如果 $z \in \mathcal{A}(B)$ 在 $(a_1, a_2)$ 处是关键的且其支撑集落在 $R_{a_1,a_2}$ 中, 则 $z = x[a_1, a_2]$.

根据上面的引理, 可以通过说明 Theta 基中的元素满足上述条件来证明两种基是一致的. 其中需要先解决的一个问题是膨胀基是以 $d$-向量为参数的, 而 Theta 基则是以 $g$-向量为参数的, 所以关键是如何将这两组参数对应起来. 鉴于此, 令 $T: \mathbb{R}^2 \longrightarrow \mathbb{R}^2$ 是由下式定义的分段线性映射: 对 $\mathbf{u} = (u_1, u_2) \in \mathbb{R}^2$,

$$
T(\mathbf{u}) := \begin{cases} \mathbf{u}, & u_2 \geqslant 0, \\ \mathbf{u} + (bu_2, 0), & u_2 < 0. \end{cases}
$$

记

$$
\mathcal{H}_+ := \{\mathbf{u} \in \mathbb{R}^2 | u_2 \geqslant 0\}, \qquad \mathcal{H}_- := \{\mathbf{u} \in \mathbb{R}^2 | u_2 \leqslant 0\},
$$

$$
T_+ = T|_{\mathcal{H}_+}, \qquad T_- = T|_{\mathcal{H}_-}.
$$

这时显然 $T_+ = \mathrm{Id}|_{\mathcal{H}_+}$. 我们用 $\mathcal{D}_{b,c}$ 表示矩阵 $B$ 对应的丛散射图, 用 $(W, f_W)$ 表示散射图中的墙 (因为法向量 $\mathbf{n}$ 可以由 $W$ 推出, 故我们此处省略). $T$ 作用在墙上定义为

$$
T(W, f_W) := \{(T_+(W \cap \mathcal{H}_+), T_+(f_W)), (T_-(W \cap \mathcal{H}_-), T_-(f_W))\},
$$

其中 $T_\pm(f_W)(x^w) = f_W(x^{T_\pm(w)})$. 从而 $T$ 作用在散射图上得到

$$
T(\mathcal{D}_{b,c}) := \bigcup_{(W, f_W) \in \mathcal{D}_{b,c}} T(W, f_W).
$$

此时 $T(\mathcal{D}_{b,c})$ 中 $T_\pm(f_W)$ 不全满足墙的定义 9.3 中的 (9.13), 即不全是墙函数, 从而 $T(\mathcal{D}_{b,c})$ 不是一个散射图. 为了使其满足散射图的定义, 我们保留墙的支撑集而调整墙函数使 $T_\pm(f_W)$ 都满足 (9.13) 即可, 具体地, 用 $(\mathbb{R}(1,0), 1 + x_1^b)$ 替换

$(\mathbb{R}(-1,0), 1+x_1^{-b})$, 用 $(\mathbb{R}(0,1), 1+x_2^c)$ 替换 $(\mathbb{R}_{\geqslant 0}(0,1), 1+x_2^c)$ 和 $(\mathbb{R}_{\leqslant 0}(0,1), 1+x_2^c)$,
可以由 $T(\mathcal{D}_{b,c})$ 得到新散射图, 我们将其表为 $\mathcal{D}_{b,c}^d$.

此时 $T$ 也可以作用在 $\mathcal{D}_{b,c}$ 的折断线 $\gamma$ 上得到 $T(\gamma)$. 相应地, $T$ 同时作用在折断线每一段的 Laurent 单项式上 (通过作用在指数向量上). 如果一段折断线与 $\mathcal{H}_+$ 和 $\mathcal{H}_-$ 的交都非空, 那么在 $T$ 作用后会分成两段. 可以证明, $T(\gamma)$ 将成为新散射图 $\mathcal{D}_{b,c}^d$ 的折断线.

**引理 11.5**　对于 $\mathbf{m} \in M^o \setminus \{0\}$, $Q \in M_{\mathbb{R}} \setminus \mathrm{Supp}(\mathcal{D}_{b,c})$, 映射 $T$ 给出了一个从散射图 $\mathcal{D}_{b,c}$ 中对应于 $(\mathbf{m}, Q)$ 的折断线到散射图 $\mathcal{D}_{b,c}^d$ 中对应于 $(T(\mathbf{m}), T(Q))$ 的折断线的一一映射. 特别地, 对于 $Q \in \mathcal{H}_+$ (或 $Q \in \mathcal{H}_-$),

$$\theta_{T(Q),T(\mathbf{m})}^d = T_+(\theta_{Q,\mathbf{m}}) = \theta_{Q,\mathbf{m}} \quad (\text{或 } \theta_{T(Q),T(\mathbf{m})}^d = T_-(\theta_{Q,\mathbf{m}})),$$

其中 $\theta_{T(Q),T(\mathbf{m})}^d$ 表示 $\mathcal{D}_{b,c}^d$ 中对应于 $(T(\mathbf{m}), T(Q))$ 的折断线的 Theta 函数.

**证明**　根据 $\mathcal{D}_{b,c}^d$ 和 Theta 函数的定义, 我们只需要验证折断线在 $x$-轴上弯折时的情况. 令 $l$ 和 $l'$ 分别是折断线 $\gamma$ 在 $\mathbb{R}(-1,0)$ 上弯折前后的两段线性区间, 而它们的 Laurent 单项式分别为 $c(l)X^{\mathbf{m}(l)}$ 和 $c(l')X^{\mathbf{m}(l')}$. 不妨假设从 $l$ 到 $l'$ 时 $\gamma$ 是从 $\mathcal{H}_-$ 到 $\mathcal{H}_+$, 另一种情况类似可证.

一方面, 我们知道 $c(l')X^{\mathbf{m}(l')}$ 是 $\mathcal{P}_{-\mathbf{m}(l),1+x_1^{-b}}(c(l)X^{\mathbf{m}(l)})$ 中的一项, 并且因为 $T_+|_{\mathcal{H}_+} = \mathrm{Id}$, 所以 $T(l')$ 的 Laurent 单项式仍为 $c(l')X^{T_+(\mathbf{m}(l'))} = c(l')X^{\mathbf{m}(l')}$.

另一方面, 可以计算

$$\mathcal{P}_{-T_-(\mathbf{m}(l)),1+x_1^b}(c(l)X^{T_-(\mathbf{m}(l))}) = \mathcal{P}_{-\mathbf{m}(l),1+x_1^{-b}}(c(l)X^{\mathbf{m}(l)}).$$

从而 $T(l')$ 的 Laurent 单项式是 $\mathcal{P}_{-T_-(\mathbf{m}(l)),1+x_1^b}(c(l)X^{T_-(\mathbf{m}(l))})$ 中的一项.

由上面知 $T(\gamma)$ 在 $\mathcal{D}_{b,c}^d$ 的墙上弯折时仍然遵循我们前面介绍的折断线的规则, 因此定理成立.　　　　　　　　　　　　　　　　　　　　　　□

根据这个引理和散射图 $\mathcal{D}_{b,c}^d$ 的构造, 不难得到下面的结论.

**引理 11.6**　对任意的 $\mathbf{m} = (m_1, m_2) \in \mathbb{Z}^2$, 如果 $Q$ 在第一象限, 那么

(1) $\theta_{Q,\mathbf{m}}^d = \theta_{Q,T^{-1}(\mathbf{m})}$.

(2) $\theta_{Q,\mathbf{m}}^d = X^{\mathbf{m}}(1 + f(x_1, x_2))$, 其中 $f(x_1, x_2) \in \mathbb{Z}[x_1, x_2]$. 特别地, $\theta_{Q,\mathbf{m}}^d$ 的 $d$-向量是 $-\mathbf{m}$.

**证明**　(1) 根据 $T$ 的定义可以看出 $T|_{\mathcal{H}_+} = \mathrm{Id}$. 再由引理 11.5 有

$$\theta_{Q,\mathbf{m}}^d = T_+(\theta_{T^{-1}(Q),T^{-1}(\mathbf{m})}) = \theta_{Q,T^{-1}(\mathbf{m})},$$

因为其中 $T^{-1}(Q) = Q$.

(2) 对任意的 $\mathbf{m}$ 和第一象限的点 $Q$, 总存在一条不弯折的方向向量为 $-\mathbf{m}$ 的折断线 $\gamma$ 且其终点为 $Q$. 因此 $\mathrm{Mono}(\gamma) = X^{\mathbf{m}}$ 总是 $\theta_{Q,\mathbf{m}}^d$ 中的一项.

并且, 因为 $\mathcal{D}_{b,c}^d$ 中所有墙的穿墙函数都形如 $1 + h(x_1, x_2)$, 其中 $h(x_1, x_2) \in \mathbb{Z}[x_1, x_2]$, 所以对应于 $(\mathbf{m}, Q)$ 的有弯折的折断线的最后一段所决定的 Laurent 单项式总是形如 $a x_1^{d_1} x_2^{d_2}$, 其中 $a \in \mathbb{Z}_{>0}, d_1 \geqslant m_1, d_2 \geqslant m_2$, 但由于等号不会同时成立, 所以 $d_1 + d_2 > m_1 + m_2$.

综上, 可以得到 $\theta_{Q,\mathbf{m}}^d = X^{\mathbf{m}}(1 + f(x_1, x_2))$, 其中 $f(x_1, x_2) \in \mathbb{Z}[x_1, x_2]$. □

**回到定理 11.16 的证明**

根据上面的这个结果, 我们可以把 Theta 基的参数转换为 $d$-向量. 接下来就需要用引理 11.4 来证明两组基中对应的元素相等. 取 $\mathbf{m} \in \mathbb{Z}^2$, $Q$ 属于第一象限.

当 $T(\mathbf{m})$ 满足引理 11.4(1)—(5) 中任意一个条件时, 可以直接计算得到 $\theta_{Q,\mathbf{m}} = x[-m_1', -m_2']$.

当 $T(\mathbf{m})$ 满足引理 11.4(6) 的条件时, 通过讨论 $\mathcal{D}_{b,c}^d$ 中折断线每一段的方向向量变化, 可以得到 $(\mathbf{m}, Q)$ 对应的每条折断线 $\gamma$ 最后一段的 Laurent 单项式 $\mathrm{Mono}(\gamma)$ 的指数向量 $(p_1, p_2)$ 总满足

$$m_1' \leqslant p_1 < 0, \quad m_2' \leqslant p_2 < \left(\frac{m_2'}{m_1'} - c\right) p_1$$

或

$$m_1' \leqslant p_1 < \left(\frac{m_1'}{m_2'} - b\right) p_2, \quad m_2' \leqslant p_2 < 0,$$

或

$$(p_1, p_2) \in \{(m_1' - b m_2', m_2'), (m_1', m_2' - c m_1')\},$$

(见 [47] 的引理 5.5), 即 $(p_1, p_2)$ 落在引理 11.4(6) 所列出的集合中, 也就是说 $\theta_{Q,T(\mathbf{m})}^d$ 的支撑集在 $R_{-m_1', -m_2'}$ 中, 故 $\theta_{Q,\mathbf{m}} = \theta_{Q,T(\mathbf{m})}^d = x[-m_1', -m_2']$.

又由定义易见, 分段线性映射 $T$ 是一个双射, 所以 $\pi$ 是一个双射, 从而最终证明了 $\mathcal{A}(B)$ 两种基是相同的. □

注意到: 本节讨论的膨胀基和 Theta 基之间的关系只是对无系数的丛代数. 但事实上, 同样的关系对于带系数秩为 2 的丛代数, 很容易证明也是成立的.

## 11.7 一个总结性图表

在无定向圈情形下, BZ 三角基与覆三角基一致; 秩为 2 时, 膨胀基与 Theta 基一致. 最后我们以一个表格的形式, 对丛代数各类基做一个总结, 见表 11.1.

**表 11.1    丛代数的若干种基**

| 名称 | 丛代数 | 定义方式 | "好" 基条件 |
| --- | --- | --- | --- |
| 标准单项式基 | (量子) 无定向圈 | 代数 | |
| 丛单项式基 | 有限型 | 丛范畴 | (B1), (B2), (B3) |
| 环链基 | 不带刺穿点曲面 | 组合 | (B1), (B2) |
| BZ 三角基 | 量子无定向圈 | Lusztig 引理 | (B1), (B3) |
| 罩三角基 | 内射可达 | 表示论、几何 (箭图簇) | (B1), (B3) |
| 圈镯基 | 不带刺穿点曲面 | 组合 | (B1) |
| 链带基 | 不带刺穿点曲面 | 组合 | (B1) |
| Generic 基 | 无定向圈 | 丛范畴 | (B1) |
| 膨胀基 | 秩 2 | 组合 | (B1), (B3), (B4) |
| Theta 基 | 存在极大红蓝序列 | 几何 | (B1), (B3), (B4) |

# 第 12 章 量子重 Bruhat 胞腔上的量子丛代数结构

## 12.1 预 备 知 识

本节相关概念和符号的主要参考文献见 [13, 14, 68, 74, 88, 136]. 本节所有代数的底域都是复数域 $\mathbb{C}$. 对于量子丛代数, 它的底域 $\mathbb{C}$ 可以看作根据 (1.4) 由有理数域 $\mathbb{Q}$ 经过域扩张到复数域 $\mathbb{C}$ 上得到.

为了研究代数群的全正性, Fomin 和 Zelevinsky[68] 引入了重 Bruhat 胞腔 (double Bruhat cell) 的概念, 即两个关于相反的 Borel 子群的胞腔之交. 研究表明, 其与对应的 Poisson 李群的辛叶子 (symplectic leaf) 有着紧密的联系. Berenstein 和 Zelevinsky 在文献 [14] 中引入量子丛代数的主要动机之一, 就是猜想重 Bruhat 胞腔上具有 (上) 量子丛代数结构. 这个问题最后被 Goodearl 和 Yakimov 在文献 [88] 中解决了. 本节中, 我们将介绍文献 [14] 中给出的重 Bruhat 胞腔上的量子丛代数结构.

### 12.1.1 广义 Cartan 矩阵与 Weyl 群

本节中, 对一个可对称化广义 Cartan 矩阵, 我们介绍相关的李理论概念以及引入重字符 (double words).

令 $A = (a_{ij}) \in \mathrm{Mat}_{r \times r}(\mathbb{Z})$ 是一个可对称化广义 Cartan 矩阵, 则存在对角矩阵 $D = \mathrm{diag}(d_i)$(其中 $d_i \in \mathbb{Z}_{>0}$) 使得 $DA$ 为对称矩阵.

**定义 12.1** 可对称化广义 Cartan 矩阵 $A$ 的一个**实现**是一个三元组 $(\mathfrak{h}, \Pi, \Pi^\vee)$, 其中 $\mathfrak{h}$ 是一个 $\mathbb{C}$-向量空间, $\Pi = \{\alpha_1, \cdots, \alpha_r\} \subset \mathfrak{h}^*$ 和 $\Pi^\vee = \{\alpha_1^\vee, \cdots, \alpha_r^\vee\} \subset \mathfrak{h}$ 满足如下条件:

(1) $\Pi$ 和 $\Pi^\vee$ 都是线性无关集;

(2) 对任意 $i, j \in \{1, \cdots, r\}$, $\alpha_j(\alpha_i^\vee) = a_{ij}$;

(3) $\dim \mathfrak{h} + \mathrm{rank}(A) = 2r$,

其中元素 $\alpha_i$ 被称为**单根**, 元素 $\alpha_i^\vee$ 被称为**余单根**, 对 $i = 1, \cdots, r$.

下面为李理论中的一个基本事实.

**定理 12.1** [111] 每个可对称化广义 Cartan 矩阵都存在一个实现.

**定义 12.2** 令 $(\mathfrak{h}, \Pi, \Pi^\vee)$ 是可对称化广义 Cartan 矩阵 $A$ 的一个实现.

(1) 一个单根 $\alpha_i$ 对应的**单反射**, 记作 $s_i$, 是 $\mathfrak{h}^*$ 上的一个满足如下关系的对合

线性变换

$$s_i(\gamma) = \gamma - \gamma(\alpha_i^\vee)\alpha_i. \tag{12.1}$$

(2) **Weyl 群** $W$ 为由所有单反射 $s_i(i = 1, \cdots, r)$ 生成的群.

(3) $\mathfrak{h}^*$ 里的权格 $P$ 定义为 $P = \{\lambda \in \mathfrak{h}^* \mid \lambda(\alpha_i^\vee) \in \mathbb{Z}, \forall i \in \{1, \cdots, r\}\}$.

(4) $\mathfrak{h}^*$ 里的根格 $Q$ 定义为 $Q = \bigoplus_{i=1}^r \mathbb{Z}\alpha_i \subseteq P$.

(5) 固定 $\mathfrak{h}^*$ 中的一组元素 $\omega_1, \cdots, \omega_r$ 满足对任意 $i, j$, $\omega_j(\alpha_i^\vee) = \delta_{ij}$. 我们称 $\omega_i, i = 1, \cdots, r$ 为**基本权**.

因此, 我们有

$$s_i(\omega_j) = \begin{cases} \omega_j - \alpha_j, & \text{若 } i = j, \\ \omega_j, & \text{若 } i \neq j. \end{cases} \tag{12.2}$$

下面引理将会在之后用到.

**引理 12.1**　对于任意 $j \in \{1, \cdots, r\}$, 向量 $\sum_{i \in \{1, \cdots, r\}} a_{ij}\omega_i - \alpha_j$ 在 Weyl 群 $W$ 作用下不变.

**证明**　对任意 $k, j$, 我们有

$$s_k\left(\sum_i a_{ij}\omega_i - \alpha_j\right) = \sum_i a_{ij}\omega_i - a_{kj}\alpha_k - (\alpha_j - a_{kj}\alpha_k) = \sum_i a_{ij}\omega_i - \alpha_j. \quad \square$$

注意到, $\mathfrak{h}^*$ 上存在满足如下条件的非退化对称双线性型:

$$(\alpha_i \mid \gamma) = d_i\gamma(\alpha_i^\vee), \quad \forall i = 1, \cdots, r \text{ 和 } \gamma \in \mathfrak{h}^*. \tag{12.3}$$

**习题 12.1**　利用 $\dim\mathfrak{h} + \text{rank}(A) = 2r$, 证明上述 (12.3) 中的非退化双线性型的存在性.

### 12.1.2　重字符

**定义 12.3**　一个**重字符** (double words) 是一个在 $\{-r, \cdots, -1\} \cup \{1, \cdots, r\}$ 上的序列 $\mathbf{i} = (i_1, \cdots, i_m)$.

对任意 $i \in \{1, \cdots, r\}$, 我们约定 $s_{-i} = Id_{\mathfrak{h}^*}$, 并记

$$\varepsilon(\pm i) = \pm 1, \quad |\pm i| = i.$$

**定义 12.4**　$(u, v) \in W \times W$ 的一个**约化字符** (reduced word) 是一个长度最短的重字符 $\mathbf{i} = (i_1, \cdots, i_m)$ 使得

$$s_{-i_1} \cdots s_{-i_m} = u, \quad s_{i_1} \cdots s_{i_m} = v.$$

令 $\mathbf{i} = (i_1, \cdots, i_m)$ 为一个重字符. 对任意 $a, b \in [1, m]$ 满足 $a \leqslant b$ 以及符号 $\varepsilon = \pm$, 我们记

$$\pi_\varepsilon[a, b] = \pi_\varepsilon^{\mathbf{i}}[a, b] = s_{\varepsilon i_a} \cdots s_{\varepsilon i_b}.$$

下面引理可以通过反复利用 (12.2) 得到.

**引理 12.2** 对任意 $i, j$, 如果 $a \leqslant c \leqslant b$, 且对任意 $c < t \leqslant b$ 有 $\varepsilon i_t \neq i$, 则

$$\pi_\varepsilon[a, b]\omega_i = \pi_\varepsilon[a, c]\omega_i, \tag{12.4}$$

如果 $\varepsilon i_b = j$, 则

$$\pi_\varepsilon[a, b]\omega_j = \pi_\varepsilon[a, b-1](\omega_j - \alpha_j). \tag{12.5}$$

对 $k \in [1, m]$, 记

$$k^+ = k_{\mathbf{i}}^+ := \begin{cases} \text{最小指标 } l, & \text{若满足 } k < l \leqslant m \text{ 及 } |i_l| = |i_k|, \\ m+1, & \text{若对任意 } l \text{ 满足 } k < l \leqslant m \text{ 都有 } |i_k| \neq |i_l|. \end{cases}$$

$$k^- = k_{\mathbf{i}}^- := \begin{cases} l, & \text{若 } l^+ = k, \\ 0, & \text{若不存在 } l \text{ 满足 } l^+ = k. \end{cases}$$

**例 12.1** 设 $A = \begin{pmatrix} 2 & -1 \\ -1 & 2 \end{pmatrix}$ 为 $A_2$ 型的 Cartan 矩阵, 其中 $d_1 = d_2 = 1$. 令 $\mathbf{i} = (1, 2, 1, 2, 1, -1, -2, -1)$, 则 $1^+ = 3, 2^+ = 4, 3^+ = 5, 4^+ = 7, 5^+ = 6, 6^+ = 8, 7^+ = 9, 8^+ = 9$. 因此, $1^- = 0, 2^- = 0, 3^- = 1, 4^- = 2, 5^- = 3, 6^- = 5, 7^- = 4, 8^- = 6$.

**定义 12.5** 设 $\mathbf{i} = (i_1, \cdots, i_m)$ 是一个重字符. 我们称指标 $k \in [1, m]$ 是 **i-可换位的**, 如果 $k^+, k^- \in \{1, \cdots, m\}$. 记 $\mathbf{ex}_{\mathbf{i}}$ 为全体 **i**-可换位的指标集, 简记为 **ex**.

**例 12.2** 在例 12.1 中, 我们有 $\mathbf{ex} = \{3, 4, 5, 6\}$.

## 12.2 量子包络代数

本节中, 我们回顾量子包络代数的定义.

**定义 12.6** 令 $A$ 是一个可对称化的广义 Cartan 矩阵, $(\mathfrak{h}, \Pi, \Pi^\vee)$ 是 $A$ 的一个实现. 记 $v$ 为量子参数, $q = v^2$. 那么 $A$ 对应的**量子包络代数** (quantized enveloping algebras), 记作 $U$, 是一个由元素 $E_i, F_i, i = 1, \cdots, r$ 以及 $K_\lambda, \lambda \in P$ 生成的 $\mathbb{C}(q)$-代数, 其中生成元满足如下关系:

(1) 对任意 $\lambda, \mu \in P$, 我们有

$$K_\lambda K_\mu = K_\mu K_\lambda = K_{\mu+\lambda}, \quad K_0 = 1;$$

(2) 对任意 $i = 1, \cdots, r, \lambda \in P$, 我们有

$$K_\lambda E_i = q^{(\alpha_i|\lambda)} E_i K_\lambda, \quad K_\lambda F_i = q^{-(\alpha_i|\lambda)} F_i K_\lambda;$$

(3) 对任意的 $i, j \in \{1, \cdots, r\}$, 我们有

$$E_i F_j - F_j E_i = \delta_{ij} \frac{K_{\alpha_i} - K_{-\alpha_i}}{q^{d_i} - q^{-d_i}};$$

(4) (量子 Serre 关系) 对任意 $i \neq j$,

$$\sum_{p=0}^{1-a_{ij}} (-1)^p E_i^{[1-a_{ij}-p;i]} E_j E_i^{[p;i]} = 0, \quad \sum_{p=0}^{1-a_{ij}} (-1)^p F_i^{[1-a_{ij}-p;i]} F_j F_i^{[p;i]} = 0,$$

其中记号 $X^{[p;i]}$ 表示

$$X^{[p;i]} = \frac{X^p}{[1]_i \cdots [p]_i}, \qquad [k]_i = \frac{q^{kd_i} - q^{-kd_i}}{q^{d_i} - q^{-d_i}}. \tag{12.6}$$

由于代数 $U$ 是 $A$ 对应的 Kac-Moody 代数 $\mathfrak{g}$ 的包络代数的量子形变 (见文献 [136]), 我们通常也记 $U = U_q(\mathfrak{g})$. $U$ 上具有一个自然的 Hopf 代数结构, 其中余乘法 $\Delta$ 和余单位 $\varepsilon$ 由下式给出

$$\Delta(E_i) = E_i \otimes 1 + K_{\alpha_i} \otimes E_i, \quad \Delta(F_i) = F_i \otimes K_{-\alpha_i} + 1 \otimes F_i, \quad \Delta(K_\lambda) = K_\lambda \otimes K_\lambda, \tag{12.7}$$

$$\varepsilon(E_i) = \varepsilon(F_i) = 0, \quad \varepsilon(K_\lambda) = 1, \tag{12.8}$$

对任意 $i = 1, \cdots, r, \lambda \in P$, 其上的对极 (antipode) $S : U \to U$ 满足

$$S(E_i) = -K_{-\alpha_i} E_i, \quad S(F_i) = -F_i K_{\alpha_i}, \quad S(K_\lambda) = K_{-\lambda}. \tag{12.9}$$

**命题 12.1**　$U$ 上关于根格 $Q$ 具有一个自然的 $Q$-分次:

$$U = \bigoplus_{\alpha \in Q} U_\alpha, \quad U_\alpha = \{u \in U | \text{对任意的} \lambda \in P, K_\lambda u K_{-\lambda} = q^{(\lambda|\alpha)} u\}. \tag{12.10}$$

特别地, $\deg(E_i) = \alpha_i, \deg(F_i) = -\alpha_i, \deg(K_\lambda) = 0$.

记 $U^-$ (分别地, $U^0; U^+$) 为 $U$ 的由 $F_1, \cdots, F_r$ (分别地, $K_\lambda, \lambda \in P; E_1, \cdots, E_r$) 生成的 $\mathbb{C}(q)$-子代数. 那么, 分解

$$U = U^- \otimes U^0 \otimes U^+$$

被称为 $U$ 的**三角分解**.

## 12.3  李群的量子坐标环

本节中, 令 $A$ 是一个有限型的广义 Cartan 矩阵, 记 $\mathfrak{g}$ 为 $A$ 对应的半单李代数, $G$ 为 $\mathfrak{g}$ 对应的李群. 我们将介绍群 $G$ 的量子坐标环 $\mathcal{O}_q(G)$.

由量子包络代数 $U$ 上的 Hopf 代数结构, 自然得到 $U^* = \mathrm{Hom}_{\mathbb{C}(q)}(U, \mathbb{C}(q))$ 上的代数结构. 具体地, 对任意 $f, g \in U^*$, $fg$ 定义为

$$(fg)(u) = (f \otimes g)(\Delta(u)) = \sum_{(u)} f(u_1)g(u_2), \quad u \in U. \tag{12.11}$$

其中在第二个等式中, 我们用了 Sweedler 求和记号, 见 [168].

代数 $U^*$ 上的双 $U$-模结构如下给出: 对任意 $f \in U^*, u, x, y \in U$, 我们有

$$(y \cdot f \cdot x)(u) = f(xuy). \tag{12.12}$$

因此, 由等式 (12.11), 我们有

$$(y \cdot fg \cdot x) = \sum_{(x),(y)} (y_1 \cdot f \cdot x_1)(y_2 \cdot g \cdot x_2). \tag{12.13}$$

令 $U^\circ$ 是 $U$ 的 Hopf 对偶, 即

$$U^\circ = \{f \in U^* \mid 存在余维数有限的理想 I \subset U \ 使得 f(I) = 0\}. \tag{12.14}$$

此时, $U^\circ$ 是 $U^*$ 的子代数以及双 $U$-子模. 通常, $U^*$ 不是 Hopf 代数, 而 $U^\circ$ 总有 Hopf 代数结构, 称为 $U$ 的**对偶 Hopf 代数**.

**定义 12.7**  令 $A$ 是一个有限型的 Cartan 矩阵, $\mathfrak{g}$ 为 $A$ 对应的半单李代数, $G$ 为 $\mathfrak{g}$ 对应的半单李群.

(1) 对任意的权 $\gamma, \delta \in P$, 定义

$$U^\circ_{\gamma,\delta} = \{f \in U^\circ \mid 对任意 \lambda, \mu \in P, K_\mu \cdot f \cdot K_\lambda = q^{(\lambda|\gamma)+(\mu|\delta)} f\}. \tag{12.15}$$

(2) $G$ 的**量子坐标环** $\mathcal{O}_q(G)$ 定义为如下的 $U^\circ$ 的 $P \times P$-分次子代数:

$$\mathcal{O}_q(G) = \bigoplus_{\gamma,\delta \in P} U^\circ_{\gamma,\delta}, \tag{12.16}$$

记 $\mathcal{O}_q(G)_{\gamma,\delta} = U^\circ_{\gamma,\delta}$.

**注 12.1**  (1) $\mathcal{O}_q(G)$ 是一个整环[14].

(2) $\mathcal{O}_q(G)$ 是 $U^\circ$ 的双 $U$-子模, 具体地, 我们有: 对任意的 $X \in U_\alpha, Y \in U_\beta$,

$$Y \cdot \mathcal{O}_q(G)_{\gamma,\delta} \cdot X \subset \mathcal{O}_q(G)_{\gamma-\alpha,\delta+\beta}. \tag{12.17}$$

(3) $\mathcal{O}_q(G)$ 是一个 $U \times U$-模, 具有如下的模作用

$$(X,Y)f := Y \cdot f \cdot X^\top, \tag{12.18}$$

其中 $X \to X^\top$ 是 $\mathbb{C}(q)$-代数 $U$ 的反代数同态, 满足

$$E_i^\top = F_i, \quad F_i^\top = E_i, \quad K_\lambda^\top = K_\lambda.$$

**习题 12.2**  证明 (12.17).

对于 $\alpha, \gamma, \delta \in P$, 因为 $\mathcal{O}_q(G)_{\gamma,\delta} \subset U^\circ \subset U^* = \mathrm{Hom}_{Q(q)}(U, Q(q))$ 且 $U_\alpha \subset U$, 所以我们有自然的**配对** (pairing):

$$\mathcal{O}_q(G)_{\gamma,\delta} \times U_\alpha \to \mathbb{C}(q), \quad f \times x \to f(x). \tag{12.19}$$

**命题 12.2**  对于 $\alpha, \gamma, \delta \in P$, 如果 (12.19) 的配对

$$\mathcal{O}_q(G)_{\gamma,\delta} \times U_\alpha \to \mathbb{C}(q)$$

非零, 那么 $\alpha = \gamma - \delta$.

**证明**  令 $f \in \mathcal{O}_q(G)_{\gamma,\delta}$, $x \in U_\alpha$. 对任意 $\lambda \in P$, 由 (12.15) 知

$$K_{-\lambda} \cdot f \cdot K_\lambda = q^{(\lambda|\gamma)+(-\lambda|\delta)} f.$$

因此, 由 (12.12) 和 (12.10),

$$q^{(\lambda|\gamma)+(-\lambda|\delta)} f(x) = (K_{-\lambda} \cdot f \cdot K_\lambda)(x) = f(K_\lambda x K_{-\lambda}) = q^{(\lambda|\alpha)} f(x).$$

所以, $f(x) \neq 0$ 意味着 $(\lambda|\alpha) = (\lambda|\gamma) - (\lambda|\delta)$ 对任意 $\lambda \in P$ 都成立. 故有 $\alpha = \gamma - \delta$. □

接下来, 我们给出 $\mathcal{O}_q(G)$ 的一个更显示的描述. 令

$$P^+ = \{\lambda \in P | \lambda(\alpha_i^\vee) \geqslant 0, \forall i = 1, \cdots, r\}$$

为全体**支配权**集. 因此, $P^+$ 为由全体基本权 $\omega_1, \cdots, \omega_r$ 生成的自由加法半群, 即 $P^+ = \oplus_{i=1}^r \mathbb{Z}_{\geqslant 0}\omega_i$.

对任意支配权 $\lambda \in P^+$, 我们定义 $\Delta^\lambda \in U^*$ 满足: 对任意 $F \in U^-, E \in U^+$ 以及 $\mu \in P$,

$$\Delta^\lambda(FK_\mu E) = \varepsilon(F)q^{(\lambda|\mu)}\varepsilon(E), \tag{12.20}$$

记 $\mathcal{E}_\lambda = U \cdot \Delta^\lambda \cdot U$, 则 $\mathcal{E}_\lambda$ 为 $U^*$ 的由 $\Delta^\lambda$ 生成的双 $U$-子模.

文献 [21, Section I.7] 给出了 $\mathcal{O}_q(G)$ 的如下等价刻画:

**命题 12.3**[14, Proposition 9.1; 21, Section I.7] 对任意 $\lambda \in P$, 我们有 $\Delta^\lambda \in \mathcal{O}_q(G)_{\lambda,\lambda}$, 并且 $\mathcal{E}_\lambda$ 是一个有限维单的双 $U$-模. $\mathcal{O}_q(G)$ 有如下的直和分解:

$$\mathcal{O}_q(G) = \bigoplus_{\lambda \in P^+} \mathcal{E}_\lambda.$$

## 12.4 矩阵二元组及其相容性

本节中, 固定一个重字符 $\mathbf{i} = (i_1, \cdots, i_m)$, 我们会赋予 $\mathbf{i}$ 一个矩阵二元组 $(\Lambda_\mathbf{i}, \widetilde{B}_\mathbf{i})$, 其中 $\Lambda_\mathbf{i}$ 是一个 $m \times m$ 矩阵, $\widetilde{B}_\mathbf{i}$ 是一个 $m \times |\mathbf{ex}|$ 矩阵.

**定义 12.8** (1) 对 $s > t$, 记 $\eta_{ts} = 0$; 对 $s \leqslant t$, 记

$$\eta_{ts} = \eta_{ts}(\mathbf{i}) = \left( \pi_-[s,t]\omega_{|i_t|} - \pi_+[s,t]\omega_{|i_t|} \mid \omega_{|i_s|} \right). \tag{12.21}$$

(2) 定义 $m \times m$ 矩阵 $\Lambda_\mathbf{i}$ 的元素 $\lambda_{kl}$ 为

$$\lambda_{kl} = \eta_{kl^+} - \eta_{lk^+}. \tag{12.22}$$

由此定义易见, $\Lambda_\mathbf{i}$ 是一个斜对称矩阵.

**定义 12.9** 对任意 $p \in \{1, \cdots, m\}$ 以及 $k \in \mathbf{ex}$, 定义 $m \times |\mathbf{ex}|$ 矩阵 $\widetilde{B}_\mathbf{i}$ 的元素 $b_{pk}$ 为

$$b_{pk} = b_{pk}(\mathbf{i}) = \begin{cases} -\varepsilon(i_k), & \text{若 } p = k^-, \\ -\varepsilon(i_k)a_{|i_p|,|i_k|}, & \text{若 } p < k < p^+ < k^+, \varepsilon(i_k) = \varepsilon(i_{p^+}) \\ & \text{或者 } p < k < k^+ < p^+, \varepsilon(i_k) = -\varepsilon(i_{k^+}), \\ \varepsilon(i_p)a_{|i_p|,|i_k|}, & \text{若 } k < p < k^+ < p^+, \varepsilon(i_p) = \varepsilon(i_{k^+}) \\ & \text{或者 } k < p < p^+ < k^+, \varepsilon(i_p) = -\varepsilon(i_{p^+}), \\ \varepsilon(i_p), & \text{若 } p = k^+, \\ 0, & \text{其他情况.} \end{cases} \tag{12.23}$$

**例 12.3** 在例 12.1 中, 我们有

$$\widetilde{B}_\mathbf{i} = \begin{pmatrix} -1 & 0 & 0 & 0 \\ 1 & -1 & 0 & 0 \\ 0 & 1 & -1 & 0 \\ -1 & 0 & 1 & -1 \\ 1 & -1 & 0 & 1 \\ 0 & 1 & -1 & 0 \\ 0 & -1 & 0 & 1 \\ 0 & 0 & 0 & -1 \end{pmatrix}, \quad \Lambda_\mathbf{i} = \begin{pmatrix} 0 & 0 & -1 & -1 & -1 & 0 & 0 & 0 \\ 0 & 0 & 0 & -1 & -1 & -1 & 0 & 0 \\ 1 & 0 & 0 & 0 & -1 & 0 & 1 & 0 \\ 1 & 1 & 0 & 0 & 0 & 0 & 1 & 1 \\ 1 & 1 & 1 & 0 & 0 & 1 & 1 & 1 \\ 0 & 1 & 0 & 0 & -1 & 0 & 0 & 1 \\ 0 & 0 & -1 & -1 & -1 & 0 & 0 & 0 \\ 0 & 0 & 0 & -1 & -1 & -1 & 0 & 0 \end{pmatrix}.$$

由例 12.2, $\mathbf{ex} = \{3,4,5,6\}$, 将矩阵 $\widetilde{B}(i)$ 的第 $3,4,5,6$ 行换到第 $1,2,3,4$ 行以及矩阵 $\Lambda_i$ 的第 $3,4,5,6$ 行/列换到第 $1,2,3,4$ 行/列, 通过计算不难发现矩阵 $\widetilde{B}_\mathbf{i}$ 与 $\Lambda_\mathbf{i}$ 具有定义 1.14 意义下的相容性. 下面的定理 12.2 将会说明这个结论一般情况也成立.

令 $\mathbf{i}$ 为一个重字符, 取定 $l,k \in [1,m]$ 使得 $l < k^+$. 对任意 $i \in [1,m]$, 令

$$S_i = S_i(k,l;\mathbf{i}) = \sum_{p=1,|i_p|=i}^{m} b_{pk}\eta_{pl}. \tag{12.24}$$

为了指标的简洁, 记 $|i_k| = j, |i_l| = h$.

**引理 12.3**

$$S_j = \begin{cases} \left(\omega_j - \pi_{\varepsilon(i_{k+})}[l,k^+]\omega_j|\omega_h\right), & \text{若 } k < l < k^+, \\[2mm] \left(\pi_{\varepsilon(i_k)}[l,k](\omega_j - \alpha_j) - \pi_{\varepsilon(i_{k+})}[l,k^+]\omega_j|\omega_h\right), & \text{若 } l \leqslant k, \\ & \varepsilon(i_k) = \varepsilon(i_{k+}), \\[2mm] \left(\pi_{\varepsilon(i_k)}[l,k]\omega_j - \pi_{\varepsilon(i_{k+})}[l,k](2\omega_j - \alpha_j)|\omega_h\right), & \text{若 } k^- < l \leqslant k, \\ & \varepsilon(i_k) = -\varepsilon(i_{k+}), \\[2mm] \left(\pi_{\varepsilon(i_k)}[l,k](2\omega_j - \alpha_j) - \pi_{\varepsilon(i_{k+})}[l,k^+](2\omega_j - \alpha_j)|\omega_h\right), & \text{若 } l \leqslant k^-, \\ & \varepsilon(i_k) = -\varepsilon(i_{k+}). \end{cases} \tag{12.25}$$

当 $i \neq j$ 时,

$$S_i = \begin{cases} a_{ij}\left(\omega_j - \pi_{\varepsilon(i_{k+})}[l,k^+]\omega_i|\omega_h\right), & \text{若 } k < l < k^+, \\[2mm] a_{ij}\left(\pi_{\varepsilon(i_k)}[l,k]\omega_i - \pi_{\varepsilon(i_{k+})}[l,k^+]\omega_i|\omega_h\right), & \text{若 } l \leqslant k. \end{cases} \tag{12.26}$$

**证明**　因为 $j = |i_k|$, 所以当 $|i_p| = j$ 时, $p < k < p^+ < k^+, p < k < k^+ < p^+, k < p < k^+ < p^+, k < p < p^+ < k^+$ 不可能发生. 因此, 由 (12.23), 我们有

$$S_j = b_{k^-k}\eta_{k^-l} + b_{k^+k}\eta_{k^+l}.$$

当 $l \leqslant k^-, \varepsilon(i_k) = -\varepsilon(i_{k+}) = \varepsilon$ 时, 由 (12.21), (12.23), 利用引理 12.2, 我们有

$$b_{k^-k}\eta_{k^-l} = (\pi_\varepsilon[l,k^-]\omega_j - \pi_{-\varepsilon}[l,k^-]\omega_j|\omega_h)$$

$$= (\pi_\varepsilon[l,k](\omega_j - \alpha_j) - \pi_{-\varepsilon}[l,k^+](\omega_j - \alpha_j)|\omega_h),$$

以及

$$b_{k+k}\eta_{k+l} = (\pi_\varepsilon[l,k^+]\omega_j - \pi_{-\varepsilon}[l,k^+]\omega_j|\omega_h)$$
$$= (\pi_\varepsilon[l,k]\omega_j - \pi_{-\varepsilon}[l,k^+]\omega_j|\omega_h).$$

因此,

$$S_j = \big(\pi_{\varepsilon(i_k)}[l,k](2\omega_j - \alpha_j) - \pi_{\varepsilon(i_{k+})}[l,k^+](2\omega_j - \alpha_j)|\omega_h)\big).$$

当在其他情形时, 可以同理证明 (12.25) 成立.

当 $i \neq j$ 时, 我们仅考虑 $l \leqslant k$ 时的情形, 当 $k < l < k^+$ 时可以类似证明.

由于 $i \neq j = |i_k|$, 所以当 $|i_p| = i$ 时 $p = k^-, p = k^+$ 不可能发生. 记

$$T_1 = \{p|l \leqslant p < k < p^+ < k^+, \varepsilon(i_k) = \varepsilon(i_{p+})$$

$$\text{或 } l \leqslant p < k < k^+ < p^+, \varepsilon(i_k) = -\varepsilon(i_{k+})\} \cap \{p|i = |i_p|\},$$

$$T_2 = \{p|k < p < k^+ < p^+, \varepsilon(i_p) = \varepsilon(i_{k+})$$

$$\text{或 } k < p < p^+ < k^+, \varepsilon(i_p) = -\varepsilon(i_{p+})\} \cap \{p|i = |i_p|\},$$

因此 $T_1 \cap T_2 = \varnothing$. 根据 (12.23), 当 $p \in \{p|i = |i_p|\} \setminus (T_1 \cup T_2)$ 时, $b_{pk} = 0$. 因此, 根据 (12.24), 我们有

$$S_i = \sum_{p \in T_1} b_{pk}\eta_{pl} + \sum_{p \in T_2} b_{pk}\eta_{pl}.$$

令 $p \in T_1$. 在 $p$ 使得 $l \leqslant p < k < p^+ < k^+$ 且 $i_p = i$ 的情况, 假设存在 $q$ 使得 $q(\neq p) < k$ 且 $i_q = i$, 那么有 $p > q$ (否则, 有 $p^+ \leqslant q < k$, 矛盾). 因此 $q^+ \leqslant p < k$, 这将使得 $q \in T_1, q \neq p$ 的条件不可能满足. 同理, 在 $p$ 使得 $l \leqslant q < k < k^+ < q^+$ 且 $i_p = i$ 的情况, 也将使得 $q \in T_1, q \neq p$ 的条件不可能满足. 因此, $T_1$ 中最多含有 1 个元素. 而 $T_2$ 中可能含有多个元素.

由 (12.21), (12.23), 利用引理 12.2, 我们有: 对任意 $p \in T_1$,

$$b_{pk}\eta_{pl} = a_{ij}\big(\pi_{\varepsilon(i_k)}[l,k]\omega_i - \pi_{-\varepsilon(i_k)}[l,k]\omega_i|\omega_h\big), \tag{12.27}$$

对任意 $p \in T_2$,

$$b_{pk}\eta_{pl} = a_{ij}\big(\pi_{\varepsilon(i_p)}[l,p]\omega_i - \pi_{-\varepsilon(i_p)}[l,p]\omega_i|\omega_h\big).$$

接下来, 我们分情况证明:

$$\sum_{p \in T_1} b_{pk}\eta_{pl} + \sum_{p \in T_2} b_{pk}\eta_{pl} = a_{ij}\big(\pi_{\varepsilon(i_k)}[l,k]\omega_i - \pi_{\varepsilon(i_{k+})}[l,k^+]\omega_i|\omega_h\big). \tag{12.28}$$

**情形 1**　$\{p|k < p < k^+\} \cap \{p|i = |i_p|\} = \varnothing$. 此时 $T_2 = \varnothing$ 且由引理 12.2,

$$a_{ij}\left(\pi_{\varepsilon(i_k)}[l, k]\omega_i - \pi_{\varepsilon(i_{k^+})}[l, k^+]\omega_i|\omega_h\right)$$
$$= a_{ij}\left(\pi_{\varepsilon(i_k)}[l, k]\omega_i - \pi_{\varepsilon(i_{k^+})}[l, k]\omega_i|\omega_h\right).$$

当 $\varepsilon(i_k) = \varepsilon(i_{k^+})$ 时, $T_1 = \varnothing$, 且

$$a_{ij}\left(\pi_{\varepsilon(i_k)}[l, k]\omega_i - \pi_{\varepsilon(i_{k^+})}[l, k^+]\omega_i|\omega_h\right) = 0,$$

进一步, 因为 $T_1 = T_2 = \varnothing$, 所以

$$\sum_{p \in T_1} b_{pk}\eta_{pl} + \sum_{p \in T_2} b_{pk}\eta_{pl} = 0.$$

所以等式 (12.28) 成立.

当 $\varepsilon(i_k) = -\varepsilon(i_{k^+})$ 且 $\{p|l \leqslant p \leqslant k\} \cap \{p|i = |i_p|\} = \varnothing$ 时, $T_1 = \varnothing$, 且

$$a_{ij}\left(\pi_{\varepsilon(i_k)}[l, k]\omega_i - \pi_{\varepsilon(i_{k^+})}[l, k^+]\omega_i|\omega_h\right) = 0.$$

同理, 因为 $T_1 = T_2 = \varnothing$, 所以

$$\sum_{p \in T_1} b_{pk}\eta_{pl} + \sum_{p \in T_2} b_{pk}\eta_{pl} = 0.$$

所以等式 (12.28) 成立.

当 $\varepsilon(i_k) = -\varepsilon(i_{k^+})$ 且 $\{p|l \leqslant p \leqslant k\} \cap \{p|i = |i_p|\} \neq \varnothing$ 时, $T_1$ 有唯一的元素, 由 (12.27) 知等式 (12.28) 成立.

**情形 2**　$\{p|k < p < k^+\} \cap \{P|i = |i_p|\} \neq \varnothing$ 但是 $T_2 = \varnothing$. 因此, 对于所有 $p \in \{p|k < p < k^+\} \cap \{P|i = |i_p|\}$, $i_p$ 具有相同的符号 $\varepsilon = -\varepsilon(i_{k^+})$. 因此, 由引理 12.2, 有

$$a_{ij}\left(\pi_{\varepsilon(i_k)}[l, k]\omega_i - \pi_{\varepsilon(i_{k^+})}[l, k^+]\omega_i|\omega_h\right) = a_{ij}\left(\pi_{\varepsilon(i_k)}[l, k]\omega_i - \pi_{-\varepsilon}[l, k]\omega_i|\omega_h\right). \tag{12.29}$$

当 $\varepsilon(i_k) = \varepsilon(i_{k^+}) = -\varepsilon$ 时, 同理我们有 $T_1 = \varnothing$, 且

$$\sum_{p \in T_1} b_{pk}\eta_{pl} + \sum_{p \in T_2} b_{pk}\eta_{pl} = a_{ij}\left(\pi_{\varepsilon(i_k)}[l, k]\omega_i - \pi_{\varepsilon(i_{k^+})}[l, k^+]\omega_i|\omega_h\right) = 0.$$

当 $\varepsilon(i_k) = -\varepsilon(i_{k^+}) = \varepsilon$ 且 $\{p|l \leqslant p \leqslant k\} \cap \{p|i = |i_p|\} = \varnothing$ 时, 同理我们有

$$\sum_{p \in T_1} b_{pk}\eta_{pl} + \sum_{p \in T_2} b_{pk}\eta_{pl} = a_{ij}\left(\pi_{\varepsilon(i_k)}[l, k]\omega_i - \pi_{\varepsilon(i_{k^+})}[l, k^+]\omega_i|\omega_h\right) = 0.$$

当 $\varepsilon(i_k) = -\varepsilon(i_{k^+}) = \varepsilon$ 且 $\{p|l \leqslant p \leqslant k\} \cap \{p|i = |i_p|\} \neq \varnothing$ 时, $T_1$ 有唯一的元素, 由 (12.27) 和 (12.29) 知等式 (12.28) 成立.

**情形 3** $\{p|k < p < k^+\} \cap \{P|i = |i_p|\} \neq \varnothing$ 且 $T_2 \neq \varnothing$. 记 $T_2$ 中的元素依次为 $p(1) < \cdots < p(t)$. 根据 $T_2$ 的定义, 我们有: 对任意 $s = 1, \cdots, t-1$, $\varepsilon(i_{p(s)}) = -\varepsilon(i_{p(s+1)})$ 且 $\varepsilon(i_{p(t)}) = -\varepsilon(i_{k^+})$. 因此, 由引理 12.2 知, 对任意 $s = 1, \cdots, t-1$,

$$\pi_{-\varepsilon(i_{p(s+1)})}[l, p(s+1)]\omega_i = \pi_{\varepsilon(i_{p(s)})}[l, p(s)]\omega_i,$$

所以

$$\sum_{p \in T_2} b_{pk}\eta_{pl} = a_{ij}\left(\pi_{-\varepsilon(i_{p(1)})}[l, k]\omega_i - \pi_{-\varepsilon(i_{k^+})}[l, k^+]\omega_i|\omega_h\right). \tag{12.30}$$

当 $T_1 = \varnothing$ 时, $\varepsilon(i_k) = -\varepsilon(i_{p(1)})$, 由 (12.30), 我们可证

$$S_i = \sum_{p \in T_2} b_{pk}\eta_{pl} = a_{ij}\left(\pi_{\varepsilon(i_k)}[l, k]\omega_i - \pi_{\varepsilon(i_{k^+})}[l, k^+]\omega_i|\omega_h\right).$$

当 $T_1 \neq \varnothing$ 时, $\varepsilon(i_k) = \varepsilon(i_{p(1)})$. 利用 (12.27), (12.30), 则得到

$$S_i = \sum_{p \in T_1} b_{pk}\eta_{pl} + \sum_{p \in T_2} b_{pk}\eta_{pl}$$

$$= a_{ij}\left(\pi_{\varepsilon(i_k)}[l, k]\omega_i - \pi_{-\varepsilon(i_k)}[l, k]\omega_i|\omega_h\right)$$

$$\quad + a_{ij}\left(\pi_{-\varepsilon(i_k)}[l, k]\omega_i - \pi_{-\varepsilon(i_{k^+})}[l, k^+]\omega_i|\omega_h\right)$$

$$= a_{ij}\left(\pi_{\varepsilon(i_k)}[l, k]\omega_i - \pi_{-\varepsilon(i_{k^+})}[l, k^+]\omega_i|\omega_h\right).$$

即等式 (12.28) 成立. □

现在我们可以给出矩阵对 $(\Lambda_{\mathbf{i}}, \widetilde{B}_{\mathbf{i}})$ 的相容性.

**定理 12.2** 假设重字符 $\mathbf{i} = (i_1, \cdots, i_m)$ 满足条件: 对满足 $p^- = 0$ 的任意 $p \in \{1, \cdots, m\}$, 都不存在 $\mathbf{i}$-可换位指标 $k \in \{1, \cdots, p-1\} \cap \mathbf{ex}$ 使得广义 Cartan 矩阵 $A$ 的元素 $a_{|i_p|, |i_k|} < 0$. 那么矩阵 $\Lambda_{\mathbf{i}}, \widetilde{B}_{\mathbf{i}}$ 满足: 对任意 $l \in \{1, \cdots, m\}$ 以及 $k \in \mathbf{ex}$,

$$\sum_{p=1}^m b_{pk}\lambda_{pl} = 2\delta_{kl}d_{|i_k|}. \tag{12.31}$$

从而, 矩阵对 $(\Lambda_{\mathbf{i}}, \widetilde{B}_{\mathbf{i}})$ 是相容的.

在给出这个定理的证明之前, 我们首先需要给出下面的两个引理及其证明.

**引理 12.4** 令 i 为一个重字符, 对任意 $k, l \in [1, m]$ 使得 $k^+ \leqslant m$, 我们有

$$\sum_{p=1}^{m} b_{pk}\eta_{pl} = \delta_{k^+,l}d_{|i_k|}. \tag{12.32}$$

**证明** 当 $l > k^+$ 时, 根据 (12.22), (12.21), 对任意 $p$, 要么 $b_{pk} = 0$, 要么 $\eta_{pl} = 0$. 因此,

$$\sum_{p=1}^{m} b_{pk}\eta_{pl} = \delta_{k^+,l}d_{|i_k|} = 0.$$

当 $l = k^+$ 时, 同理根据 (12.22), (12.21), 并利用 (12.2), (12.3), 有

$$\begin{aligned}
\sum_{p=1}^{m} b_{pk}\eta_{pl} &= b_{k^+k}\eta_{k^+k^+} \\
&= \varepsilon(i_{k^+})\left(\pi_-[k^+, k^+]\omega_{|i_{k^+}|} - \pi_+[k^+, k^+]\omega_{|i_{k^+}|}|\omega_{|i_{k^+}|}\right) \\
&= \left(\omega_{|i_k|} - s_{|i_k|}\omega_{|i_k|}|\omega_{|i_k|}\right) \\
&= \left(\alpha_{|i_k|}|\omega_{|i_k|}\right) \\
&= d_{|i_k|}.
\end{aligned}$$

当 $l < k^+$ 时, 令 $S = \sum_{i=1}^{m} S_i = \sum_{p=1}^{m} b_{pk}\eta_{pl}$, 根据引理 12.3 中的 (12.26), (12.25) 以及引理 12.1, 我们有

$$S = S_j + \sum_{i \neq j} S_i$$

$$= \begin{cases}
\left(\alpha_j - \omega_j - \pi_{\varepsilon(i_{k^+})}[l, k^+](\alpha_j - \omega_j)|\omega_h\right), & \text{若 } k < l < k^+, \\
\left(\pi_{\varepsilon(i_k)}[l, k](-\omega_j) - \pi_{\varepsilon(i_{k^+})}[l, k^+](\alpha_j - \omega_j)|\omega_h\right), & \text{若 } l \leqslant k, \\
& \quad \varepsilon(i_k) = \varepsilon(i_{k^+}), \\
\left(\pi_{\varepsilon(i_k)}[l, k](\alpha_j - \omega_j) - \pi_{\varepsilon(i_{k^+})}[l, k^+](\alpha_j - \omega_j)|\omega_h\right), & \text{若 } k^- < l \leqslant k, \\
& \quad \varepsilon(i_k) = -\varepsilon(i_{k^+}), \\
0, & \text{若 } l \leqslant k^-, \\
& \quad \varepsilon(i_k) = \varepsilon(i_{k^+}).
\end{cases}$$

当 $k < l < k^+$ 时, 我们有

$$\pi_{\varepsilon(i_{k^+})}[l, k^+](\alpha_j - \omega_j) = -\omega_j,$$

由于 $k < l < k^+$, 我们有 $j = |i_k| \neq |i_l| = h$. 因此,

$$S = \left(\alpha_j - \omega_j - \pi_{\varepsilon(i_{k^+})}[l, k^+](\alpha_j - \omega_j)|\omega_h\right)$$

$$= (\alpha_j - \omega_j + \omega_j|\omega_h) = (\alpha_j|\omega_h) = \delta_{jh} = 0.$$

当 $l \leqslant k, \varepsilon(i_k) = \varepsilon(i_{k^+})$ 时,

$$\pi_{\varepsilon(i_{k^+})}[l, k^+](\alpha_j - \omega_j) = \pi_{\varepsilon(i_k)}[l, k](-\omega_j),$$

因此, $S = \left(\pi_{\varepsilon(i_k)}[l, k](-\omega_j) - \pi_{\varepsilon(i_{k^+})}[l, k^+](\alpha_j - \omega_j)|\omega_h\right) = (0|\omega_h) = 0.$

当 $k^- < l \leqslant k, \varepsilon(i_k) = -\varepsilon(i_{k^+})$ 时,

$$\pi_{\varepsilon(i_{k^+})}[l, k^+](\alpha_j - \omega_j) = \pi_{\varepsilon(i_k)}[l, k](\alpha_j - \omega_j),$$

因此, $S = \left(\pi_{\varepsilon(i_k)}[l, k](\alpha_j - \omega_j) - \pi_{\varepsilon(i_{k^+})}[l, k^+](\alpha_j - \omega_j)|\omega_h\right) = (0|\omega_h) = 0.$

综上, 当 $l < k^+$ 时, 总有

$$S = \sum_{p=1}^{m} b_{pk}\eta_{pl} = 0. \qquad \square$$

**引理 12.5** 如果重字符 $\mathbf{i} = (i_1, \cdots, i_m)$ 满足如下条件: 对任意 $p \in \{1, \cdots, m\}$ 使得 $p^- = 0$, 则不存在 $\mathbf{i}$-可换位指标 $k \in \{1, \cdots, p-1\} \cap \mathbf{ex}$ 使得 $a_{|i_p|, |i_k|} < 0$. 那么对任意 $l \in \{1, \cdots, m\}, k \in \mathbf{ex}$, 我们有

$$\sum_{p=1}^{m} b_{pk}\eta_{l,p^+} = -\delta_{kl}d_{|i_k|}. \tag{12.33}$$

**证明** 考虑重字符 $\mathbf{i}$ 的反字符 $\mathbf{i}^o = (i_m, \cdots, i_1)$. 记 $k^o = m + 1 - k$, 因此 $\mathbf{i}^o = (i_{1^o}, \cdots, i_{m^o})$. 根据 (12.21), (12.23), 我们有

$$\eta_{kl}(\mathbf{i}) = \eta_{l^o k^o}(\mathbf{i}^o), \quad \forall k, l \in \{1, \cdots, m\}, \tag{12.34}$$

$$b_{pk}(\mathbf{i}) = -b_{(p^+)^o(k^+)^o}(\mathbf{i}^o), \quad \forall k, p \text{ 使得} k^+, p^+ \in \{1, \cdots, m\}. \tag{12.35}$$

由 (12.21) 知, 当 $p^+ > m$ 时, $\eta_{lp^+} = 0$. 根据 (12.34), (12.35), 我们得到当 $k \in \mathbf{ex}$ 时,

$$\sum_{p=1}^{m} b_{pk}\eta_{l,p^+} = \sum_{p\in\{p|p^+\leqslant m\}} b_{pk}\eta_{l,p^+} = -\sum_{p\in\{p|p^+\leqslant m\}} b_{(p^+)^o,(k^+)^o}(\mathbf{i}^o)\eta_{(p^+)^o,l^o}(\mathbf{i}^o).$$

$$\tag{12.36}$$

注意到, 在重字符 $\mathbf{i}^o$ 中, $((k^+)^o)^+ = l^o$ 当且仅当 $k = l$, 以及

$$\sum_{q=1}^{m} b_{q,(k^+)^o}(\mathbf{i}^o)\eta_{q,l^o}(\mathbf{i}^o)$$

$$= \sum_{p \in \{p|p^+ \leqslant m\}} b_{(p^+)^o,(k^+)^o}(\mathbf{i}^o)\eta_{(p^+)^o,l^o}(\mathbf{i}^o) + \sum_{p \in \{p|p^-=0\}} b_{p,(k^+)^o}(\mathbf{i}^o)\eta_{p,l^o}(\mathbf{i}^o). \quad (12.37)$$

因此, 将引理 12.4 应用到 $\mathbf{i}^o$ 上, 我们得到

$$\sum_{p \in \{p|p^+ \leqslant m\}} b_{(p^+)^o,(k^+)^o}(\mathbf{i}^o)\eta_{(p^+)^o,l^o}(\mathbf{i}^o) + \sum_{p \in \{p|p^-=0\}} b_{p^o,(k^+)^o}(\mathbf{i}^o)\eta_{p^o,l^o}(\mathbf{i}^o) = \delta_{kl}d_{|i_k|}.$$

$$(12.38)$$

比较等式 (12.36), (12.38), 我们得到

$$\sum_{p=1}^{m} b_{pk}\eta_{l,p^+} = -\delta_{kl}d_{|i_k|} + \sum_{p \in \{p|p^-=0\}} b_{p^o,(k^+)^o}(\mathbf{i}^o)\eta_{p^o,l^o}(\mathbf{i}^o).$$

因此, 为了证明等式 (12.33), 我们只用证明

$$\sum_{p \in \{p|p^-=0\}} b_{p^o,(k^+)^o}(\mathbf{i}^o)\eta_{p^o,l^o}(\mathbf{i}^o) = 0.$$

而该引理的条件恰好保证了: 满足 $p^- = 0, k \in \mathbf{ex}$ 的任意 $p, k$, 总有

$$b_{p^o,(k^+)^o}(\mathbf{i}^o) = 0. \qquad \square$$

最后, 我们给出**定理 12.2** 的证明.

根据 (12.22), 利用引理 12.4 以及引理 12.5, 我们有

$$\sum_{p=1}^{m} b_{pk}\lambda_{pl} = \sum_{p=1}^{m} b_{pk}(\eta_{p,l^+} - \eta_{l,p^+}) = 2\delta_{kl}d_{|i_k|}. \qquad \square$$

**注 12.2**　定理 12.2 中重字符 $\mathbf{i} = (i_1, \cdots, i_m)$ 满足的条件等价于如下条件: 对任意 $i \in \{1, \cdots, r\}$, 设在 $\mathbf{i}$ 的第 $p$ 个位置首次出现 $i$ 或者 $-i$(这等价于 $p^- = 0$), 则对任意 $k \in \{1, \cdots, p-1\}$ 使得 $a_{|i_p|,|i_k|} < 0$, 在重字符 $\mathbf{i}$ 中, 总有 $k \notin \mathbf{ex}$, 即要么 $i_k$ 前不出现 $|i_k|$ 及 $-|i_k|$, 要么 $i_k$ 后不出现 $|i_k|$ 及 $-|i_k|$.

比如, 例 12.1 中的重字符 $\mathbf{i}$, 就满足定理 12.2 的条件.

## 12.5　量子重 Bruhat 胞腔

本节中, 我们介绍量子重 Bruhat 胞腔, 见文献 [14]. 对任意 $i \in \{1, \cdots, r\}$, 记

$$E_{-i} = F_i, \qquad s_{-i} = 1.$$

对任意 $i \in \{-r, \cdots, -1\} \cup \{1, \cdots, r\}$, 记 $U_i$ 为 $U$ 的由 $U^0$ 以及 $E_i$ 生成的子代数. 对任意重字符 $\mathbf{i} = (i_1, \cdots, i_m)$, 记

$$U_{\mathbf{i}} = U_{i_1} \cdots U_{i_m} \subset U,$$

$$J_{\mathbf{i}} := \{f \in \mathcal{O}_q(G) | f(U_{\mathbf{i}}) = 0\}.$$

**命题 12.4**[14, Proposition 9.2] 如果 $\mathbf{i}$ 和 $\mathbf{i'}$ 是 $(u, v) \in W \times W$ 的两个约化字符, 那么 $U_{\mathbf{i}} = U_{\mathbf{i'}}$.

**定义 12.10** 对任意 $u, v \in W$, 令 $\mathbf{i}$ 是 $(u, v)$ 的一个约化字符, 记 $U_{u,v} = U_{\mathbf{i}}$, $J_{u,v} = J_{\mathbf{i}}$. 我们称 $\mathcal{O}_q(G)/J_{u,v}$ 为**量子闭重 Bruhat 胞腔**, 记作 $\mathcal{O}_q(\overline{G^{u,v}})$.

为了引入量子重 Bruhat 胞腔, 我们需要先引入量子子式.

令 $\lambda \in P^+$ 为支配权, $(u, v) \in W \times W$, 令 $(i_1, \cdots, i_{l(u)})$ 为 $u$ 的一个约化字符, $(j_1, \cdots, j_{l(v)})$ 为 $v$ 的一个约化字符.

对任意 $k \in \{1, \cdots, l(u)\}$, 定义余根 $\eta_k^\vee$ 满足

$$\eta_k^\vee = s_{i_{l(u)}} \cdots s_{i_{k+1}} \alpha_{i_k}^\vee.$$

同理, 对 $k \in \{1, \cdots, l(v)\}$, 定义余根 $\zeta_k^\vee$ 满足

$$\zeta_k^\vee = s_{j_{l(v)}} \cdots s_{j_{k+1}} \alpha_{j_k}^\vee.$$

由于 $(i_1, \cdots, i_{l(u)})$ 为约化字符, 我们有 $\eta_1^\vee, \cdots, \eta_{l(u)}^\vee$ 为两两不同的正余根. 同理, $\zeta_1^\vee, \cdots, \zeta_{l(v)}^\vee$ 为两两不同的正余根. 特别地, 我们有 $\lambda(\eta_k^\vee) \geqslant 0$, $\lambda(\zeta_k^\vee) \geqslant 0$.

回顾 (12.20) 中 $\Delta^\lambda$ 的定义, 然后我们可以给出如下量子子式的定义:

**定义 12.11** 令 $\lambda \in P^+$ 为一个支配权, $u, v \in W$. **量子子式** $\Delta_{u\lambda, v\lambda} \in \mathcal{E}_\lambda \subset \mathcal{O}_q(G)$ 定义为

$$\Delta_{u\lambda, v\lambda} = (F_{j_1}^{[\lambda(\zeta_1^\vee); j_1]} \cdots F_{j_{l(v)}}^{[\lambda(\zeta_{l(v)}^\vee); j_{l(v)}]}) \cdot \Delta^\lambda \cdot (E_{i_{l(u)}}^{[\lambda(\eta_{l(u)}^\vee); i_{l(u)}]} \cdots E_{i_1}^{[\lambda(\eta_1^\vee); i_1]}). \quad (12.39)$$

**注 12.3** 利用量子 Verma 关系[135, Proposition 39.3.7], 我们知道量子子式 $\Delta_{u\lambda, v\lambda}$ 只依赖于 $u\lambda, v\lambda$, 与 $u, v, \lambda$ 以及约化字符的选取无关[14]. 因此, 当 $u\lambda = \gamma, v\lambda = \delta$ 时, 我们记 $\Delta_{u\lambda, v\lambda} = \Delta_{\gamma, \delta}$.

根据 (12.17) 以及命题 12.3, 我们有 $\Delta_{\gamma, \delta} \in \mathcal{O}_q(G)_{\gamma, \delta}$.

对任意 $X, X' \in U$, 如果能将 $X - X'$ 写成 $\sum_{a,b \in \mathbb{Z}_{\geqslant 0}^r, \mu \in P} k_{a,\mu,b} F_a K_\mu E_b$ 并满足 $\varepsilon(F_a)\varepsilon(E_b) = 0$, 其中 $k_{a,\mu,b} \in \mathbb{C}(q)$, $\varepsilon$ 为 $U$ 的余单位以及 $a = (a_1, \cdots, a_r), b = (b_1, \cdots, b_r)$, 从而有

$$F_a = F_1^{a_1} \cdots F_r^{a_r} \in U^-, \quad E_b = E_1^{b_1} \cdots E_r^{b_r} \in U^+.$$

我们记 $X \equiv X'$. 对任意 $p \in \mathbb{Z}$, 记

$$\langle p, K_{\alpha_i} \rangle = \frac{q^{d_i p} K_{\alpha_i} - q^{-d_i p} K_{-\alpha_i}}{q^{d_i} - q^{-d_i}}.$$

对任意 $j \in \mathbb{Z}$, 记

$$\langle p, j, K_{\alpha_i} \rangle = \frac{\langle p, K_{\alpha_i} \rangle \langle p-1, K_{\alpha_i} \rangle \cdots \langle p-j+1, K_{\alpha_i} \rangle}{[j]_i [j-1]_i \cdots [1]_i}.$$

我们有如下结论.

**引理 12.6**　对任意 $m, n > 0$ 以及 $i \in [1, r]$, 我们有

(1) 当 $m \neq n$ 时, $E_i^{[m;i]} F_i^{[n;i]} - F_i^{[n;i]} E_i^{[m;i]} \equiv 0$;

(2) $E_i^{[m;i]} F_i^{[m;i]} - F_i^{[m;i]} E_i^{[m;i]} \equiv \langle 0, m, K_{\alpha_i} \rangle$;

(3) 对任意 $\lambda \in P^+$, 我们有 $\Delta^\lambda(\langle 0, m, K_{\alpha_i} \rangle) = 0$ 当且仅当 $m \geqslant \lambda(\alpha_i^\vee) + 1$.

**证明**　反复利用等式 $E_i F_i - F_i E_i = \dfrac{K_{\alpha_i} - K_{-\alpha_i}}{q^{d_i} - q^{-d_i}}$, 我们有

$$E_i^{[m;i]} F_i^{[n;i]} - F_i^{[n;i]} E_i^{[m;i]} = \sum_{j=1}^{\min(m,n)} F_i^{[n-j;i]} \langle -m-n+2j, j, K_{\alpha_i} \rangle E_i^{[m-j;i]}.$$

因此 (1), (2) 成立.

根据等式 (12.20), 我们有

$$\Delta^\lambda(\langle 0, m, K_{\alpha_i} \rangle) = \frac{1}{[m]_i [m-1]_i \cdots [1]_i (q^{d_i} - q^{-d_i})^m}$$
$$\times \prod_{k=0}^{m-1} (q^{-d_i \cdot k + d_i \lambda(\alpha_i^\vee)} - q^{d_i \cdot k - d_i \lambda(\alpha_i^\vee)})$$

当 $m < \lambda(\alpha_i^\vee) + 1$ 时, 上式乘积 $\prod_{k=0}^{m-1}(q^{-d_i \cdot k + d_i \lambda(\alpha_i^\vee)} - q^{d_i \cdot k - d_i \lambda(\alpha_i^\vee)})$ 中的每一项都不为 0. 当 $m \geqslant \lambda(\alpha_i^\vee) + 1$ 时, 上式分子第 $(\lambda(\alpha_i^\vee) + 1)$ 项为

$$(q^{-d_i \lambda(\alpha_i^\vee) + d_i \lambda(\alpha_i^\vee)} - q^{d_i \lambda(\alpha_i^\vee) - d_i \lambda(\alpha_i^\vee)+}) = 0.$$

因此 (3) 成立. □

**引理 12.7**　对任意 $\lambda, \mu \in P^+$, $s, t \in W$ 以及 $i \in [1, r]$, 我们有

(1) $E_i \cdot \Delta_{s\lambda, \lambda} = \Delta_{\mu, t\mu} \cdot F_i = 0$;

(2) $F_i^{\lambda(\alpha_i^\vee)} \cdot \Delta_{s\lambda, \lambda} \neq 0$, $F_i^{\lambda(\alpha_i^\vee)+1} \cdot \Delta_{s\lambda, \lambda} = 0$;

(3) $F_i^{t\mu(\alpha_i^\vee)} \cdot \Delta_{\mu, t\mu} \neq 0$, $F_i^{t\mu(\alpha_i^\vee)+1} \cdot \Delta_{\mu, t\mu} = 0$.

**证明** 设 $s = s_{i_1} \cdots s_{i_{l(s)}}$ 是 $s$ 的一个约化表示, 对任意 $k \in [1, l(s)]$, 令 $\eta_k^\vee = s_{i_{l(s)}} \cdots s_{i_{k+1}} \alpha_{i_k}^\vee$. 对任意 $F_a K_\mu E_b, X \in U$, 其中 $a, b \in \mathbb{Z}_{\geqslant 0}^r$, 根据等式 (12.12) 以及 (12.39), 我们有

$$X \cdot \Delta_{s\lambda, \lambda}(F_a K_\mu E_b) = X \cdot \Delta^\lambda \cdot (E_{i_{l(s)}}^{[\lambda(\eta_{l(s)}^\vee); i_{l(s)}]} \cdots E_{i_1}^{[\lambda(\eta_1^\vee); i_1]})(F_a K_\mu E_b)$$
$$= \Delta^\lambda((E_{i_{l(s)}}^{[\lambda(\eta_{l(s)}^\vee); i_{l(s)}]} \cdots E_{i_1}^{[\lambda(\eta_1^\vee); i_1]}) F_a K_\mu E_b X).$$

(1) 当 $X = E_i$ 时, 由于将 $(E_{i_{l(s)}}^{[\lambda(\eta_{l(s)}^\vee); i_{l(s)}]} \cdots E_{i_1}^{[\lambda(\eta_1^\vee); i_1]}) F_a K_\mu E_b E_i$ 写成形如 $\sum k_{a', \nu, b'} F_a K_\nu E_{b'}$ 时, 有 $b' \neq 0$, 从而 $\varepsilon(E_{b'}) = 0$. 因此, 根据等式 (12.20), 可得 $E_i \cdot \Delta_{s\lambda, \lambda}(F_a K_\mu E_b) = 0$, 从而

$$E_i \cdot \Delta_{s\lambda, \lambda} = 0.$$

同理可证

$$\Delta_{\mu, t\mu} \cdot F_i = 0.$$

(2) 当 $X = F_i^m$ 时, 根据等式 (12.20), 将 $(E_{i_{l(s)}}^{[\lambda(\eta_{l(s)}^\vee); i_{l(s)}]} \cdots E_{i_1}^{[\lambda(\eta_1^\vee); i_1]}) F_a K_\mu E_b F_i^m$ 写成形如 $\sum k_{a', \nu, b'} F_{a'} K_\nu E_{b'}$ 时, 如果总有 $\varepsilon(F_{a'})\varepsilon(E_{b'}) = 0$, 那么

$$F_i^m \cdot \Delta_{s\lambda, \lambda}(F_a K_\mu E_b) = 0.$$

因此为了判断 $F_i^m \cdot \Delta_{s\lambda, \lambda}$ 是否为零只需要考虑 $F_i^m \cdot \Delta_{s\lambda, \lambda}(F_a K_\mu E_b)$ 是否为零, 其中 $a, b \in \mathbb{Z}_{\geqslant 0}^r$ 满足出现 $a', b'$ 使得 $\varepsilon(F_{a'})\varepsilon(E_{b'}) \neq 0$.

根据引理 12.6, 当 $b \neq (0, \cdots, m, \cdots, 0)$ 时, 其中第 $i$ 个分量为 $m$, 将 $E_b F_i^m$ 写成形如 $\sum k_{a'', \nu'', b''} F_{a''} K_{\nu''} E_{b''}$ 时不会出现 $\varepsilon(E_{b''})$ 非零的项, 因此我们只用考虑 $b = (0, \cdots, m, \cdots, 0)$, 即 $E_b = E_i^m$ 的情形.

同理, 为了将 $(E_{i_{l(s)}}^{[\lambda(\eta_{l(s)}^\vee); i_{l(s)}]} \cdots E_{i_1}^{[\lambda(\eta_1^\vee); i_1]}) F_a$ 写成形如 $\sum k_{a''', \nu''', b'''} F_{a'''} K_{\nu'''} E_{b'''}$ 时出现 $\varepsilon(E_{b''})$ 非零的项, $F_a$ 需要取为 $F_{i_1}^{[\lambda(\eta_1^\vee); i_1]} \cdots F_{i_{l(s)}}^{[\lambda(\eta_{l(s)}^\vee); i_{l(s)}]}$. 因此为了判断 $F_i^m \cdot \Delta_{s\lambda, \lambda}$ 是否为零只用计算 $F_i^m \cdot \Delta_{s\lambda, \lambda}(F_{i_1}^{[\lambda(\eta_1^\vee); i_1]} \cdots F_{i_{l(s)}}^{[\lambda(\eta_{l(s)}^\vee); i_{l(s)}]} E_i^m)$ 是否为零.

对任意 $m \geqslant 0$, 当 $X = F_i^m$, 我们有

$$F_i^m \cdot \Delta_{s\lambda, \lambda}(F_{i_1}^{[\lambda(\eta_1^\vee); i_1]} \cdots F_{i_{l(s)}}^{[\lambda(\eta_{l(s)}^\vee); i_{l(s)}]} E_i^m)$$
$$= \Delta^\lambda((E_{i_{l(s)}}^{[\lambda(\eta_{l(s)}^\vee); i_{l(s)}]} \cdots E_{i_1}^{[\lambda(\eta_1^\vee); i_1]}) F_{i_1}^{[\lambda(\eta_1^\vee); i_1]} \cdots F_{i_{l(s)}}^{[\lambda(\eta_{l(s)}^\vee); i_{l(s)}]} E_i^m F_i^m)$$
$$= \Delta^\lambda((E_{i_{l(s)}}^{[\lambda(\eta_{l(s)}^\vee); i_{l(s)}]} \cdots E_{i_1}^{[\lambda(\eta_1^\vee); i_1]}) F_{i_1}^{[\lambda(\eta_1^\vee); i_1]} \cdots F_{i_{l(s)}}^{[\lambda(\eta_{l(s)}^\vee); i_{l(s)}]}) \Delta^\lambda(E_i^m F_i^m)$$

$$= \Delta^{\lambda}((E_{i_{l(s)}}^{[\lambda(\eta_{l(s)}^{\vee});i_{l(s)}]} \cdots E_{i_1}^{[\lambda(\eta_1^{\vee});i_1]})F_{i_1}^{[\lambda(\eta_1^{\vee});i_1]} \cdots F_{i_{l(s)}}^{[\lambda(\eta_{l(s)}^{\vee});i_{l(s)}]})$$

$$\times \Delta^{\lambda}(([m]_i[m-1]_i \cdots [1]_i)^2 \langle 0, m, K_{\alpha_i} \rangle)$$

$$= \prod_{j=1}^{l(s)} \Delta^{\lambda}(([\lambda(\eta_{i_j}^{\vee})]_{i_j} \cdots [1]_{i_j})^2 \langle 0, \lambda(\eta_{i_j}^{\vee}), K_{\alpha_{i_j}} \rangle)$$

$$\times \Delta^{\lambda}(([m]_i[m-1]_i \cdots [1]_i)^2 \langle 0, m, K_{\alpha_i} \rangle).$$

由此上式, 再根据引理 12.6 (3), 当 $m = \lambda(\alpha_i^{\vee})$ 时,

$$F_i^m \cdot \Delta_{s\lambda,\lambda}(F_{i_1}^{[\lambda(\eta_1^{\vee});i_1]} \cdots F_{i_{l(s)}}^{[\lambda(\eta_{l(s)}^{\vee});i_{l(s)}]} E_i^m) \neq 0,$$

当 $m = \lambda(\alpha_i^{\vee}) + 1$ 时,

$$F_i^m \cdot \Delta_{s\lambda,\lambda}(F_{i_1}^{[\lambda(\eta_1^{\vee});i_1]} \cdots F_{i_{l(s)}}^{[\lambda(\eta_{l(s)}^{\vee});i_{l(s)}]} E_i^m) = 0,$$

因此我们有

$$F_i^{\lambda(\alpha_i^{\vee})} \cdot \Delta_{s\lambda,\lambda} \neq 0, \quad F_i^{\lambda(\alpha_i^{\vee})+1} \cdot \Delta_{s\lambda,\lambda} = 0.$$

(3) 证明过程和 (2) 类似.　　　　　　　　　　　　　　　　　　□

**注 12.4**　类似地, 我们有

(1) $\Delta_{s\lambda,\lambda} \cdot E_i^{s\lambda(\alpha_i^{\vee})} \neq 0, \Delta_{s\lambda,\lambda} \cdot E_i^{s\lambda(\alpha_i^{\vee})+1} = 0$;

(2) $\Delta_{\mu,t\mu} \cdot E_i^{\mu(\alpha_i^{\vee})} \neq 0, \Delta_{\mu,t\mu} \cdot E_i^{\mu(\alpha_i^{\vee})+1} = 0$.

**引理 12.8**　令 $f \in \mathcal{O}_q(G)_{\gamma,\delta}, g \in \mathcal{O}_q(G)_{\gamma',\delta'}$. 对任意 $i \in \{1, \cdots, r\}$, 假设 $a = \delta(\alpha_i^{\vee})$ 是最大的非负整数使得 $F_i^a \cdot f \neq 0, b = \delta'(\alpha_i^{\vee})$ 是最大的非负整数使得 $F_i^b \cdot g \neq 0$, 那么

$$(F_i^{[a;i]} \cdot f) \cdot (F_i^{[b;i]} \cdot g) = F_i^{[a+b;i]} \cdot (fg).$$

同理, 假设 $c = \gamma(\alpha_i^{\vee})$ 是最大的非负整数使得 $f \cdot E_i^c \neq 0, d = \gamma'(\alpha_i^{\vee})$ 是最大的非负整数使得 $g \cdot E_i^d \neq 0$, 那么

$$(f \cdot E_i^{[c;i]}) \cdot (g \cdot E_i^{[d;i]}) = (fg) \cdot E_i^{[c+d;i]}.$$

**证明**　该结论可以通过反复利用等式 (12.13), (12.7) 得到.　　　□

**注 12.5**　根据引理 12.7, $f = \Delta_{s\lambda,\lambda}, g = \Delta_{\mu,t\mu}$ 满足引理 12.8 的条件.

**引理 12.9**　在引理 12.8 的条件下, 假设 $f, g$ 满足 $fg = q^k gf$, 那么

$$(F_i^{[a;i]} \cdot f) \cdot (F_i^{[b;i]} \cdot g) = q^k (F_i^{[b;i]} \cdot g) \cdot (F_i^{[a;i]} \cdot f),$$

$$(f \cdot E_i^{[a;i]}) \cdot (g \cdot E_i^{[b;i]}) = q^k (g \cdot E_i^{[b;i]}) \cdot (f \cdot E_i^{[a;i]}).$$

**证明** 由引理 12.8 即可得此结论. □

**习题 12.3** 利用引理 12.8 证明引理 12.9.

对任意 $u, v \in W$, 记 $\pi_{u,v} : \mathcal{O}_q(G) \to \mathcal{O}_q(\overline{G^{u,v}})$ 为典范投影. 令

$$D_{u,v} := \{q^k \pi_{u,v}(\Delta_{u\lambda,\lambda}) \cdot \pi_{u,v}(\Delta_{\mu,v^{-1}\mu}) | k \in \mathbb{Z}, \lambda, \mu \in P^+\}. \tag{12.40}$$

**命题 12.5** [14] 对任意 $u, v \in W$, $D_{u,v}$ 是 $\mathcal{O}_q(\overline{G^{u,v}})$ 的一个 Ore 子集.

**定义 12.12** 对任意 $u, v \in W$, **量子重 Bruhat 胞腔** $\mathcal{O}_q(G^{u,v})$ 定义为 $\mathcal{O}_q(\overline{G^{u,v}})$ 在 Ore 子集 $D_{u,v}$ 上的局部化, 即 $\mathcal{O}_q(G^{u,v}) = \mathcal{O}_q(\overline{G^{u,v}})[D_{u,v}^{-1}]$.

特别地, 对任意 $u, v \in W$, 当 $q = 1$ 时, $\mathcal{O}_q(G^{u,v})$ 就退化为文献 [13,68] 中研究的重 Bruhat 胞腔 $G^{u,v} = B_+ u B_+ \cap B_- v B_- \subset G$ 的坐标环, 其中 $B_+$ 和 $B_-$ 为一组共轭的 Borel 子群. 这时, 上面的结论都可以退化为重 Bruhat 胞腔中的相应的结论.

## 12.6 量子重 Bruhat 胞腔上的量子丛代数结构

本节中, 给定 $(u, v) \in W \times W$, 我们将给出量子重 Bruhat 胞腔 $\mathcal{O}_q(G^{u,v})$ 上的量子丛代数结构, 相关文献见 [14,88].

令 $m = r + l(u) + l(v) = \dim G^{u,v}$, $\mathbf{i} = (i_1, \cdots, i_m)$ 为一个重字符使得 $(i_{r+1}, \cdots, i_m)$ 为 $(u, v)$ 的一个约化字符且 $(i_1, \cdots, i_r)$ 为 $\{1, \cdots, r\}$ 的一个置换.

回顾到上节中我们约定 $s_{-i} = 1, \forall i \in \{1, \cdots, r\}$. 对任意 $k = 1, \cdots, m$, 定义权 $\gamma_k, \delta_k \in P$ 如下:

$$\gamma_k = s_{-i_1} \cdots s_{-i_k} \omega_{|i_k|}, \qquad \delta_k = s_{i_m} \cdots s_{i_{k+1}} \omega_{|i_k|},$$

因此, $\delta_k = s_{i_m} \cdots s_{i_{k+1}} \cdots s_{i_1} \gamma_k = v^{-1} \gamma_k$; 同理 $\gamma_k = u \delta_k$. 又因为 $(i_1, \cdots, i_r)$ 为 $\{1, \cdots, r\}$ 的一个置换, 所以

$$\{(\gamma_1, \delta_1), \cdots, (\gamma_r, \delta_r)\} = \{(\omega_1, v^{-1}\omega_1), \cdots, (\omega_r, v^{-1}\omega_r)\}. \tag{12.41}$$

令 $\Delta_{\gamma_k, \delta_k}$ 为 $\gamma_k, \delta_k$ 相应的量子子式. 注意到 (12.41), 则我们可得

$$\{\Delta_{\gamma_1, \delta_1}, \cdots, \Delta_{\gamma_r, \delta_r}\} = \{\Delta_{\omega_1, v^{-1}\omega_1}, \cdots, \Delta_{\omega_r, v^{-1}\omega_r}\},$$

且当 $k^+ = m + 1$ 时, 即 $k$ 不是 $\mathbf{i}$-可换位的时, 我们有 $\delta_k = \omega_{|i_k|}$, 故 $\Delta_{\gamma_k, \delta_k} = \Delta_{u\omega_{|i_k|}, \omega_{|i_k|}}$ 不依赖于 $\mathbf{i}$ 的选取. 因此量子子式 $\Delta_{\gamma_k, \delta_k}, k \in [1, m]$ 中依赖于 $\mathbf{i}$ 的选取的只能是当 $k$ 为 $\mathbf{i}$-可换位时的 $\Delta_{\gamma_k, \delta_k}$.

**引理 12.10**　假设元素 $f \in \mathcal{O}_q(G)_{\gamma,\delta}, g \in \mathcal{O}_q(G)_{\gamma'.\delta'}$ 满足

$$E \cdot f = \varepsilon(E)f, \quad \forall E \in U^+; \quad g \cdot F = \varepsilon(F)g, \quad \forall F \in U^-,$$

那么, 我们有

$$fg = q^{(\gamma|\gamma') - (\delta|\delta')}gf.$$

**证明**　对任意 $FK_\lambda E \in U$, 其中 $E$ 和 $F$ 分别是 $E_1, \cdots, E_r$ 以及 $F_1, \cdots, F_r$ 的某个单项式, 根据等式 (12.13), (12.11), 我们有

$$(fg)(FK_\lambda E) = (E \cdot fg \cdot F)(K_\lambda) = \sum (E^1 \cdot f \cdot F^1)(K_\lambda)(E^2 \cdot g \cdot F^2)(K_\lambda)$$

$$= (K_{\deg E} \cdot f \cdot F)(K_\lambda) \cdot (E \cdot g \cdot K_{\deg F})(K_\lambda)$$

$$= q^{(\deg E|\delta) + (\deg F|\gamma')} f(FK_\lambda) \cdot g(K_\lambda E).$$

同理, 我们有

$$(gf)(FK_\lambda E) = f(FK_\lambda) \cdot g(K_\lambda E).$$

由命题 12.2, 如果 $f(FK_\lambda) \neq 0$, 那么 $\deg F = \gamma - \delta$. 同理如果 $g(K_\lambda E) \neq 0$, 那么 $\deg E = \gamma' - \delta'$. 因此, 我们得到

$$fg = q^{(\gamma' - \delta'|\delta) + (\gamma - \delta|\gamma')}gf = q^{(\gamma|\gamma') - (\delta|\delta')}gf. \qquad \square$$

**定理 12.3**　对任意 $\lambda, \mu \in P^+$ 以及 $s, s', t, t' \in W$ 使得 $l(s's) = l(s') + l(s), l(t't) = l(t') + l(t)$, 我们有

$$\Delta_{s's\lambda,t'\lambda} \cdot \Delta_{s'\mu,t't\mu} = q^{(s\lambda|\mu) - (\lambda|t\mu)}\Delta_{s'\mu,t't\mu} \cdot \Delta_{s's\lambda,t'\lambda}. \tag{12.42}$$

特别地, 量子子式 $\{\Delta_{\gamma_k,\delta_k}|k \in [1,m]\}$ 在 $\mathcal{O}_q(G)$ 中满足两两之间的量子交换关系, 即: 对任意的 $1 \leqslant l < k \leqslant m$, 我们有

$$\Delta_{\gamma_k,\delta_k}\Delta_{\gamma_l,\delta_l} = q^{(\gamma_k|\gamma_l) - (\delta_k|\delta_l)}\Delta_{\gamma_l,\delta_l}\Delta_{\gamma_k,\delta_k}. \tag{12.43}$$

**证明**　先考虑最特殊的情况 $s' = t' = 1$ 的情形, 则等式 (12.42) 变为

$$\Delta_{s\lambda,\lambda} \cdot \Delta_{\mu,t\mu} = q^{(s\lambda|\mu) - (\lambda|t\mu)}\Delta_{\mu,t\mu} \cdot \Delta_{s\lambda,\lambda}. \tag{12.44}$$

由引理 12.7 (1), 我们有

$$E_i \cdot \Delta_{s\lambda,\lambda} = \Delta_{\mu,t\mu} \cdot F_i = 0, \quad \forall i \in \{1, \cdots, r\}.$$

等价地,

$$E \cdot \Delta_{s\lambda,\lambda} = \varepsilon(E)\Delta_{s\lambda,\lambda}, \quad \forall E \in U^+; \quad \Delta_{\mu,t\mu} \cdot F = \varepsilon(F)\Delta_{\mu,t\mu}, \quad \forall F \in U^-.$$

因此, 等式 (12.44) 由引理 12.10 得到.

根据注 12.5, $f = \Delta_{s\lambda,\lambda}$, $g = \Delta_{\mu,t\mu}$ 满足引理 12.8 的条件. 由等式 (12.44), $f = \Delta_{s\lambda,\lambda}, g = \Delta_{\mu,t\mu}$ 满足引理 12.9 的条件, 因此反复利用引理 12.9, 我们得到等式 (12.42) 成立.

特别地, 对于量子子式 $\{\Delta_{\gamma_k,\delta_k} | k \in [1,m]\}$, 令

$$\lambda = \omega_{|i_k|}, \quad \mu = \omega_{|i_l|}, \quad s' = s_{-i_1}\cdots s_{-i_l}, \quad s = s_{-i_{l+1}}\cdots s_{-i_k},$$

$$t' = s_{i_m}\cdots s_{i_{\max(k,r)+1}}, \quad t = \begin{cases} s_{i_k}\cdots s_{i_{\max(l,r)+1}}, & \text{若 } r < k, \\ 1, & \text{否则}, \end{cases}$$

则得到等式 (12.43). □

回顾在 12.4 节中, 由一个重字符 $\mathbf{i}$, 我们构造出了一个矩阵二元组 $(\Lambda_\mathbf{i}, \widetilde{B}_\mathbf{i})$. 其中 $\Lambda_\mathbf{i}$ 中的元素 $\lambda_{kl}$ 由 (12.22) 给出, 即:

**命题 12.6** 令 $\mathbf{i} = (i_1,\cdots,i_m)$ 为一个重字符使得 $(i_{r+1},\cdots,i_m)$ 为 $(u,v)$ 的一个约化字符, 且 $(i_1,\cdots,i_r)$ 为 $\{1,\cdots,r\}$ 的一个置换. 那么对任意 $1 \leqslant l < k \leqslant m$, 我们有

$$\lambda_{kl} = (\gamma_k|\gamma_l) - (\delta_k|\delta_l).$$

**证明** 当 $l < k$ 时, 根据定义 12.8, 我们有

$$(\gamma_k|\gamma_l) - (\delta_k|\delta_l)$$
$$= (s_{-i_1}\cdots s_{-i_k}\omega_{|i_k|}|s_{-i_1}\cdots s_{-i_l}\omega_{|i_l|}) - (s_{i_m}\cdots s_{i_{k+1}}\omega_{|i_k|}|s_{i_m}\cdots s_{i_{l+1}}\omega_{|i_l|})$$
$$= (s_{-i_{l+1}}\cdots s_{-i_k}\omega_{|i_k|}|\omega_{|i_l|}) - (\omega_{|i_k|}|s_{i_k}\cdots s_{i_{l+1}}\omega_{|i_l|})$$
$$= (\pi_-[l^+,k]\omega_{|i_k|} - \pi_+[l^+,k]\omega_{|i_k|}|\omega_{|i_l|})$$
$$= \eta_{kl^+} = \lambda_{kl}. \quad □$$

由定理 12.2 知, 由 $\mathbf{i}$ 构造的矩阵对 $(\widetilde{B}_\mathbf{i}, \Lambda_\mathbf{i})$ 是相容的, 因此由 $(\widetilde{B}_\mathbf{i}, \Lambda_\mathbf{i})$ 可以构造出一个量子丛代数 $\mathcal{A}_v(\widetilde{X}, \widetilde{B}_\mathbf{i}, \Lambda_\mathbf{i})$, 其中 $\widetilde{X} = \{X_1,\cdots,X_m\}$. 而根据定理 12.3 以及命题 12.6, 可知 $\{\Delta_{\gamma_k,\delta_k}\}$ 恰好满足 $\mathcal{A}_v(\widetilde{X}, \widetilde{B}_\mathbf{i}, \Lambda_\mathbf{i})$ 初始量子种子中的拟交换关系.

**定理 12.4** [88]　令 $(u,v) \in W \times W$. 那么 $\mathcal{O}(q^{\frac{1}{2}}) \otimes_{\mathcal{O}(q)} \mathcal{O}_q(G^{u,v})$ 上有量子丛代数结构. 特别地, 对任意重字符 $\mathbf{i} = (i_1, \cdots, i_m)$ 使得 $(i_{r+1}, \cdots, i_m)$ 为 $(u,v)$ 的一个约化字符, 且 $(i_1, \cdots, i_r)$ 为 $\{1, \cdots, r\}$ 的一个置换, $\{\Delta_{\gamma_k, \delta_k} | k \in [1, m]\}$ 为它的一个扩张量子丛. 具体地, 令 $v = q^{\frac{1}{2}}$, 存在一个代数同构:

$$\mathcal{A}_v(\widetilde{X}, \widetilde{B}_{\mathbf{i}}, \Lambda_{\mathbf{i}}) \to \mathcal{O}(q^{\frac{1}{2}}) \otimes_{\mathcal{O}(q)} \mathcal{O}_q(G^{u,v}),$$

使得对任意 $k$, 有 $X_k \mapsto \Delta_{\gamma_k, \delta_k}$.

**证明概要**　这一结论在文献 [14] 中作为一个猜想被提出, Goodearl 和 Yaki-mov[88] 在 Cauchon-Goodearl-Letzter (CGL) 扩张 (又称量子幂零代数) 的框架下证明了该猜想并且进一步说明该量子丛代数结构和 (量子) 上丛代数一致.

粗略来说, 一个 CGL 扩张具有一个环面作用下的满足一定条件的迭代斜多项式代数 (iterated skew polynomial algebra) 结构, 详见文献 [88]. 利用 CGL 扩张中的齐次素元以及对称群 $S_n$ 的子集 $\Xi_n$, 可以构造出相应量子丛代数的一组丛, 其中 $\Xi_n$ 是由满足

$$\tau(k) = \max\{\tau(1), \cdots, \tau(k-1)\} + 1 \text{ 或 } \min\{\tau(1), \cdots, \tau(k-1)\} - 1, \quad \forall k \geqslant 2$$

的所有 $\tau \in S_n$ 组成.　　　　　　　　　　　　　　　　　　　　　　　　　□

为了研究重胞腔的丛代数结构, Berenstein, Fomin 和 Zelevinsky 在文献 [13] 中引入了矩阵 $\widetilde{B}(\mathbf{i})$, 利用 $\widetilde{B}(\mathbf{i})$ 的满秩性以及重 Bruhat 胞腔 $G^{u,v}$ 上的子式的性质, 他们证明了重 Bruhat 胞腔的坐标环 $\mathbb{C}[G^{u,v}]$ 具有以 $\widetilde{B}(\mathbf{i})$ 为扩张换位矩阵的上丛代数结构.

特别地, 当 $q = 1$ 时, $\mathcal{O}_q(G^{u,v})$ 上的量子丛代数结构退化成 $\mathbb{C}[G^{u,v}]$ 上的丛代数结构. 注意: 此时, 上丛代数 $\mathcal{U}$ 有更简单的描述, 即 $\mathcal{U} = \mathbb{ZP}[X^{\pm 1}] \cap \bigcap_{i=1}^{|\text{ex}|} \mathbb{ZP}[X_i^{\pm 1}]$, 其中 $X$ 为初始丛, $X_i = \mu_i(X)$ 为 $X$ 作一步变异.

# 第 13 章  丛范畴与丛代数的范畴化

丛代数的范畴化最早的起源是文献 [28], 利用无定向圈的箭图 $Q$, 作者定义了一个 2-Calabi-Yau 三角范畴 $\mathcal{C}_Q = D^b(Q)/(\tau[-1])$, 称为**丛范畴**. 文献 [28] 证明了丛代数 $\mathcal{A}(\Sigma(Q))$ 的丛和 $\mathcal{C}_Q$ 里的丛倾斜对象的一一对应. 在这种对应下, 所有的丛变量一一对应于不可分解刚性对象, 并且种子的变异可以解释成丛倾斜对象的变异, 所以称为**丛代数的 (加法) 范畴化**. 事实上, 这样的对应关系可以解释成组合上的箭图变异的范畴化.

本章用到的关于三角范畴和导出范畴的概念和性质等, 请参考文献 [92].

接下来, 我们始终假设 $K$ 是一个代数闭域, $\mathcal{C}$ 为一个 $K$-线性 Krull-Schmidt 范畴.

## 13.1  丛范畴与丛倾斜对象及其变异

回顾一个三角范畴 $\mathcal{C}$ 称为 **2-Calabi-Yau** 的, 如果对任意 $X, Y \in \mathcal{C}$, 有函子同构 $\mathrm{Ext}^1_{\mathcal{C}}(X, Y) \cong D\mathrm{Ext}^1_{\mathcal{C}}(Y, X)$.

我们首先给出一般的 2-Calabi-Yau 三角范畴中丛倾斜对象的定义.

**定义 13.1**　一个 2-Calabi-Yau 的三角范畴 $\mathcal{C}$ 中的对象 $T$ 被称为**丛倾斜对象** (cluster-tilting object), 如果下面条件成立:

(1) $T$ 是**基本的** (basic), 即 $T = \bigoplus_{i=1}^{n} T_i$, 其中 $T_i, i = 1, \cdots, n$ 均不可分解, 并且 $T_i \ncong T_j \; \forall i \neq j$;

(2) $T$ 是**刚性的** (rigid), 即 $\mathrm{Ext}^1(T, T) = 0$;

(3) $\mathrm{add}(T) = \mathrm{add}\{M | \mathrm{Ext}^1(M, T) = 0\}$.

**定义 13.2**　(1) 令 $\mathcal{X}$ 为 $\mathcal{C}$ 的一个加法子范畴, $E$ 为 $\mathcal{C}$ 的一个对象, $X \in \mathcal{X}$. 称一个态射 $X \xrightarrow{f} E$ 为**右 $\mathcal{X}$-逼近**, 如果 $\mathrm{Hom}_{\mathcal{C}}(\mathcal{X}, f) : \mathrm{Hom}_{\mathcal{C}}(\mathcal{X}, X) \to \mathrm{Hom}_{\mathcal{C}}(\mathcal{X}, E)$ 为满射.

(2) 进一步, 我们称一个右 $\mathcal{X}$-逼近 $f$ 为**极小右 $\mathcal{X}$-逼近**, 如果存在 $g : E \to E$ 使得 $gf = f$ 成立, 那么意味着 $g$ 是一个同构.

因为这里 $\mathcal{C}$ 为 Krull-Schmidt 范畴, 所以 (2) 中 $f$ 为极小右 $\mathcal{X}$-逼近等价于

(2′) $f$ 不含直和项 $X' \to 0, X' \neq 0$, 其中 $X' \in \mathcal{X}$.

同理, 我们可以定义**左 $\mathcal{X}$-逼近**以及**极小左 $\mathcal{X}$-逼近**.

**注 13.1**　特别地, 当 $\mathcal{X} = \mathrm{add}(X_1, \cdots, X_m)$ 为有限个对象生成时, 若 $\mathcal{C}$ 是 Hom-有限的, 我们知道对任意对象 $E$, 右 $\mathcal{X}$-逼近总是存在; 再根据 $\mathcal{C}$ 的 Krull-Schmidt 性, 极小右 $\mathcal{X}$-逼近总是存在的. 具体地, 对任意 $j = 1, \cdots, m$, 我们可以取 $\mathrm{Hom}_{\mathcal{C}}(X_j, E)$ 的一组 $K$-基 $f_{1j}, \cdots, f_{n_j j}$, 那么一个右 $\mathcal{X}$-逼近可以取成

$$\bigoplus_{j=1}^{m} X_j^{n_j} \xrightarrow{(\delta_1, \cdots, \delta_m)} E, \tag{13.1}$$

其中 $\delta_j = (f_{1j}, \cdots, f_{n_j j})$ 及 $X_j^{n_j} \xrightarrow{\delta_j} E$ 对于 $j = 1, \cdots, m$.

**命题 13.1**　若范畴 $\mathcal{C}$ 中对象 $E$ 的极小右逼近存在, 那么一定唯一, 即: 若 $X \xrightarrow{f} E$ 和 $X' \xrightarrow{f'} E$ 是 $E$ 的两个极小右 $\mathcal{X}$-逼近, 那么存在同构 $g: X \to X'$ 使得 $f = f'g$. 对极小左逼近同样结论成立.

**证明**　因为 $f, f'$ 是右 $\mathcal{X}$-逼近, 那么存在 $g: X \to X', g': X' \to X$ 使得 $f = f'g, f' = fg'$. 因此, $f = fg'g$. 再根据 $f$ 是右极小的, 有 $g'g$ 是一个同构, 同理 $gg'$ 是一个同构. 因此, $g: X \to X'$ 是一个同构. □

现在, 我们回顾 2-Calabi-Yau 三角范畴里丛倾斜对象的变异.

**定义 13.3**(丛倾斜对象的变异)　令 $T = T_1 \oplus \cdots \oplus T_n$ 为 $\mathcal{C}$ 中的一个丛倾斜对象. 对任意 $i \in [1, n]$, 设

$$T_i' \xrightarrow{g} T' \xrightarrow{f} T_i \to T_i'[1] \tag{13.2}$$

是 $\mathcal{C}$ 中的一个好三角, 并且其中 $f$ 是 $T_i$ 的一个极小右 $\mathrm{add}(\bigoplus_{j \neq i} T_j)$-逼近. 记 $\mu_i(T) = \bigoplus_{j \neq i} T_j \oplus T_i'$, 称 $\mu_i(T)$ 为 $T$ 在 $T_i$ 处的**变异**.

记 $\overline{T}_i := \bigoplus_{j \neq i} T_j$, 则 $\mu_i(T) = \overline{T}_i \oplus T_i'$.

**引理 13.1**[28]　对任意 $i \in [1, n]$, 我们有 $\mathrm{Ext}^1_{\mathcal{C}}(\overline{T}_i, T_i') = 0 = \mathrm{Ext}^1_{\mathcal{C}}(T_i', \overline{T}_i)$.

**证明**　将函子 $\mathrm{Hom}_{\mathcal{C}}(\overline{T}_i, -)$ 作用到好三角 $T_i' \to T' \xrightarrow{f} T_i \to T_i'[1]$ 上, 我们得到正合列

$$\mathrm{Hom}_{\mathcal{C}}(\overline{T}_i, T') \xrightarrow{\mathrm{Hom}_{\mathcal{C}}(\overline{T}_i, f)} \mathrm{Hom}_{\mathcal{C}}(\overline{T}_i, T_i) \longrightarrow \mathrm{Ext}^1_{\mathcal{C}}(\overline{T}_i, T_i') \longrightarrow \mathrm{Ext}^1_{\mathcal{C}}(\overline{T}_i, T').$$
$$\tag{13.3}$$

由于 $f$ 为极小右 $\mathrm{add}(\overline{T}_i)$-逼近, 故 $\mathrm{Hom}_{\mathcal{C}}(\overline{T}_i, f)$ 为满射. 由于 $T', \overline{T}_i \in \mathrm{add}(T)$, 并且 $T$ 为丛倾斜对象, 因此, $\mathrm{Ext}^1_{\mathcal{C}}(\overline{T}_i, T') = 0$. 从而, 我们有 $\mathrm{Ext}^1_{\mathcal{C}}(\overline{T}_i, T_i') = 0$. 根据 $\mathcal{C}$ 的 2-Calabi-Yau 性, 得到 $\mathrm{Ext}^1_{\mathcal{C}}(T_i', \overline{T}_i) = 0$. □

**引理 13.2**[28]　定义 13.3中的态射 $g: T_i' \to T'$ 是一个极小左 $\mathrm{add}(\overline{T}_i)$-逼近.

**证明** 将函子 $\mathrm{Hom}_{\mathcal{C}}(-, \overline{T}_i)$ 作用到好三角 $T_i' \xrightarrow{g} T' \to T_i \to T_i'[1]$ 上, 我们得到正合列

$$\mathrm{Hom}_{\mathcal{C}}(T', \overline{T}_i) \xrightarrow{\mathrm{Hom}_{\mathcal{C}}(g, \overline{T}_i)} \mathrm{Hom}_{\mathcal{C}}(T_i', \overline{T}_i) \longrightarrow \mathrm{Hom}_{\mathcal{C}}(T_i[-1], \overline{T}_i). \tag{13.4}$$

由于

$$\mathrm{Hom}_{\mathcal{C}}(T_i[-1], \overline{T}_i) \cong \mathrm{Ext}_{\mathcal{C}}^1(T_i, \overline{T}_i) = 0,$$

所以

$$\mathrm{Hom}_{\mathcal{C}}(g, \overline{T}_i) : \mathrm{Hom}_{\mathcal{C}}(T', \overline{T}_i) \longrightarrow \mathrm{Hom}_{\mathcal{C}}(T_i', \overline{T}_i) \tag{13.5}$$

是一个满射. 因此, $g : T_i' \to T'$ 是一个左 $\mathrm{add}(\overline{T}_i)$-逼近.

接下来, 我们证明 $g : T_i' \to T'$ 是一个极小左 $\mathrm{add}(\overline{T}_i)$-逼近. 如不然, 根据定义 13.2 中条件 (2′) 的对偶, $g$ 含有直和项 $0 \to T''$, 其中 $0 \neq T'' \in \mathrm{add}(\overline{T}_i)$. 从而 $f : T' \to T_i$ 含有直和项 $T'' \xrightarrow{\mathrm{Id}} T''$. 由于 $T_i$ 是不可分解的, 因此, $T_i \cong T'' \in \mathrm{add}(\overline{T}_i)$. 这与 $T_i \notin \mathrm{add}(\overline{T}_i)$ 矛盾. $\square$

**引理 13.3**[28] 对任意 $i \in [1, n]$, $T_i'$ 是不可分解的.

**证明** 假设 $T_i'$ 可分解为 $U \oplus V, (U, V \neq 0)$. 令 $f_1 : U \to T'', f_2 : V \to T'''$ 为极小左 $\mathrm{add}(\overline{T}_i)$-逼近. 将 $f_1, f_2$ 扩充成好三角

$$U \to T'' \to X \to U[1], \tag{13.6}$$

$$V \to T''' \to Y \to V[1]. \tag{13.7}$$

通过直和 $T_i' = U \oplus V, (U, V \neq 0)$, 对照 (13.2), 即有好三角:

$$T_i' \to T' \to T_i \to T_i'[1],$$

则由 $T_i' = U \oplus V, (U, V \neq 0)$ 及扩充好三角的唯一性, 可得 $T' \cong T'' \oplus T'''$ 以及 $T_i \cong X \oplus Y$. 根据 $T_i$ 不可分解, 从而 $X = 0$ 或 $Y = 0$. 如果 $X = 0$, 那么 $T'' \to 0$ 是 $f : T' \to T_i$ 的直和项, 与 $f$ 为极小右 $\mathrm{add}(\overline{T}_i)$-逼近矛盾. 同理 $Y = 0$ 也不可能. 因此, $T_i'$ 是不可分解的. $\square$

**引理 13.4**[28] 对任意 $i \in [1, n]$, $T_i' \notin \mathrm{add}(\overline{T}_i)$.

**证明** 假设 $T_i' \in \mathrm{add}(\overline{T}_i)$. 那么 $\mathrm{Id} : T_i' \to T_i'$ 总是一个极小左 $\mathrm{add}(\overline{T}_i)$-逼近. 根据引理 13.2, $g : T_i' \to T'$ 是一个极小左 $\mathrm{add}(\overline{T}_i)$-逼近. 因此, 根据极小左逼近的唯一性, $g : T_i' \to T'$ 为同构. 从而在好三角 (13.2) 中, 有 $T_i = 0$, 矛盾. $\square$

**引理 13.5**[28] 对任意 $i \in [1, n]$, 我们有 $\mathrm{Ext}_{\mathcal{C}}^1(T_i', T_i') = 0$.

**证明**  将函子 $\mathrm{Hom}_{\mathcal{C}}(-, T_i)$ 作用到好三角 $T_i' \xrightarrow{g} T' \xrightarrow{f} T_i \to T_i'[1]$ 上, 我们得到正合列

$$\mathrm{Hom}_{\mathcal{C}}(T', T_i) \xrightarrow{\mathrm{Hom}_{\mathcal{C}}(g, T_i)} \mathrm{Hom}_{\mathcal{C}}(T_i', T_i) \to \mathrm{Hom}_{\mathcal{C}}(T_i[-1], T_i). \tag{13.8}$$

由于

$$\mathrm{Hom}_{\mathcal{C}}(T_i[-1], T_i) \cong \mathrm{Ext}^1_{\mathcal{C}}(T_i, T_i) = 0,$$

因此, 映射

$$\mathrm{Hom}_{\mathcal{C}}(g, T_i) : \mathrm{Hom}_{\mathcal{C}}(T', T_i) \to \mathrm{Hom}_{\mathcal{C}}(T_i', T_i)$$

为满射.

将函子 $\mathrm{Hom}_{\mathcal{C}}(T_i', -)$ 作用到好三角 $T_i' \xrightarrow{g} T' \xrightarrow{f} T_i \to T_i'[1]$ 上, 我们得到正合列

$$\mathrm{Hom}_{\mathcal{C}}(T_i', T') \xrightarrow{\mathrm{Hom}_{\mathcal{C}}(T_i', f)} \mathrm{Hom}_{\mathcal{C}}(T_i', T_i) \to \mathrm{Ext}^1_{\mathcal{C}}(T_i', T_i') \to \mathrm{Ext}^1_{\mathcal{C}}(T_i', T'). \tag{13.9}$$

由于 $T' \in \mathrm{add}(\overline{T}_i)$, 根据引理 13.1 我们有 $\mathrm{Ext}^1_{\mathcal{C}}(T_i', T') = 0$. 因此为了证明 $\mathrm{Ext}^1_{\mathcal{C}}(T_i', T_i') = 0$, 我们只需要证明映射 $\mathrm{Hom}_{\mathcal{C}}(T_i', f) : \mathrm{Hom}_{\mathcal{C}}(T_i', T') \to \mathrm{Hom}_{\mathcal{C}}(T_i', T_i)$ 为满射.

接下来, 我们证明映射 $\mathrm{Hom}_{\mathcal{C}}(T_i', f) : \mathrm{Hom}_{\mathcal{C}}(T_i', T') \to \mathrm{Hom}_{\mathcal{C}}(T_i', T_i)$ 为满射. 对任意态射 $h : T_i' \to T_i$, 由于 $\mathrm{Hom}_{\mathcal{C}}(g, T_i) : \mathrm{Hom}\_\mathcal{C}(T', T_i) \to \mathrm{Hom}_{\mathcal{C}}(T_i', T_i)$ 为满射, 那么存在态射 $t : T' \to T_i$ 使得 $h = tg$. 由于 $f : T' \to T_i$ 为极小右 $\mathrm{add}(\overline{T}_i)$-逼近, 那么存在态射 $s : T' \to T'$ 使得 $t = fs$. 因此我们有

$$h = tg = fsg = \mathrm{Hom}_{\mathcal{C}}(T_i', f)(sg). \tag{13.10}$$

故 $\mathrm{Hom}_{\mathcal{C}}(T_i', f)$ 是满射, 从而引理得证.                                                □

根据引理 13.1 以及引理 13.5 知, $\mu_i(T)$ 是一个刚性对象. 进一步, 我们有 $\mu_i(T)$ 是一个丛倾斜对象.

**定理 13.1** [109]  $\mu_i(T)$ 是 $\mathcal{C}$ 的一个丛倾斜对象, 而且 $\mu_i$ 是一个对合.

**注 13.2**  该结论证明需要引入三角范畴的约化 (reduction), 已经超出本书讨论的范畴. 详细证明请参考 [109, Theorem 5.1, Theorem 5.3].

范畴 $\mathcal{C}$ 中任意一个丛倾斜对象 $T$ 的自同态代数 $\mathrm{End}_{\mathcal{C}} T$ 称为**丛倾斜代数**. 记 $Q(T)$ 为 $\mathrm{End}_{\mathcal{C}} T$ 的 Gabriel 箭图 (简称为$T$ 的 **Gabriel 箭图**).

**定理 13.2** [25, Theorem II.1.6]  令 $T = T_1 \oplus \cdots \oplus T_n$ 为 2-Calabi-Yau 的三角范畴 $\mathcal{C}$ 中的一个丛倾斜对象. 对任意 $i \in [1, n]$, 假设我们有 $Q(T), Q(\mu_i(T))$ 中不含长度 $\leqslant 2$ 的定向圈, 那么

$$\mu_i(Q(T)) = Q(\mu_i(T)). \tag{13.11}$$

**证明** 根据定理 13.1 以及丛倾斜对象的变异, 我们有好三角

$$T_i' \xrightarrow{g} T' \xrightarrow{f} T_i \to T_i'[1]; \quad T_i \to T'' \to T_i' \to T_i[1].$$

记 $T' = \bigoplus_{j \neq i} T_j^{a_j}, T'' = \bigoplus_{j \neq i} T_j^{b_j}$.

记 $n_j$ 为 $Q(T)$ 中 $j$ 到 $i$ 中箭向个数. 令 $\pi_i : T \to T_i$ 为典范投射, $\iota_i : T_i \to T$ 为自然嵌入. 则 $\{\iota_1\pi_1, \cdots, \iota_n\pi_n\}$ 为 $\mathrm{End}(T)$ 的一组本原正交幂等元. 因此, $P_i = \mathrm{Hom}(T, T_i) \cong \iota_i\pi_i\mathrm{End}(T)$ 为不可分解投射右 $\mathrm{End}(T)$-模. 而对任意 $i, j$,

$$\mathrm{Hom}_{\mathrm{End}(T)}(P_i, P_j) \cong \iota_j\pi_j\mathrm{End}(T)\iota_i\pi_i \cong \mathrm{Hom}(T_i, T_j),$$

从而函子

$$F : \mathrm{add}T \to \mathrm{proj}(\mathrm{End}(T)) = \mathrm{add}(\oplus P_i), \quad T_i \mapsto P_i$$

构成一个范畴等价, 其中 $\mathrm{proj}(\mathrm{End}(T))$ 表示 $\mathrm{End}(T)$ 的所有投射右模构成的范畴, 不难证明 $\bigoplus_{j \neq i} P_j^{n_j} \to P_i$ 是一个极小右 $\mathrm{add}(\bigoplus_{j \neq i} P_j)$-逼近, 因此由范畴等价 $F$ 可以导出一个极小右 $\mathrm{add}(\bigoplus_{j \neq i} T_j)$-逼近 $\bigoplus_{j \neq i} T_j^{n_j} \to T_i$. 再根据极小右逼近的唯一性 (命题 13.1), 我们得到 $T' \cong \bigoplus_{j \neq i} T_j^{n_j}$. 从而 $a_j = n_j$ 为 $Q(T)$ 中 $j$ 到 $i$ 的箭向个数.

记 $m_j$ 为 $Q(\mu_i(T))$ 中 $i$ 到 $j$ 中箭向个数. 类似可证, $T_i' \to \bigoplus_{j \neq i} T_j^{m_j}$ 是一个极小左 $\mathrm{add}(\bigoplus_{j \neq i} T_j)$-逼近. 同理由极小左逼近的唯一性, 得到 $T' \cong \bigoplus_{j \neq i} T_j^{m_j}$. 从而 $a_j = m_j$ 为 $Q(\mu_i(T))$ 中 $i$ 到 $j$ 的箭向个数.

因此 $Q(T)$ 中 $j$ 到 $i$ 的箭向个数与 $Q(\mu_i(T))$ 中 $i$ 到 $j$ 的箭向个数相等. 同理, $Q(T)$ 中 $i$ 到 $j$ 的箭向个数与 $Q(\mu_i(T))$ 中 $j$ 到 $i$ 的箭向个数相等. 即 $Q(\mu_i(T))$ 相当于将 $Q(T)$ 中与 $i$ 相连的箭向都反向.

接下来, 我们考虑 $Q(T)$ 中存在长度为 2 的道路 $j \to i \to k$ 的情形, 由于 $Q(T)$ 不含长度为 2 的定向圈, 那么不存在 $k \to i$ 的箭向. 考虑在 $T_k$ 处作变异得到的好三角

$$T_k' \to B' \to T_k \to T_k'[1], \quad T_k \to B'' \to T_k' \to T_k[1].$$

因此, $T_i$ 是 $B'$ 的直和项但不是 $B''$ 的直和项, 记 $B' = D \oplus T_i^m$, 其中 $m > 0$ 且 $T_i$ 不是 $D$ 的直和项. 由好三角 $T_k' \to B' \to T_k \to T_k'[1]$ 以及由投影 $B' = D \oplus T_i^m \to T_i^m$ 与 $T_i^m \to (T_i')^m[1]$ 的复合映射 $B' \to (T_i')^m[1]$, 根据三角范畴八面体公理, 有如图 13.1 上方的交换图, 其中所有的行和列均为好三角. 同理, 存在图 13.1 下方的交换图.

由于 $T_i$ 不是 $B''$ 的直和项, 我们有 $\mathrm{Hom}(B'', (T_i')^m[1]) = 0$, 因此

$$Y = B'' \oplus (T_i')^m.$$

考虑好三角 $X \to D \oplus (T')^m \xrightarrow{a} T_k \to X[1]$. 令 $T^* = (\bigoplus_{t \neq i,k} T_t) \oplus T'_i$, 接下来证明 $D \oplus (T')^m \in \mathrm{add}(T^*)$. 我们只用证明 $T_i, T_k$ 不是 $D$ 和 $T'$ 的直和项. 根据构造可知 $T_i$ 不是 $T'$ 的直和项, 且 $T_i$ 不是 $D$ 的直和项. 由于 $B' = D \oplus T_i^m$ 且 $T_k$ 不是 $B'$ 的直和项, 故不是 $D$ 的直和项. 由于不存在从 $k$ 到 $i$ 的箭向, 故 $T_k$ 不是 $T'$ 的直和项.

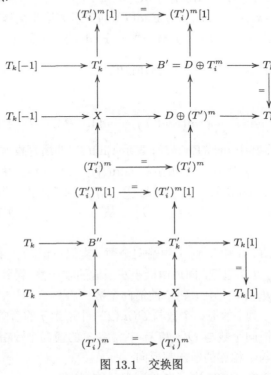

图 13.1　交换图

下面我们证明 $a : D \oplus (T')^m \to T_k$ 是一个右 $\mathrm{add}(T^*)$-逼近. 对任意 $t \neq i, k$, 利用图 13.1 下方交换图的第二列好三角, 我们有 $0 = \mathrm{Hom}(T_t, (T'_i)^m[1]) \to \mathrm{Hom}(T_t, X[1]) \to \mathrm{Hom}(T_t, T'_k[1]) = 0$ 正合, 从而 $\mathrm{Hom}(T_t, X[1]) = 0$. 再利用好三角

$$D \oplus (T')^m \xrightarrow{a} T_k \to X[1] \to (D \oplus (T')^m)[1],$$

我们得到正合列

$$\mathrm{Hom}(T_t, D \oplus (T')^m) \xrightarrow{\mathrm{Hom}(T_t, a)} \mathrm{Hom}(T_t, T_k) \to \mathrm{Hom}(T_t, X[1]) = 0.$$

因此 $\mathrm{Hom}(T', D \oplus (T')^m) \xrightarrow{\mathrm{Hom}(T', a)} \mathrm{Hom}(T', T_k)$ 是满射. 由于 $g : T'_i \to T'$ 是一个极小左 $\mathrm{add}(\overline{T}_i)$-逼近, 对任意 $u : T'_i \to T_k$, 存在 $v : T' \to T_k$ 使得 $u = vg$. 由于 $\mathrm{Hom}(T', D \oplus (T')^m) \xrightarrow{\mathrm{Hom}(T', a)} \mathrm{Hom}(T', T_k)$ 是满射, 存在 $w : T' \to D \oplus (T')^m$ 使

得 $v = aw$. 故 $u = awg$, 从而

$$\mathrm{Hom}(T_i', D \oplus (T')^m) \xrightarrow{\mathrm{Hom}(T_i', a)} \mathrm{Hom}(T_i', T_k)$$

是一个满射. 因此, $a : D \oplus (T')^m \to T_k$ 是一个右 $\mathrm{add}(T^*)$-逼近.

现在考虑好三角 $T_k \to Y = B'' \oplus (T_i')^m \xrightarrow{b} X \to T_k[1]$. 由于 $T_i, T_k$ 不是 $B''$ 的直和项, 故 $Y \in \mathrm{add}(T^*)$. 由于 $\mathrm{Hom}(T^*, T_k[1]) = 0$, 我们有满射

$$\mathrm{Hom}(T^*, b) : \mathrm{Hom}(T^*, Y) \to \mathrm{Hom}(T^*, X).$$

从而 $b$ 是一个右 $\mathrm{add}(T^*)$-逼近.

综上讨论, $Q(\mu_i(T))$ 中 $j$ 到 $k$ 的箭向个数等于

$$s = \alpha_{D \oplus (T')^m}(T_j) - \alpha_{B'' \oplus (T_i')^m}(T_j),$$

其中, 对某个对象 $X$, $\alpha_X(T_j)$ 表示 $T_j$ 作为 $X$ 的直和项的重数. 因此,

$$s = \alpha_D(T_j) + m\alpha_{T'}(T_j) - \alpha_{B''}(T_j) = \alpha_{B'}(T_j) - \alpha_{B''}(T_j) + m\alpha_{T'}(T_j).$$

即: $s$ 等于 $Q$ 中 $j$ 到 $k$ 中箭向个数减去 $k$ 到 $j$ 的箭向个数, 再加上 $j$ 到 $i$ 中箭向个数与 $i$ 到 $k$ 中箭向个数的乘积. 根据箭图变异的公式 (命题 3.2), 这与 $\mu_i(Q(T))$ 中 $j$ 到 $k$ 的箭向个数相同.

最后容易看见, 对 $T$ 作变异 $\mu_i$ 前后的其他的箭向都不变.

综上可见, 对 $T$ 作变异 $\mu_i$ 产生的对象的 Gabriel 箭图, 与 $T$ 的 Gabriel 箭图在 $i$ 处的变异是一致的. 从而 (13.11) 成立. $\qquad\square$

公式 (13.11) 体现了丛倾斜对象与它的 Gabriel 箭图 (此箭图必为丛箭图, 从而亦即对应换位矩阵) 之间的变异相容性, 所以这个结论相当于给出了换位矩阵的范畴化.

作为这部分的总结, 我们可以给出丛结构和丛范畴的概念.

**定义 13.4**[25] 对一个 Hom-有限性、Krull-Schmidt 性的 2-Calabi-Yau 三角范畴 $\mathcal{C}$, 如果

(1) $\mathcal{C}$ 中至少有一个丛倾斜对象;

(2) 对任意的丛倾斜对象 $T$, Gabriel 箭图 $Q(T)$ 总不含长度 $\leqslant 2$ 的定向圈, 即 $Q(T)$ 是一个丛箭图,

那么, 称范畴 $\mathcal{C}$ 具有由丛倾斜对象决定的一个**丛结构**, 并称 $\mathcal{C}$ 是一个**丛范畴**.

## 13.2 三类常用丛范畴

本节中, 我们将给出丛范畴的三种常见的构造, 并给出它们之间的关系.

### 13.2.1　轨道范畴

令 $Q$ 是一个有限的无圈箭图. 记 $Q$ 的顶点集为 $[1, n]$. 令 $K$ 为一个代数闭域. 记 $\mathcal{D}_Q = \mathcal{D}^b(\text{mod}\,(KQ))$ 为路代数 $KQ$ 的有界导出范畴. 范畴 $\mathcal{D}_Q$ 上的所有不可分解对象均形如 $M[j]$, $j \in \mathbb{Z}$, 其中 $M$ 为不可分解的 $KQ$-模. 注意到, 范畴 $\mathcal{D}_Q$ 上具有 Auslander-Reiten 三角以及 Auslander-Reiten 变换 $\tau : \mathcal{D}_Q \to \mathcal{D}_Q$ (分别简称 AR 三角和 AR 变换, 相关概念可参考文献 [9]). 特别地, 对任意不可分解对象 $M[j]$, 我们有

$$\tau(M[j]) = \begin{cases} \tau_Q(M)[j], & \text{若 } M \text{ 不是投射模}, \\ I_i[j-1], & \text{若 } M = P_i, i \in Q_o, \end{cases}$$

其中 $\tau_Q$ 为 mod $(KQ)$ 上的 Auslander-Reiten 变换, $P_i$ 和 $I_i$ 分别为顶点 $i$ 对应的不可分解投射模和内射模.

对任意 $X, Y \in \mathcal{D}_Q$, 我们有自然同构[28]

$$D\text{Ext}^1_{\mathcal{D}_Q}(X, Y) \cong \text{Hom}_{\mathcal{D}_Q}(Y, \tau X), \tag{13.12}$$

因此, 范畴 $\mathcal{D}_Q$ 上具有 Serre-函子 $\tau[1]$, 即有自然同构

$$\text{Hom}_{\mathcal{D}_Q}(X, Y) \cong D\text{Hom}_{\mathcal{D}_Q}(Y, \tau[1]X).$$

**定义 13.5**　令 $Q$ 为一个有限的无圈箭图. 由 $Q$ 得到的范畴 $\mathcal{C}_Q$ 定义为**轨道范畴** $\mathcal{D}_Q/\tau^{-1}[1]$, 具体来说,

(1) $\mathcal{C}_Q$ 中的对象和 $\mathcal{D}_Q$ 的对象一致;

(2) 对任意 $X, Y \in \mathcal{C}_Q$,

$$\text{Hom}_{\mathcal{C}_Q}(X, Y) = \bigoplus_{j \in \mathbb{Z}} \text{Hom}_{\mathcal{D}_Q}(X, \tau^{-j}Y[j]); \tag{13.13}$$

(3) 对任意 $f : X \to \tau^{-i}Y[i]$, $g : Y \to \tau^{-j}Z[j]$, $g$ 与 $f$ 的复合定义为

$$g \circ_{\mathcal{C}_Q} f = \tau^{-i}g[i] \circ f.$$

根据文献 [112], 我们知道 $\mathcal{C}_Q$ 是一个 2-Calabi-Yau 三角范畴.

**命题 13.2** [28,112]　对任一有限的无圈箭图 $Q$, $\mathcal{C}_Q$ 是一个 2-Calabi-Yau 三角范畴, 即: 对任意 $X, Y \in \mathcal{C}_Q$, 有自然同构 $\text{Ext}^1_{\mathcal{C}_Q}(X, Y) \cong D\text{Ext}^1_{\mathcal{C}_Q}(Y, X)$.

**证明**　根据文献 [112], $\mathcal{C}_Q$ 是一个三角范畴. 由于范畴 $\mathcal{D}_Q$ 上有自然同构 $\text{Hom}_{\mathcal{D}_Q}(X, Y) \cong D\text{Hom}_{\mathcal{D}_Q}(Y, \tau[1]X)$, 由轨道范畴的定义, 在范畴 $\mathcal{C}_Q$ 中我们有 $[1] \cong \tau$. 从而, 由 (13.12) 和 (13.13), 我们得到

$$\text{Ext}^1_{\mathcal{C}_Q}(X, Y) \cong D\text{Ext}^1_{\mathcal{C}_Q}(Y, X). \qquad \square$$

**注 13.3**　由文献 [27, 28], 我们知道轨道范畴 $\mathcal{C}_Q$ 满足定义 13.4 的条件, 即具有如下性质:

(1) $\mathcal{C}_Q$ 是一个 $K$-线性的 Krull-Schmidt 的 2-Calabi-Yau 三角范畴;

(2) $\mathcal{C}_Q$ 具有一个丛倾斜对象 $\bigoplus_{i=1}^{n} P_i[1]$, 其中 $P_i$ 为顶点 $i$ 对应的不可分解投射模;

(3) 对于任意 $\mathcal{C}_Q$ 的丛倾斜对象 $T$, 我们总有 $Q(T)$ 不含长度 $\leqslant 2$ 的定向圈.

因此, 我们称 $\mathcal{C}_Q$ 是**由无圈箭图 $Q$ 决定的丛范畴**. 由于 $Q$ 可以决定一个斜对称丛代数 $\mathcal{A}_Q$, 我们把 $\mathcal{C}_Q$ 看作与丛代数 $\mathcal{A}_Q$ 对应的丛范畴. 在很多文献中, 提到丛范畴常常就特指这个轨道范畴 $\mathcal{C}_Q$. $\mathcal{A}_Q$ 与 $\mathcal{C}_Q$ 的关系将在后面加法范畴化中更明确.

### 13.2.2　广义丛范畴

更一般的丛范畴的定义方式由 Amiot[4] 利用带势箭图给出.

令 $Q$ 为任意一个有限箭图, 记 $\widehat{KQ}$ 为 $KQ$ 的完备路代数, 即作为一个向量空间 $\widehat{KQ}$ 包含了所有 $Q$ 中道路的 (无限) 线性组合. 对于任意箭向 $\alpha \in Q_1$, 我们定义关于 $\alpha$ 的**循环导子** $\partial_\alpha$ 为如下的线性映射

$$\partial_\alpha : \widehat{KQ}/[\widehat{KQ}, \widehat{KQ}] \to \widehat{KQ},$$

其中对于 $Q$ 中任意的定向圈 $p$, 定义 $\partial_\alpha(p) = \sum_{p=u\alpha v} vu$, 这里求和指标取遍所有可能的分解 $p = u\alpha v$.

令 $a_1 a_2 \cdots a_s$ 为 $Q$ 中一个定向圈, 对任意 $i \in \{1, \cdots, s\}$, 称 $a_i a_{i+1} \cdots a_s a_1 \cdots a_{i-1}$ 和 $a_1 a_2 \cdots a_s$ 是**循环等价**的. 一个**势** (potential) $w$ 为 $\widehat{KQ}/[\widehat{KQ}, \widehat{KQ}]$ 中的一个元素, 即在循环等价的意义下 $w$ 为 $Q$ 中循环道路的线性组合 (可能无限). 此时, 我们将 $(Q, w)$ 称为**带势箭图**.

**注 13.4**　为了研究斜对称丛代数及其上的变异, Derksen, Weyman 和 Zelevinsky[52] 引入了带势的箭图、带势箭图的表示及变异. 基于此, 在文献 [53] 中, Derksen, Weyman 和 Zelevinsky 证明了定理 6.1、定理 6.4、推论 6.5 以及推论 6.6 对所有斜对称丛代数都成立. 这些结论对可斜对称化情形的证明是在文献 [91] 中用新的方法给出的.

给定一个带势箭图 $(Q, w)$, 它的 **Jacobian-代数**定义为

$$J(Q, w) = \widehat{KQ}/\langle \partial_\alpha w, \alpha \in Q_1 \rangle.$$

我们称 $(Q, w)$ 为**Jacobian-有限**的, 如果 $J(Q, w)$ 是一个有限维的 $K$-代数.

给定一个带势箭图 $(Q, w)$, 我们可以通过如下方式定义一个**微分分次代数** $\Gamma(Q, w)$:

(1) 令 $\widetilde{Q}$ 为如下通过 $Q$ 得到的箭图: 对于任意 $Q$ 中箭向 $\alpha: i \to j$, 添加一个箭向 $\alpha^*: j \to i$, 对任意 $Q$ 中的顶点 $i$, 添加一个以 $i$ 为顶点的定向圈 $t_i: i \to i$.

(2) $\Gamma(Q, w)$ 定义为路代数 $K\widetilde{Q}$ 的完备路代数 $\widehat{K\widetilde{Q}}$.

(3) 对任意 $\alpha \in Q_1$, 令 $\alpha$ 的次数为 0, $\alpha^*$ 的次数为 $-1$; 对任意顶点 $i$, $t_i$ 的次数为 $-2$, 则给出了 $\Gamma(Q, w) = \widehat{K\widetilde{Q}}$ 的一个分次结构.

(4) $\Gamma(Q, w)$ 上的微分结构 $d$ 定义如下:

(i) 对任意 $\alpha \in Q_1$, 令 $d(\alpha) = 0$ 及 $d(\alpha^*) = \partial_\alpha(w)$;

(ii) 对任意顶点 $i$, 令 $d(t_i) = e_i(\sum_{\alpha \in Q_1}[\alpha, \alpha^*])e_i$, 其中 $e_i$ 为顶点 $i$ 对应的幂等元.

综上, 则 $\Gamma(Q, w)$ 是一个微分分次代数, 通常称为 **Ginzburg dg-代数**.

易见, $\Gamma(Q, w)$ 的 0 阶上同调恰为 $(Q, w)$ 的 Jacobian-代数, 即

$$H^0(\Gamma(Q, w)) \cong J(Q, w).$$

记 $\Gamma = \Gamma(Q, w)$, 令 $\mathcal{D}(\Gamma)$ 为微分分次代数 $\Gamma$ 的导出范畴. 令 $\mathrm{Per}(\Gamma) = \mathrm{thick}(\Gamma)$: 即 $\mathrm{Per}(\Gamma)$ 为 $\mathcal{D}(\Gamma)$ 的包含 $\Gamma$ 的最小子三角范畴. 令 $\mathcal{D}^b(\Gamma)$ 为 $\mathcal{D}(\Gamma)$ 的包含所有有限同调维数的微分分次 $\Gamma$-模的子范畴. 由带势箭图 $(Q, w)$ 得到的 **(广义) 丛范畴** 定义为

$$\mathcal{C}_{(Q,w)} := \mathrm{Per}(\Gamma)/\mathcal{D}^b(\Gamma).$$

**定理 13.3** [4]   如果 $(Q, w)$ 为一个 Jacobian-有限的带势箭图, 那么 $\mathcal{C}_{(Q,w)}$ 是一个 Hom-有限的 2-Calabi-Yau 三角范畴.

**证明概要**   (1) 先证明下面的一般性事实: 设 $\mathcal{T}$ 为一个具有 Serre-函子 $\nu$ 的三角范畴, $\mathcal{N}$ 为其一个子范畴满足 $\nu(\mathcal{N}) \subset \mathcal{N}$, 在 "一定条件" 下, 商范畴 $\mathcal{T}/\mathcal{N}$ 是一个具有 Serre-函子 $\nu[-1]$ 的范畴.

(2) 再证明 $\mathrm{Per}(\Gamma)$ 是一个 3-Calabi-Yau 三角范畴, 并且子范畴 $D^b(\Gamma)$ 满足 (1) 中的条件. 从而由 (1), $\mathcal{C}_{(Q,w)} = \mathrm{Per}(\Gamma)/\mathcal{D}^b(\Gamma)$ 具有 Serre-函子[2], 进一步地, 是一个 2-Calabi-Yau 三角范畴.

(3) 记 $\mathcal{D}_{\leqslant 0}$ 是 $\mathcal{D}(\Gamma)$ 的包含所有满足 $H^p X = 0, p > 0$ 的微分分次模 $X$ 的子范畴, $\mathcal{D}_{\leqslant -2}$ 是 $\mathcal{D}(\Gamma)$ 的包含所有满足 $H^p X = 0, p > -2$ 的微分分次模 $X$ 的子范畴,

$$^{\perp}\mathcal{D}_{\leqslant -2} = \{X \in \mathcal{D}(\Gamma) | \mathrm{Hom}(X, \mathcal{D}_{\leqslant -2}) = 0\}.$$

则可以证明商函子 $\mathrm{Per}(\Gamma) \to \mathcal{C}_{(Q,w)}$ 诱导了子范畴 $\mathcal{F} := \mathcal{D}_{\leqslant 0} \cap^{\perp} \mathcal{D}_{\leqslant -2} \cap \mathrm{Per}(\Gamma)$ 到 $\mathcal{C}_{(Q,w)}$ 的三角等价.

(4) 说明范畴 $\mathrm{Per}(\Gamma)$ 是 Hom-有限的, 从而 $\mathcal{F}$ 是 Hom-有限的. 从而由 (3) 的结论, 知 $\mathcal{C}_{(Q,w)}$ 是 Hom-有限的.　　　　　　　　　　　　　　　□

**注 13.5**　当 $Q$ 为一个无圈的箭图时, 我们有 $w = 0$, 因此这时有 $\mathcal{C}_{(Q,w)} \cong \mathcal{C}_Q$, 即轨道范畴 $\mathcal{C}_Q$ 是 $\mathcal{C}_{(Q,w)}$ 在 $w = 0$ 时的特例.

在定理 13.3 结论下, 我们进一步考虑 $\mathcal{C}_{(Q,w)}$ 作为丛范畴的条件. 由文献 [4] 知道, $\mathcal{C}_{(Q,w)}$ 有丛倾斜对象 $\Gamma = \Gamma(Q, w)$. 但是, 至今我们只由文献 [4,5] 知道, 当 $w$ 是非退化的 (即 $(Q, w)$ 作任意步变异都不会产生长度 $\leqslant 2$ 的定向圈) 时候, $\mathcal{C}_{(Q,w)}$ 中所有通过 $\Gamma$ 变异得到的丛倾斜对象的 Gabriel 箭图没有长度 $\leqslant 2$ 的定向圈, 对一般情况未知定论. 由于在一般情况下, $\mathcal{C}_{(Q,w)}$ 仍旧具有丛范畴的一些重要的性质, 并且丛范畴 $\mathcal{C}_Q$ 是 $\mathcal{C}_{(Q,w)}$ 的特例, 所以通常 $\mathcal{C}_{(Q,w)}$ 称为**广义丛范畴**.

### 13.2.3　Frobenius 2-Calabi-Yau 范畴

令 $Q$ 为一个无圈的箭图, $\Lambda(Q)$ 为 $Q$ 对应的**预投射代数**, 具体地, 令 $\overline{Q}$ 为 $Q$ 的双箭图, 具体构造如下: 在 $Q$ 的基础上, 若在 $Q$ 中有一个箭向 $\alpha : i \to j$, 则添加一个箭向 $\alpha^* : j \to i$. 则 $\Lambda(Q) = K\overline{Q}/(\sum_{\alpha \in Q_1}[\alpha, \alpha*])$, 其中 $[\alpha, \alpha^*] = \alpha\alpha^* - \alpha^*\alpha$. 注意到 $\Lambda(Q)$ 只有在 $Q$ 为 Dynkin 型时才为有限维代数. 我们可以将 $KQ$ 看作 $\Lambda(Q)$ 的一个子代数, 因此我们有如下自然的函子

$$\pi : \mathrm{mod}(\Lambda(Q)) \to \mathrm{mod}(KQ),$$

其中, $\mathrm{mod}(KQ)$ 和 $\mathrm{mod}(\Lambda(Q))$ 分别表示 $KQ$ 与 $\Lambda(Q)$ 的有限维模范畴.

令 $Q$ 为一个有限的无圈箭图, 回顾到 $\mathrm{mod}(KQ)$ 的一个对象 $M$ 称为一个**终端模** (terminal module) (见文献 [82]), 如果如下条件成立:

(i) $M$ 为预内射模, 即 $M$ 的任意一个不可分解直和项 $M_j$, 总存在不可分解内射模 $I$ 以及非负整数 $i$ 使得 $M_j \cong \tau^i(I)$;

(ii) 如果 $X$ 为一个不可分解 $KQ$-模且满足 $\mathrm{Hom}(M, X) \neq 0$, 则 $X \in \mathrm{add}(M)$, 其中 $\mathrm{add}(M)$ 为由 $M$ 的所有不可分解直和项生成的加法子范畴;

(iii) 对于任意不可分解 $KQ$-内射模 $I$, 有 $I \in \mathrm{add}(M)$.

如果 $M$ 为 $kQ$ 的一个终端模, 对任意 $i \in Q_0$ 及 $i$ 点上的内射模 $I_i$, 定义

$$t_i(M) := \max\{j \geqslant 0 \mid \tau^j(I_i) \in \mathrm{add}(M) \setminus \{0\}\}.$$

由文献 [82] 知, 当 $Q$ 不是 $A$-型箭图, 则 $M = (\bigoplus_{i \in Q_0} I_i) \oplus (\bigoplus_{i \in Q_0} \tau(I_i))$ 是一个终端的 $KQ$-模, 并且对任意 $i \in Q_0$, 有 $t_i(M) = 1$.

我们称正合范畴 $\mathcal{A}$ 有**足够投射对象**, 如果对任意 $X \in \mathcal{A}$, 存在 $\mathcal{A}$ 中的一个正合列 $0 \to Y \to P \to X \to 0$ 使得 $P$ 是投射对象. 对偶地, **足够内射对象**可类似

定义. 一个正合范畴 $\mathcal{A}$ 称为 **Frobenius** 范畴, 如果它有足够投射/内射对象且投射对象和内射对象一致, 见文献 [92].

记 $Q$ 是一个具有 $n$ 个顶点的有限无圈箭图, 设 $M$ 为 $KQ$ 的一个终端模. 令

$$\mathcal{C}_M := \pi^{-1}(\mathrm{add}(M)).$$

则我们有如下的定理:

**定理 13.4** [82, Theorem 2.1, Lemma 5.5, Lemma 5.6]　　令 $Q$ 是一个有 $n$ 个顶点的有限无圈箭图, $M$ 是一个 $KQ$ 的终端模, 则

(1) $\mathcal{C}_M$ 是 Hom-有限的 Frobenius 范畴.

(2) $\mathcal{C}_M$ 是 2-Calabi-Yau 范畴. 这时, $\mathcal{C}_M$ 的稳定范畴 $\underline{\mathcal{C}_M} := \mathcal{C}_M/\mathrm{proj}$ 也是一个 2-Calabi-Yau 三角范畴.

(3) $\mathcal{C}_M$ 关于扩张封闭, 即对任意 $\mathrm{mod}(\Lambda(Q))$ 中的正合列 $0 \to X \to Y \to Z \to 0$, 如果 $X, Z \in \mathcal{C}_M$, 那么 $Y \in \mathcal{C}_M$.

(4) $\mathcal{C}_M$ 关于商封闭, 即对任意 $\mathrm{mod}(\Lambda(Q))$ 中的正合列 $Y \to Z \to 0$, 如果 $Y \in \mathcal{C}_M$, 那么 $Z \in \mathcal{C}_M$.

**证明概要**　　记 $I_1, \cdots, I_n$ 为 $KQ$ 的不可分解内射模, 对自然数 $a \leqslant b$, 记

$$I_{i,[a,b]} = \bigoplus_{j=a}^{b} \tau^j(I_i),$$

$$e_{i,[a,b]} : I_{i,[a,b]} \to \tau(I_{i,[a,b]}), \quad 使得 (r_a, r_{a+1}, \cdots, r_b) \mapsto (r_{a+1}, \cdots, r_b, 0),$$

根据文献 [163], $(I_{i,[a,b]}, e_{i,[a,b]})$ 可以看作一个 $\Lambda(Q)$-模. 对一个终端模 $M$, 令

$$I_M := \bigoplus_{i=1}^{n} (I_{i,[0,t_i(M)]}, e_{i,[0,t_i(M)]}).$$

Geiss, Leclerc, Schröer 在文献 [82] 中证明了 $\mathcal{C}_M$ 中有足够投射对象和内射对象, 并且投射对象构成的子范畴和内射对象构成的子范畴都等于 $\mathrm{add}(I_M)$, 从而 $\mathcal{C}_M$ 是一个 Frobenius 范畴.

由于 $\mathcal{C}_M \subseteq \mathrm{mod}\Lambda(Q)$ 是有限维 $\Lambda(Q)$-模范畴的子范畴, 从而 $\mathcal{C}_M$ 是 Hom-有限的.

$\mathcal{C}_M$ 是一个 2-Calabi-Yau 的由下面性质可得: 对任意 $X, Y \in \mathrm{mod}(\Lambda(Q))$, 我们有

$$\mathrm{Ext}^1_{\Lambda(Q)}(X, Y) \cong D\mathrm{Ext}^1_{\Lambda(Q)}(Y, X).$$

$\mathcal{C}_M$ 关于扩张封闭、关于商封闭均可通过定义直接证明. 　　　　　　□

我们知道, $\mathcal{C}_M$ 只是一个正合范畴, 所以通常没有丛范畴结构, 但其稳定范畴 $\underline{\mathcal{C}_M}$ 是三角范畴并且具有丛结构, 进一步有

**注 13.6** [82] 范畴 $\underline{\mathcal{C}_M}$ 是一个丛范畴, 包含 $T = \bigoplus_{i \in Q_0} \tau^{t_i} \underline{I_i}$ 作为一个丛倾斜对象, 其中每个 $\underline{I_i}$ 为 $\underline{\mathcal{C}_M}$ 中对应于内射模 $I_i$ 的对象, $t_i$ 为最大的正整数使得 $\tau^{t_i} I_i \in \text{add}(M)$.

特别地, 当无圈箭图 $Q$ 不是线性定向 (linear oriented) 的 $A$-型箭图时, 令 $M = (\bigoplus_{i \in Q_0} I_i) \oplus (\bigoplus_{i \in Q_0} \tau(I_i))$, 则 $\underline{\mathcal{C}_M} \cong \mathcal{C}_Q$.

**注 13.7** (1) 在文献 [103] 中, 为了研究更广的一类丛代数——完全符号斜对称丛代数, 我们将上述定理推广到了强几乎有限箭图的情形.

(2) 利用 Frobenius 范畴的特点在于, 其可以范畴化带系数的丛代数. 具体地, 它的不可分解投射-内射对象可以作为冰冻变量的范畴化, 见文献 [77].

## 13.3 丛代数的范畴化及其应用

### 13.3.1 丛特征

真正将丛范畴和丛代数在代数运算层面上建立联系的是文献 [30], 该文建立了范畴 $\mathcal{C}_Q$ 上的 CC 公式, 这是丛代数范畴化的一个关键发展. 粗略地说, CC 公式给出了丛范畴里不可分解刚性对象对应的丛变量的具体表达形式. 通过 CC 公式可以将丛范畴对应的丛代数的代数结构完全还原出来.

本小节中我们主要先回顾一下丛范畴上的丛特征理论.

**定义 13.6** [153,155] 假设 $R$ 是一个交换代数, $\mathcal{C}$ 是一个 Krull-Schmidt 的 Hom-有限的 2-Calabi-Yau 三角范畴. 值在 $R$ 中的 $\mathcal{C}$ 的**丛特征**是一个映射

$$\zeta : \text{obj}(\mathcal{C}) \to R,$$

满足

(1) 如果 $L \cong L'$, 则 $\zeta(L) = \zeta(L')$;

(2) 对任意 $L, M \in \text{obj}(\mathcal{C})$, $\zeta(L \oplus M) = \zeta(L)\zeta(M)$;

(3) 如果 $L, M \in \text{obj}(\mathcal{C})$ 满足 $\dim_k \text{Ext}^1(L, M) = 1$ (因此, 根据 $\mathcal{C}$ 的 2-Calabi-Yau 性质, 我们有 $\dim_k \text{Ext}^1(M, L) = 1$) 且

$$L \to E \to M \to L[1] \quad \text{和} \quad M \to E' \to L \to M[1]$$

是两个不可裂的好三角, 那么

$$\zeta(L)\zeta(M) = \zeta(E) + \zeta(E').$$

下面我们总假设 $\mathcal{C}$ 是一个丛范畴, 从而讨论它上面的丛特征理论. 根据定义 13.4, $\mathcal{C}$ 上至少有一个丛倾斜对象, 现在固定一个丛倾斜对象为 $T$.

**引理 13.6** [117]　对任意 $M \in \mathcal{C}$, 存在好三角

$$M[-1] \xrightarrow{f'} T_1^M \to T_0^M \xrightarrow{f} M,$$

使得 $T_0^M, T_1^M \in \mathrm{add}(T)$, 并且 $f: T_0^M \to M$ 是右 $\mathrm{add}(T)$-逼近, $f'[1]: M \to T_1^M[1]$ 是左 $\mathrm{add}(T[1])$-逼近.

**证明**　令 $f: T_0^M \to M$ 是一个右 $\mathrm{add}(T)$-逼近, 将 $f$ 扩张成一个好三角

$$M[-1] \xrightarrow{f'} T_1^M \to T_0^M \xrightarrow{f} M.$$

把函子 $\mathrm{Hom}(T, -)$ 作用到该好三角, 得到

$$\mathrm{Hom}(T, T_1^M) \to \mathrm{Hom}(T, M) \to \mathrm{Hom}(T, T_0^M[1]) \to \mathrm{Hom}(T, T_1^M[1]).$$

又因为 $\mathrm{Ext}^1(T, T) = 0$ 且 $T_1^M \in \mathrm{add}(T)$, 故 $\mathrm{Hom}(T, T_1^M[1]) = 0$. 因此, $\mathrm{Hom}(T, T_0^M[1]) = 0$, 从而 $T_0^M \in \mathrm{add}(T)$.

把函子 $\mathrm{Hom}(-, T[1])$ 作用到该好三角, 得到

$$\mathrm{Hom}(T_1^M[1], T[1]) \to \mathrm{Hom}(M, T[1]) \to \mathrm{Hom}(T_0^M, T[1]) = 0.$$

因此, $f'[1]: M \to T_1^M[1]$ 是左 $\mathrm{add}(T[1])$-逼近.　　　　　　　□

**定义 13.7**　(1) 对任意 $M \in \mathcal{C}$ 以及丛倾斜对象 $T = \bigoplus_{k=1}^n T_k$, 定义 $M$ 关于 $T$ 的指数 $\mathrm{ind}_T(M)$ 为

$$\mathrm{ind}_T(M) = [T_0^M] - [T_1^M], \tag{13.14}$$

其中对 $i = 0, 1$, $[T_i^M] = (a_{1i}, \cdots, a_{ni})$, 这里 $a_{ki}$ 是 $T_i^M$ 中 $T_k$ 出现的重数. 因此, $\mathrm{ind}_T(M)_k = a_{k0} - a_{k1}$, 也表为 $[\mathrm{ind}_T(M) : T_k] := a_{k0} - a_{k1}$ 对 $k = 1, \cdots, n$.

(2) 对任意 $M \in \mathcal{C}$ 及 $n$-元多项式的未定元集 $X$, 定义如下 Laurent 多项式

$$\mathrm{CC}(M) = X^{\mathrm{ind}_T(M)} \sum_{h \in \mathbb{N}^n} \chi(Gr_h(\mathrm{Hom}(T, M[1]))) X^{-\iota(h)}, \tag{13.15}$$

其中,

(a) $\mathrm{Hom}(T, M[1])$ 是作为 $\mathrm{End}_{\mathcal{C}}(T)$ 的一个表示;

(b) $Gr_h(\mathrm{Hom}(T, M[1]))$ 是指由 $\mathrm{Hom}(T, M[1])$ 的所有维数向量为 $h$ 的子表示构成的射影簇;

(c) $\iota(h) = \mathrm{ind}_T(Y) + \mathrm{ind}_T(Y[1])$ (其中 $Y \in \mathcal{C}$ 满足 $\mathrm{Hom}(T, Y)$ 作为 $\mathrm{End}_{\mathcal{C}}(T)$ 的表示的维数向量为 $h$);

(d) $\chi$ 表示欧拉特征,即对任意簇 $U$,有 $\xi(U) = \sum_{i=0}^{+\infty}(-1)^i \dim H^i(U,k)$.

通常,(13.15) 被称为 **CC 公式**,其中 CC 可以看作文献 [29] 的作者 Caldero-Chapoton 首字母的缩写,也可理解为 cluster character 首字母的缩写.

**注 13.8** 由文献 [117],有 $\mathcal{C}/\mathrm{add}(T[1]) \stackrel{F}{\cong} \mathrm{modEnd}_{\mathcal{C}}(T)$,此保证了 $Y$ 的存在性. 根据文献 [155, Lemma 3.6],$\iota(h)$ 不依赖于 $Y$ 的选取.

**定理 13.5** [153] 令 $\mathcal{C}$ 是一个丛范畴,则 CC(−) 定义了 $\mathcal{C}$ 上的一个丛特征.

我们称 $\mathcal{C}$ 的一个不可分解刚性对象 $M$ 是**可达的** (reachable),如果 $M$ 可以作为 $T$ 经一系列变异获得的丛倾斜对象的一个直和项. 一个刚性对象被称为**可达的**,如果其是一些不可分解可达对象的直和.

**定理 13.6** 令 $\mathcal{C}$ 是一个丛范畴,$T = \bigoplus_{i=1}^n T_i$ 是它的丛倾斜对象,$Q = Q(T)$ 表示 $T$ 的 Gabriel 箭图. 那么,

(1) CC(−) 诱导了从 $\mathcal{C}$ 中可达的不可分解刚性对象到丛代数 $\mathcal{A}(Q)$ 丛变量之间的一个双射:$M \leftrightarrow x_M$. 进一步地,CC(−) 诱导了从 $\mathcal{C}$ 中可达的刚性对象到丛代数 $\mathcal{A}(Q)$ 丛单项式之间的一个双射.

(2) 对任何 $i_1, \cdots, i_r \in [1,n]$,$\mu_{i_r} \cdots \mu_{i_1}(T)$ 的 Gabriel 箭图同构于 $\mu_{i_r} \cdots \mu_{i_1}(Q)$.

(3) 在 CC(−) 下,$\mu_{i_r} \cdots \mu_{i_1}(T)$ 对应丛 $\mu_{i_r} \cdots \mu_{i_1}(X)$,其中 $X$ 为 $\mathcal{A}(Q)$ 的初始丛.

(4) 令 $M, N \in \mathcal{C}$ 是可达的不可分解刚性对象,那么 $\dim \mathrm{Ext}^1_{\mathcal{C}}(M,N) = 1$ 当且仅当 $x_M, x_N$ 是 $\mathcal{A}(Q)$ 的一对换位对,即:存在 $\mathcal{A}(Q)$ 的丛 $X$ 包含 $x_M$ 和一次变异 $\mu_{i_0}$ 使得 $\mu_{i_0}(X) = (X \setminus \{x_M\}) \cup \{x_N\}$.

用交换图的形式,对任意的可达的丛倾斜对象 $T'$,有如下的关系成立:

$$
\begin{array}{ccc}
T' & \xrightarrow{(\mathrm{CC}(-),Q(-))} & \Sigma' = (X', Q') \\
\mu_i \downarrow & & \downarrow \mu_i \\
\mu_i(T') & \xrightarrow{(\mathrm{CC}(-),Q(-))} & \mu_i(\Sigma') = (\mu_i X', \mu_i Q')
\end{array}
$$

**证明提示** 参见文献 [77] 的 Theorem 5.4 和文献 [155] 的 Theorem 4.1. □

**注 13.9** 由丛范畴的定义我们知道,上述定理中 $T$ 的 Gabriel 箭图是一个丛箭图. 这时 $Q$ 的每个顶点在丛代数 $\mathcal{A}(Q)$ 中都将作变异,因此 $\mathcal{A}(Q)$ 是一个无系数的丛代数,丛范畴 $\mathcal{C}_Q$ 就是 $\mathcal{A}(Q)$ 的范畴化. 下面将看到,对于带系数情形的丛代数,我们并不会得到一个新的丛范畴出来,而是一个丛范畴的子范畴.

### 13.3.2 $g$-向量的范畴化

令 $B$ 是一个无圈斜对称矩阵,假设 $\Sigma$ 是主系数初始种子,即对应的初始换位

矩阵是 $\widetilde{B} = \begin{pmatrix} B \\ I_n \end{pmatrix}$, 它对应的箭图是 $\widetilde{Q}$. 令 $B$ 的箭图是 $Q$, 那么 $\widetilde{Q}$ 就是由 $Q$ 对每个 $i \in Q_0$ 添上一个冰冻点 $i'$ 并加一条箭向 $i \to i'$ 获得. 丛代数 $\mathcal{A}(\Sigma)$ 可以表为 $\mathcal{A}(\widetilde{Q})$.

定义斜对称矩阵 $\overline{B} = \begin{pmatrix} B & -I_n \\ I_n & O \end{pmatrix}$, 那么它对应的箭图 $\overline{Q}$ 可以构造丛范畴 $\mathcal{C}_{\overline{Q}}$, 对应的丛代数 $\mathcal{A}(\overline{Q})$ 是无系数的, 顶点集 $\overline{Q}_0 = Q_0 \cup \{1', \cdots, n'\}$.

这时主系数丛代数 $\mathcal{A}(\widetilde{Q})$ 可以看作将无系数丛代数 $\mathcal{A}(\overline{Q})$ 的顶点 $1', \cdots, n'$ 对应的丛变量 $x_{1'}, \cdots, x_{n'}$ 改为冰冻变量获得的. 用前面的定义 4.6 中混合型子种子的符号表达, 我们有 $\mathcal{A}(\widetilde{Q}) \cong \mathcal{A}(\overline{Q}_{I_0, \varnothing})$. 因此, $\mathcal{A}(\widetilde{Q})$ 的所有丛变量均为 $\mathcal{A}(\overline{Q})$ 的丛变量.

在丛范畴 $\mathcal{C}_{\overline{Q}}$ 中, 记 $T_i = P_i[1]$, 固定丛倾斜对象 $T = \oplus_{i \in \widetilde{Q}_0} T_i$, 我们有 $Q(T) = \overline{Q}$. 根据定理 13.6, $\mathcal{A}(\widetilde{Q})$ 的丛变量对应于 $\mathcal{C}_{\overline{Q}}$ 的部分可达的不可分解刚性对象. 令 $\mathcal{T}$ 包含了所有由 $T$ 通过不在 $T_{i'}, i' \in \widetilde{Q}_0 \setminus Q_0$ 处作变异得到的丛倾斜对象的全体, 由于 $\mathcal{A}(\widetilde{Q})$ 无法在冰冻点处作变异, 因此通过 $\mathrm{CC}(-)$, $\mathcal{A}(\widetilde{Q})$ 的丛变量一一对应于 $\mathrm{add}(\mathcal{T})$ 中不可分解刚性对象.

将丛范畴 $\mathcal{C}_{\overline{Q}}$ 的不在 $\mathcal{T}$ 中的丛倾斜对象都删去, 获得的子范畴我们表为 $\widetilde{\mathcal{C}}_{\widetilde{Q}}$. 这时 $\widetilde{\mathcal{C}}_{\widetilde{Q}}$ 显然不再是三角范畴, 从而也不是丛范畴. 但我们仍可以把它看作 $\mathcal{A}(\widetilde{Q})$ 的某种意义下的 "范畴化", 因为 $\mathcal{A}(\widetilde{Q})$ 的丛变量一一对应于 $\widetilde{\mathcal{C}}_{\widetilde{Q}}$ 中 "可达的" 不可分解刚性对象. 范畴 $\mathcal{C}_{\overline{Q}}$ 中与丛倾斜对象有关的性质等, 不少能在子范畴 $\widetilde{\mathcal{C}}_{\widetilde{Q}}$ 中保持下来以用于相对应问题的讨论, 这在下面的讨论中就可看到. 比如上面所谓的 $\widetilde{\mathcal{C}}_{\widetilde{Q}}$ 的 "可达的" 不可分解刚性对象, 就是指它作为 $\mathcal{C}_{\overline{Q}}$ 的对象是可达的.

令 $\mathcal{U} = \mathrm{add}\{M \in \mathcal{C}_{\overline{Q}} | \mathrm{Ext}^1(M, T_{i'}) = \mathrm{Ext}^1(M, M) = 0, \forall\, i' \in \widetilde{Q}_0 \setminus Q_0\}$, 则 $\mathcal{U}$ 是 $\widetilde{\mathcal{C}}_{\widetilde{Q}}$ 的子范畴.

**命题 13.3**  $\mathcal{A}(\widetilde{Q})$ 的任一丛变量都可以提升为 $\mathcal{U}$ 的一个不可分解刚性对象, 即通过 $\mathrm{CC}(-)$, $\mathcal{A}(\widetilde{Q})$ 的任一丛变量都对应 $\mathcal{U}$ 的一个不可分解刚性对象, 或说对应于 $\widetilde{\mathcal{C}}_{\widetilde{Q}}$ 的一个 "可达的" 不可分解刚性对象.

**证明**  对任意 $T' \in \mathcal{T}$, 我们总有 $\oplus_{i' \in \widetilde{Q}_0 \setminus Q_0} T_{i'}$ 是 $T'$ 的直和项, 从而 $\mathrm{Ext}^1(T', T_{i'}) = 0, i' \in \widetilde{Q}_0 \setminus Q_0$. 因此 $\mathrm{add}(\mathcal{T}) \subseteq \mathcal{U}$. $\square$

**注 13.10**  对于一般丛箭图的情形, 请参考文献 [154, 155].

在丛代数 $\mathcal{A}(\widetilde{Q})$ 中, 对任意 $j \in Q_0$, 令 $\hat{y}_j = x_{n+j} \prod_{i \in Q_0} x_i^{b_{ij}}$.

**命题 13.4** [154,155] 对任意对象 $M \in \mathrm{obj}(\mathcal{U})$, 我们有

$$\mathrm{CC}(M) = X^{\mathrm{ind}_T(M)} \sum_{h \in \mathbb{N}^n} \chi(Gr_h(\mathrm{Hom}(T, M[1]))) \prod_{j \in Q_0} \hat{y}_j^{h_j}, \tag{13.16}$$

其中 $h = (h_1, \cdots, h_n) \in \mathbb{N}^n$.

根据命题 13.4, 定理 13.6(1) 和 $F$-多项式的定义, 我们可以得到如下 $F$-多项式的刻画.

**命题 13.5** 对 $\mathcal{U}$ 中的任何对象 $M_0$, 对应的 $F$-多项式为

$$F_{M_0} = \prod_{i \in \widetilde{Q}_0 \backslash Q_0} x_i^{[\mathrm{ind}_T M_0 : T_i]} \left( \sum_{h \in \mathbb{N}^n} \chi(Gr_h(\mathrm{Hom}(T, M_0[1]))) \prod_{j \in Q_0} x_{j+n}^{h_j} \right), \tag{13.17}$$

其中 $h = (h_1, \cdots, h_n)$.

**证明** 由于 $\hat{y}_j|_{x_i=1, i \in Q_0} = x_{n+j}$, 在等式 (13.16) 中, 对任何 $i \in Q_0$, 令 $x_i = 1$, 即可得. $\square$

由 (6.9), 对任何 $j \in Q_0$, 有 $\deg(\hat{y}_j) = 0$, 因此作为命题 13.4 的推论, 得到

**推论 13.1** 对任意 $\mathcal{U}$ 的对象 $M$, $\mathrm{CC}(M)$ 是 $\mathbb{Z}^n$-齐次的, 并且 $\deg(\mathrm{CC}(M)) = \mathrm{ind}_T(M)$, 即恰好等于 $M$ 的指数.

当 $M = M_0$ 对应于 $\mathcal{A}(\widetilde{Q})$ 的丛变量时, 即 $\mathrm{CC}(M_0) = x_0$ 是一个丛变量, 从而 (13.16) 的右边是 $x_0$ 关于初始丛的 Laurent 多项式, 因此这时 $x_0$ 的 $g$-向量 $g_{x_0} = \mathrm{ind}_T(M_0)$, 即这时丛变量 $x_0$ 的 $g$-向量就是 $M_0$ 的指数.

由此, 对一般的对象 $M$, 其指数可以看作 $g$-向量的推广, 因此也被称为对象 $M$ 的 $g$-向量, 可以看作丛代数中丛变量的 $g$-向量的范畴化. 这时, 刚性对象的 $g$-向量恰好是它对应的丛单项式的 $g$-向量.

### 13.3.3 丛的 $g$-向量符号一致性的证明

本小节以及后一小节的主要参考文献为 [50, 77, 154]. 本小节中, 利用丛特征, 我们将证明秩 $n$ 的主系数无圈斜对称丛代数 $\mathcal{A}(\Sigma)$ 的丛变量的 $g$-向量的符号一致性. 对于带定向圈的情形, 需要借助广义丛范畴, 详见文献 [154].

接下来, 记 $\mathcal{C} = \mathcal{C}_{\overline{Q}}$. 取定一个丛倾斜对象 $T$, 定义函子:

$$F : \mathcal{C}_{\overline{Q}} \to \mathrm{mod}(\mathrm{End}(T)), \quad 使得 \ X \mapsto \mathrm{Hom}_{\mathcal{C}_{\overline{Q}}}(T, X). \tag{13.18}$$

**引理 13.7** 令 $X, Y \in \mathcal{C}$, 则 (13.18) 中函子 $F$ 诱导出同构:

$$\mathrm{Hom}(X, Y)/(T[1]) \cong \mathrm{Hom}_{\mathrm{End}(T)}(FX, FY).$$

**证明**　记 $T_1^X \xrightarrow{f'} T_0^X \xrightarrow{f} X \xrightarrow{f''} T_1^X[1]$ 为 $\mathcal{C}$ 中好三角满足 $T_1^X, T_0^X \in \mathrm{add}(T)$.

我们首先证明 $\mathrm{Hom}(X, Y)/(T[1]) \to \mathrm{Hom}_{\mathrm{End}(T)}(FX, FY)$ 是单射. 假设 $h : X \to Y$ 满足 $F(h) = 0$, 则 $hf = 0$, 因此存在 $k : T_1^X[1] \to Y$ 使得 $h = kf''$, 即 $h \in T[1](X, Y)$. 从而 $\mathrm{Hom}(X, Y)/(T[1]) \to \mathrm{Hom}_{\mathrm{End}(T)}(FX, FY)$ 是单射.

接下来我们证明 $\mathrm{Hom}(X, Y)/(T[1]) \to \mathrm{Hom}_{\mathrm{End}(T)}(FX, FY)$ 是满射.

首先考虑 $X = T_i$ 的情形. 记 $p_i : T \to T_i$ 为 $T$ 在直和项 $T_i$ 上的投影, $l_i : T_i \to T$ 为嵌入, 则 $e_i = l_i p_i \in \mathrm{End}(T)$ 为幂等元. 对任意 $\alpha \in \mathrm{Hom}_{\mathrm{End}(T)}(FT_i, FY)$, 我们有 $\alpha = F(\alpha(p_i) l_i)$. 因此 $F : \mathrm{Hom}(T_i, Y) \to \mathrm{Hom}_{\mathrm{End}(T)}(FT_i, FY)$ 是一个满射.

故, 当 $X \in \mathrm{add}(T)$ 时结论也成立.

接下来, 对一般的 $X \in \mathcal{C}$. 考虑好三角 $T_1^X \xrightarrow{f'} T_0^X \xrightarrow{f} X \xrightarrow{f''} T_1^X[1]$, 其中 $T_1^X, T_0^X \in \mathrm{add}(T)$. 对任意 $\alpha \in \mathrm{Hom}_{\mathrm{End}(T)}(FX, FY)$, 我们有 $\alpha(Ff) \in \mathrm{Hom}_{\mathrm{End}(T)}(FT_0^X, FY)$, 可将其提升为态射 $g : T_0^X \to Y$, 即: $F(g) = \alpha(Ff)$. 进一步, $F(gf') = F(g)F(f') = \alpha(Ff)F(f') = 0$. 由于 $F : \mathrm{Hom}(T_1^X, Y) \to \mathrm{Hom}_{\mathrm{End}(T)}(FT_1^X, FY)$ 是双射, 故 $gf' = 0$. 因此, 存在 $h : X \to Y$ 使得 $hf = g$, 从而 $FhFf = Fg = \alpha(Ff)$. 由于 $Ff$ 是满射, 因此 $Fh = \alpha$. 从而映射 $F : \mathrm{Hom}(X, Y) \to \mathrm{Hom}_{\mathrm{End}(T)}(FX, FY)$ 是满射.

假设 $u : X \to Y$ 使得 $Fu = 0$, 那么 $F(uf) = FuFf = 0$. 因为 $F : \mathrm{Hom}(T_0^X, Y) \to \mathrm{Hom}_{\mathrm{End}(T)}(FT_0^X, FY)$ 是双射, 因此 $uf = 0$, 故存在 $v : T_1^X[1] \to Y$ 使得 $u = vf''$. 从而在这一般情况下 $\mathrm{Hom}(X, Y)/(T[1]) \longrightarrow \mathrm{Hom}_{\mathrm{End}(T)}(FX, FY)$ 也是满射.　□

**引理 13.8**　假设 $X \in \mathcal{C}$ 为刚性对象. 令 $T_1^X \xrightarrow{f'} T_0^X \xrightarrow{f} X \to T_1^X[1]$ 是 $\mathcal{C}$ 的一个好三角, 并且 $f$ 是一个右极小 $\mathrm{add}(T)$-逼近. 如果 $X$ 没有在 $\mathrm{add}(T[1])$ 中的直和项, 那么

$$F(T_1^X) \xrightarrow{F(f')} F(T_0^X) \xrightarrow{F(f)} F(X) \to 0$$

是 $F(X)$ 的一个极小投射表现.

**证明**　我们首先证明 $F(f)$ 是一个投射盖. 根据引理 13.7, 如果 $F(T') \xrightarrow{\overline{g}} F(X) \to 0$ 是一个投射盖, 那么将 $\overline{g}$ 提升为态射 $g : T' \to X$ 是一个右极小 $\mathrm{add}(T)$-逼近. 而根据右极小 $\mathrm{add}(T)$-逼近的唯一性, 我们有 $F(f) \cong F(g) = \overline{g}$ 是一个投射盖.

因为 $X$ 没有 $T[1]$ 中的直和项, 所以 $f'$ 是右极小的. 否则的话, $f'$ 有形如 $T' \to 0$ 的直和项, 这会导致 $T'[1]$ 是 $X$ 的直和项. 同理, 因为 $f'$ 右极小, $F(f')$ 诱导出一个 $\ker(F(f))$ 的投射盖.　□

**推论 13.2**　假设 $X \in \mathcal{C}$ 为刚性对象. 令 $T_1^X \xrightarrow{f'} T_0^X \xrightarrow{f} X \to T_1^X[1]$ 是一个好

三角, 并且 $f$ 是一个右极小 add$(T)$-逼近. 那么, 对任意单 End$(T)$-模 $S$ 以及

$$\mathrm{Hom}_{\mathrm{End}(T)}(F(f'),S) : \mathrm{Hom}_{\mathrm{End}(T)}(F(T_0^X),S) \longrightarrow \mathrm{Hom}_{\mathrm{End}(T)}(F(T_1^X),S),$$

我们有 $\mathrm{Hom}_{\mathrm{End}(T)}(F(f'),S) = 0$.

**证明** 设 $X = X_1 \oplus X_2$, 其中 $X_1$ 没有在 add$(T[1])$ 中的直和项, $X_2 \in$ add$(T[1])$. 设 $T_1^{X_1} \xrightarrow{f_1'} T_0^{X_1} \xrightarrow{f_1} X_1 \to T_1^{X_1}[1]$ 是一个好三角使得 $f_1$ 是一个右极小 add$(T)$-逼近.

由于 $X_2 \in$ add$(T[1])$, 我们有

$$T_1^X \cong T_1^{X_1} \oplus X_2[-1], \quad T_0^X \cong T_0^{X_1}, \quad f' \cong \begin{pmatrix} f_1' \\ 0 \end{pmatrix}.$$

利用引理 13.8, $\mathrm{Hom}_{\mathrm{End}(T)}(F(f_1'),S) = 0$, 从而 $\mathrm{Hom}_{\mathrm{End}(T)}(F(f'),S) = 0$. $\square$

**引理 13.9** 对任意刚性对象 $X \in \mathcal{C}$, 假设 $T_1^X \xrightarrow{f'} T_0^X \xrightarrow{f} X \to T_1^X[1]$ 是一个好三角使得 $f$ 是一个右极小的 add$(T)$-逼近. 那么 $T_1^X$ 和 $T_0^X$ 没有公共直和项.

**证明** 假设 $T_i$ 是 $T_0^X$ 的一个不可分解直和项. 我们证明 $T_i$ 不是 $T_1^X$ 的一个直和项. 令 $S_i$ 为投射 $\mathrm{End}_{\mathcal{C}}(T)$-模 $F(T_i)$ 的单商. 因此存在非零映射

$$\pi : F(T_0^X) \to S_i.$$

从而 $\mathrm{Hom}(F(T_0^X),S_i) \neq 0$.

将函子 $F$ 作用到好三角 $T_1^X \xrightarrow{f'} T_0^X \xrightarrow{f} X \to T_1^X[1]$ 上, 我们得到正合列

$$F(T_1^X) \to F(T_0^X) \to F(X) \to 0. \tag{13.19}$$

因为 $F(T_1^X[1]) = \mathrm{Hom}_{\mathcal{C}}(T,T_1^X[1]) = 0$ 以及

$$0 \to \mathrm{Hom}(F(X),S_i) \to \mathrm{Hom}(F(T_0^X),S_i) \xrightarrow{\mathrm{Hom}(F(f'),S_i)} \mathrm{Hom}(F(T_1^X),S_i).$$

根据推论 13.2, $\mathrm{Hom}(F(f'),S_i) = 0$. 从而

$$\mathrm{Hom}(F(X),S_i) \cong \mathrm{Hom}(F(T_0^X),S_i).$$

因此, 我们有 $\mathrm{Hom}(F(X),S_i) \neq 0$. 故存在非零映射 $\varphi : F(X) \to S_i$. 因为 $S_i$ 为单模, 从而 $\varphi$ 为满射.

对任意态射 $\phi \in \mathrm{Hom}(F(T_1^X),S_i)$, 由于 $F(T_1^X)$ 为投射模, 因此存在态射 $\alpha : F(T_1^X) \to F(X)$ 使得 $\phi = \varphi\alpha$.

将 $S_i$ 提升为 $\mathcal{C}$ 中的对象 $T_i^*[1]$, 提升 $\phi, \alpha, \varphi$ 为态射 $\overline{\phi} : T_1^X \to T_i^*[1], \overline{\alpha} :$ $T_1^X \to X, \overline{\varphi} : X \to T_i^*[1]$. 因此, 根据引理 13.7, 我们有 $\overline{\phi} = \overline{\varphi}\,\overline{\alpha}$. 见如下交换图:

$$
\begin{array}{ccccc}
X[-1] & \xrightarrow{\ g\ } & T_1^X & \xrightarrow{\ f'\ } & T_0^X \\
& \overline{\alpha}\ \swarrow & \ \downarrow \overline{\phi} & \ \ \sigma\nearrow & \\
X & \xrightarrow{\ \overline{\varphi}\ } & T_i^*[1] & &
\end{array}
$$

由于 $X$ 是刚性的, $\overline{\alpha}g = 0$, 从而 $\overline{\phi}g = 0$. 因此, 存在态射 $\sigma : T_0^X \to T_i^*[1]$ 使得 $\sigma f' = \overline{\phi}$. 由于 $\mathrm{Hom}(F(f'), S_i) = 0$, 因此

$$
\phi = F(\sigma)F(f') = \mathrm{Hom}(F(f'), S_i)(F(\sigma)) = 0.
$$

故 $\mathrm{Hom}(F(T_1^X), S_i) = 0$, 从而 $T_i$ 不是 $T_1^X$ 的直和项. 否则, 则导出 $F(T_i)$ 是 $F(T_1^X)$ 的直和项, 从而 $\mathrm{Hom}(F(T_1^X), S_i) \neq 0$, 矛盾. $\qquad\square$

**推论 13.3**  令 $X$ 为 $\mathcal{U}$ 中的刚性对象. 如果 $\mathrm{ind}_T(X)$ 没有负分量, 那么 $X \in \mathrm{add}(T)$.

**证明**  $T_1^X \xrightarrow{f'} T_0^X \xrightarrow{f} X \to T_1^X[1]$ 是一个好三角使得 $f$ 是一个右极小的 $\mathrm{add}(T)$-逼近. 根据引理 13.9, $T_1^X$ 和 $T_0^X$ 没有公共直和项. 由于 $\mathrm{ind}_T(X)$ 没有负分量, 因此 $T_1^X = 0, X \cong T_0^X \in \mathrm{add}(T)$. $\qquad\square$

**定理 13.7**  对无圈斜对称丛代数 $\mathcal{A}(\widetilde{Q})$, $g$-向量符号一致性成立.

**证明**  假设 $X$ 是 $\mathcal{A}(\widetilde{Q})$ 的某个丛但是不满足 $g$-向量的符号一致性. 设 $x_1, x_2$ 为 $X$ 中的某两个丛变量使得 $x_1, x_2$ 的 $g$-向量的某个坐标符号相反. 将 $x_1, x_2$ 提升到 $\mathcal{U}$ 中的两个刚性对象 $X_1, X_2$ (命题 13.3). 则 $X_1 \oplus X_2$ 也是刚性对象.

设 $T_1^{X_1} \to T_0^{X_1} \xrightarrow{f_1} X_1 \to T_1^{X_1}[1]$ 和 $T_1^{X_2} \to T_0^{X_2} \xrightarrow{f_2} X_2 \to T_1^{X_2}[1]$ 是两个好三角使得 $f_1, f_2$ 是右极小的 $\mathrm{add}(T)$-逼近. 因此 $T_1^{X_1} \oplus T_1^{X_2} \to T_0^{X_1} \oplus T_0^{X_2} \xrightarrow{f_1 \oplus f_2} X_1 \oplus X_2 \to T_1^{X_1}[1] \oplus T_1^{X_2}[1]$ 是好三角, 且 $f_1 \oplus f_2$ 是右极小的 $\mathrm{add}(T)$-逼近. 由于 $x_1, x_2$ 的 $g$-向量的某个坐标符号相反, 不妨设存在 $i \in [1, n]$ 使得

$$
g_i(x_1) > 0, \quad g_i(x_2) < 0. \tag{13.20}
$$

对任意对象 $X$, $\alpha_X(T_i)$ 表示 $T_i$ 作为 $X$ 的直和项的重数. 那么, 由 (13.20) 和 (13.14), 我们有

$$
g_i(x_1) = \alpha_{T_0^{X_1}}(T_i) - \alpha_{T_1^{X_1}}(T_i) > 0, \quad g_i(x_2) = \alpha_{T_0^{X_2}}(T_i) - \alpha_{T_1^{X_2}}(T_i) < 0.
$$

从而 $T_i$ 为 $T_0^{X_1}$ 与 $T_1^{X_2}$ 的直和项, 因此, $T_i$ 同时是 $T_0^{X_1} \oplus T_0^{X_2} \cong T_0^{X_1 \oplus X_2}$ 和 $T_1^{X_1} \oplus T_1^{X_2} \cong T_1^{X_1 \oplus X_2}$ 的直和项, 这与引理 13.9 矛盾. $\qquad\square$

虽然这个定理只是前面推论 6.6 对可斜对称化丛代数的结论的特例, 但这里给出的证明的方法不同, 是利用了丛代数的加法范畴化.

### 13.3.4  $F$-多项式常数项为 1 的证明

沿用 13.3.3 小节中的条件和记号. 特别地, 与前文一样, 丛代数 $\mathcal{A}(\widetilde{Q})$ 中箭图 $\widetilde{Q}$ 是无圈的.

**定理 13.8**  主系数丛代数 $\mathcal{A}(\widetilde{Q})$ 的任意 $F$-多项式的常数项均为 1.

**证明**  对任意 $\mathcal{A}(\widetilde{Q})$ 的丛变量 $x$, 将其提升为 $\mathcal{U}$ 中的不可分解刚性对象 $X$. 因此, 只用证明 $F_X$ 具有常数项 1. 令

$$T_1^X \xrightarrow{f'} T_0^X \xrightarrow{f} X \to T_1^X[1] \tag{13.21}$$

是一个好三角使得 $f$ 是一个右极小的 $\mathrm{add}(T)$-逼近.

当 $T_i$ 不是 $T_0^X$ 以及 $T_1^X$ 的直和项时,

$$[\mathrm{ind}_T X : T_i] = \mathrm{ind}_T(X)_i = [T_0^X]_i - [T_1^X]_i = 0 - 0 = 0.$$

那么由命题 13.5, 在 (13.17) 中右式的常数项有 $h = 0$, 这时

$$\chi(Gr_{h=0}(\mathrm{Hom}(T, X[1]))) = \chi(pt) = 1.$$

因此, 为了证明 $F_X$ 的常数项为 1, 只需要证明: 对任意 $i \in \widetilde{Q}_0 \setminus Q_0$, $T_i$ 都不是 $T_0^X$ 以及 $T_1^X$ 的直和项.

我们首先证明 $T_i$ 不是 $T_1^X$ 的直和项. 反之, 假设 $T_i$ 是 $T_1^X$ 的直和项, 由于 $X \in \mathcal{U}$, $\mathrm{Hom}(X, T_i[1]) = 0$, 从而好三角 (13.21) 含有直和项

$$T_i \xrightarrow{id} T_i \xrightarrow{0} 0 \to T_i[1],$$

与 $f$ 是一个右极小的 $\mathrm{add}(T)$-逼近矛盾.

接下来, 我们证明 $T_i$ 不是 $T_0^X$ 的直和项. 反之, 假设 $T_i$ 是 $T_0^X$ 的直和项. 由于 $i$ 是 $\widetilde{Q}_0$ 中的汇点且 $T_i$ 不是 $T_1^X$ 的直和项, 我们有 $\mathrm{Hom}(T_1^X, T_i) = 0$. 因此 $T_i$ 是 $X$ 的一个直和项, 且由于 $X$ 不可分解, 故 $X \cong T_i$. 另外, 因为 $x$ 为丛变量, 对任意 $j \in \widetilde{Q}_0 \setminus Q_0$, $X \not\cong T_j$. 矛盾.  □

**注 13.11**  (1) 对于带定向圈的斜对称丛代数, 需要利用广义丛范畴 $\mathcal{C}_{(Q,w)}$, 此时, $\mathcal{C}_{(Q,w)}$ 往往是 Hom-无限的且其上没有丛倾斜对象. 具体请参考 [154,155].

(2) 前面定理 6.4 已经证明了可斜对称化丛代数的 $F$-多项式的常数项均为 1. 这里定理 13.8 只是定理 6.4 的特例. 不过, 这个特例的结论的证明方法不同, 是加法范畴化的一个应用.

# 第 14 章　$\widehat{Y}$-模式与投射线构形

## 14.1　$\widehat{Y}$-模式的定义及实例

我们在 1.1 节中介绍了域 $\mathcal{F}$ 上的丛模式以及由丛模式引导出的半域 $\mathbb{P}$ 上的 $Y$-模式. 受如下定理 14.1 的启发, 本节中, 我们将半域 $\mathbb{P}$ 上的 $Y$-模式的定义推广到域 $\mathcal{F}$ 上并给出例子.

我们先看几何型丛模式 $\mathcal{M} = (\widetilde{X}(t), \widetilde{B}_t; t \in \mathbb{T}_n)$ 上的一个结论:

**定理 14.1**　令 $\Sigma = (\widetilde{X}, \widetilde{B})$, $\Sigma' = (\widetilde{X}', \widetilde{B}')$ 是 $\mathcal{M}$ 中的两个种子, 且 $\Sigma' = \mu_k(\Sigma)$ 对 $k \in [1, n]$, 其中扩张丛 $\widetilde{X} = (x_1, \cdots, x_n, \cdots, x_{n+m})$, $\widetilde{X}' = (x_1', \cdots, x_n', \cdots, x_{n+m}')$, 扩张换位矩阵 $\widetilde{B} = (b_{ij})_{(m+n)\times n}$, $\widetilde{B}' = (b_{ij}')_{(m+n)\times n}$. 定义 $n$ 元组 $\hat{y} = (\hat{y}_1, \hat{y}_2, \cdots, \hat{y}_n)$, $\hat{y}' = (\hat{y}_1', \hat{y}_2', \cdots, \hat{y}_n')$, 其中对于 $j \in [1, n]$,

$$\hat{y}_j = \prod_{i=1}^{m+n} x_i^{b_{ij}}, \quad \hat{y}_j' = \prod_{i=1}^{m+n} x_i'^{b_{ij}'}.$$

那么,

$$\hat{y}_j' = \begin{cases} \hat{y}_k^{-1}, & \text{若 } j = k, \\ \hat{y}_j(\hat{y}_k + 1)^{-b_{kj}}, & \text{若 } j \neq k, b_{kj} \leqslant 0, \\ \hat{y}_j(\hat{y}_k^{-1} + 1)^{-b_{kj}}, & \text{若 } j \neq k, b_{kj} > 0. \end{cases}$$

**证明**　根据矩阵和丛变量的变异公式, 我们有

$$b_{ij}' = \begin{cases} -b_{ij}, & \text{若 } i = k \text{ 或 } j = k, \\ b_{ij} + \text{sgn}(b_{ik})[b_{ik}b_{kj}]_+, & \text{否则}, \end{cases}$$

$$x_i' = \mu_k(x_i) = \begin{cases} x_i, & \text{若 } i \neq k, \\ \dfrac{\displaystyle\prod_{b_{jk}>0} x_j^{b_{jk}} + \prod_{b_{jk}<0} x_j^{-b_{jk}}}{x_k}, & \text{若 } i = k. \end{cases}$$

当 $j = k$ 时, 因为 $b_{kk} = 0$ 时, 我们有

$$\hat{y}_k' = \prod_{i=1}^m (x_i')^{b_{ik}'} = \prod_{i \neq k} x_i'^{b_{ik}'} = \prod_{i \neq k} x_i^{-b_{ik}} = \hat{y}_k^{-1}.$$

当 $j \neq k$, 且 $b_{kj} \leqslant 0$ 时, 我们有

$$
\begin{aligned}
\hat{y}'_j &= (x'_k)^{b'_{kj}} \prod_{i \neq k} (x'_i)^{b'_{ij}} \\
&= (x'_k)^{-b_{kj}} \prod_{i \neq k} x_i^{b_{ij} + \operatorname{sgn}(b_{ik})[b_{ik}b_{kj}]_+} \\
&= x_k^{b_{kj}} \left( \prod_{b_{ik}>0} x_i^{b_{ik}} + \prod_{b_{ik}<0} x_i^{-b_{ik}} \right)^{-b_{kj}} \prod_{i \neq k} x_i^{b_{ij}} \prod_{b_{ik}<0} x_i^{-b_{ik}b_{kj}} \\
&= \prod_{i=1}^m x_i^{b_{ij}} \left( \prod_{i=1}^m x_i^{b_{ik}} + 1 \right)^{-b_{kj}} \prod_{b_{ik}>0} x_i^{b_{ik}b_{kj}} \prod_{b_{ik}<0} x_i^{-b_{ik}b_{kj}} \\
&= \hat{y}_j (\hat{y}_k + 1)^{-b_{kj}}.
\end{aligned}
$$

对于 $j \neq k$, 且 $b_{kj} > 0$, 同理可证 $\hat{y}'_j = \hat{y}_j(\hat{y}_k^{-1} + 1)^{-b_{kj}}$. $\qquad\square$

由定理 14.1, 对 $i, j, k = [1, n]$, 我们有

$$
\frac{\hat{y}'_j}{\hat{y}_j} = \begin{cases} \hat{y}_k^{-2}, & \text{若 } j = k, \\ (\hat{y}_k + 1)^{-b_{kj}}, & \text{若 } j \neq k, b_{kj} \leqslant 0, \\ (\hat{y}_k^{-1} + 1)^{-b_{kj}}, & \text{若 } j \neq k, b_{kj} > 0. \end{cases} \tag{14.1}
$$

由于 $\widetilde{B} = \begin{pmatrix} B \\ C \end{pmatrix}$, 其中 $B$ 是 $n \times n$ 阶的, $C$ 是 $m \times n$ 阶的, 而等式 (14.1) 中的右边的元素至多与 $B$ 中的元素 $b_{kj}$ 有关, 这是因为 $j, k \in [1, n]$. 这告诉我们一个事实是: 虽然 $n$ 元组 $\hat{y}$ 的定义与 $\widetilde{B}$ 中的子矩阵 $C$ 有关, 但是对于不同的 $j \in [1, n]$, 比值 $\dfrac{\hat{y}'_j}{\hat{y}_j}$ 与 $C$ 中的元素无关, 而是完全被 $B$ 中的元素控制.

从这个事实出发, 我们给出一个域 $\mathcal{F}$ 上的 $\widehat{Y}$-模式的概念.

**定义 14.1 ($\widehat{Y}$-模式)** 令 $\mathcal{F}$ 是一个域, $n \in \mathbb{N}$,

(1) 域 $\mathcal{F}$ 上的秩为 $n$ 的一个 **$\widehat{Y}$-种子**为一个二元对 $(\widehat{Y}, B)$, 其中 $\widehat{Y} = (Y_1, Y_2, \cdots, Y_n)$ 是 $\mathcal{F}$ 上的一个 $n$ 元组, $B$ 是一个 $n$ 阶完全符号斜对称整数方阵.

(2) 令 $(\widehat{Y}, B)$ 和 $(\widehat{Y}', B')$ 是 $\mathcal{F}$ 上的两个秩为 $n$ 的 $\widehat{Y}$-种子, 对任意 $k \in [1, n]$, 我们称 $(\widehat{Y}', B')$ 是 $(\widehat{Y}, B)$ 在方向 $k$ 上的**变异**, 表为 $(\widehat{Y}', B') = \mu_k(\widehat{Y}, B)$, 如果 $Y_k \neq 0, -1$, 且满足

(i) $B' = \mu_k(B)$;

(ii) $\widehat{Y}' = (Y_1', Y_2', \cdots, Y_n')$ 由如下关系获得: 对于 $j \in [1, n]$,

$$
Y_j' = \begin{cases}
Y_k^{-1}, & \text{若 } j = k, \\
Y_j(Y_k + 1)^{-b_{kj}}, & \text{若 } j \neq k, b_{kj} \leqslant 0, \\
Y_j(Y_k^{-1} + 1)^{-b_{kj}}, & \text{若 } j \neq k, b_{kj} > 0.
\end{cases}
\tag{14.2}
$$

(3) 一个秩 $n$ 的 $\widehat{Y}$-**模式**是一个 $\widehat{Y}$-种子簇 $(\widehat{Y}(t), B_t)_{t \in \mathbb{T}_n}$ 使得对 $n$-正则树 $\mathbb{T}_n$ 中的任一边 $t \overset{k}{\text{———}} t'$, 种子 $(\widehat{Y}(t'), B_{t'})$ 可以由种子 $(\widehat{Y}(t), B_t)$ 经 $\widehat{Y}$-种子变异 $\mu_k$ 得到.

**注 14.1**　(1) 当 $(\widehat{Y}', B') = \mu_k(\widehat{Y}, B)$, 则 $(\widehat{Y}, B) = \mu_k(\widehat{Y}', B')$.

(2) 由 $\widehat{Y}$-变异公式 (14.2), 进行一次 $\widehat{Y}$-种子变异后, $\widehat{Y}$-种子中的每个 $\widehat{Y}$-变量 $Y_i$ 都是会改变的. (注意: 丛代数的种子变异时, 只改变一个丛变量.)

(3) 不同于半域 $\mathbb{P}$ 上的 $Y$-种子总可以作变异, 在域 $\mathcal{F}$ 中, 当 $Y_k = 0$ 或 $-1$ 时, 则 $\widehat{Y}$-种子 $(\widehat{Y}, B)$ 在方向 $k$ 上就不能作变异.

作为定理 14.1 的推论, 由丛模式我们直接得到 $\widehat{Y}$-模式, 并且它总可以不断作变异的, 即:

**推论 14.1**　对于域 $\mathcal{F}$ 上一个秩 $n$ 的几何型丛模式 $\mathcal{M} = (\widetilde{X}(t), \widetilde{B}_t)_{t \in \mathbb{T}_n}$, 其中

$$
\widetilde{X}(t) = (x_{1,t}, x_{2,t}, \cdots, x_{n,t}, x_{n+1}, \cdots, x_{n+m}), \quad \widetilde{B}_t = (b_{ij}^t)_{(m+n) \times n} = \begin{pmatrix} B_t \\ C_t \end{pmatrix},
$$

这里 $B_t$ 是 $n$ 阶方阵. 令 $\hat{y}(t) = (\hat{y}_{1,t}, \hat{y}_{2,t}, \cdots, \hat{y}_{n,t})$, 其中对于 $j \in [1, n]$, 有

$$
\hat{y}_{j,t} = \prod_{i=1}^{m+n} x_{i,t}^{b_{ij}^t},
\tag{14.3}
$$

其中 $x_{n+l,t} = x_{n+l}, \forall l = 1, \cdots, m$, 那么 $(\hat{y}(t), B_t)_{t \in \mathbb{T}_n}$ 是 $\mathcal{F}$ 上的 $\widehat{Y}$-模式.

**证明**　由定理 14.1 可以直接得到. 需要说明的是, 对于任何 $t \in \mathbb{T}_n$, $k \in [1, n]$, 都有 $\hat{y}_{k,t} \neq 0, -1$. 这是因为, 对于每个 $t \in \mathbb{T}_n$, $\widetilde{X}(t) = (x_{1,t}, x_{2,t}, \cdots, x_{n,t}, x_{n+1}, \cdots, x_{n+m})$ 是代数无关集. 因此, 可以不断地作变异. □

下面给出同一丛模式上的 $\widehat{Y}$-模式和 $Y$-模式的关系:

**命题 14.1**　对于域 $\mathcal{F}$ 上一个秩 $n$ 的几何型丛模式 $\mathcal{M} = (\widetilde{X}(t), \widetilde{B}_t)_{t \in \mathbb{T}_n}$ 如推论 14.1 所定义. 那么, 对于 $\widehat{Y}(t) = (\hat{y}_{1,t}, \hat{y}_{2,t}, \cdots, \hat{y}_{n,t})$ 和 $Y(t) = (y_{1,t}, y_{2,t}, \cdots, y_{n,t})$, $\widehat{Y}$-模式 $(\widehat{Y}(t), B_t)_{t \in \mathbb{T}_n}$ 和 $Y$-模式 $(Y(t), B_t)_{t \in \mathbb{T}_n}$ 的关系满足: 对于 $j \in [1, n]$, 有

$$
\hat{y}_{j,t} = y_{j,t} \prod_{i=1}^{n} x_{i,t}^{b_{ij}^t}.
$$

**证明** 由 (14.3),

$$\hat{y}_{j,t} = \prod_{i=1}^{m+n} x_{i,t}^{b_{ij}^t}.$$

由 (1.5),

$$y_{j,t} = x_{n+1}^{c_{1,j}^t} x_{n+2}^{c_{2,j}^t} \cdots x_{n+m}^{c_{m,j}^t}.$$

因此, 我们有

$$\hat{y}_{j,t} = y_{j,t} \prod_{i=1}^{n} x_{i,t}^{b_{ij}^t}.$$

$\square$

总结一下, 根据 (1.5), 由丛模式 $\mathcal{M}(A)$ 给出的 $Y$-模式的 $Y$-种子 $(Y(t), B_t)$ 的系数组 $Y(t)$ 与一个 $(n+m) \times n$ 阶矩阵 $\widetilde{B}_t$ 的 $C$-矩阵 $C_t = (c_{ij}^t)$ 相互唯一决定, 或者说, $Y$-模式给出了冰冻变量的一个替代表达方式.

而对于 $\widehat{Y}$-模式, 其 $\widehat{Y}$-变量由 $Y$-模式的系数变量乘上丛变量获得; 由 (14.1), 对于 $j \in [1, n]$, 变异先后的对应位置的 $\widehat{Y}$-变量的比值 $\dfrac{\hat{y}_{j,t'}}{\hat{y}_{j,t}}$ 与 $C$-矩阵的元素无关, 而是完全被矩阵 $B$ 中的元素控制.

## 14.2 投射线构形的 $\widehat{Y}$-模式

下面给出由投射线 (projective line) 上的点 (point) 的构形 (configuration) 得到的一个 $\widehat{Y}$-模式的例子.

令 $\mathbb{P}^1$ 是复数域 $\mathbb{C}$ 上的投射线, 即

$$\mathbb{P}^1 = (\mathbb{C} \setminus \{0\})/\sim_r,$$

其中 $\sim_r$ 是 $\mathbb{C} \setminus \{0\}$ 上的等价关系, 满足

$$\forall x, y \in \mathbb{C} \setminus \{0\}, \quad x \sim_r y \text{ 当且仅当 } \exists 0 \neq k \in \mathbb{C}, \text{使得} x = ky.$$

令 $P_1, P_2, P_3, P_4$ 是 $\mathbb{P}^1$ 中的四个不同的 (投射) 点, 它们的投射坐标 (projective coordinate) 分别是 $(a_i : b_i)(i = 1, 2, 3, 4)$, 即令 $P_i = (x_i', x_i'')$, 则 $x_i'/x_i'' = a_i/b_i$.

对于 $i, j = 1, 2, 3, 4$, 令 $P_{ij} = \det \begin{pmatrix} a_i & a_j \\ b_i & b_j \end{pmatrix} = a_i b_j - a_j b_i$, 我们称

$$\widehat{Y}(P_1, P_2, P_3, P_4) = \frac{P_{14} P_{23}}{P_{12} P_{34}}$$

为 $P_1, P_2, P_3, P_4$ 的**交比** (cross-ratio).

易见, 交比是投射不变的, 即: 若 $P_i = P_i'(i = 1, 2, 3, 4)$ 作为 $\mathbb{P}^1$ 中的点, 则

$$\widehat{Y}(P_1', P_2', P_3', P_4') = \widehat{Y}(P_1, P_2, P_3, P_4).$$

对于 $m \in \mathbb{N}$, 取 $P_1, P_2, \cdots, P_m \in \mathbb{P}^1$ 并将它们按顺时针方向标记一个正 $m$ 边形 $G_m$ 的顶点, 见图 14.1.

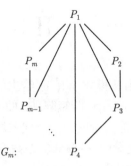

图 14.1   正 $m$ 边形 $G_m$ 及其三角剖分

令 $P_i$ 的投射坐标为 $(a_i : b_i)(i = 1, 2, \cdots, m)$. 我们用 $P_{ij}$ 表示 $G_m$ 中连接 $P_i$ 和 $P_j$ 点的对角线或者边. 注意 $G_m$ 有 $m$ 条边: $P_{ii+1}(i = 1, 2, \cdots, m-1)$ 和 $P_{m1}$, 而且 $G_m$ 的每个三角剖分都恰好有 $m - 3$ 条互不相交的对角线.

现在我们用 $P_{ij}$ 也代表行列式 $\det \begin{pmatrix} a_i & a_j \\ b_i & b_j \end{pmatrix}$, 即

$$P_{ij} = \det \begin{pmatrix} a_i & a_j \\ b_i & b_j \end{pmatrix} = a_i b_j - a_j b_i.$$

**习题 14.1**   给定 $G_m$ 上逆时针顺序的四个顶点 $P_i, P_j, P_k, P_l$, 证明

$$P_{ik} P_{jl} = P_{ij} P_{kl} - P_{il} P_{kj}.$$

取定 $G_m$ 的一个三角剖分 $T$, 任取 $T$ 的一条对角线 $d$, 不妨设 $d$ 是连接 $P_i$ 和 $P_k$ 的对角线, 即 $d = P_{ik}$. 注意三角剖分 $T$ 中的对角线 $d$ 把一个四边形分割成两个三角形. 我们记这个四边形的顶点在 $G_m$ 上是逆时针方向排序为 $P_i, P_j, P_k, P_l$, 其中 $i, j, k, l \in [1, m]$. 将交比表示为

$$Y_{d,T} := \widehat{Y}(P_i, P_j, P_k, P_l) = \frac{P_{il} P_{jk}}{P_{ij} P_{kl}}.$$

显然, $\widehat{Y}(P_i, P_j, P_k, P_l) = \widehat{Y}(P_k, P_l, P_i, P_j)$, 故 $Y_{d,T}$ 的定义是合理的, 即与 $d$ 的两个端点 $P_i$ 和 $P_k$ 的顺序无关.

注意对于 $G_m$ 的一条对角线 $d$, $\widehat{Y}_{d,T}$ 的定义是依赖于三角剖分 $T$ 选取的. 事实上, 当 $d$ 同时是三角剖分 $T$ 和三角剖分 $T'$ 中的对角线时, 则 $\widehat{Y}_{d,T}$ 未必等于 $\widehat{Y}_{d,T'}$.

对于 $G_m$ 的一个三角剖分 $T$, 将 $T$ 的对角线表示为 $d_1, d_2, \cdots, d_{m-3}$, 则交比为

$$Y_{d_1,T}, Y_{d_2,T}, \cdots, Y_{d_{m-3},T}.$$

记 $\widehat{Y}_T = (Y_{d_1,T}, Y_{d_2,T}, \cdots, Y_{d_{m-3},T})$.

$G_m$ 的每一个三角剖分 $T$ 对应了 $m \times (m-3)$ 阶矩阵 $\widetilde{B}_T = (b_{\alpha\beta}^T)$, 定义如下: 对任意弧 $\alpha, \beta$,

$$b_{\alpha\beta}^T = \begin{cases} 1, & \text{如果 } \alpha \text{ 和 } \beta \text{ 是 } T \text{ 中某个三角形的两条边并且 } \alpha \text{ 顺时针旋转得到 } \beta, \\ -1, & \text{如果 } \alpha \text{ 和 } \beta \text{ 是 } T \text{ 中某个三角形的两条边并且 } \alpha \text{ 逆时针旋转得到 } \beta, \\ 0, & \text{其他}, \end{cases}$$

其中列指标集为 $T$, 行指标集为 $T$ 与边界 $\{P_{1,m}, P_{i,i+1} | i = 1, \cdots, m-1\}$ 的并.

将 $d = d_u = P_{ik}$ 替换成 $d_u' = P_{jl}$, 我们得到一个新的三角剖分 $T'$, 则 $\widehat{Y}_{T'} = (Y_{d_1,T'}, \cdots, Y_{d_u',T'}, \cdots, Y_{d_{m-3},T'})$. 因此,

$$Y_{d_u,T} := \widehat{Y}(P_i, P_j, P_k, P_l) = \frac{P_{il}P_{jk}}{P_{ij}P_{kl}}, \qquad Y_{d_u',T'} := \widehat{Y}(P_j, P_k, P_l, P_i) = \frac{P_{ji}P_{kl}}{P_{jk}P_{li}}.$$

于是可见

$$Y_{d_u',T'} = Y_{d_u,T}^{-1}. \tag{14.4}$$

**习题 14.2** 证明 $\mu_u(\widetilde{B}_T) = \widetilde{B}_{T'}$.

进一步, 我们有

**命题 14.2** $\mu_u(\widehat{Y}(T), \widetilde{B}_T) = (\widehat{Y}_{T'}, \widetilde{B}_{T'})$.

**证明** 根据习题 14.2 以及 (14.4), 由于

$$b_{P_{ik}P_{ij}}^T = b_{P_{ik}P_{lk}}^T = -b_{P_{ik}P_{il}}^T = -b_{P_{ik}P_{jk}}^T = 1,$$

我们只需证明

$$Y_{P_{il},T'} = Y_{P_{il},T}(Y_{P_{ik},T} + 1), \qquad Y_{P_{jk},T'} = Y_{P_{jk},T}(Y_{P_{ik},T} + 1),$$

以及

$$Y_{P_{ij},T'} = Y_{P_{ij},T} \frac{Y_{P_{ik},T}}{Y_{P_{ik},T} + 1}, \qquad Y_{P_{lk},T'} = Y_{P_{lk},T} \frac{Y_{P_{ik},T}}{Y_{P_{ik},T} + 1}.$$

根据交比的定义, 有

$$Y_{P_{ik},T} := \widehat{Y}(P_i, P_j, P_k, P_l) = \frac{P_{il}P_{jk}}{P_{ij}P_{kl}}.$$

不妨假设 $P_{il}$ 所在四边形的第四个顶点为 $P_s$, 见图 14.2 (左).

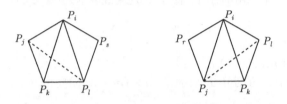

图 14.2   弧 $P_{il}$ 和 $P_{ij}$ 分别所在的五边形

因此,

$$Y_{P_{il},T} := \widehat{Y}(P_i, P_k, P_l, P_s) = \frac{P_{is}P_{kl}}{P_{ik}P_{ls}},$$

$$Y_{P_{il},T'} := \widehat{Y}(P_i, P_j, P_l, P_s) = \frac{P_{is}P_{jl}}{P_{ij}P_{ls}}.$$

所以

$$\frac{Y_{P_{il},T'}}{Y_{P_{il},T}} = \frac{P_{jl}P_{ik}}{P_{kl}P_{ij}} = \frac{P_{ij}P_{kl} + P_{il}P_{jk}}{P_{kl}P_{ij}} = Y_{P_{ik},T} + 1,$$

其中第二个等式由习题 14.1 得到.

因此, $Y_{P_{il},T'} = Y_{P_{il},T}(Y_{P_{ik},T} + 1)$. 同理可证 $Y_{P_{jk},T'} = Y_{P_{jk},T}(Y_{P_{ik},T} + 1)$.

同理, 不妨假设 $P_{ij}$ 所在四边形的第四个顶点为 $P_r$, 见图 14.2 (右).

因此,

$$Y_{P_{ij},T} := \widehat{Y}(P_i, P_r, P_j, P_k) = \frac{P_{ik}P_{rj}}{P_{ir}P_{jk}},$$

$$Y_{P_{ij},T'} := \widehat{Y}(P_i, P_r, P_j, P_l) = \frac{P_{il}P_{rj}}{P_{ir}P_{jl}}.$$

所以

$$\frac{Y_{P_{ij},T'}}{Y_{P_{ij},T}} = \frac{P_{il}P_{jk}}{P_{ik}P_{jl}} = \frac{P_{il}P_{jk}}{P_{ij}P_{lk} + P_{il}P_{jk}} = \frac{Y_{P_{ik},T}}{Y_{P_{ik},T} + 1},$$

其中第二个等式由习题 14.1 得到.

因此, $Y_{P_{ij},T'} = Y_{P_{ij},T} \dfrac{Y_{P_{ik},T}}{Y_{P_{ik},T} + 1}$. 同理可证 $Y_{P_{lk},T'} = Y_{P_{lk},T} \dfrac{Y_{P_{ik},T}}{Y_{P_{ik},T} + 1}$.   $\square$

根据命题 14.2, 我们即可得如下结论:

**命题 14.3**　固定 $G_m$ 的一个三角剖分 $T_0$, 并将其放置于正则树 $\mathbb{T}_{m-3}$ 的顶点 $t_0$ 上, 这时将这个三角剖分表为 $T_0^{t_0}$. 首先, 在 $t_0$ 处放 $\widehat{Y}$-种子 $(\widehat{Y}_{T_0^{t_0}}, \widetilde{B}_{T_0^{t_0}})$; 其次, 对 $\mathbb{T}_{m-3}$ 的任意边 $t \overset{k}{—} t'$, 假设存在三角剖分 $T^t$ 使得在顶点 $t$ 处放 $\widehat{Y}$-种子 $(\widehat{Y}_{T^t}, \widetilde{B}_{T^t})$, 那么在 $t'$ 处放 $\widehat{Y}$-种子 $(\widehat{Y}_{T'^{t'}}, \widetilde{B}_{T'^{t'}})$, 其中 $T'^{t'}$ 为 $T^t$ 在第 $k$ 条对角线作翻转得到的三角剖分. 则 $(Y_{T^t}, \widetilde{B}_{T^t})_{t \in \mathbb{T}_{m-3}}$ 构成一个秩为 $m-3$ 的 $\widehat{Y}$-模式.

# 第 15 章　全正矩阵的丛代数刻画

## 15.1　全正矩阵与初始子式

令 $A = (a_{ij}) \in \mathrm{Mat}_{n \times n}(\mathbb{R})$ 是一个 $n$ 阶实方阵. 若对 $k = 1, 2, \cdots, n$, $A$ 的所有 $k$ 阶子式均为正数, 则 $A$ 被称为**全正矩阵** (totally positive matrix). 这类矩阵最早出现在文献 [166] 中, 研究与 Poly 频率序列有关的问题. 之后更系统的研究是在文献 [80, 81] 中, 作者发现: 全正矩阵的所有特征根是正实的单根. 全正矩阵在应用数学的很多领域都非常有用, 包括在统计、力学 (特别是振动学) 中.

在文献 [137] 中, Lusztig 指出了 $SL_n(\mathbb{R})$ 中的全正矩阵组成了一个子幺半群, 表为 $SL_n(\mathbb{R}_{>0})$; 它的闭包 $SL_n(\mathbb{R}_{\geqslant 0})$ 也是一个子幺半群. 更一般地, 全正矩阵理论与代数群的典范基的正性联系在一起.

根据定义, 为了判断一个矩阵 $A$ 是否全正的, 需要计算 $A$ 的所有 $k$ 阶子式 $(k = 1, 2, \cdots, n)$, 这样的子式共有 $(\mathrm{C}_n^1)^2 + (\mathrm{C}_n^2)^2 + \cdots + (\mathrm{C}_n^n)^2 = \mathrm{C}_{2n}^n - 1$ 个. Fomin 和 Zelevinsky[69] 利用双线图 (double wiring diagram) 及其局部移动, 证明了只需要验证其中 $n^2$ 个特殊的子式即可. 从丛代数的观点, 即 $GL_n(\mathbb{C})$ 的坐标环具有一个丛代数结构, 其中初始扩张丛含有 $n^2$ 个子式作为丛变量, 并且所有的子式都是一个丛变量. 本章中, 我们将介绍这部分内容.

对任意 $I, J \subseteq [1, n]$ 满足 $|I| = |J|$, 矩阵 $A \in \mathrm{Mat}_{n \times n}(\mathbb{C})$ 中分别以 $I, J$ 为行标集和列标集的子式记为 $\Delta_{I,J}$.

**定义 15.1**　(1) 若 $I$ 和 $J$ 均为连续分布的指标集, 则子式 $\Delta_{I,J}$ 被称为**固体的** (solid).

(2) 一个固体子式 $\Delta_{I,J}$ 被称为**初始子式**, 若 $1 \in I \cup J$. 见图 15.1.

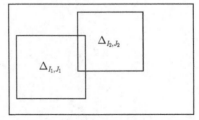

图 15.1　初始式子 $\Delta_{I_1, J_1}$ 和 $\Delta_{I_2, J_2}$ 的示意图

比如当 $n = 4$ 时, $\Delta_{234,123}$ 就是一个初始子式. 当 $n = 3$ 时, 所有的初始子式为 $\Delta_{1,1}, \Delta_{1,2}, \Delta_{1,3}, \Delta_{2,1}, \Delta_{3,1}, \Delta_{12,12}, \Delta_{12,23}, \Delta_{23,12}, \Delta_{123,123}$. 见后面图 15.7 示例, 这些初始子式可以组成一个双线图, 具体见后解释.

**习题 15.1** 证明 $A \in \mathrm{Mat}_{n \times n}(\mathbb{C})$ 一共有 $n^2$ 个初始子式.

下面这个结果及其证明方法, 体现了丛代数的基本思想, 成为 Fomin 和 Zelevinsky 创立丛代数理论的主要动机之一.

**定理 15.1** [69,84] 一个矩阵 $A \in \mathrm{Mat}_{n \times n}(\mathbb{R})$ 是全正的当且仅当 $A$ 的所有初始子式是正的.

这个定理的证明将在定理 15.2 之后给出.

因此由定理 15.1 和习题 15.1 可知, 要判断 $A$ 是否全正, 不需要计算所有 $\mathrm{C}_{2n}^n - 1$ 个子式, 只用计算验证 $n^2$ 个初始子式是否为正即可.

下面我们将介绍的是通过矩阵子式的双线图刻画, 在 $GL_n(\mathbb{C})$ 的坐标环上构造丛代数结构, 从而利用丛代数的 Laurent 现象和丛变量的正性, 完成上述主要定理的证明.

## 15.2 矩阵的双线图

首先, 我们介绍 $n$ 阶双线图, 下面的图例都是对 $n = 3$ 的情况给出的.

(1) 一个 $n$ 阶**列线图** (column wiring diagram) 由 $n$ 条分段折线构成的, 每一条折线的两端均标为 $k$, 其线标 $k = 1, 2, \cdots, n$ 在左边从下往上增加, 在右边从上往下增加, 都表示矩阵 $A$ 的列标. 每两条线交且仅交一次, 见图 15.2.

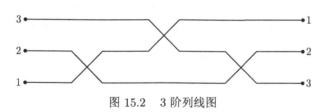

图 15.2　3 阶列线图

(2) 一个 $n$ 阶**行线图** (row wiring diagram) 由 $n$ 条分段折线构成每一条折线的两端均标为 $k$, 其线标 $k = 1, 2, \cdots, n$ 在左边从上往下增加, 在右边从下往上增加, 都表示矩阵 $A$ 的行标. 每两条线交且仅交一次, 见图 15.3.

上述行线图和列线图经常统称为**单线图**.

(3) 将一个 $n$ 阶列线图 (粗线) 与一个 $n$ 阶行线图 (细线) 重叠在一起, 称为 $n$ 阶**双线图** (double wiring diagram). 双线图中的每个被围区域称为**胞腔**, 每个胞腔用在它下方的行线图和列线图的指标表示, 前者写左边, 后者写右边. 将胞腔的指标 (例如 13, 12) 用于表示 $A$ 的子式 (例如 $\Delta_{13,12}$). 可见对 $A \in \mathrm{Mat}_{n \times n}(\mathbb{R})$ 而言, 双线图中由胞腔表示的子式恰有 $n^2$ 个. 比如上述 $n = 3$ 的情况, 所得表示的子式恰为 $9 = 3^2$ 个, 见图 15.4.

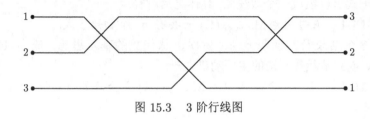

图 15.3　3 阶行线图

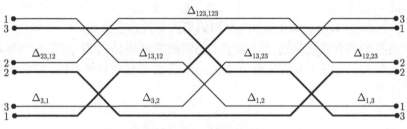

图 15.4　3 阶双线图

(4) 上述胞腔又分为**全胞腔**和**半胞腔**, 前者是指由细线和粗线包围的有界胞腔 (例如 $\Delta_{13,12}$), 后者是指被围区域的左边或右边是开放的 (例如 $\Delta_{23,12}$). 双线图的变异或称局部移动是将全胞腔左、右的交叉点所围的局部区域的变换来完成, 而半胞腔所在的局部区域不需进行变异. 因此, 将全胞腔对应的子式可以看作丛代数的换位丛变量, 半胞腔对应的子式看作丛代数的冰冻变量.

(5) 任一双线图, 可有图 15.5 中的三类**局部变换** (或称**变异**).

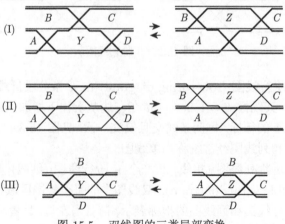

图 15.5　双线图的三类局部变换

上述三类局部变换依序称为**第一、二、三类的**. 其中第一类局部变换事实上只是对列线图作了关于中间水平线的对称变换, 行线图没有变化, 所以也可以称为**列线图局部变换**. 同理, 第二类局部变换只是对行线图作了关于中间水平线的对称变换, 列线图没有变化, 称为**行线图局部变换**. 第三类局部变换是以双线图中间垂直线为对称轴的行线图的胞腔和列线图的胞腔之间的对称变换, 它也可以等价地通过行线图和列线图的胞腔的左右伸缩来完成变换.

**命题 15.1**[69, Lemma 18]　这三类变异下, 对应的子式都满足 $YZ=AC+BD$, 即

$$Y = \mu_Z(Z) = \frac{AC+BD}{Z}. \tag{15.1}$$

第一类变异 (I) 的例子, 如图 15.6 所示.

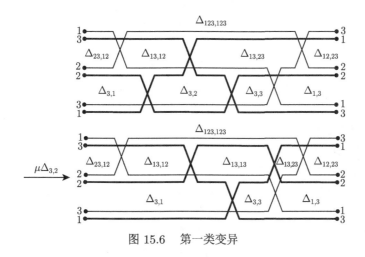

图 15.6　第一类变异

第三类变异 (III) 的例子, 如图 15.7 所示.

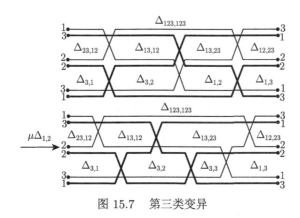

图 15.7　第三类变异

以 $n = 3$ 阶矩阵为例, 我们有如下以初始子式对应的半或全胞腔组成的双线图 (见图 15.8).

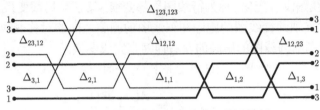

$$\Delta_{123,123}$$
$$\Delta_{23,12} \qquad \Delta_{12,12} \qquad \Delta_{12,23}$$
$$\Delta_{3,1} \quad \Delta_{2,1} \quad \Delta_{1,1} \quad \Delta_{1,2} \quad \Delta_{1,3}$$

图 15.8   胞腔全为初始子式的双线图的例

事实上, 关于双线图, 我们有如下结论:

**定理 15.2** [69]   (1) 存在 $n$ 阶双线图使得它的所有半胞腔和全胞腔对应的子式恰为所有初始子式;[①]

(2) 每个子式必为某个双线图中的一个胞腔;

(3) 任两个双线图可由上述三类变异 (即局部变换) 相互得到.

**证明**   (1) 由双线图的定义得, 每一个双线图都是由一个列线图和一个行线图重叠组合得到的.

**步骤 1   列线图的构造.**

我们把这个列线图放在以坐标 $(0,1), (2n-1,1), (0,n)$ 和 $(2n-1,n)$ 为顶点的长方形中. 具体地, 对于 $k \in [1,n]$, 第 $k$ 条分段折线 $z_k$ 通过如下方式构造:

(a) 从点 $(0,k)$ 出发, 设 $z_k$ 到达点 $(i,j)$.

(b) (i) 如果 $(i,j)$ 满足 $i = 2n - 1$, 则 $z_k$ 已构作完成;

(ii) 如果 $(i,j)$ 满足 $i < 2n - 1$ 且 $j = 1$, 则从 $(i,j)$ 出发添加折线段 $(i,1) \to (i+1,1) \to (i+2,n+1-k) \to (i+3,n+1-k) \to \cdots \to (2n-1,n+1-k)$, 然后 $z_k$ 构作完成;

(iii) 如果 $(i,j)$ 满足 $i < 2n - 1$ 且 $j > 1$, 则从 $(i,j)$ 出发添加折线段 $(i,j) \to (i+1,j) \to (i+2,j-1)$;

(iv) 然后反复用 (iii) 中的算法直到满足 (ii) 的条件之后, 进行 (ii) 中的算法后完成 $z_k$ 的构作.

如当 $n = 5$ 时, 构造的列线图如图 15.9 所示. 如分段折线 $z_3$ 经过的点依次为 $(0,3) \to (1,3) \to (2,2) \to (3,2) \to (4,1) \to (5,1) \to (6,3) \to (7,3) \to (8,3) \to (9,3)$.

---

① 这个结论的证明由杨一超提供.

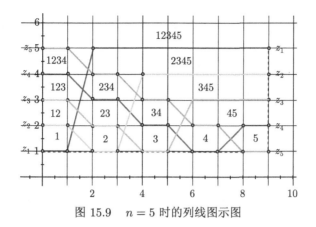

图 15.9 $n = 5$ 时的列线图示图

对于该列线图, 我们有如下重要的观察:

列线图从上到下, 从左到右的胞腔共有 $1 + 2 + 3 + \cdots + n = \dfrac{n(n+1)}{2}$ 个, 列标标记分别为

$$123 \cdots n;\ 123 \cdots (n-1),\ 23 \cdots n;\ 123 \cdots (n-2),\ 23 \cdots (n-1),\ 34 \cdots n;\ \cdots;$$

$$12,\ 23,\ 34,\ \cdots,\ (n-2)(n-1),\ (n-1)n;\ 1,\ 2,\ \cdots,\ n-1,\ n,$$

其中 ";" 是用于将不同层的胞腔区分开.

具体地, 该观察的证明如下:

考虑该列线图从下往上数的第 $k$ 层胞腔. 根据构造, 容易发现 (比如见上面 $n = 5$ 的例子), 在 $x \in [0,1]$ 时, 所有的分段折线都不相交. 在 $x \in [1,2]$ 时, 对任意 $i, j \neq 1$, $z_i$ 与 $z_j$ 都不相交, 而 $z_1$ 的连接 $(1,1)$ 与 $(2,n)$ 的分段与 $z_k$ 的连接 $(1,k)$ 与 $(2,k-1)$ 的分段相交. 因此, 第 $k$ 层第一个交点 $(s_1, t_1)$ 为 $z_1$ 和 $z_{k+1}$ 的交点, 并且 $1 < s_1 < 2, k < t_1 < k+1$.

类似地, 第 $k$ 层第二个交点 $(s_2, t_2)$ 为 $z_2$ 和 $z_{k+2}$ 的交点, 且满足 $3 < s_2 < 4, k < t_2 < k+1$; 第 $k$ 层的最后一个交点 $(s,t)$ 为 $z_{n-k}$ 和 $z_n$ 的交点, 且满足

$$1 + 2(n-k-1) < s < 2 + 2(n-k-1), \quad k < t < k+1.$$

因此, 一共有 $n-k$ 个交点, 从而该层一共有 $n-k+1$ 个胞腔. 考虑 $n-k+1$ 个点

$$\left( \frac{1}{2}, k + \frac{1}{2} \right),\ \left( \frac{1}{2} + 2, k + \frac{1}{2} \right),\ \cdots,\ \left( \frac{1}{2} + 2(n-k), k + \frac{1}{2} \right),$$

根据列线交点的分布, 我们知道这 $n-k+1$ 个点分别落在 $n-k+1$ 个不同胞腔之中.

在点 $\left(\dfrac{1}{2}, k+\dfrac{1}{2}\right)$ 下方的分段折线为 $z_1, \cdots, z_k$; 在点 $\left(\dfrac{1}{2}+2, k+\dfrac{1}{2}\right)$ 下方的分段折线为 $z_2, \cdots, z_{k+1}$; $\cdots$; 在点 $\left(\dfrac{1}{2}+2(n-k), k+\dfrac{1}{2}\right)$ 下方的分段折线为 $z_{n-k+1}, \cdots, z_n$. 因此该层的胞腔的标记依次为

$$12\cdots k, 23\cdots(k+1), \cdots, (n-k+1)\cdots n.$$

**步骤 2　行线图的构造.**

行线图由列线图按照直线 $x = \dfrac{2n-1}{2}$ 作对称翻转得到. 特别地, 该行线图也有类似的事实:

从上到下, 从左到右的胞腔的也有 $\dfrac{n(n+1)}{2}$ 个, 行标标记分别为

$$123\cdots n;\ 23\cdots n,\ 123\cdots(n-1);\ 34\cdots n,\ 23\cdots(n-1),\ 123\cdots(n-2);\ \cdots;$$

$$(n-1)n,\ (n-2)(n-1),\ \cdots,\ 34,\ 23,\ 12;\ n,\ n-1,\ \cdots,\ 2,\ 1.$$

**步骤 3　双线图的构造.**

对行线图和列线图作水平伸缩, 我们总能使得对于任意一层, 行线图的最后一个交点在列线图第一个交点的左侧. 这个特点使得所围的每个胞腔的行标或者列标中, 总有数字 1 存在, 如图 15.10 所示. 这是所获胞腔对应的子式为初始子式的必要条件.

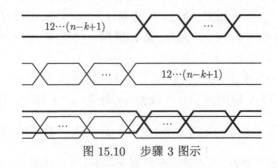

图 15.10　步骤 3 图示

接下来, 我们证明所需的双线图由上述列、行线图重叠得到.

考虑该双线图从上往下数的第 $k$ 层. 根据上述列线图的构造, 其列线图的胞腔标记从左到右依次为

$$123\cdots(n-k+1),\quad 23\cdots(n-k+2),\quad \cdots,\quad k(k+1)\cdots n.$$

类似地, 由行线图的构造, 其胞腔标记从左到右依次为

$$k(k+1)\cdots n, \quad \cdots, \quad 23\cdots(n-k+2), \quad 12\cdots(n-k+1).$$

由于行线图的最后一个交点在列线图第一个交点的左侧, 我们知道第 $k$ 层对应的子式为

$$\Delta_{k(k+1)\cdots n,12\cdots(n-k+1)},\cdots,\Delta_{23\cdots(n-k+2),12\cdots(n-k+1)},\Delta_{12\cdots(n-k+1),12\cdots(n-k+1)},$$

$$\Delta_{123\cdots(n-k+1),23\cdots(n-k+2)},\cdots,\Delta_{12\cdots(n-k+1),k(k+1)\cdots n}.$$

易见这些子式每一个都是固体的, 从而是初始的, 并且有 $2k-1$ 个子式. 因此一共有 $\sum_{k=1}^{n}(2k-1) = n(n+1) - n = n^2$ 个子式. 由于 $n$ 阶矩阵恰有 $n^2$ 个初始子式, 故如上构造的双线图包含了所有的初始子式, 即结论 (1) 得证.

本定理前的图就是 $n=3$ 时初始子式组成的双线图的实例.

(2) 对于任意子式 $\Delta_{I,J}$, 我们说明如何构作: 使得 $I$ 为某一个行线图的胞腔, $J$ 为某个列线图的胞腔, 并且这两个胞腔是在同一层的, 从而这行线图和列线图可以交叉在一起构成一个 $(I,J)$-胞腔, 从而结论成立.

行线图的左边是从上往下递增的线标集 $1,2,\cdots,n$, 右边是从下往上递增的线标集 $1,2,\cdots,n$. 对 $i \in [1,n]$, 先将两边线标集的点 $i$ 和 $i$ 两两连起来并让这些连接线段交于一个公共交点 $P$, 分别记这些线段为 $l_1,\cdots,l_n$. 这时, 得到的还不是行线图.

但令 $I = \{i_1,\cdots,i_k\}$, 将线段 $l_{i_1},\cdots,l_{i_k}$ 从点 $P$ 往下拉作连续形变; 同时, 对任意 $j \notin I$, 将 $l_j$ 沿着公共交点往上拉作连续形变, 在这两个形变操作基础上, 再将所得的图形中每一条线修正为分段折线, 即可让原来的图变成一个行线图. 见图 15.11 中 $n=3, I=\{2\}$ 的例子.

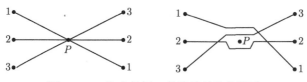

图 15.11   取定行标 $I$ 的胞腔的构作图示

这时点 $P$ 留在所获得的行线图的一个胞腔中, 将此胞腔表为 $B_1$, 那么 $B_1$ 的行标记恰好为 $I$.

同理, 可以按照类似的方式构造列线图, 设 $P$ 所在列线图的胞腔为 $B_2$, 使得 $B_2$ 的列标记恰好为 $J$.

将上面的行线图和这个列线图组成一个双线图. 点 $P$ 所在的胞腔 $B_1$ 和 $B_2$ 叠交在一起构成了双线图的一个胞腔 $B$, 则 $B$ 是一个 $(I, J)$-胞腔, 对应的子式是 $\Delta_{I,J}$.

(3) 由文献 [105] 我们知道, 反射群中每一个元素都可以表达成一些单反射的乘积, 一个元素的长度定义为表达成单反射乘积的最短长度; 在对称群中存在唯一长度最长的元素, 被称为**最长元**.

首先陈述如下两个事实:

(a) (文献 [12, Section 2.3]) 单线图与 $S_n$ 中最长元 $w_0$ 的约化表示有着一一对应的关系, 具体对应关系如下:

从左到右依次记线图里的相交点为 $p_1, \cdots, p_m$, 不难证明 $m = \dfrac{n(n-1)}{2}$. 令 $s_1, \cdots, s_{n-1}$ 为对称群 $S_n$ 的单反射集合, 假设 $p_i$ 在第 $l_i$ 层, 那么该单线图对应的约化表示 $w_0 = s_{l_1} s_{l_2} \cdots s_{l_m}$. 请参考如图 15.12 中例子.

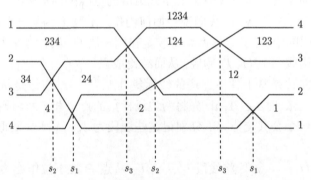

图 15.12    单线图与最长元的约化表示的关系图示

(b) (文献 [105]) **Tit 定理**: $S_n$ 的最长元 $w_0$ 的任意两个约化表示总可以通过作一系列的辫子关系 $s_i s_{i+1} s_i = s_{i+1} s_i s_{i+1}$ 将 $s_i s_{i+1} s_i$ 与 $s_{i+1} s_i s_{i+1}$ 相互替换得到.

根据上述两个事实, 我们知道任意两个单线图可以通过一系列如图 15.13 中的局部变换得到.

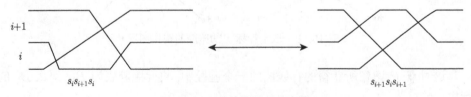

图 15.13    单线图的局部变换

由于一个双线图由两个单线图组成, 根据上述事实 (a), 一个双线图决定了 $w_0$

的一对约化表示 $(u, v)$. 注意到, 反过来, $w_0$ 的一对约化表示 $(u, v)$ 不能唯一地决定一个双线图. 但 $w_0$ 的一对约化表示 $(u, v)$ 决定的任两个双线图之间可以通过作一系列第三类局部变换互相得到, 这可以通过左右伸缩行线图和列线图的胞腔来实现.

现在对于任意两个双线图 $D_1, D_2$, 令 $D_1$ 和 $D_2$ 分别对应于 $w_0$ 的一对约化表示 $(u_1, v_1)$ 以及 $(u_2, v_2)$. 根据事实 (b), $u_2$ 可以通过 $u_1$ 作一系列的变换将 $s_i s_{i+1} s_i$ 与 $s_{i+1} s_i s_{i+1}$ 相互替换得到, 此时我们对 $D_1$ 的行线图作相应的局部变换 (对应第二类局部变换) 可以得到 $D_2$ 的行线图, 但双线图中的列线图仍是 $D_1$ 的列线图, 所获双线图表为 $D'$. 同理, $v_2$ 可以通过 $v_1$ 作一系列的变换将 $s_i s_{i+1} s_i$ 与 $s_{i+1} s_i s_{i+1}$ 相互替换得到, 此时对 $D'$ 的列线图作相应的局部变换 (对应第一类局部变换), 但行线图不变, 记得到的双线图为 $D$. 此时 $D$ 的行线图与列线图, 分别和 $D_2$ 的行线图与列线图一样. 因此, $D$ 对应的 $w_0$ 的约化表示对也为 $(u_2, v_2)$, 与 $D_2$ 对应的约化表示对一样. 从而 $D_2$ 可以通过 $D$ 作一系列第三类局部变换得到. 故 $D_2$ 可以通过 $D_1$ 作一系列第一、二、三类局部变换得到.                    $\square$

## 15.3  主要定理的证明

### 定理 15.1 的证明

将一个双线图对应丛代数的丛, 根据定理 15.2, 由初始子式对应的半胞腔和全胞腔组成的双线图就对应初始丛; 从这个双线图出发, 让每个子式对应一个换位丛变量 (也即对应全胞腔), 或对应一个冰冻变量 (也即对应半胞腔), 由上述的变异关系 (15.1), 可生成一个丛代数 $\mathcal{A}$.

根据定理 15.2, 任意子式都可以通过初始子式作变异得到, 因此任意子式均与丛代数 $\mathcal{A}$ 的一个丛变量对应.

若初始子式都为正的, 则由丛代数 $\mathcal{A}$ 的丛变量的 Laurent 展开的正性及定理 15.2(2), 可得任一子式 (即对于任一全胞腔) 是正的, 从而定理 15.1 得证.          $\square$

**推论 15.1** [69]  一个矩阵 $A \in \mathrm{Mat}_{n \times n}(\mathbb{R})$ 是全正的当且仅当 $A$ 的由任意双线图的所有胞腔决定的子式是正的.

对一个双线图 $D$, 定义箭图 $Q(D)$, 其顶点代表 $D$ 的胞腔 (全胞腔对应换位顶点, 半胞腔对应冰冻顶点). 对两者至少一个是对应全胞腔的顶点 $c$ 和 $c'$, 定义箭向 $c \longrightarrow c'$, 若下面两个条件之一成立:

(1) $c$ 对应胞腔和 $c'$ 对应胞腔是左、右相邻的, 则箭向从左向右;

(2) $c$ 对应胞腔和 $c'$ 对应胞腔是 (斜) 上下相邻的, 则箭向从右上向左下, 或右下向左上.

**习题 15.2**  双线图 $D \xrightarrow{\text{局部移动} Y} D'$ 当且仅当对应箭图 $Q(D) \xrightarrow[\text{变异}]{\mu_{v_Y}} Q(D')$.

# 第 16 章　与数论中若干问题的关系

本章内容主要参考文献 [67].

## 16.1　Markov 方程

自然数集 N 上的方程

$$x_1^2 + x_2^2 + x_3^2 = 3x_1x_2x_3$$

是一个著名的丢番图方程, 称为 **Markov 方程**, 满足此方程的三元组 $(x_1, x_2, x_3)$ 被称为 **Markov 三元组**, 其中任何 $x_i, i = 1, 2, 3$ 都称为 **Markov 数**. 记 $\mathcal{M}$ 为所有 Markov 数的集合.

更一般地, 对 $k \in \mathbb{N}$, 我们称

$$x_1^2 + x_2^2 + x_3^2 = kx_1x_2x_3$$

是一个 **$k$-Markov 方程**.

下面用丛代数方法给出 Markov 方程的解的求法. 如下箭图 $Q$ 被称为 **Markov 箭图** (图 16.1).

图 16.1　Markov 箭图 $Q$

显然 $Q$ 是一个丛箭图, 其三个顶点都是变异点. 它的对应换位矩阵是 $B = \begin{pmatrix} 0 & 2 & -2 \\ -2 & 0 & 2 \\ 2 & -2 & 0 \end{pmatrix}$. 对 $Q$ 的每个顶点 $1, 2, 3$ 分别作变异, 获得的箭图与原来的箭图都是同构的, 也即 $Q$ 的变异等价类在同构的意义下仅有一个箭图, 从而 $Q$ 对应的换位矩阵的变异等价类在置换等价下仅有一个矩阵. 据此, 在这三个顶点下的丛变量的换位关系分别是

$$x_1'x_1 = x_2^2 + x_3^2, \quad x_2'x_2 = x_1^2 + x_3^2, \quad x_3'x_3 = x_1^2 + x_2^2.$$

**定理 16.1** 对任何 $k \in \mathbb{N}$, $k$-Markov 方程的 $k$-Markov 三元组在任一变量指标上关于 Markov 箭图进行变异后所得的新变量组仍为 $k$-Markov 三元组, 即 $k$-Markov 三元组是变异不变的.

**证明** 已知 $x_1^2 + x_2^2 + x_3^2 = kx_1x_2x_3$, 不失一般性地, 在变量指标 (即顶点) 1 上作变异. 由 $B = \begin{pmatrix} 0 & 2 & -2 \\ -2 & 0 & 2 \\ 2 & -2 & 0 \end{pmatrix}$ 易得

$$x_1' = \mu_1(x_1) = \frac{x_2^2 + x_3^2}{x_1},$$

以及

$$\frac{x_1'^2 + x_2^2 + x_3^2}{x_1' x_2 x_3} = \frac{\left(\dfrac{x_2^2 + x_3^2}{x_1}\right)^2 + x_2^2 + x_3^2}{\dfrac{x_2^2 + x_3^2}{x_1} x_2 x_3} = \frac{(x_2^2 + x_3^2) + x_1^2}{x_1 x_2 x_3} = k.$$

即 $x_1'^2 + x_2^2 + x_3^2 = kx_1' x_2 x_3$. □

下面特别考虑 $k = 3$ 时的 Markov 方程

$$x_1^2 + x_2^2 + x_3^2 = 3x_1x_2x_3.$$

它有一个明显的解为 $x_1 = x_2 = x_3 = 1$, 即有 Markov 三元组 $(1,1,1)$. 从 $(1,1,1)$ 出发, 每个顶点上轮流作变异, 得到如下 Markov 三元组的变异树 (图 16.2).

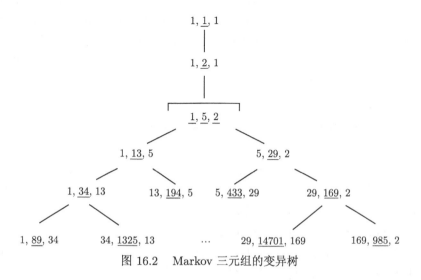

图 16.2 Markov 三元组的变异树

**引理 16.1**　$(1,1,1)$ 和 $(1,1,2)$ 是 Markov 方程仅可能地出现相同分量的 Markov 三元组.

**证明**　设 $(x_1, x_2, x_3)$ 是 Markov 方程出现了相同数值的一组解, 不妨设 $m_1 = m_2$. 因此,

$$2x_1^2 + x_3^2 = 3x_1^2 x_3, \tag{16.1}$$

故 $x_1^2 | x_1^2(3x_3 - 2) = x_3^2$, 从而 $x_1 | x_3$. 不妨设 $x_3 = ax_1, a \in \mathbb{N}$, 代入等式 (16.1), 我们有 $2 + a^2 = 3ax_1$, 因此 $a|a(3x_1 - a) = 2$, 从而 $a = 1$ 或 2.

当 $a = 1$ 时, $x_3 = x_1$, 因此 $3x_1^2 = 3x_1^3$, 从而 $x_1 = 1$. 故 $(x_1, x_2, x_3) = (1,1,1)$; 当 $a = 2$ 时, $x_3 = 2x_1$, 因此 $6x_1^2 = 6x_1^3$, 从而 $x_1 = 1$. 故 $(x_1, x_2, x_3) = (1,1,2)$.　□

**引理 16.2**　设 $(x_1, x_2, x_3)$ 是 Markov 方程的 Markov 三元组且 $x_1 < x_2 < x_3$, 则 $\mu_3(x_3) < x_2$.

**证明**　令 $f(x) = x^2 - (3x_1 x_2)x + (x_1^2 + x_2^2)$, 因此 $x_3, \mu_3(x_3)$ 是 $f(x)$ 的两个解. 而

$$f(x_2) = x_2^2 - 3x_1 x_2^2 + (x_1^2 + x_2^2) = 2x_2^2 + x_1^2 - 3x_1 x_2^2 < 0,$$

因此, $\mu_3(x_3) < x_2 < x_3$.　□

**定理 16.2** [3]　Markov 方程的任一组解均可作为 Markov 三元组出现在变异树中.

**证明**　令 $(x_1, x_2, x_3)$ 是 Markov 方程的一组解, 根据引理 16.1, 不妨假设 $x_1, x_2, x_3$ 两两不同. 进一步, 不妨设 $x_1 < x_2 < x_3$, 因此由引理 16.2, 我们有 $\mu_3(x_3) < x_2$. 从而在解 $(x_1, \mu_3(x_3), x_2)$ 中的最大元比 $(x_1, x_2, x_3)$ 中最大元小. 因此对 $(x_1, x_2, x_3)$ 的最大元不断作变异, 所得新的 Markov 三元组的最大元会不断变小, 最终我们会得到一组出现了相同分量的 Markov 三元组. 再由引理 16.1, 该解为 $(1,1,1)$ 或 $(1,1,2)$, 即: $(x_1, x_2, x_3)$ 可以通过 $(1,1,1)$ 或 $(1,1,2)$ 作变异得到, 从而出现在变异树中.　□

由定理 16.2 可知, 我们可以通过构作这个 Markov 三元组的变异树, 给出 Markov 方程的所有解. 故每一个 Markov 数都出现在 Markov 三元组的变异树中.

**习题 16.1** [3]　求证: 只有 $k = 1, 3$ 时, $k$-Markov 方程才有解.

Markov 方程著名的**唯一性猜想**是指: 作为 Markov 方程解的所有 Markov 三元组中的最大元都是互不相同的, 即: 若 $(x_1, x_2, x_3)$ 和 $(x_1', x_2', x_3')$ 是两组不同的解, 则 $\max\{x_1, x_2, x_3\} \neq \max\{x_1', x_2', x_3'\}$.

从对已列出的 Markov 三元组变异树中展示的数据很容易可以发现, 这个猜想是符合的. 但对一般情况, 至今该猜想还是未解决的. 详细的讨论可见文献 [3].

**注 16.1** 类似于 Markov 三元组的变异树, 我们可以定义 Farey 树如图 16.3 所示.

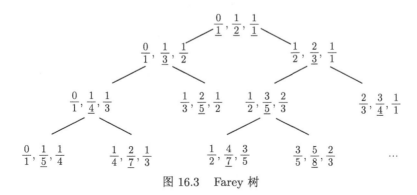

图 16.3 Farey 树

在不考虑顶点 $(1,1,1)$ 和 $(1,1,2)$ 的情况下, Markov 三元组的变异树和 Farey 树同构. 在该同构的意义下, 我们可以给出关于下面对应关系:

$$\phi : \mathbb{Q} \cap [0,1] \to \mathcal{M}, \quad t \mapsto m_t := \phi(t).$$

因此, 唯一性猜想等价于映射 $\phi$ 是一个单射.

作为解决唯一性猜想的一个进展, 利用带一个刺穿点的环面上蛇图的完美匹配, Rabideau 和 Schiffler[161] 证明了映射 $\phi$ 具有如下的单调性:

(1) 令 $\dfrac{p}{q}, \dfrac{p'}{q}$ 为介于 $0,1$ 的两个即约分式, 如果 $p < p'$, 那么 $m_{\frac{p}{q}} < m_{\frac{p'}{q}}$;

(2) 令 $\dfrac{p}{q}, \dfrac{p}{q'}$ 为介于 $0,1$ 的两个即约分式, 如果 $q < q'$, 那么 $m_{\frac{p}{q}} < m_{\frac{p}{q'}}$.

这里 (1), (2) 意味着: 当固定分母或者分子时, $\phi$ 是单射, 从而由此所得的 Markov 数两两不同.

# 16.2　Somos 序列

1. Somos-4 序列

令 $z_1 = z_2 = z_3 = z_4 = 1$, 对 $m \geqslant 1$, 由递推公式

$$z_{m+4} z_m = z_{m+3} z_{m+1} + z_{m+2}^2$$

归纳定义所得的序列 $z_1, z_2, \cdots, z_m, \cdots$ 称为 **Somos-4 序列**. 此序列于 20 世纪 80 年代由 M. Somos 发现[98,99]. Somos-4 序列的前面一些项依次为

$$1, 1, 1, 1, 2, 3, 7, 23, 59, 314, 1529, 8209, 83313, 620297, 7869898, \cdots .$$

可以看出, 这些 Somos-4 序列都是正整数. 继续再验证下去也是这样. 怎么严格证明每个 Somos-4 序列的项都是正整数? 下面我们就用丛代数的方法来证明.

令 $Q$ 是丛箭图 (图 16.4). 其中顶点 $1, 2, 3, 4$ 均为可变异顶点. 它对应的换位矩阵是

$$B = \begin{pmatrix} 0 & -1 & 2 & -1 \\ 1 & 0 & -3 & 2 \\ -2 & 3 & 0 & -1 \\ 1 & -2 & 1 & 0 \end{pmatrix}.$$

图 16.4　丛箭图 $Q$

令丛代数的初始丛变量恰为

$$x_1 = z_1, \quad x_2 = z_2, \quad x_3 = z_3, \quad x_4 = z_4,$$

对顶点 1 作变异, 则由换位矩阵或丛箭图可见, 换位关系是

$$x_1' x_1 = x_4 x_2 + x_3^2,$$

从而 $x_1' = z_5$, 得到新的丛是 $\{z_2, z_3, z_4, z_5\}$, 这个丛的丛箭图为 $Q_1 = \mu_1(Q)$ (图 16.5).

图 16.5　$Q$ 变异后的丛箭图 $\mu_1(Q)$

$Q_1$ 恰是 $Q$ 作一次顺时针旋转 $90°$ 但顶点不动而获得的丛箭图, 对应的换位矩阵表为 $B_1 (= B)$.

接下去依次对顶点 $2, 3, 4, \cdots, m, \cdots$ 作变异, 则新的丛为 $\{z_{m+1}, z_{m+2}, z_{m+3}, z_{m+4}\}$ $(m = 2, 3, \cdots)$, 依次得到换位关系是

$$z_{m+4} z_m = z_{m+3} z_{m+1} + z_{m+2}^2. \tag{16.2}$$

用 $\overline{m}$ 表示模去 4 的倍数后的余数, 轮流取为 $1, 2, 3, 4$, 则丛箭图 $Q_{\overline{m}} = \mu_{\overline{m}}(Q_{\overline{m-1}})$ 恰为 $Q_{\overline{m-1}}$ 作一次顺时针旋转 $90°$ 但顶点不动而获得的新箭图, 对应的换位矩阵表为 $B_{\overline{m}}(= B)$.

因此, Somos-4 序列 $z_1, z_2, \cdots, z_m, \cdots$ 的递推关系 (16.2) 可以由以初始丛变量 $\{z_1, z_2, z_3, z_4\}$ 开始的不断变异来获得. 这时的丛代数 $\mathcal{A}$ 就是由 Somos-4 序列的所有变量 $z_1, z_2, \cdots, z_m, \cdots$ 在以递推关系为条件生成的代数.

根据丛代数的 Laurent 现象和丛变量的正性定理, 每个丛变量 $z_m (m \geqslant 5)$ 可以表为初始丛变量 $\{z_1, z_2, z_3, z_4\}$ 的正系数的 Laurent 多项式

$$z_m = f(z_1, z_2, z_3, z_4) = \frac{f_0(z_1, z_2, z_3, z_4)}{z_1^{k_1} z_2^{k_2} z_3^{k_3} z_4^{k_4}},$$

其中 $f_0$ 是 $z_1, z_2, z_3, z_4$ 的正整数系数多项式, $z_1^{k_1} z_2^{k_2} z_3^{k_3} z_4^{k_4}$ 是一个单项式.

但因为 $z_1 = z_2 = z_3 = z_4 = 1$, 故 $z_m$ 总是一个正整数.

2. Somos-5 序列

令 $z_1 = z_2 = z_3 = z_4 = z_5 = 1$, 对 $m \geqslant 1$, 定义递推关系

$$z_{m+5} z_m = z_{m+1} z_{m+4} + z_{m+2} z_{m+3}, \tag{16.3}$$

则可得的序列

$$1, 1, 1, 1, 1, 2, 3, 5, 11, 37, 83, 274, 1217, 6161, 22833, 165713, \cdots$$

称为 **Somos-5 序列**.

与 Somos-4 序列一样, 可以将 Somos-5 序列看成生成的一个丛代数: 以 $z_1, z_2, z_3, z_4, z_5$ 为初始丛, 初始换位矩阵为

$$B = \begin{pmatrix} 0 & -1 & 1 & 1 & -1 \\ 1 & 0 & -2 & 0 & 1 \\ -1 & 2 & 0 & -2 & 1 \\ -1 & 0 & 2 & 0 & -1 \\ 1 & -1 & -1 & 1 & 0 \end{pmatrix},$$

则有换位关系

$$z_6 z_1 = z_2 z_5 + z_3 z_4,$$

而事实上有 $\mu_1(B) = B$.

　　因此依次对 $\{z_m, z_{m+1}, z_{m+2}, z_{m+3}, z_{m+4}\}(m \geqslant 1)$ 中的 $z_m$ 作变异, 获得 $z_{m+5} = z'_m$, 换位矩阵总是 $B = \mu_1(B)$, 从而换位关系总和递推关系 (16.3) 一致.

　　于是由丛代数的正 Laurent 现象知, 每个 $z_m(m \geqslant 6)$ 都可表为 $z_1, z_2, z_3, z_4, z_5$ 的正 Laurent 展开式, 但 $z_i = 1(i = 1, 2, 3, 4, 5)$, 故 $z_m$ 是一个正整数.

　　**习题 16.2**　由 Laurent 现象证明: 由初始条件 $z_0 = z_1 = z_2 = 1$ 和递推关系 $z_{m+3}z_m = z_{m+2}z_{m+1} + 1$ 给出的序列 $z_0, z_1, \cdots, z_m, \cdots$ 是整数序列.

　　**习题 16.3**　对 $m \geqslant 1$, 由递推公式

$$z_{m+4}z_m = az_{m+3}z_{m+1} + bz_{m+2}^2$$

归纳定义所得序列 $z_1, z_2, \cdots, z_m, \cdots$ 称为**广义 Somos-4 序列**. 证明: 对任意 $m \geqslant 1$, $z_m$ 是初始变量 $z_1, z_2, z_3, z_4$ 的 Laurent $\mathbb{Z}[a, b]$-多项式.

## 16.3　Fermat 数

　　17 世纪 40 年代的 Pierre Fermat (费马) 猜想: 对任一非零自然数 $n$, $F_n = 2^{2^n} + 1$ 总是素数. 易见

$$F_1 = 2^{2^1} + 1 = 4 + 1 = 5, \qquad F_2 = 2^{2^2} + 1 = 16 + 1 = 17,$$
$$F_3 = 2^{2^3} + 1 = 256 + 1 = 257, \quad F_4 = 2^{2^4} + 1 = 65536 + 1 = 65537.$$

可知从 $F_1$ 到 $F_4$ 均为素数, Fermat 是对的. 但对于 $n = 5$, 直到 1732 年, 才由欧拉证明了:

$$F_5 = 2^{2^5} + 1 = 2^{32} + 1 = 641 \times 6700417,$$

不再是素数, 即: Fermat 的这个猜想是错的. 但我们仍将 $F_n(n \in \mathbb{N})$ 这样的数称为 **Fermat 数**.

　　在这里, 我们将对 $F_5 = 641 \times 6700417$ 这个分解用丛代数的变异来解释.

　　令

$$\widetilde{X} = \{x_1, x_2, x_3\}, \quad \widetilde{B} = \begin{pmatrix} 0 & 4 \\ -1 & 0 \\ 1 & -3 \end{pmatrix},$$

其中 $X = \{x_1, x_2\}$, $X_{fr} = \{x_3\}$. 那么, 可以作如下变异:

$$(x_1, x_2, x_3), \widetilde{B} = \begin{pmatrix} 0 & 4 \\ -1 & 0 \\ 1 & -3 \end{pmatrix} \xrightarrow{\mu_1} (x'_1, x_2, x_3), \begin{pmatrix} 0 & -4 \\ 1 & 0 \\ -1 & 1 \end{pmatrix}$$

$$\xrightarrow{\mu_2} (x_1', x_2', x_3), \begin{pmatrix} 0 & 4 \\ -1 & 0 \\ 0 & -1 \end{pmatrix} \xrightarrow{\mu_1} (x_1'', x_2', x_3), \begin{pmatrix} 0 & -4 \\ 1 & 0 \\ 0 & -1 \end{pmatrix}$$

$$\xrightarrow{\mu_2} (x_1'', x_2'', x_3), \begin{pmatrix} 0 & 4 \\ -1 & 0 \\ 0 & 1 \end{pmatrix}.$$

以 $(x_1, x_2, x_3) = (3, -1, 16)$ 为初始变量, 则由变异公式, 依次可得 $x_1' = 5, x_2' = -641, x_1'' = -128$, 最后

$$x_2'' = (1 + x_1''^4 x_3)/x_2' = (1 + 2^{32})/(-641) = (1 + 2^{2^5})/(-641) = F_5/(-641).$$

所以 $F_5 = 641(-x_2'')$. 要证 $F_5$ 是合数, 只需证明 $x_2'' \in \mathbb{Z}$. (由于 $2^{32}$ 太大, 直接计算有困难, 所以不需要考虑 $x_2''$ 的具体值, 而只考虑它是否整数.)

由丛代数 Laurent 原理和正性定理可知, $x_2'' \in \mathbb{N}[x_3][x_1^{\pm 1}, x_2^{\pm 1}]$ 可以表达为 $x_2'' = \dfrac{s}{3^l}$, 其中 $s, l \in \mathbb{Z}, l \geqslant 0$.

又, 以 $(x_1', x_2, x_3) = (5, -1, 16)$ 为初始变量, 则 $x_2'' \in \mathbb{N}[x_3][(x_1')^{\pm 1}, x_2^{\pm 1}]$ 可以表达为 $x_2'' = \dfrac{t}{5^u}$, 其中 $t, u \in \mathbb{Z}, u \geqslant 0$.

由于 $l, u \geqslant 0$, 从而 $(3^l, 5^u) = 1$, 则存在 $p, q \in \mathbb{Z}$ 使得 $p \cdot 3^l + q \cdot 5^u = 1$. 这时,

$$x_2'' = \frac{ps}{p \cdot 3^l} = \frac{qt}{q \cdot 5^u},$$

可得

$$1 = p \cdot 3^l + q \cdot 5^u = \frac{ps}{x_2''} + \frac{qt}{x_2''},$$

从而 $x_2'' = ps + qt \in \mathbb{Z}$.

从而 $F_5 = (-641) \times x_2''$ 是合数.

**注 16.2** 从上述讨论可见, 取初始值是个关键, 不能太大, 且次初始值最好恰与第一初始值互素, 从而得到 $x_2'' = \dfrac{ps}{p \cdot 3^l} = \dfrac{qt}{q \cdot 5^u}$.

又, $x_3$ 的取法: $F_{n_0} = 1 + 2^{2^{n_0}} = 1 + 2^{2^{t_1}} x_3$, 尝试让 $2^{2^{t_1}}$ 作前面的变异.

依次, 我们可提出如下问题:

**问题 16.1** (1) 怎么解释 $F_6$ 是合数?

(2) 可否对一类自然数 $n$ 给出 $F_n$ 是合数的解释, 从而证明 Fermat 数 $F_n$ 中有无穷多个合数?

# 参 考 文 献

[1] Adachi T, Iyama O, Reiten I. Tau-Tilting theory. Compos. Math., 2014, 150(3): 415-452.

[2] Aihara T, Iyama O. Silting mutation in triangulated categories. J. Lond. Math. Soc., 2012, 85(3): 633-668.

[3] Aigner M. Markov's Theorem and 100 Years of the Uniqueness Conjecture: A Mathematical Journey from Irrational Numbers to Perfect Matchings. Cham: Springer, 2013.

[4] Amiot C. Cluster categories for algebras of global dimension 2 and quivers with potential. Annales de Linstitut Fourier, 2009, 59 (6): 2525-2590.

[5] Amiot C. On generalized cluster categories. Representations of algebras and related topics. EMS Ser. Congr. Rep., Eur. Math. Soc., Zürich, 2011: 1-53.

[6] Amstrong M A. Basic Topology. New York: Springer-Verlag, 1983.

[7] Assem I, Dupont G, Schiffler R. On a category of cluster algebras. J. Pure Appl. Alg., 2014, 218(3): 553-582.

[8] Assem I, Schiffler R, Shramchenko V. Cluster automorphisms and compatibility of cluster variables. Glasg. Math. J., 2014, 56(3): 705-720.

[9] Assem I, Simson D, Skowronski A. Elements of the Representation Theory of Associative Algebras (Vol. I). Cambridge: Cambridge University Press, 2006.

[10] Bazier-Matte V. Unistructurality of cluster algebras of type $\tilde{A}$. J. Algebra, 2016, 464: 297-315.

[11] Bazier-Matte V, Plamondon P G. Unistructurality of cluster algebras from surfaces without punctures. 2018, arXiv:1809.02199.

[12] Berenstein A, Fomin S, Zelevinsky A. Parametrizations of canonical bases and totally positive matrices. Adv. Math., 1996, 122(1): 49-149.

[13] Berenstein A, Fomin S, Zelevinsky A. Cluster algebras III: Upper bound and Bruhat cells. Duke Math. J., 2005, 126(1): 1-52.

[14] Berenstein A, Zelevinsky A. Quantum cluster algebras. Advances in Mathematics, 2005, 195: 405-455.

[15] Berenstein A, Zelevinsky A. Triangular bases in quantum cluster algebras. Int. Math. Res., 2014, 6: 1651-1688.

[16] Bernstein I N, Gelfand I M, Ponomarev V A. Coxeter functors and Gabriel's theorem. Uspekhi Mat. Nauk., 1973, 170(2): 19-33.

[17] Bongartz K. Tilted algebras. Proc. ICRA III (Puebla, 1980), Lecture Notes in Math. No. 903. Berlin, Heidelberg, New York: Springer-Verlag, 1981: 26-38.

[18] Bridgeland T. Scattering diagrams, Hall algebras and stability conditions. Algebraic Geometry, 2017, 4(5): 523-561.

[19] Bridgeland T. Spaces of stability conditions . Algebraic geometry-Seattle 2005. Part 1. Pure Math., 80, Amer. Math. Soc., Providence, 2009: 1-21.

[20] Bridgeland T. Stability conditions on triangulated categories. Ann. of Math., 2007, 166 (2): 317-345.

[21] Brown K, Goodearl K. Lectures on Algebraic Quantum Groups. Basel: Birkhäuser, 2002.

[22] Brüstle T, Dupont G, Pérotin M. On maximal green sequences. Int. Math. Res. Not., 2014, (16): 4547-4586.

[23] Brüstle T, Smith D, Treffinger H. Wall and chamber structure for finite dimensional algebras. Adv. Math., 2019, 354: 156746.

[24] Brustle T, Smith D, Treffinger H. Stability conditions and maximal green sequences in Abelian categories. Rev. Un. Mat. Argentina, 2022, 1(63): 203-221.

[25] Buan A B, Lyama O, Reiten I, et al. Cluster structures for 2-Calabi-Yau categories and unipotent groups. Compositio Math., 2009, 145: 1035-1079.

[26] Buan A B, Lyama O, Reiten I, et al. Mutation of cluster-tilting objects and potentials. Amer. J. Math., 2011, 133(4): 835-887.

[27] Buan A B, Marsh R, Reiten I. Cluster mutation via quiver representations. Comm. Math. Helv., 2008, 83(1): 143-177.

[28] Buan A B, Marsh R, Reiten I, et al. Tilting theory and cluster combinatorics. Adv. Math., 2006, 204(2): 572-618.

[29] Caldero P, Chapoton F. Cluster algebras as Hall algebras of quiver representations. Comment. Math. Helv., 2006, 81(3): 595-616.

[30] Caldero P, Keller B. From triangulated categories to cluster algebras. Invent. Math., 2008, 172(1): 169-211.

[31] Caldero P, Keller B. From triangulated categories to cluster algebras II. Ann. Sci. Ecole Norm. Sup., 2006, 39: 983-1009.

[32] Canakci I, Schiffler R. Cluster algebras and continued fractions. Compos. Math., 2018, 154(3): 565-593.

[33] Cao P, Huang M, Li F. A conjecture on C-matrices of cluster algebras. Nagoya Math. J., 2020, 238: 37-46.

[34] Cao P, Huang M, Li F. Categorification of sign-skew-symmetric cluster algebras and some conjectures on $g$-vectors. Algebras and Representation Theory, 2022, 25: 1685-1698.

[35] Cao P, Li F. The enough g-pairs property and denominator vectors of cluster algebras. Math. Ann., 2020, 377: 1547-1572.

[36] Cao P, Li F. Positivity of denominator vectors of cluster algebras. J. Algebra, 2018, 515: 448-455.

[37] Cao P, Li F. Uniform column sign-coherence and the existence of maximal green sequences. J. of Algebraic Combinatorics, 2019, 50: 403-417.

[38] Cao P, Li F. Some conjectures on generalized cluster algebras via the cluster formula and $D$-matrix pattern. J. Algebra, 2018, 493: 57-78.

[39] Cao P, Li F. Unistructurality of cluster algebras. Compositio Mathematica, 2020, 156: 946-958.

[40] Cao P, Li F, Liu S, Pan J. A conjecture on Cluster automorphisms of cluster algebras. Electronic Research Archive, 2019, 27: 1-6.

[41] Irelli G C. Positivity in Skew-symmetric cluster algebras of finite type. 2011, arXiv: 1102. 3050v2.

[42] Ceballos C, Pilaud V. Denominator vectors and compatibility degrees in cluster algebras of finite type. Trans. Amer. Math. Soc., 2015, 367 (2): 1421-1439.

[43] Chang W, Schiffler R. A note on cluster automorphism groups. 2018, axXiv: 1812.05034.

[44] Chang W, Zhu B. On rooted cluster morphisms and cluster structures in 2-Calabi-Yau triangulated categories. Journal of Algebra, 2016, 458(15): 387-421.

[45] Chapoton F, Fomin S, Zelevinsky A. Polytopal realizations of generalized associahedra. Canad. Math. Bull., 2002, 45(4): 537-566.

[46] Chekhov L, Shapiro M. Teichmüller spaces of Riemann surfaces with orbifold points of arbitrary order and cluster variables. Int. Math. Res. Not. IMRN, 2014, (10): 2746-2772.

[47] Cheung M, Gross M, Muller G, et al. The greedy basis equals the theta basis: A Rank Two Haiku. Journal of Combinatorial Theory, Series A, 2017, 145: 150-171.

[48] Davison B. Positivity for quantum cluster algebras. Ann. of Math., 2018, 187(1): 157-219.

[49] Davison B, Mandel T. Strong positivity for quantum theta bases of quantum cluster algebras. Invent. Math., 2021, 226(3): 725-843.

[50] Dehy R, Keller B. On the combinatorics of rigid objects in 2-Calabi-Yau categories. Int. Math. Res. Not. IMRN, 2008, (11), Art. ID rnn029.

[51] Demonet L. Categorification of skew-symmerizable cluster algebras. Algebr Represent Theory, 2011, 14: 1087-1162.

[52] Derksen H, Weyman J, Zelevinsky A. Quivers with potentials and their representations I: Mutations. Selecta Math., 2008, 14 (1): 59-119.

[53] Derksen H, Weyman J, Zelevinsky A. Quivers with potentials and their representations II. J. Amer. Math. Soc., 2010, 23: 749-790.

[54] Du Q N, Li F. Some elementary properties of Laurent phenomenon algebra. Electron. Res. Arch, 2022, 30(8): 3019-3041.

[55] Dupont G, Thomas H. Atomic bases in cluster algebras of types $A$ and $\tilde{A}$. Proc. Lond. Math. Soc., 2013, 107(4): 825-850.

[56] Fei J R. Combinatorics of $F$-polynomials. International Mathematics Research Notices, IMRN. 2022, arXiv:1909.10151;.

[57] Felikson A, Shapiro M, Tumarkin P. Skew-Symmetric cluster algebras of finite mutation type. J. Eur. Math. Soc., 2012, 14(4): 1135-1180.

[58] Felikson A, Shapiro M, Tumarkin P. Cluster algebras of finite mutation type via unfoldings. Int. Math. Res. Not., 2012, 2012(8): 1768-1804.

[59] Felikson A, Shapiro M, Tumarkin P. Cluster algebras and triangulated orbifolds. Advances in Mathematics, 2012, 231: 2953-3002.

[60] Felikson A, Tumarkin P. Bases for cluster algebras from orbifolds. Adv. Math., 2017, 318: 191-232.

[61] Fock V V, Goncharov A. Dual Teichmüller and lamination spaces // Handbook of Teichmiiller Theory, Vol.1. 647-684. IBMA Lect. Math. Theor. Phys., 11, Eur. Math. Soc. Zürich, 2007.

[62] Fock V V, Goncharov A B. Moduli spaces of local systems and higher Teichmuller theory. Publ. Math. Inst. Hautes Etudes Sci., 2006, 103: 1-211.

[63] Fock V V, Goncharov A B. Cluster ensembles, quantization and the dilogarithm. Annales Scientifiques de l'ENS42, 2009, 6: 865-930.

[64] Fomin S. Total positivity and cluster algebras. Proceedings of the ICM II (New Delhi), Hindustan Book Agency, 2010: 125-145.

[65] Fomin S, Shapiro M, Thurston D. Cluster algebras and triangulated surfaces. Part I: Cluster complexes. Acta Math., 2008, 201(1): 83-146.

[66] Fomin S, Thurston D. Cluster algebras and triangulated surfaces. Part II: Lambda lengths. Mem. Amer. Math. Soc., 2018, 255(1223): v+97 pp.

[67] Fomin S, Williams L, Zelevinsky A. Introduction to Cluster Algebras, Chap. 1-3 and 4-5. 2016, 2017, ArXiv: 1608.05735v2 and 1707.07190v1.

[68] Fomin S, Zelevinsky A. Double Bruhat cells and total positivity. J. Amer. Math. Soc., 1999, 12: 335-380.

[69] Fomin S, Zelevinsky A. Total positivity: Tests and parametrizations. Math. Intelligencer, 2000, 22(1): 23-33.

[70] Fomin S, Zelevinsky A. Cluster algebras I: Foundations. J. Amer. Math. Soc., 2002, 15: 497-529.

[71] Fomin S, Zelevinsky A. Cluster algebras II: Finite type classification. Inventions Mathmatication, 2003, 154: 63-121.

[72] Fomin S, Zelevinsky A. Cluster algebras IV: Coefficients. Compos. Math., 2007, 143: 112-164.

[73] Fomin S, Zelevinsky A. Cluster algebras: Notes for the CDM-03 conference// Current Developments in Mathematics. Somerville: Int. Press, 2003: 1-34.

[74] Fomin S, Zelevinsky A. Double Bruhat cells and total positivity. (English summary) J. Amer. Math. Soc., 1999, 12(2): 335-380.

[75] Fomin S, Zelevinsky A. Y-systems and generalized associahedra. Ann. of Math., 2003, 158(3): 977-1018.

[76] Francesco P D, Kedem R. Q-systems as cluster algebras II: Cartan matrix of finite type and the polynomial property. Lett. Math. Phys., 2009, 89(3): 183-216.

[77] Fu C J, Keller B. On cluster algebras with coefficients and 2-Calabi-Yau categories. Trans. Am. Math. Soc., 2010, 362(2): 859-895.

[78] Fu C . *c*-vectors via $\tau$-tilting theory. J. Algebra., 2017, 473: 194-220.

[79] Gaiotto D, Moore G W, Neitzke A. Wall-crossing, Hitchin systems, and the WKB approximation. 2009, arXiv: 0907.3987.

[80] Gantmacher F, Krein M. Sur les matries oscillatories. Comptes Rendues Acad. Sci. Paris, 1935, 201: 577-579.

[81] Gantmacher F,Krein M. Sur les matrices complètement non négatives et oscillatories. Compositio Math., 1937, 4: 445-476.

[82] Geiss C, Leclerc B, Schräoer J. Cluster algerba structures and semicanonical bases for unipotent groups. 2007, arXiv:math/0703039.

[83] Gaiotto D, Moore G W, Neitzke A. Wall-crossing, Hitchin systems, and the WKB approximation. 2009, arXiv: 0907.3987.

[84] Gasca M, Pena J M. Total positivity and Neville elimination. Lin. Alg. Appl., 1992, 165: 25-44.

[85] Geiss C, Leclerc B, Schroer J. Preprojective algebras and cluster algebras, Trends in representation theory of algebras and related topics. EMS Ser. Congr. Rep., Eur. Math. Soc., Zurich, 2008: 253-283.

[86] Gekhtman M, Shapiro M, Vainshtein A. Cluster algebras and Poisson geometry. Math. Survey and Monographs V.167, Amer. Math. Soc., Providence, 2010.

[87] Gekhtman M, Shapiro M, Vainshtein A. On the properties of the exchange graph of a cluster algebra. Math. Res. Lett., 2008, 15: 321-330.

[88] Goodearl K R, Yakimov M T. The Berenstein-Zelevinsky quantum cluster algebra conjecture. J. Eur. Math. Soc., 2020, 22(8): 2453-2509.

[89] Gomez T L, Sols L, Zamora A. A GIT interpretation of the Harder-Narasimhan filtration. A. Rev Mat Complut., 2015, 28: 169-190.

[90] Gross M, Hacking P, Keel S. Birational geometry of cluster algebras. Algebr. Geom., 2015, 2(2): 137-175.

[91] Gross M, Hacking P, Keel S, et al. Canonical bases for cluster algebras. J. of AMS, 2018, 31(2): 497-608.

[92] Happel D. Triangulated Categories in the Representation Theory of Finite-Dimensional Algebras. London Math. Soc. Lecture Note Ser., vol. 119, Cambridge: Cambridge University Press, 1988.

[93] Harder G, Narasimhan M S. On the cohomology groups of moduli spaces of vector bundles on curves. Math. Ann., 1974/75, 212: 215-248.

[94] Hernandez D, Leclerc B. Cluster algebras and quantum affine algebras. Duke Math. J., 2010, 154(2): 265-341.

[95] Hernandez D, Leclerc B. Monoidal categorifications of cluster algebras of type *A* and *D*. Symmetries, Integrable Systems and Representations, 2012: 175-193.

[96] Hernandez D, Leclerc B. A cluster algebra approach to q-characters of Kirillov-Reshetikhin modules. J. Eur. Math. Soc. (JEMS), 2016, 18(5): 1113-1159.

[97] Hernandez D, Leclerc B. Cluster algebras and category O for representations of Borel subalgebras of quantum affine algebras. Algebra Number Theory, 2016, 10(9): 2015-2052.

[98] Hone A N W. Laurent polynomials and superintegrable maps. Symmetry Integrability Geom. Method Appl., 2007, 3: 1-18.

[99] Hone A N W, Swart C. Integrability and the Laurent phenomenon for Somos 4 and Somos 5 sequences. Math. Proc. Cambridge Philos. Soc., 2008, 145(1): 65-85.

[100] Huang M. An expansion formula for quantum cluster algebras from unpunctured triangulated surfaces. Selecta Math. (N.S.), 28(2022), No.2, Paper No.21, 58pp.

[101] Huang M. New expansion formulas for cluster algebras from surfaces. Journal of Algebra, 2021, 588: 538-573.

[102] Huang M. Positivity for quantum cluster algebras from unpunctured orbifolds. Trans. Amer. Math. Soc., http: //dx.doi.org/10.1090/tran/8819.2022.

[103] Huang M, Li F. Unfolding of sign-skew-symmetric cluster algebras and applications to positivity and F-polynomials. Adv. Math., 2018, 340: 221-283.

[104] Huang M, Li F, Yang Y C. On Structure of cluster algebras of geometric type I: In view of sub-seeds and seed homomorphisms. Science China (Mathematics), 2018, 61(5): 831-854.

[105] Humphreys J. Reflection Groups and Coxeter Groups. Cambridge: Cambridge University Press, 1990.

[106] Igusa K. Linearity of stability conditions. Comm. Algebra, 2020, 48(4): 1671-1696.

[107] Igusa K. Maximal green sequences for cluster-tilted algebras of finite representation type. Algebraic Combinatorics, 2019, 2(5): 753-780.

[108] Cerulli Irelli G, Labardini-Fragoso D. Quivers with poteutials associated to triangulated surfaces. Part III: Tagged triangulations and cluster monominals. Compos. Math., 2012, 148(6): 1833-1866.

[109] Iyama O, Yoshino Y. Mutations in triangulated categories and rigid Cohen-Macaulay modules. Invent. Math., 2008, 172: 117-168.

[110] Joyce D, Song Y. A theory of generalized Donaldson-Thomas invariants II. Multiplicative identities for Behrend functions. 2009, arXiv:0901.2872 [math.AG].

[111] Kac V G. Infinite-Dimensional Lie Algebra. 3rd ed. Cambridge: Cambridge University Press, 1990.

[112] Keller B. On triangulated orbit categories. Doc. Math, 2005, 10: 551-581.

[113] Keller B. Cluster algebras, quiver representations and triangulated categories// Holm T, Jorgensen P, Rouquier R. Triangulated Categories. Cambridge: Cambridge University Press, 2010: 76-160.

[114] Keller B. On cluster theory and quantum dilogarithm identities// Representations of algebras and related topics. EMS Series of Congress Reports, European Math. Society, Zurich, 2011: 85-116.

[115] Keller B. Cluster algebras and derived categories//Derived Categories in Algebraic Geometry. EMS Ser. Congr. Rep., Eur. Math. Soc., Zürich, 2012: 123-183.

[116] Keller B. The periodicity conjecture for pairs of Dynkin diagrams. Ann. of Math., 2013, 177(1): 111-170.

[117] Keller B, Reiten I. Cluster tilted algebras are Gorenstein and stably Calabi-Yau. Adv. Math., 2007, 211: 123-151.

[118] Keller B, Reiten I. Acyclic Calabi-Yau categories, with an appendix by Michel Van den Bergh. Compos. Math., 2008, 144(5): 1332-1348.

[119] Kimura Y, Qin F. Graded quiver varieties, quantum cluster algebras and dual canonical basis. Adv. Math., 2014, 262: 261-312.

[120] King A D. Moduli of representations of finite dimensional algebras. The Quarterly Journal of Mathematics, Second Series, 1994, 45(4): 515-530.

[121] Koenig S, Yang D. Silting objects, simple-minded collections, $t$-structures and co-$t$-structures for finite-dimensional algebras. Documenta Math., 2014, 19: 403-438.

[122] Kontsevich M, Soibelman Y. Donaldson-Thomas invariants and cluster transformations. 2008, arXiv:0811.2435[math.AG].

[123] Kontsevich M, Soibelman Y. Wall-crossing structures in Donaldson-Thomas invariants, integrable systems andmirror symmetry. Homological mirror symmetry & tropical geometry 197-308, Lect. Notes Unione Mat. Ital. 15. Cham: Springer, 2014.

[124] Lê T T Q, Thurston D, Yu T. Lower and upper bounds for positive bases of skein algebras. Int. Math. Res. Not. IMRN, 2021, 4: 3186-3202.

[125] Lee K Y, Li L, Rupel D, et al. The existence of greedy bases in rank 2 quantum cluster algebras. Adv. Math., 2016, 300: 360-389.

[126] Lee K Y, Li L, Schiffler R. Newton polytopes of rank 3 cluster variables. 2019, arXiv: 1910.14372.

[127] Lee K Y, Li L, Rupel D, et al. The existence of greedy bases in rank 2 quantum cluster algebras. Adv. Math., 2016, 300: 360-389.

[128] Lee K Y, Li L, Zelevinsky A. Greedy elements in rank 2 cluster algebras. Selecta Mathematica, New Series, 2014, 20(1): 57-82.

[129] Lee K Y, Li L, Zelevinsky A. Positivity and tameness in rank 2 cluster algebras. J. Algebr. Comb., 2014, 40: 823-840.

[130] Lee K Y, Schiffler R. Positivity for cluster algebras. Ann. of Math., 2015, 182(1): 73-125.

[131] Lee K Y, Schiffler R. Cluster algebras and Jones polynomials. Selecta Math. (N.S.), 2019, 25(4): Paper 58, 41 pp.

[132] Leclerc B. Cluster algebras and representation theory. Proc. of the ICM Vol IV (New Delhi), Hindustan Book Agency, 2010: 2471-2488.

[133] Li F, Pan J. Recurrence formula, positivity and polytope basis in cluster algebras via Newton polytopes. 2022, arXiv: 2201.01440v2.

[134] Liu S, Li F. On maximal green sequences in abelian length categories. Journal of Algebra, 2021, 580: 399-422.

[135] Lusztig G. Canonical bases arising from quantized enveloping algebras. J. Amer. Math. Soc., 1990, 3(2): 447-498.

[136] Lusztig G. Introduction to Quantum Groups. Progress in Mathematics, vol. 110. Boston: Birkhäuser, 1993.

[137] Lusztig G. Introduction to total positivity // Hilget val J. Positivity in Lie Theory: Open Problems. Berlin: de Grugter, 1998: 133-145.

[138] Marsh R. Lecture Notes on Cluster Algebras. European Mathematical Society (EMS), Zürich, 2013.

[139] Marsh R, Reineke M, Zelevinsky A. Generalized associahedra via quiver representations. Trans. Amer. Math. Soc., 2003, 355(10): 4171-4186.

[140] Mills M R. Maximal green sequences for quivers of finite mutation type. Adv. Math., 2017, 319: 182-210.

[141] Mou L. Scattering diagrams of quiver with potentials and mutations. 2019, arXiv: 1910.13714v1.

[142] Muller G. Locally acyclic cluster algebras. Adv. Math., 2013, 233: 207-247.

[143] Muller G. Skein and cluster algebras of marked surfaces. Quantum Topol., 2016, 7 (3): 435-503.

[144] Muller G. The existence of a maximal green sequence is not invariant under quiver mutation. Electron. J. Combin., 2016, 23(2): Paper 2.47, 23 pp.

[145] Musiker G, Schiffler R, Williams L. Positivity for cluster algebras from surfaces. Adv. Math., 2011, 227: 2241-2308.

[146] Musiker G, Schiffler R, Williams L. Bases for cluster algebras form surfaces. Compos. Math., 2013, 149(2): 217-263.

[147] Musiker G, Williams L. Matrix formulae and skein relations for cluster algebras from surfaces. Int. Math. Res. Not., 2013, 13: 2891-2944.

[148] Nagai W, Terashima Y. Cluster variables, ancestral triangles and Alexander polynomials. Adv. Math., 2020, 363: 106965.

[149] Nagao K. Donaldson-Thomas theory and cluster algebras. Duke Math. J., 2013, 62(7): 1313-1367.

[150] Nakanishi T, Zelevinsky A. On tropical dualities in cluster algebras //Algebraic Groups and Quantum Groups. Contemporary Mathematics 565. Providence, RI: AMS, 2012: 217-226.

[151] Nakanishi T. Cluster Algebras and Scattering Diagrams, Part II. Cluster Patterns and Scattering Diagrams, 2021, arXiv: 2103.16309.

[152] Nakanishi T. Cluster Algebras and Scattering Diagrams, Part III. Cluster Scattering Diagrams, 2022, arXiv: 2111.00800v5.

[153] Palu Y. Cluster characters for 2-Calabi-Yau categories. Ann. Inst. Fourier (Grenoble), 2008, 58 (6): 2221-2248.

[154] Plamondon P G. Cluster algebras via cluster categories with infinite-dimensional morphism spaces. Compos. Math., 2011, 147(6): 1921-1954.

[155] Plamondon P G. Cluster characters for cluster algebras with infinite-dimensional morphism spaces. Adv. Math., 2011, 277(1): 1-39.

[156] Plamondon P G. Generic bases for cluster algebras from the cluster category. Int. Math. Res. Not., 2013, (10): 2368-2420.

[157] Qin F. Triangular bases in quantum cluster algebras and monoidal categorification conjectures. Duke Math. J., 2017, 166(12): 2337-2442.

[158] Qin F. Compare triangular bases of acyclic quantum cluster algebras. Trans. Amer. Math. Soc., 2019, 372(1): 485-501.

[159] Qin F. Bases for upper cluster algebras and tropical points. 2019, arXiv: 1902.09507.

[160] Qin F. Dual canonical bases and quantum cluster algebras. 2020, arXiv: 2003.13674.

[161] Rabideau M, Schiffler R. Continued fractions and orderings on the Markov numbers. Adv. Math., 2020, 370: 107231.

[162] Reineke M. The Harder-Narasimhan system in quantum groups and cohomology of quiver moduli. Invent. Math., 2003, 152(2): 349-368.

[163] Ringel C M. The preprojective algebra of a quiver// Algebras and Modules, II, Geiranger, 1996. CMS Conf. Proc., vol. 24. Providence, RI: Amer. Math. Soc., 1998: 467-480.

[164] Rudakov A. Stability for an abelian category. J. Algebra., 1997, 197: 231-245.

[165] Schiffler R. Cluster algebras from surfaces//Homological Methods, Representation Theory and Cluster Algebras. New York: Springer, 2018: 65-99.

[166] Schoenberg I. Über variationsvermindernde lineare Transformationen. Math. Z., 1930, 32: 321-322.

[167] Scott J. Grassmannians and cluster algebras. Proc. London Math. Soc., 2006, 92(2): 345-380.

[168] Sweedler M. Hopf Algebras. New York: W. A. Benjamin, Inc., 1969.

[169] Thurston D. Positive basis for surface skein algebras. Proc. Natl. Acad. Sci., USA, 2014, 111(27): 9725-9732.

[170] Tran T. F-polynomials in quantum cluster algebras. Algebr. Represent. Theory, 2011, 14(6): 1025-1061.

[171] Treffinger H. An algebraic approach to Harder-Narasimhan filtrations. 2018, arXiv: 1810.06322v2.

# 索　引

# 后 记

本书终于可以交稿了, 接下来配合出版社的修改工作, 总不会有太多的事情了吧? 我如是想, 心里因此而感觉轻松了不少, 但同时又有一种忐忑.

本书写作的难点之一在于, 我们涉及的丛代数这个领域的相当部分内容是第一次组合在一起, 对先后的概念和结论的逻辑关系的整理, 需要良好的整体理解和必要的创新. 说实话, 这对我们是一个考验. 但华罗庚教授有一句名言: 弄斧必到班门. 本书就是我们班门弄斧的结果. 希望本书出版以后, 能经常得到畴界高人的指点, 让我们有机会在以后的再版中, 不断获得改进和完善. "文章千古事, 得失寸心知". 某一个版次总要完稿, 但对学术的追求是没有止境的. 希望对本书的完善也可以 "永远在路上".

多年的研究中, 始终让我为之思索的一个问题是: 什么课题和问题, 才是值得我们付出很多年时间为之努力的? 我们的研究应该选择什么样的窗口? Warren Ambrose 教授曾说, 大多数数学家做研究时会选择那些显得最容易收获定理的窗口, 而选择那些被认为包含重大秘密的窗口并努力打开它以获得真相, 则需要非凡的勇气、良好的判断力和卓越的能力. 我们认为, 丛代数理论就是代数学通向数学其他领域, 乃至整个科学的一个精彩的窗口, 会给我们揭示更多未知的领域. 我们希望通过本书的写作和思考, 为科学研究选择一条通向未来的充满生命力的道路.

丛代数理论建立至今, 二十年有余. 记得 2018 年 3 月, 我去法国马赛 (Marseille) 参加了国际 "丛代数 20 年"(Cluster algebra 20 years) 的纪念会议. 马赛作为法国美丽的港口城市, 景色秀丽, 一望无际的地中海蓝色的海水, 让人难忘. 当然, 更难忘的是, 会议所展现的丛代数理论引人入胜的发展前景. 上述我们总结的丛代数的发展也多源于本次会议所涉及的主题. 会议重要的意义, 还在于可以与平时在论文预印本中神交已久的同行们, 有个面对面的机会, 让人觉得数学如同每个同行一样, 不再是抽象的, 而是可对话的朋友.

没想到的是, 这样的国际性会议, 在两年后, 会因为疫情而变得这么难得. 同行们, 特别是国际同行们, 大多只能在线上报告的时候, 在视频中偶尔一见. 要知道, 以前是没有 "线上" 还是 "线下" 会议的说法的, 会议当然只能是线下的, 现在却成了一件不容易的事情. 印象深刻的是, 2021 年 8 月我们几位 (陈学庆、覃帆、沈临辉、朱彬、我) 组织的 "International workshop on cluster algebras and related topics" 从原计划的线下，到后来变成线上线下结合，到最后开始前两天，不得不变成完全的线上会议，但是大家保有的对这一领域的兴趣和坚持，使得它最后还是如愿举办了.

每一次的这种有意义的、高水平的会议举办中展示的各方面的成果，都加强了我们组织这本书的兴趣、信心和动力. 除了更多讲解丛代数理论的基础部分，我们也希望它尽可能对这些重要发展有所记录和反映. 这也是我们在这本书写作过程中努力去做的.

本书的写作最初的动力，在于我给浙江大学的高年级本科生开设的丛代数选修课，本书早期的初稿就是我上课的讲义. 不过那时的内容只是现在的一部分. 很高兴后来黄敏参加进来. 在整个准备的过程中，我们一起努力，终于有了如今的样子. 当然，我们知道，本书还有很多需要改进的地方，留待下次再版时改进吧.

本书的产生，特别要感谢哈尔滨工程大学樊赵兵教授，他在 2019 年和 2020 年都邀请我在国家天元数学东北中心的暑期班上讲授丛代数理论，这对本书的成型起到了推动作用.

感谢张继平院士、孙斌勇院士和樊赵兵教授在我们为本书申请 2021 年度国家出版基金时的热情推荐，他们的肯定对我和黄敏之后在本书上的投入是一个很大的鼓舞.

感谢席南华院士在百忙之中为本书写的序言，以及他对我们的鼓励和肯定. 他从一个更高的高度上对丛代数产生的意义和量子群理论的关系等的阐述，让我们重新审视了自己研究这一理论的"初心". "不忘初心" 这一价值观，比研究一个具体理论本身更重要.

在此也感谢丛代数理论的两位创立者 S. Fomin 教授和 A. Zelevinsky 教授曾经给予我们团队的鼓励和帮助. Zelevinsky 教授在我们刚开始学习这一理论的初期，就应邀于 2012 年 5 月来杭州访问讲学，并对我们早期不成熟的研究给予鼓励和指导. 他与 Fomin 教授早期的几篇著名的文献，是本书参考的主要文献之一. 2012 年他在来杭州访问之前，还应席南华院士的邀请，在北京晨兴数学中心作了系列的重要报告，肖杰教授和朱彬教授也请他在清华大学作了演讲，使我们有机会近距离地向他学习. 遗憾的是，在他从杭州回到美国半年多点就因病去世了. 另外，Fomin 教授近几年与合作者开始在 arXiv 上陆续公开的专著 *Introduction to Cluster Algebras* 也是我们的主要参考书籍之一. 记得我有事与他联系提到我们这本书的计划时，他在给予鼓励的同时，还给了一些宝贵的建议.

感谢国内代数界各位同仁，特别是同样专注于丛代数研究的同行们. 国内同仁的一些标志性的重要研究成果，给了我们学习的样板，使得我们也有了信心在这一领域坚持下来，并以学习的心态来努力总结出这本书.

本书介绍的工作与本课题组历年的部分博士学位论文的研究的关系，在此不一一列出, 从内容就很容易看出. 趁这机会我想说的是, 即使在同一个课题组的很小范围里, 仍需要相互学习和帮助的, 不仅是具体的研究课题和方法, 还应该是目标、心境和眼光.

曾经对这本书的写作提供帮助的包括刘纪春、杨一超、曹培根、刘思阳、潘杰, 等等; 另外, 杜秋宁、贾弯弯、董金雷、包雷振、潘炯凯、张卢俊、叶增晓, 在本书的文字、作图、校对、习题证明等提供了帮助, 在此一并表示衷心的感谢.

2017 年 7 月我与白承铭教授、林宗柱教授和朱彬教授及当时还在南开大学的丁明教授一起, 在南开大学第一次以同样的主题 "International workshop on cluster algebras and related topics" 举办了会议. 那是一次让人印象深刻的、令人愉快的活动 (当然, 那时是 "线下的"!), 国际上大家熟悉的不少同行都来了. 记得我在这个活动之后的一首打油诗中, 有这么一个段落:

想起了, 炎热夏季里, 南开园中凝固的激情, 看见了, 丛之树的无限延伸;

你有一扇窗, 面朝校园, 生机勃勃, 年轻的脸, 是冬天的绿叶 ⋯⋯

是的, 数学永远是年轻人的事业. 但这个年轻, 不光是指年龄, 更是指一种激情的投入, 一种忘我的状态. 如果本书的出版, 能对年轻人在这个领域的学习和研究带来一点方便, 那就达到了我们的目的. 也期待业界 "大咖" 和生机勃勃的 "青椒" 们, 都能给我们提出宝贵的意见, 帮助我们能更好地改进这个工作.

李　方

于杭州老和山下, 2023 年 3 月

# 《现代数学基础丛书》已出版书目

## (按出版时间排序)